Breidert
Projektierung von Kälteanlagen

Hans-Joachim Breidert

Projektierung von Kälteanlagen

Berechnung, Auslegung, Beispiele

2., überarbeitete und erweiterte Auflage

 C. F. Müller Verlag Heidelberg

ISBN 3-7880-7688-7

2., überarbeitete und erweiterte Auflage 2003
© C. F. Müller Verlag, Hüthig GmbH & Co. KG, Heidelberg
Satz: Satzpunkt Bayreuth GmbH, Bayreuth
Titelbild: Lytas, Mannheim
Druck und Verarbeitung: J. P. Himmer, Augsburg
Gedruckt auf chlorfrei gebleichtem Papier
Printed in Germany

Für Birgit

Vorwort

Ich möchte mich an erster Stelle bei allen Schülern und Studenten bedanken, welche die erste Auflage meines Lehrbuches gekauft haben.

Besonderer Dank gilt auch den Dozenten der Bundesfachschule Kälte – Klima – Technik in Maintal, die mich auf Fehler aufmerksam gemacht und darüber hinaus konstruktive Hinweise zur Überarbeitung gegeben haben.

Bei allen Projektierungs- und Bemessungsbeispielen wurde eine völlige Neubearbeitung bezüglich der neuen Kältemittel vorgenommen.

Veränderungen hervorgerufen durch neue Normen, Verordnungen und Richtlinien fanden die entsprechende Berücksichtigung.

Aufgetretene Druck-, Schreib- und Rechenfehler sind korrigiert.

Dieblich, im Februar 2003   *Hans-Joachim Breidert*

Vorwort zur 1. Auflage

Bei der Bearbeitung von Projekten aus dem kältetechnischen Anlagenbau sind Kenntnisse aus dem Bereich der Thermodynamik und der Psychrometrie, der Mechanik, der Maschinenelemente, der Elektro- und Steuerungstechnik, sowie der Arbeitsvorbereitung und Kalkulation erforderlich.

Das vorliegende Buch soll – wie der Titel zum Ausdruck bringt – Auslegungs- und Berechnungsbeispiele aus dem Bereich der Projektierung von Kälteanlagen aufzeigen.

Aus der Zielsetzung dieses Buches erklärt sich auch die Einteilung des Stoffgebietes in zwei große Abschnitte A und B.

Der Abschnitt A beschäftigt sich zunächst, nach einem kleinen Exkurs in den Bereich thermodynamischer Kreisprozesse, mit den Hauptteilen der Kälteanlage, die einzeln und unabhängig voneinander behandelt werden. Dies geschieht immer unter dem Aspekt praxisgerechter Bemessung, Auslegung und Dimensionierung der Bauteile.

Schaubildliche Darstellungen und verbale Ergänzungen runden die einzelnen Kapitel ab.

Der Abschnitt B beginnt mit einem Gedankenflussplan zur Abwicklung kältetechnischer Projektfragestellungen allgemein.

Daran anschließend werden im vierten Kapitel einige Projektbeispiele abgehandelt, die wiederum unabhängig voneinander betrachtet werden können.

Dabei wurde der kasuistischen Ausdrucksform, die eine möglichst vollständige Bearbeitung auch der Einzelheiten vorsieht, der Vorzug gegeben. Die gleiche systematische Ordnung liegt allen Beispielen zugrunde. Das aktuelle Normen- und Vorschriftenverzeichnis rundet die Betrachtungen ab.

Eine umfangreiche Formelsammlung nach kälte- und elektrotechnischen Sachgebieten geordnet ist demnächst im Buchhandel erhältlich.

Das vorgelegte Buch soll in erster Linie Aus- und Weiterbildungshilfsmittel sein. Dies erklärt im methodischen Aufbau auch die Beachtung der pädagogischen Grundsätze, Anschaulichkeit, Praxisnähe und Erfolgssicherung.

Für die kritische Durchsicht der Manuskripte und die wertvollen Anregungen danke ich meinem Kollegen, Herrn Dipl.-Ing. Detlef Bamberger. Besonderer Dank gebührt meinen Mitarbeiterinnen Frau Andrea Feick, die zu Beginn das Manuskript schrieb, aber vor allem Frau Ulrike Figge für ihren unermüdlichen Einsatz bei der Weiterführung der Schreibarbeit und der Fertigstellung des gesamten Buches. Frau Andrea Asteroth danke ich für die erstklassigen Zeichnungen, die sie mit großem Engagement und fachlicher Kompetenz ausgeführt hat.

Meiner Frau Birgit möchte ich für Ihre Geduld und Umsicht danken, sie erwies sich als wesentliche Stütze bei der Erstellung des Buches.

Dieblich, Juni 1995   *Hans-Joachim Breidert*

Inhalt

Teil

1 Der Arbeitsprozess zur Kälteerzeugung

Kälteanlagen sind Anlagen, die unter Verwendung von Kältemitteln einem Stoff oder einem Raum Wärme entziehen und kühlen.

Kälteanlagen arbeiten mit Kältemitteln, die in einem geschlossenen Kreislauf zirkulieren. Das Kältemittel ändert bei der Zirkulation durch die Kälteanlage seinen Aggregatzustand, wobei es einerseits seiner Umgebung Wärme entzieht und verdampft und andererseits durch Abgabe der Wärme wieder verflüssigt wird.

Zur Kälteanlage gehören Maschinen, z. B. Verdichter, Kältemittel- und Kälteträgerpumpen, weiterhin Verdampfer und Verflüssiger sowie schalt- und regeltechnische Apparate. Armaturen, Sicherheitseinrichtungen und kältemittelführende Rohrleitungen (siehe Bild 1.1).

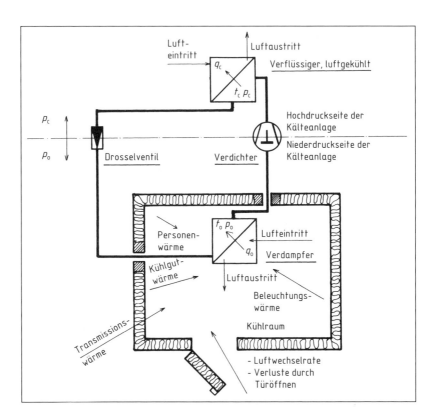

Bild 1.1

Der Kälteerzeugungsprozess stellt die Umkehrung des Prozesses der Wärmekraftmaschine dar. Während dort die Aufgabe darin besteht, unter weitgehender Ausnutzung eines vorhandenen Temperaturgefälles eine möglichst große Arbeit zu verrichten, soll beim Prozess der Kältemaschine die aufgenommene Wärmemenge q_O mit geringstem zugeführtem Energieaufwand auf ein höheres erforderliches Temperaturniveau gehoben werden.

1.1 Der Carnot'sche Kreisprozess als idealer Vergleichsprozess im T,s-Diagramm

Zur kurzen Erläuterung der Zusammenhänge wird zunächst der linkslaufende Carnot'sche Kreisprozess als idealer Vergleichsprozess im Temperatur-Entropie-Diagramm gezeigt und weiterentwickelt (Bild 1.2).

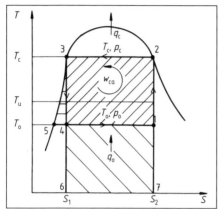

Bild 1.2

Die Wärmemenge q_0 wird vom Kältemittel bei der Verdampfungstemperatur T_0 aufgenommen und adiabat/isentrop vom Kälteverdichter vom Zustand 1 als Nassdampf auf den Zustand 2 verdichtet. Der trocken gesättigte Dampf (Zustand 2 auf der rechten Grenzkurve) wird im Verflüssiger bei der Verflüssigungstemperatur T_c vom Punkt 2 zu Punkt 3, bei p = const. vollständig verflüssigt.

Im Expansionszylinder findet dann die adiabat/isentrope Expansion auf den Druck p_0 und die Verdampfungstemperatur T_0 statt.

Der Nassdampf vom Zustand 4 nimmt nun im Verdampfer Wärme auf und verdampft isobar zum Zustand 1.

Bezogen auf ein kg umlaufendes Kältemittel ergibt sich folgendes:

- aufgenommene Wärmemenge: $q_O = T_O \cdot (s_2 - s_1)$; Fläche 1–4–6–7–1
- abgeführte Wärmemenge: $q_c = T_O \cdot (s_2 - s_1)$; Fläche 2–3–6–7–2
- erforderliche Arbeit: $w_{ca} = q_c - q_O = (T_c - T_O) \cdot (s_2 - s_1)$; Fläche 1–2–3–4–1
- Expansionsarbeit: Fläche 3–5–4–3

Die Leistungsziffer ε_{ca} resultiert nun aus dem Verhältnis von Nutzen und Aufwand für den soeben dargestellten Carnot'schen Kreisprozess mit:

$$\varepsilon_{ca} = \frac{q_O}{w_{ca}} = \frac{T_O \cdot (s_2 - s_1)}{(T_c - T_O) \cdot (s_2 - s_1)} = \frac{T_O}{T_c - T_O}$$

Aus Bild 1.2 wird ersichtlich, dass die Leistungsziffer des Carnot-Prozesses lediglich von den beiden Arbeitstemperaturen – Verdampfungstemperatur und Verflüssigungstemperatur – abhängt. Die physikalischen und thermodynamischen Einflüsse unterschiedlicher Kältemittel, ganz gleich ob organisch oder anorganisch bleiben unberücksichtigt. Aus der kleinsten Arbeitsfläche w_{ca} resultiert die größte Leistungsziffer ε_{ca}.

Bild 1.2 verdeutlicht, dass die aufgewendete Arbeit (Fläche 1–2–3–4–1) um so kleiner wird, je höher die Verdampfungstemperatur T_O und je niedriger die Verflüssigungstemperatur T_c liegt.

> Allgemein lässt sich ableiten, dass eine Kälteanlage mit möglichst hoher Verdampfungstemperatur und möglichst niedriger Verflüssigungstemperatur arbeiten soll, um einen möglichst wirtschaftlichen Betrieb zu ermöglichen.

Dabei ist die Verdampfungstemperatur durch die jeweils erforderliche Raumtemperatur bzw. Kühlgutlagertemperatur (Tiefkühlung z. B. $t_r = -20\ °C$; Fleischkühlung z. B. $t_r = 0\ °C$) vorgegeben und die Verflüssigungstemperatur durch das verwendete Kühlmittel z. B. Wasser oder Luft bestimmt.

1.2 Der theoretische Vergleichsprozess im *T, s*-Diagramm

Der Carnot-Prozess als idealer Kreisprozess zwischen zwei Isothermen und zwei Adiabaten liefert einerseits mit ε_{ca} zwar die größte, die theoretische Leistungsziffer ist aber andererseits nicht realisierbar, weil weder die Kompression noch die Expansion isentrop verlaufen.

Zur Veranschaulichung der realen, tatsächlichen Gegebenheiten wird die Darstellung des Kreisprozesses erweitert.

Die Drosselung vom Verflüssigungsdruck p_c auf den Verdampfungsdruck p_O erfolgt durch das Expansionsventil, wobei die Isentrope durch eine Isenthalpe ersetzt wird, weil der Drosselvorgang bei h = const. verläuft, (Punkt 3 → 4).

Die Verdichtung von Nassdampf ist unerwünscht, so dass der Verdichtungsbeginn auf die rechte Grenzkurve gelegt wird, (von b nach 1).

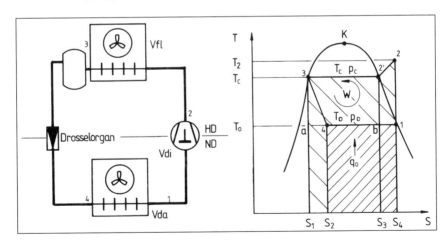

Bild 1.3

Der Verdichter saugt jetzt trockengesättigten Dampf vom Zustand 1 (rechte Grenzkurve, Bild 1.3) an und verdichtet ihn adiabat auf den Zustand 2. Dem Zustand 2 im überhitzten Gebiet ist die Verdichtungsendtemperatur T_2 auf der Ordinate zugeordnet.

Im Verflüssiger wird der überhitzte Kältemitteldampf zum Zustand 2 auf den Zustand 2' isobar enthitzt und von der rechten Grenzkurve zum Punkt 3 auf der linken Grenzkurve vollständig verflüssigt. Vom Zustand 3 wird das flüssige Kältemittel durch das Drosselventil auf den Zustand 4 mit h = const. entspannt.

Die spezifische Kälteleistung q_O wird zwar einerseits durch den Drosselvorgang, gegenüber dem idealen Carnot-Prozess, verkleinert und zwar um die Fläche $a-s_1-s_2-4-a$, andererseits aber durch das Ansaugen von trockengesättigtem Dampf um den Flächenstreifen $b-s_3-s_4-1-b$ vergrößert.

Insgesamt wird die spezifische Kälteleistung des theoretischen Kreisprozesses größer als die spezifische Kälteleistung des Carnot-Prozesses. Es gilt $q_O > q_{Oca}$.

Die zur Verdichtung zugeführte Arbeit w ist durch die Fläche $1-2-2'-3-a-s_1-s_2-4-1$ charakterisiert. Beim Vergleich mit dem Carnot'schen Kreisprozess fällt die Flächenvergrößerung, d. h. der Mehraufwand an zugeführter Arbeit auf.

Deshalb ist die Leistungsziffer des theoretischen, isentropen Vergleichsprozesses mit Ansaugen trockengesättigten Dampfes, adiabat/isentroper Kompression und Drosselung auch kleiner als die Leistungsziffer des Carnot'schen Kreisprozesses.

Es gilt
$$\varepsilon_{is} = \frac{q_O}{w_{is}} \quad \text{und} \quad \varepsilon_{is} < \varepsilon_{ca}$$

Die spezifische Verflüssigungsleistung q_c ist durch die Fläche $2-2'-3-a-s_1-s_4-2$ gekennzeichnet.

1.3 Der praktische Vergleichsprozess im *T,s*-Diagramm

Wie ändert sich der Kreisprozess, wenn der Verdichter überhitzten Kältemitteldampf ansaugt, polytrop verdichtet und das flüssige Kältemittel zusätzlich durch einen Gegenstromwärmetauscher unterkühlt wird?

Zur Beantwortung dieser Frage wird der Kreisprozess, dargestellt in Bild 1.4, erneut erweitert.

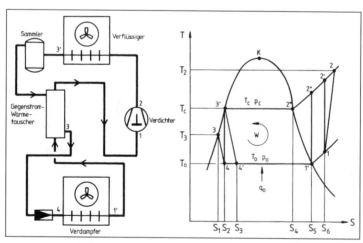

Bild 1.4

Der Verdichter saugt jetzt überhitzten Dampf vom Zustand 1 an und komprimiert ihn polytrop auf den Zustand 2. Dem Zustand 2 ist die Verdichtungsendtemperatur T_2 auf der Ordinate zugeordnet. In der Enthitzungszone des Verflüssigers wird der überhitzte Kältemitteldampf entlang der Isobaren zunächst enthitzt (entlang der Punkte: 2 → 2' auf die Verdichtungsendtemperatur bei isentroper Kompression, weiter zu Punkt 2'' auf die Verdichtungsendtemperatur bei isentroper Kompression trockengesättigten Dampfes (siehe auch Bild 1.3) und von dort zu Punkt 2''' auf der rechten Grenzkurve.

Ab dem Punkt 2''' tritt der enthitzte, trockengesättigte Dampf in die Verflüssigungszone des Verflüssigers ein und wird bei p_c und t_c = const. zum Punkt 3' auf der linken Grenzkurve vollständig verflüssigt und im Sammelbehälter gespeichert.

Wie aus dem RI-Fliessbild ersichtlich wird, fliesst das verflüssigte Kältemittel jetzt durch einen Gegenstromwärmetauscher (Überhitzer), wobei die Flüssigkeit vom gegenströmenden Sauggas unterkühlt wird (Punkt 3' → 3). Dies führt zu einer Vergrößerung der spezifischen Kälteleistung q_0 um den Flächenstreifen 4'–4–s_2–s_3–4'. Gleichzeitig wird aber das Sauggas überhitzt, so dass der Ansaugpunkt des Verdichters von 1' nach 1 in das überhitzte Gebiet gelegt wird.

Für die Zustandsänderung von 3' nach 3 bei p_c = const. und von 1' nach 1 bei p_0 = const. ergeben sich gleiche Enthalpiedifferenzen.

Die Vergrößerung der Arbeitsfläche w resultiert aus verlustbehafteter Kompression und Drosselung (beides sind irreversible Zustandsänderungen) des Kältemittels. Eine Verbesserung der Leistungsziffer soll durch Kältemittelunterkühlung erreicht werden.

Die Leistungsziffer des praktischen, indizierten Vergleichsprozesses gegenüber dem theoretischen Vergleichsprozess ergibt sich zu:

Leistungsziffern: **Kreisprozesse:**

$$\varepsilon_{ca} = \frac{T_O}{T_c - T_O} = \varepsilon_{max}$$
ideal, verlustfrei; nicht kältemittelabhängig; nur von T_O und T_c bestimmt

$$\varepsilon_{is} = \frac{q_O}{w_{is}}$$
verlustbehaftet durch Drosselung; isentrope Verdichtung von trockengesättigtem Dampf

$$\varepsilon_{is} = \frac{q_O}{w_i}$$
verlustbehaftet durch Drosselung; polytrope Verdichtung von überhitztem Dampf; Kältemittelunterkühlung

1.4   Darstellung des theoretischen und des praktischen Vergleichsprozesses im log p, h-Diagramm

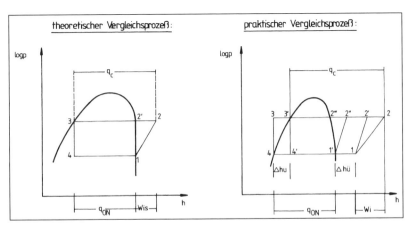

Bild 1.5

Das Temperatur-Entropiediagramm veranschaulicht den Kälte-Kreisprozess insofern deutlich, als die zu- bzw. abgeführten Wärmemengen als Flächen im Diagramm erscheinen.

In der kältetechnischen Praxis wird aber häufig dem log p, h-Diagramm der Vorzug gegeben, weil die Werte der spezifischen Enthalpie z. B. zur Berechnung des spezifischen Nutzkältegewinns $q_{ON} = h_{1'} - h_{4'}$ unmittelbar abgelesen werden können. Zu- bzw. abgeführte Wärmemengen erscheinen im log p, h-Diagramm als Strecken. Bild 1.5 veranschaulicht die Zusammenhänge noch einmal im log p, h-Diagramm.

1.5   Übungsaufgaben

1. Tragen Sie den nachfolgend erläuterten Kreisprozess im log p, h-Diagramm (Bild 1.6) ein:
   Kältemittel R 507; Kälteleistung 10 kW; Verdampfungstemperatur $t_0 = -30\ °C$; Verflüssigungstemperatur $t_c = +40\ °C$; verdampferseitige Überhitzung 10 K, d. h. $t_{1'} = -20\ °C$; Saugstutzentemperatur $t_1 = -10\ °C$; Temperatur der unterkühlten Flüssigkeit $t_3 = +38\ °C$; Verdichtung isentrop.

2. Bestimmen Sie das Druckverhältnis $\dfrac{p_C}{p_O}$

3. Ermitteln Sie anhand der beigefügten Tabelle den Polytropenexponenten!

Tabelle 1.1 Polytropenexponent n (Zwischenwerte interpolieren)

Kältemittel	p_c/p_o								
	2	3	4	5	6	7	8	9	10
R 134 a	1,216	1,191	1,177	1,172	1,166	1,163	1,160	1,157	1,155
R 407C/R 507	1,325	1,258	1,240	1,234	1,232	1,230	1,228	1,226	1,225

4. Berechnen Sie die Verdichtungsendtemperatur t_2 und ermitteln Sie den entsprechend zugeordneten Enthalpiewert!

$$T_2 = T_s \cdot \left(\frac{p_c}{p_O}\right)^{\frac{n-1}{n}} \text{ mit } \quad T_s = 273,15\ K + 10 + t_O$$

5. Tragen Sie die Polytrope im log p, h-Diagramm Bild 1.6 ein!

6. Um eine bestimmte Kälteleistung zu erzielen, muss in der Kälteanlage pro Stunde ein bestimmte Kältemittelmassenstrom in $\dfrac{kg}{s}$ oder $\dfrac{kg}{h}$ zirkulieren.

   Berechnen Sie den Kältemittelmassenstrom mit

$$\dot{m}_R = \frac{\dot{Q}_O}{q_{ON}} \text{ und } \quad q_{ON} = h_{1'} - h_4$$

7. Bestimmen Sie die Carnot'sche Leistungsziffer und die Leistungsziffer für den praktischen Vergleichsprozess mit w_i!

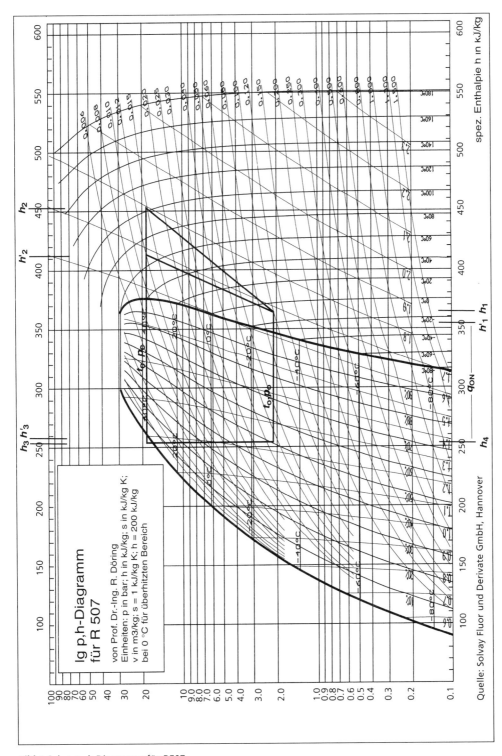

Bild 1.6 log p, h-Diagramm für R507

1.6   Lösungsvorschläge

Zu 1. s. Bild 1.6

Zu 2. $t_c = +40\,°C$; $p_c = 18,61$ bar

$t_0 = -30\,°C$; $p_0 = 2,11$ bar

$$\frac{p_c}{p_0} = \frac{18,61}{2,11} = 8,82$$

Zu 3. $n = 1,2276$

Zu 4. $T_2 = T_s \cdot \left(\dfrac{p_c}{p_0}\right)^{\frac{n-1}{n}}$ mit $T_s = 273,15\ K + (+10) - 30$

$T_s = 253,15\ K$ (Ansaugtemperatur)

$t_1 = -10\,°C$

$$T_2 = 253,15 \cdot \left(\frac{18,61}{2,11}\right)^{\frac{1,2276-1}{1,2276}}$$

$T_2 = 379,02\ K$

$t_2 = 105,87\,°C$

$h_2 = 455\,\dfrac{kJ}{kg}$

Zu 5. siehe Eintragung im log p, h-Diagramm (Bild 1.6).

Zu 6. $\dot{m}_R = \dfrac{\dot{Q}_0}{q_{ON}}$ mit $\dot{Q}_0$ in $\dfrac{kJ}{s}$

q_{ON} in $\dfrac{kJ}{kg}$

Nutzkältegewinn: $q_{ON} = h'_1 - h_4$

$q_{ON} = 354,60 - 255,14$

$q_{ON} = 99,46\,\dfrac{kJ}{kg}$

Kältemittelmassenstrom: $\dot{m}_R = \dfrac{10\ kJ\ kg}{99,46\ s\ kJ} = 0,1005\,\dfrac{kg}{s}$

$\dot{m}_R = 361,95$ kg/h

Zu 7. $\varepsilon_{ca} = \dfrac{T_0}{T_c - T_0} = \dfrac{243,15\ K}{313,15\ K - 243,15}$

$\varepsilon_{ca} = 3,47$

$\varepsilon_i = \dfrac{q_{ON}}{w_i} = \dfrac{99,46}{92} = 1,08$ $w_i = h_2 - h_1$

$\varepsilon_i = 1,08$ $w_i = 455\,\dfrac{kJ}{kg} - 363\,\dfrac{kJ}{kg}$

$w_i = 92\,\dfrac{kJ}{kg}$

2 Projektierungsgrundsätze für die Dimensionierung von Komponenten des Kältekreislaufes

2.1 Die Berechnung des Kältebedarfs

Bevor man mit der Dimensionierung der Bauteile seiner zu planenden Kälteanlage beginnen kann, sind einige Überlegungen anzustellen.

Wenn die Bewertung der Kundenanfrage positiv ausgefallen ist und ein Angebot erstellt werden soll ist zunächst:

1. Die Aufgabenstellung des Anfragers zu klären und
2. die Anforderungen an die Ausführung der zu planenden Anlage festzulegen, sowie
3. die Vorabentwicklung eines Lösungskonzeptes durchzuführen.

Nachdem die Projektrahmendaten gesammelt worden sind erfolgt die **rechnerische, tabellarische, diagrammatische und nomogramatische Ermittlung des Kältebedarfs!**

Ähnlich wie bei der Durchführung der Wärmebedarfsberechnung für Wohngebäude nach DIN 4701 werden bei der Kältebedarfsberechnung zunächst die einzelnen Lastanteile die in der Summe den Gesamtkältebedarf ausmachen festgelegt.

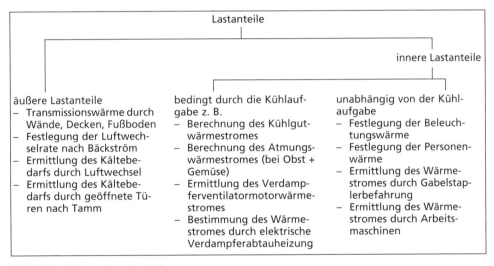

Bild 2.1 Ermittlung der Lastanteile

2.1.1 Berechnung der äußeren Lastanteile

2.1.1.1 Transmissionswärme

Es werden einzeln und nacheinander die verschiedenen Umfassungswände eines Kühlraumes gekennzeichnet und gesondert berechnet.

Besonderes Augenmerk ist zu richten auf die Lage der Kühlraumwände und damit auf die entsprechende Temperaturdifferenz sowie auf den Aufbau der Wände und damit auf den entsprechenden k-Wert.

Anschließend werden Boden und Decke unter Beachtung der o. a. Punkte jeweils getrennt berechnet.

Die Einzelergebnisse werden anschließend addiert.

Für alle sechs Einzelrechnungen gilt die folgende Grundgleichung:

$$\dot{Q}_E = A \cdot k \cdot \Delta T \quad \text{in} \quad \frac{m^2 \cdot W \cdot K}{m^2 \cdot K} = W \quad \text{mit:} \quad A \text{ in } m^2$$

$$k \text{ in } \frac{W}{m^2 \, K}$$

$$\Delta T \text{ in } K$$

Beispiel:

Es soll die Wärmeeinströmung in einen Kühlraum berechnet werden dessen Raumtemperatur t_R = 0 °C beträgt.

Der Kühlraum wurde aus wärmebrückenfreien Zellenelementen in Sandwich-Bauweise, selbsttragend aus Polyurethan-Hartschaum, 100 mm gebaut (siehe Bild 2.1).

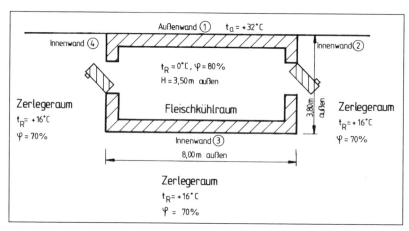

Bild 2.2 Fleischkühlraum

Die Elementverbindung erfolgt durch ein Nut/Feder-System und korrosionsgeschützte Exzenter-Spannschlösser.

Technische Daten:

Wandstärke (mm)	100
Wärmedämmung	Polyurethan-Hartschaum
Schaumdichte (kg/m³)	40
Wärmeleitfähigkeit (W/mK)	< 0,02
k-Wert (W/m² K)	0,19
empfohlene Temperaturdifferenz ΔT (K)	bis 45

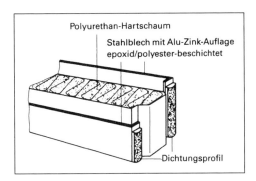

Bild 2.3 Aufbau der Wand- und Deckenelemente

Durch die Angabe des k-Wertes für die Wand- und Deckenelemente in den technischen Unterlagen des Herstellers mit $k = 0,19$ W/m² K entfällt die Berechnung des k-Wertes für alle Wand- und Deckenflächen nach der Formel:

$$k = \frac{1}{\dfrac{1}{\alpha_a} + \displaystyle\sum_{i=1}^{n} \dfrac{\delta_n}{\lambda_n} + \dfrac{1}{\alpha_i}} \text{ in } \frac{W}{m^2\,K} \text{ mit}$$

α_a in $\dfrac{W}{m^2\,K}$

α_i in $\dfrac{W}{m^2\,K}$

δ in m

λ in $\dfrac{W}{m\,K}$

Wand 1:
Obwohl die Kühlzelle von innen an die vorhandene, massiv gebaute Gebäudewand angestellt wurde, wird nur der k-Wert des Zellenelementes berücksichtigt.
Bei Kältebedarfsberechnungen verwendet der Autor zur Flächenermittlung die Innenmaße.

$$\dot{Q}_{E,\,Wand\,1} = (7,8\ m \times 3,4\ m) \times 0,19\ \frac{W}{m^2\,K} \times 32\ K = 161,24\ W$$

$$\dot{Q}_{E,\,Wand\,2} = (3,6\ m \times 3,4\ m) \times 0,19\ \frac{W}{m^2\,K} \times 16\ K = 37,21\ W$$

$$\dot{Q}_{E,\,Wand\,3} = (7,8\ m \times 3,4\ m) \times 0,19\ \frac{W}{m^2\,K} \times 16\ K = 80,62\ W$$

$$\dot{Q}_{E,\,Wand\,4} = (3,6\ m \times 3,4\ m) \times 0,19\ \frac{W}{m^2\,K} \times 16\ K = 37,21\ W$$

$$\dot{Q}_{E,\,Decke} = (7,8\ m \times 3,6\ m) \times 0,19\ \frac{W}{m^2\,K} \times 16\ K = 85,36\ W$$

Fußbodenaufbau (von außen nach innen)

Tabelle 2.1

	δ m	λ $\dfrac{W}{mK}$	$\dfrac{\delta/\lambda}{}$ $\dfrac{m^2 K}{W}$
Unterbeton	0,15	1,279	0,1173
Sperrschicht (Bitumen)	0,015	0,16	0,0938
Dämmung (Styrodur)	0,10	0,030	3,333
Aufbeton	0,10	1,279	0,0782
Estrich	0,05	1,924	0,026
Fliesen	0,015	1,05	0,0143
			$\Sigma = 3,6626$

$\alpha_i = 19\ \dfrac{W}{m^2 K}$ für Kühlraumwände innen, bei erzwungener Konvektion

α_a entfällt (Fußboden grenzt an Erdreich)

$$\frac{1}{k} = \frac{1}{\alpha_a} + \sum_{i=1}^{n} \frac{\delta_n}{\lambda_n} + \frac{1}{\alpha_i} \ \text{in}\ \frac{m^2 K}{W}$$

$$\frac{1}{k} = 0 + 3,6626 + \frac{1}{19} = 3,6626 + 0,0526 = 3,7152$$

Der Wärmedurchgangswiderstand für den Fußboden beträgt:

$$\frac{1}{k} = 3,7152\ \frac{m^2 K}{W}$$

Der k-Wert für den Fußboden beträgt k = 0,2692 $\dfrac{W}{m^2 K}$

$$\dot{Q}_{E,\,\text{Fußboden}} = (7,8_m \cdot 3,6_m) \cdot 0,2692\ \frac{W}{m^2 K} \cdot 15\ K = 113,39\ W$$

$t_{\text{Erdreich}} = +15\ °C$

$$\dot{Q}_{E,\,\text{gesamt}} = \dot{Q}_{E,\,\text{Wand 1}} + \dot{Q}_{E,\,\text{Wand 2}} + \dot{Q}_{E,\,\text{Wand 3}} + \dot{Q}_{E,\,\text{Wand 4}} + \dot{Q}_{E,\,\text{Decke}} + \dot{Q}_{E,\,\text{Fußboden}}$$

in W

$$\dot{Q}_{E,\,\text{gesamt}} = 161,24\ W + 37,21\ W + 80,62\ W + 37,21\ W + 85,36\ W + 113,39\ W$$
$$= 515,03\ W$$

Der Gesamtwärmestrom in den Kühlraum beträgt: $\dot{Q}_{E,\,\text{gesamt}} = 515,03\ W$

2.1.1.2   Festlegung der Luftwechselrate nach Bäckström

Die Luftwechselrate pro Tag wird mit Hilfe der Zahlenwertgleichung:

$$n = \frac{70}{\sqrt{V_R}}\ \text{in}\ \frac{1}{d}\quad \text{berechnet.}$$

Für das Beispiel ergibt sich:

$$V_R = 7,8 \text{ m} \times 3,6 \text{ m} \times 3,4 \text{ m} = 95,47 \text{ m}^3$$

$$\sqrt[3]{V_R} = 9,771$$

$$n = \frac{70}{9,771} = 7,16$$

Die Luftwechselrate pro Tag beträgt n = 7,16 $\frac{1}{d}$.

2.1.1.3 Ermittlung des Kältebedarfs durch Luftwechsel

Der Luftwechsel im Kühlraum wird als Lastanteil dann berücksichtigt, wenn die Temperatur der zugeführten Luft höher liegt als die Raumtemperatur.
Gerechnet wird nach der Gleichung:

$$\dot{Q}_L = \dot{m}_L \cdot \Delta h \text{ in } \frac{kJ}{s} = kW \quad \text{mit} \quad \dot{m}_L \text{ in } \frac{kg}{s}$$

$$\Delta h \text{ in } \frac{kJ}{kg}$$

ergibt sich:

$$\frac{k\!\!\!/g \cdot kJ}{s \cdot k\!\!\!/g}$$

oder:

$$\dot{Q}_L = \frac{V_R \cdot n \cdot \varrho_{L,i} \cdot \Delta h}{86\,400 \text{ s/d}} \text{ in } \frac{kJ}{s} = kW \quad \text{mit} \quad V_R \text{ in } m^3$$

$$n \text{ in } \frac{1}{d}$$

$$\varrho_{L,i} \text{ in } \frac{kg}{m^3}$$

$$\Delta h \text{ in } \frac{kJ}{kg}$$

ergibt sich: $\dfrac{m\!\!\!/^3 \cdot 1 \cdot k\!\!\!/g \cdot kJ \cdot d\!\!\!/}{d\!\!\!/ \cdot m\!\!\!/^3 \cdot k\!\!\!/g \cdot s}$

Für das o. a. Beispiel ergibt sich folgendes:

$$\dot{Q}_L = \frac{95,47 \cdot 7,16 \cdot 1,2930 \cdot 28,5}{86\,400}$$

$$\dot{Q}_L = 0,2915 \text{ kW} \,\hat{=}\, 291,50 \text{ W}$$

1. Nebenrechnung zur Ermittlung der Dichte der Luft im Kühlraum nach der Praktikerformel:

$$\varrho_{L,i} = \frac{\varrho_O}{1 + \dfrac{\vartheta}{273,15}} \quad \text{mit} \quad \varrho_O = 1,2930$$

$$\vartheta = t_R \text{ in } °C$$

einsetzen

$$\varrho_{L,i} = \frac{1,2930}{1 + \dfrac{0\ °C}{273,15}} = 1,2930 \ \frac{kg}{m^3}$$

2. Nebenrechnung zur Bestimmung der Enthalpiedifferenz aus dem h, x-Diagramm (siehe Bild 2.3)

$$\Delta h = h_{L,\,a} - h_{L,\,i} \text{ in } \frac{kJ}{kg}$$

$$\Delta h = 36 - 7,5 = 28,5$$

$$\Delta h = 28,5 \ \frac{kJ}{kg}$$

2.1.1.4 Ermittlung des Kältebedarfs durch geöffnete Türen (Türöffnungsverluste nach der erweiterten Formel von Tamm)

Bei kleineren gewerblichen Kühlräumen genügt die Berechnung des Lastanteils durch Luftwechsel, für größere Räume mit mehreren Türen ist die zusätzliche Berechnung der Türöffnungsverluste empfehlenswert.

Für das oben genannte Beispiel wird die Berechnung nach der Gleichung:

$$\dot{Q}_{Tür} = [8,0 + (0,067 \cdot \Delta T_{Tür})] \cdot \tau_{Tür} \cdot \varrho_{L,\,i} \cdot B_{Tür} \cdot H_{Tür}$$

$$\times \sqrt{H_{Tür} \cdot \left(1 - \frac{\varrho_{L,\,a}}{\varrho_{L,\,i}}\right)} \cdot (h_{L,\,a} - h_{L,\,i}) \cdot \eta_{LS} \quad \text{in W mit:}$$

$\Delta T_{Tür}$ = $T_a - T_i$ in K
$\tau_{Tür}$ = Öffnungszeit in Min bezogen auf eine Tonne Warenumschlag in $\frac{Min}{t}$
$\varrho_{L,\,i}$ = Dichte der Luft im Kühlraum in $\frac{kg}{m^3}$
$B_{Tür}$ = Türbreite in m
$H_{Tür}$ = Türhöhe in m
$\varrho_{L,\,a}$ = Dichte der den Kühlraum umgebenden Luft in $\frac{kg}{m^3}$
$h_{L,\,a}$ = spezifische Enthalpie der Luft außerhalb des Kühlraumes in $\frac{kJ}{kg}$
$h_{L,\,i}$ = spezifische Enthalpie der Luft im Kühlraum in $\frac{kJ}{kg}$
η_{LS} = Wirkungsgrad der eventuell vorhandenen Luftschleieranlage; für Räume ohne Luftschleieranlage gilt LS = 1; für Räume mit Luftschleieranlage gilt LS = 0,25.

Im o. a. Beispiel wird ein Kühlraum mit zwei Türen gezeigt (Bild 2.1).
In der Praxis ist nicht davon auszugehen, dass beide Türen gleichzeitig geöffnet werden und dabei noch gleich lang geöffnet bleiben. Die Berechnung bezieht sich daher lediglich auf eine der beiden Türen:

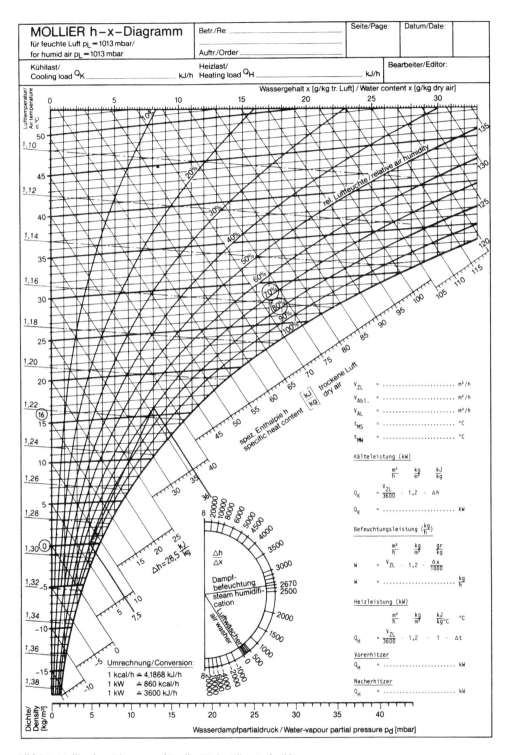

Bild 2.4 Mollier *h, x*-Diagramm (Quelle: Weiss-Klimatechnik)

Tabelle 2.2 Belegungsmassen m_B von Kühlgütern

Kühlgut	m_B kg/m³	Verpackung	Kühlgut	m_B kg/m³	Verpackung
Äpfel	350	Kisten	Kremtorte	70	Schacht.
Apfelsinen	400	Kisten	Möhren, gewürfelt	420	Expresso
Bananen	250	Bündel	Mandeln, geschält	500	Säcke
	300	Kartons	Mandeln, ungeschält	350	Säcke
Bier	600	Fässer	Mehl	700	Säcke
	650	Kisten	Milch	800	Kisten
Bohnen	600	Säcke	Muscheln	400	Körbe
	700	lose	Öl	650	Fässer
Brot	250	lose	Pfeffer	400	Säcke
Butter	650	Fässer	Pflaumen, getrocknet	600	Kisten
	1 000	Kartons		800	lose
Därme	500	Fässer	Reis	700	Säcke
Eier	350	Kisten	Rosinen	600	Kisten
Eigelb	600	Fässer	Rüben	600	lose
Eigelb, gefroren	1 000	Dosen	Rum	550	Fässer
Erbsen	700	Säcke	Schmalz	550	Kübel
Erdnüsse, geschält	400	Säcke	Sojabohnen	800	Säcke
Erdnüsse, ungeschält	250	Säcke	Speck, gesalzen	650	Fässer
Fett	900	Kisten	Südfrüchte	350	Kisten
Fisch, in Lake	350	Fässer	Tabak	350	Fässer
Heringe	800	Fässer		250	Ballen
Klippfisch	600	Kisten	Talg	500	Fässer
Sardinen	900	Fässer	Wein	400	Fässer
Fleisch, gefroren				650	Kisten
Rindfleisch	400	lose	Zucker	750	Säcke
Rinderviertel	300	lose	Zwiebeln	450	Säcke
Hammelfleisch	300	lose	Gefrierkonserven		
Schweinefleisch	350	lose	Apfelmus	670	Expresso
Fleisch, gekühlt hängend	350	lose	Beeren	450	Expresso
gesalzen	650	Büchsen	Blechkuchen	250	Kartons mit Folie
getrocknet	650	Ballen	Blumenkohl (Röschen)	330	Expresso
Getreide	650	lose	Bohnen, grün	370	Expresso
Honig	900	Fässer	Desserts	155	Kartons mit Folie

Tabelle 2.2 Fortsetzung

Kühlgut	m_B kg/m³	Verpackung	Kühlgut	m_B kg/m³	Verpackung
Kaffee, geschält	500	Säcke	Erbsen, grün	440	Expresso
Kaffee, ungeschält	450	Säcke	Fertiggericht	175	Assietten, 3teilig
Kakao	450	Säcke		325	Assietten, 1teilig
Kartoffeln	700	lose	Gurken in Scheiben	500	Expresso
	400	Säcke	Hefeklöße	260	Beutel
Käse	500	Kisten	Kirschen	450	Expresso
Linsen	600	Säcke	Kleingebäck	100	Beutel
Mais	700	Säcke	Kohl	610	Expresso
Makkaroni	200	Kisten	Möhren, mit Erbsen	420	Expresso
Malz	400	Fässer	Pflaumen, halbiert	510	Expresso
	650	Säcke	Spinat	610	Expresso
Mandarinen	450	Kisten	Tomaten in Scheiben	500	Expresso
Kohl	440	Expresso			

Tabelle 2.3 Belegungskoeffizienten η_B unter Berücksichtigung von Kontrollgängen, Wand- und Palettenständen

Lagerungsart	η_B
Gekühlte Güter (Langlagerung, palettisiert)	0,65 ... 0,7
Gekühlte Güter (Sortimentslagerung, palettisiert)	0,45 ... 0,5
Gefrierkonserven (Langlagerung, palettisiert)	0,75 ... 0,8
Gefrierkonserven (Sortimentslagerung, palettisiert)	0,5 ... 0,6

Aus den angegebenen Belegungsmassen m_B von Kühlgütern sowie den Belegungskoeffizienten η_B lassen sich die tatsächlich in einem Kühlraum gelagerten Massen leicht berechnen:

$$m = A_B \cdot H_{St} \cdot m_B \cdot \eta_B \qquad \text{in kg}$$

Darin bedeuten:

m = tatsächliche Kühlgutmasse in kg
A_B = Grundfläche des Kühlraumes in m²
H_{St} = max. Stapelhöhe des Kühlgutes in m
m_B = Belegungsmasse in kg/m³
η_B = Belegungskoeffizient

Tabelle 2.4 Warenumschlag

Art der Schiebetür	Art der Ware	$\tau_{Tür}$ min/t Warenumschlag
handbedient	gefrorene Tierkörper	15
	palettisierte Ware	6
mechanisch bedient	gefrorene Tierkörper	1
	palettisierte Ware	0,8

Aus der Tabelle 2.4 entnimmt man: 0,8 Min/Tonne Warenumschlag für eine mechanisch, manuell bediente Schiebetür bei palettengelagerter Ware.

- $\Delta T_{Tür} = 16$ K
- $\tau_{Tür} = 0,8$ Min/Tonne Warenumschlag
- $B_{Tür} = 1,2$ m
- $H_{Tür} = 2,0$ m
- $\varrho_{L,a} = 1,2215$ kg/m^3
- $\varrho_{L,i} = 1,2930$ kg/m^3
- $h_{L,a} = 36$ kJ/kg
- $h_{L,i} = 7,5$ kJ/kg
- $\eta_{LS} = 1,0$

Die Öffnungszeit der Kühlraumtür bezieht sich auf einen Warenumschlag in Min/t Kühlgut.

Für den Projektarbeiter stellt sich die Frage, wie viele Tonnen Kühlgut überhaupt eingelagert werden können.

In Tabelle 2.2 wird eine Berechnungsmöglichkeit aufgezeigt.

Aus der Tabelle wird für das entsprechende Kühlgut die Belegungsmasse ermittelt.

- Für Fleisch, gekühlt, hängend wird ein Wert von $m_B = 350$ kg/m^3 festgestellt.
- Die Grundfläche des Kühlraumes beträgt $A_B = 28,08$ m^2
- Die „Stapelhöhe" wird mit $H_{St} = 2,0$ m angenommen
- Der Belegungskoeffizient wird mit $\eta_B = 0,5$ festgestellt

Die Gesamtmasse im Raum errechnet sich jetzt zu:

$m = A_B \cdot H_{St} \cdot m_B \cdot \eta_B$ in kg

$m = 28,08 \cdot 2,0 \cdot 350 \cdot 0,5 = 9\,828$

$m = 9\,828$ kg

Der Kühlraum fasst somit knapp 10 Tonnen Fleisch. Für die weiteren Überlegungen wird aber nur die tägliche Wechselrate berücksichtigt, weil die Rechenwerte sonst zu einer Überdimensionierung der Bauteile führen würden.

Die tägliche Wechselrate wird mit realistischen 25 % von m_{ges} angesetzt. Daraus folgt: $\dot{m} = 2\,457$ kg/d.

Somit ist die Datensammlung zur Berechnung der Türöffnungsverluste vollständig!

Es ergibt sich:

$$\dot{Q}_{Tür} = [8,0 + (0,067 \cdot 16)] \cdot 0,082 \cdot 1,2930 \cdot 1,2 \cdot 2,0 \cdot \sqrt{2,0 \cdot \left(1 - \frac{1,2215}{1,2930}\right)} \cdot (36 - 7,5) \cdot 1$$

$$\dot{Q}_{Tür} = 21,88 \text{ W}$$

Nebenrechnung:

$$\tau_{\text{Tür}} = \frac{0,8 \text{ Min} \cdot 2,457 \, \cancel{t} \cdot \cancel{d}}{\cancel{t} \cdot 24 \text{ h} \cdot \cancel{d}} = 0,082$$

$$\varrho_{L,a} = \frac{1,293}{1 + \dfrac{16}{273,15}} = 1,2215 \, \frac{\text{kg}}{\text{m}^3}$$

2.1.2 Berechnung der inneren Lastanteile

2.1.2.1 Innere Lastanteile die unabhängig von der Kühlaufgabe anfallen

● **Festlegung der Beleuchtungswärme**

Für normale Lager-Kühlräume, ausgerüstet mit kältefesten Feuchtraumleuchten, IP68 staub- und druckwasserdicht, bei denen eine Nennbeleuchtungsstärke von 60 bis 100 lx nach DIN 5035 vorgesehen ist, kann der Projektbearbeiter eine Wärmebelastung von ca. 6 W/m² in seiner Berechnung ansetzen.

Für das o. a. Beispiel ergibt sich folgendes:

$$\dot{Q}_{\text{Beleuchtung}} = 28,08 \text{ m}^2 \cdot 6 \text{ W/m}^2 = 168,48 \text{ W}$$

$$\dot{Q}_{\text{Beleuchtung}} = 168,48 \text{ W}$$

Alternative Berechnung:
Bauseits wurden im Kühlraum 4 Kunststoffleuchten mit jeweils einer Leistung incl. Vorschaltgerät von 50 W/Stück installiert.

Die Berechnung des Beleuchtungswärmestromes erfolgt hierbei nach der Formel:

$$\dot{Q}_{\text{Beleuchtung}} = \frac{i \cdot P \cdot \tau}{24 \text{ h/d}} \text{ in W } \text{ mit}$$

i = Anzahl der Leuchten
P = Leistung der Leuchten incl. Vorschaltgerät
τ = Einschaltdauer; in der Regel 8 h/d

ergibt sich: $\dfrac{W \cdot \cancel{h} \cdot \cancel{d}}{\cancel{h} \cdot \cancel{d}}$

$$\dot{Q}_{\text{Beleuchtung}} = \frac{4 \cdot 50 \cdot 8}{24} = 66,6\overline{6}$$

$$\dot{Q}_{\text{Beleuchtung}} = 66,6\overline{6} \text{ W}$$

Gewählt wird der erste gerechnete Wert!

● **Festlegung der Personenwärme**

Aus der Tabelle 2.5 wird ein Wert von 270 W/Person bei einer Raumtemperatur $t_R = 0$ °C abgelesen.

Die Berechnung des Personenwärmestromes erfolgt nach folgender Formel:

$$\dot{Q}_{\text{Personen}} = \frac{i \cdot q \cdot \tau}{24 \text{ h/d}} \text{ in W } \text{ mit}$$

i = Anzahl der Personen; hier angenommen 3
q = spezifischer Wärmestrom abhängig von der Kühlraumtemperatur; hier 270 W/Pers.
τ = Aufenthaltszeit der Personen im Kühlraum; in der Regel werden 8 h/d eingesetzt

Tabelle 2.5 Wärmestrom von Personen

Raumtemperatur in °C	Wärmestrom je Person in W
20	180
15	200
10	210
5	240
0	270
–5	300
–10	330
–15	360
–20	390
–25	420

ergibt sich: $\dfrac{W \cdot \cancel{h} \cdot \cancel{d}}{\cancel{h} \cdot \cancel{d}}$

$$\dot{Q}_{Personen} = \frac{3 \cdot 270 \cdot 8}{24} = 270$$

$$\dot{Q}_{Personen} = 270\ W$$

Es ist darauf zu achten, dass $\tau_{Beleuchtung}$ und $\tau_{Personen}$ den gleichen Wert haben!

● **Ermittlung des Wärmestromes durch Gabelstaplerbefahrung**

Diese Berechnung entfällt im Beispiel! (Ansonsten Formel wie in „Festlegung der Personenwärme" benutzen. (Unterscheiden zwischen Fahrleistung und Hubleistung!)

● **Ermittlung des Wärmestromes durch Arbeitsmaschinen**

Siehe Punkt „Ermittlung des Wärmestromes durch Gabelstaplerbefahrung"!

2.1.2.2   Innere Lastanteile bedingt durch die Kühlaufgabe

● **Berechnung des Kühlgutwärmestromes**

Aus Punkt 2.1.1.4 wird die täglich gewechselte Kühlgutmasse mit $\dot{m}$ = 2 457 kg/d Fleisch übernommen.
Die spezifische Wärmekapazität des Fleisches wird aus den einschlägigen Kühlguttabellen entnommen. Zu beachten ist die richtige Auswahl der spezifischen Wärmekapazität c in $\dfrac{kJ}{kg\ K}$. Im o. a. Beispiel wurde eine Raumtemperatur t_R = 0 °C vorgegeben; daraus ergibt sich für Rindfleisch eine spezifische Wärmekapazität vor dem Gefrieren von $c = 3{,}2\ \dfrac{kJ}{kg\ K}$.

Weiterhin wird unter Berücksichtigung der Einhaltung der Kühlkette das Fleisch mit einer Kerntemperatur von +7 °C dem Verarbeitungsbetrieb angeliefert.

Die Berechnung des Kühlgutwärmestromes erfolgt nun nach der Formel:

$$\dot{Q}_A = \frac{\dot{m} \cdot c \cdot \Delta T}{86\,400\ \text{s/d}} \text{ in kW} \quad \text{mit} \quad \dot{m} \text{ in } \frac{\text{kg}}{\text{d}}$$

$$c \text{ in kJ/kg K}$$

$$\Delta T \text{ in K}$$

$$\text{ergibt sich: } \frac{\text{kg} \cdot \text{kJ} \cdot \text{K} \cdot \text{d}}{\text{d} \cdot \text{kg} \cdot \text{K} \cdot \text{s}}$$

$$\dot{Q}_A = \frac{2\,457 \cdot 3{,}2 \cdot 7}{86\,400} = 0{,}637$$

$$\dot{Q}_A = 637 \text{ W}$$

- **Berechnung des Atmungswärmestromes**

Diese Berechnung entfällt, weil Atmungswärme nur im Bereich der Obst- und Gemüsekühlung anfällt.

Um einen Überblick über die bereits ermittelten Berechnungsdaten zu erhalten, werden alle Rechenergebnisse in den Kühlraum-Berechnungsbogen eingetragen (siehe Tabelle 2.5).

Der ermittelte Gesamtwärmestrom von 1 902,89 W wird zur gewählten Betriebszeit der Kälteanlage von 16 h/d in Beziehung gesetzt und damit die vorläufige Verdampfungsleistung der Kälteanlage bestimmt.

$$\dot{Q}_{O,\,\text{vorläufig}} = \frac{1\,903{,}89 \cdot 24}{16} \text{ in W} \quad \text{mit}$$

- Gesamtwärmestrom in W
- Betriebszeit der Kälteanlage in h/d
- 24 h/d

$$\dot{Q}_{O,\,\text{vorläufig}} = 2\,855{,}84 \text{ W}$$

- **Ermittlung des Verdampferventilatormotorwärmestromes**

In diesem Stadium der Projektierung ist lediglich die vorläufige Verdampfungsleistung $\dot{Q}_{O,\,\text{vorläufig}}$ bekannt. Da noch keine Verdampferauswahl vorgenommen wurde, sind weder Verdampfertyp, noch die Anzahl und die Leistungsaufnahme der Lüftermotoren sowie die Leistung der elektrischen Abtauheizung bekannt.

In der Praxis geht man jetzt folgendermaßen vor:

Auf die Verdampfungsleistung wird ein Zuschlag von 20 % für die unbekannte Lüfter- und Abtauheizleistung aufgeschlagen und bei erfolgter Verdampferbemessung wird mit den bekannten Daten zurückgerechnet und kontrolliert.

$$\dot{Q}_{O,\,\text{vorläufig}} = 2856 \text{ W} + (0{,}2 \cdot 2856 \text{ W}) = 3427 \text{ W}$$

Beispiel:
Die Auswahl mittels Küba Software hat folgenden Verdampfertyp hervorgebracht: Küba Deckenluftkühler, Typ DZBE 051 mit folgenden technischen Daten:

$$\dot{Q}_O = 3{,}70 \text{ kW bei } t_{L1} = +2 \text{ °C und DT1} = 10 \text{ K}$$

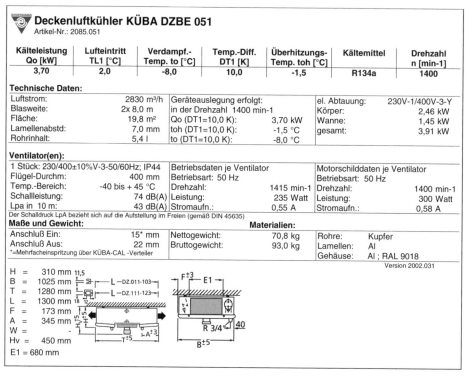

Deckenluftkühler KÜBA DZBE 051
Artikel-Nr.: 2085.051

Kälteleistung Qo [kW]	Lufteintritt TL1 [°C]	Verdampf.- Temp. to [°C]	Temp.-Diff. DT1 [K]	Überhitzungs- Temp. toh [°C]	Kältemittel	Drehzahl n [min-1]
3,70	2,0	-8,0	10,0	-1,5	R134a	1400

Technische Daten:

Luftstrom:	2830 m³/h	Geräteauslegung erfolgt:		el. Abtauung:	230V-1/400V-3-Y
Blasweite:	2x 8,0 m	in der Drehzahl 1400 min-1		Körper:	2,46 kW
Fläche:	19,8 m²	Qo (DT1=10,0 K):	3,70 kW	Wanne:	1,45 kW
Lamellenabstd:	7,0 mm	toh (DT1=10,0 K):	-1,5 °C	gesamt:	3,91 kW
Rohrinhalt:	5,4 l	to (DT1=10,0 K):	-8,0 °C		

Ventilator(en):

1 Stück: 230/400±10%V-3-50/60Hz; IP44		Betriebsdaten je Ventilator		Motorschilddaten je Ventilator	
Flügel-Durchm:	400 mm	Betriebsart: 50 Hz		Betriebsart: 50 Hz	
Temp.-Bereich:	-40 bis + 45 °C	Drehzahl:	1415 min-1	Drehzahl:	1400 min-1
Schalleistung:	74 dB(A)	Leistung:	235 Watt	Leistung:	300 Watt
Lpa in 10 m:	43 dB(A)	Stromaufn.:	0,55 A	Stromaufn.:	0,58 A

Der Schalldruck LpA bezieht sich auf die Aufstellung im Freien (gemäß DIN 45635)

Maße und Gewicht:				**Materialien:**	
Anschluß Ein:	15* mm	Nettogewicht:	70,8 kg	Rohre:	Kupfer
Anschluß Aus:	22 mm	Bruttogewicht:	93,0 kg	Lamellen:	Al
*=Mehrfacheinspritzung über KÜBA-CAL -Verteiler				Gehäuse:	Al ; RAL 9018

Version 2002.031

H = 310 mm
B = 1025 mm
T = 1280 mm
L = 1300 mm
F = 173 mm
A = 345 mm
W = -
Hv = 450 mm
E1 = 680 mm

Bild 2.5 Datenblatt für Deckenluftkühler

Der Verdampfer hat einen Lüftermotor mit einer Leistung von 235 W. Die elektrische Abtauheizung hat eine Leistung von 3,91 kW.

Die Berechnung des Verdampferventilatormotorwärmestromes erfolgt nach der Formel:

$$\dot{Q}_V = \frac{i \cdot P \cdot \tau_{\text{Lüfter}}}{\tau_{\text{Anlage}}} \text{ in W}$$

i = Anzahl der Lüfter
P = Lüfterleistung in W
$\tau_{\text{Lüfter}}$ = Betriebszeit Lüfter in h/d
τ_{Anlage} = Betriebszeit Anlage in h/d

ergibt sich: $\dfrac{W \cdot \cancel{h} \cdot \cancel{d}}{\cancel{h} \cdot \cancel{d}}$

$$\dot{Q}_V = \frac{1 \cdot 235 \cdot 16}{16} = 235$$

$$\dot{Q}_V = 235 \text{ W}$$

Tabelle 2.6 BFS Berechnungsbogen für Kühlräume

Kunde

Datum:

				Einheit				Summen-spalte
1. Art der Kühlräume	Fleischkühlraum		Lage:	EG				
2. Wärmedämmung	PU	Dicke	k-Wert	cm	$\frac{W}{m^2 K}$	10	0,19	
3. Innenmaße Wärmedämmung und Putz oder Fliesen		L×B×H		m		7,8×3,6×3,4		
4. Außenmaße		L×B×H		m		8,0×3,8×3,4		
5. Raumvolumen				m^3		95,47		
6. Außenluftzustände	t_a	φ_a		°C	%	+ 16	70	
7. Innenluftzustände	t_i	φ_i		°C	%	± 0	80	
8. Art des Kühlgutes				——		Rindfleisch		
9. eingebrachte Kühlgutmassen je Tag				$\frac{kg}{d}$		2 457		
10. Einbringtemperatur des Kühlgutes				°C		+ 7		
11. Gesamtmasse im Kühlraum				kg		9 828		
12. Begehung – Personen je Tag	Begehungszeit			$\frac{h}{d}$		3	8	
13. Beleuchtung	Einschaltzeit		W	$\frac{h}{d}$		168,48		
14. sonstige Wärmeströme	Zeit		W	$\frac{h}{d}$		——	——	
15. Wärmeeinströmung der Wand	1			W		——→		161,24
16. Wärmeeinströmung der Wand	2			W		——→		37,21
17. Wärmeeinströmung der Wand	3			W		——→		80,62
18. Wärmeeinströmung der Wand	4			W		——→		37,21
19. Wärmeeinströmung der Tür $\dot{Q}_E$				W		——→		21,88
20. Wärmeeinströmung der Decke $\dot{Q}_E$				W		——→		85,36
21. Wärmeeinströmung des Fußbodens $\dot{Q}_E$				W		——→		113,39
22. Luftwechsel je Tag				$\frac{i}{d}$		7,16		
23. Enthalpie aus h, x-Diagramm				$\frac{kJ}{kg}$		28,5		
24. Lufterneuerung $\dot{Q}_V$				W		——→		291,50
25. eingebrachte Kühlgutmassen je Tag				$\frac{kg}{d}$		2 457		
26. spez. Wärmekapazität vor dem Erstarren c				$\frac{kJ}{kg\,K}$		3,2		
27. spez. Wärmekapazität nach dem Erstarren c				$\frac{kJ}{kg\,K}$		——		
28. Erstarrungsenthalpie q				$\frac{kJ}{kg}$		——		
29. Atmungsenthalpie C_A				$\frac{kJ}{kg\,d}$		——		
30. Temperaturdifferenz ΔT				K		7		
31. Kühlgutwärmestrom – gesamt – $\dot{Q}_A$				W		——→		637
32. Atmungswärmestrom $\dot{Q}_A$				W				
33. Wärmestrom je Person – Tabelle –				W		270		
34. Wärmestrom durch Personen $\dot{Q}_V$				W		——→		270
35. Beleuchtungswärmestrom $\dot{Q}_V$				W		——→		168,48
36. sonstige Wärmeströme $\dot{Q}_V$				W		——→		
37. Gesamtwärmestrom $\dot{Q}$ (Addition)				W		+ ——→		1 903,89
38. Betriebszeit der Kälteanlage				$\frac{h}{d}$		⑯	18	
39. Verdampfungsleistung vorläufig $\dot{Q}_O$				W		——→		2 855,84
40. Verdampfungstemperatur – Kurve –				°C		–8		
41. Verdampfertype – nach Katalog –				——		DZBE 051		
42. Leistung der Lüfter – gesamt –				W		235		
43. Betriebszeit der Lüfter je Tag				$\frac{h}{d}$		16		
44. Ventilatorwärmestrom – Verdampfer – $\dot{Q}_V$				W		——→		235
45. Heizleistung des Verdampfers – gesamt –				W		——		
46. Abtauzeit je Tag				$\frac{h}{d}$		——		

Tabelle 2.6 Fortsetzung

	Einheit		Summen-spalte
47. Heizwärmestrom – Verdampfer – $\dot{Q}_H$	W	⟶	325
48. Verdampferleistung $\dot{Q}_O$ – effektiv –	W	+ ⟶	3 415,84
49. Kältemaschinentype – nach Katalog –	—		____
50. eff. Verdampfungs- und Verflüssigungstemperatur	°C		____
51. Kältemittel	R		____
52. sonstiges			____

Bundesfachschule für Kälte-Klima-Technik

● **Bestimmung des Wärmestromes durch elektrische Verdampferabtauheizung**

Aus der Tabelle für empfohlene Abtauzeiten (siehe Formeln, Tabellen und Diagramme für die Kälteanlagentechnik, 3. Auflage 2002, C. F. Müller Verlag, S. 73) entnimmt man für einen Fleischkühlraum: 4 Abtauungen zu je 20 Min. pro Tag.

Die Berechnung des Wärmestromes durch die elektrische Verdampferabtauheizung erfolgt nach der Formel:

$$\dot{Q}_{Abtau} = \frac{P \cdot \tau_{Abtau}}{\tau_{Anlage}} \text{ in W} \quad \text{mit} \quad P = \text{Heizleistung der Abtauheizung}$$

$$\tau_{Abtau} = \text{Abtauzeit in h/d}$$

$$\text{ergibt sich: } \frac{W \cdot \not{h} \cdot \not{d}}{\not{h} \cdot \not{d}}$$

$$\dot{Q}_{Abtau} = \frac{3\,910 \cdot 1,33}{16} = 325$$

$$\dot{Q}_{Abtau} = 325 \text{ W}$$

● **Rückrechnung zur Ermittlung der effektiven Verdampferleistung**

Verdampferleistung $\dot{Q}_O$ = 3 700 W bei t_{L1} = +2 °C und DT1 = 10 K; Verdampfungsleistung vorläufig (Pos. 39 Berechnungsbogen) $\dot{Q}_{O, vorläufig}$ = 2 856 W + Lüftermotorwärmestrom 235 W + Wärmestrom Abtauheizung 325 W. Hieraus resultiert eine effektive Verdampferleistung von $\dot{Q}_{O, effektiv}$ = 3 416 W.

2.1.3   Übungsaufgaben

1. Berechnen Sie den Temperaturverlauf von innen nach außen durch den Fußbodenaufbau aus dem Berechnungsbeispiel!

2. Bei der Projektierung eines Obst- und Gemüsekühlraumes beträgt der Gesamtwärmestrom (Pos. 37 Berechnungsbogen) 2 890 W. Wie groß ist die vorläufige Verdampfungsleistung $\dot{Q}_{O, vorläufig}$ bei einer Anlagenbetriebszeit von 18 h/d?

3. Berechnen Sie den Atmungswärmestrom verschiedener Obst- und Gemüsesorten die in einem Obst- und Gemüsekühlraum vor dem Verkauf bei +5 °C eingelagert werden sollen.

    30 kg Apfelsinen
    50 kg Äpfel
    15 kg Blumenkohl mit ganzem Blatt
    100 kg Frühkartoffeln
    30 kg Birnen
    10 kg Zitronen
    15 kg Möhren mit Laub

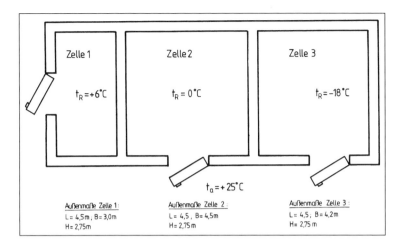

Bild 2.6
Kühlzellen-
kombination

4. Berechnen Sie für die nachfolgend gezeigte Kühlzellenkombination mit Boden die Wärmeeinströmung für jede Zelleneinheit! (siehe Bild 2.6)

   Gegeben: k-Wert = 0,19 W/m² K für Wände, Decken, Boden
   δ = 100 mm, allseits; t_{Boden} = +15 °C

   t_a = +25 °C; φ_a = 70 %, allseits

   Außenmaße Zelle 1:
   L = 4,5 m; H = 2,75 m; B = 3,0 m

   Außenmaße Zelle 2:
   L = 4,5 m; H = 2,75 m; B = 4,5 m

   Außenmaße Zelle 3:
   L = 4,5 m; H = 2,75 m; B = 4,2 m

5. Berechnen Sie den Wärmestrom für die Kühlgutabkühlung, wenn in Zelle 2 (siehe Bild 2.4) täglich 1,1 t Rindfleisch von $t_{Einbring}$ = +7 °C auf t_{Kern} = 0 °C abzukühlen sind.

6. In einer Gefrierzelle mit einem k-Wert von 0,13 W/m² K, bei einer Wandstärke von 150 mm PU-Hartschaum sollen in 8 Stunden in einem Kaltluftstrom von t_L = –35 °C 20 Rinderviertel auf t_{Kern} = –18 °C gefroren werden. Die Einbringtemperatur beträgt $t_{Einbring}$ = +7 °C.

   Berechnen Sie die Kühlgutwärme in Wh, sowie die erforderliche Leistung in kW!

2.1.4 Lösungsvorschläge

1. Formel zur Berechnung: t_R = 0 °C

$$t_R - t_R^I = k \cdot \Delta T_{ges} \cdot \frac{1}{\alpha_i} = 0{,}2692 \cdot 15 \cdot \frac{1}{19} = 0{,}2125 \text{ K}$$

$$K = \frac{W \cdot K \cdot m^2 K}{m^2 K \cdot W} \qquad\qquad t_R^I = 0{,}2125 \text{ °C}$$

$$t_R^I - t_B^I = k \cdot \Delta T_{ges} \cdot \frac{\delta_1}{\lambda_i} = 0{,}2692 \cdot 15 \cdot \frac{0{,}015}{1{,}05} = 0{,}0577 \text{ K}$$

$$t_B^I = 0{,}2702 \text{ °C}$$

$$t_B^I - t_B^{II} = k \cdot \Delta T_{ges} \cdot \frac{\delta_2}{\lambda_2} = 0{,}2692 \cdot 15 \cdot \frac{0{,}05}{1{,}924} = 0{,}1049 \text{ K}$$
$$t_B^{II} = 0{,}3751 \text{ °C}$$

$$t_B^{II} - t_B^{III} = k \cdot \Delta T_{ges} \cdot \frac{\delta_3}{\lambda_3} = 0{,}2692 \cdot 15 \cdot \frac{0{,}10}{1{,}279} = 0{,}3157 \text{ K}$$
$$t_B^{III} = 0{,}6908 \text{ °C}$$

$$t_B^{III} - t_B^{IV} = k \cdot \Delta T_{ges} \cdot \frac{\delta_4}{\lambda_4} = 0{,}2692 \cdot 15 \cdot \frac{0{,}10}{0{,}030} = 13{,}46 \text{ K}$$
$$t_B^{IV} = 14{,}15 \text{ °C}$$

$$t_B^{IV} - t_B^{V} = k \cdot \Delta T_{ges} \cdot \frac{\delta_5}{\lambda_5} = 0{,}2692 \cdot 15 \cdot \frac{0{,}015}{0{,}16} = 0{,}3786 \text{ K}$$
$$t_B^{V} = 14{,}5286 \text{ °C}$$

$$t_B^{V} - t_{Erde}^{VI} = k \cdot \Delta T_{ges} \cdot \frac{\delta_6}{\lambda_6} = 0{,}2692 \cdot 15 \cdot \frac{0{,}15}{1{,}279} = 0{,}4736 \text{ K}$$
$$t_{Erde} = +15{,}00 \text{ °C}$$

2. Gesamtwärmestrom = 2 890 W

Anlagenbetriebszeit = 18 h/d

$$\text{vorläufige Verdampfungsleistung} = \frac{\text{Gesamtwärmestrom} \cdot 24}{18} \text{ in W}$$

$$\text{vorläufige Verdampfungsleistung} = \frac{2\,890 \text{ W} \cdot 24 \, h \cdot d}{18 \, h \cdot d} = 3\,853{,}3\overline{3} \text{ W}$$

3. $\dot{Q}_{Atmung} = \dfrac{m \cdot q}{86\,4000}$ in kW   mit

$\dot{Q}_{Apfelsinen} = \dfrac{30 \cdot 1{,}68}{86\,4000} \cdot 1\,000$

$\dot{Q}_{Apfelsinen} = 0{,}58$ W

$\dot{Q}_{\ddot{A}pfel} = 1{,}11$ W

$\dot{Q}_{Blumenkohl} = 0{,}78$ W

$\dot{Q}_{Kartoffeln} = 3{,}47$ W

$\dot{Q}_{Birnen} = 0{,}32$ W

$\dot{Q}_{Zitronen} = 0{,}49$ W

$\dot{Q}_{M\ddot{o}hren} = 0{,}42$ W

$\dot{Q}_{gesamt} = 7{,}17$ W

m in kg; beim Atmungswärmestrom wird nicht die tägliche Wechselrate $\dot{m}$ in kg/d, sondern die ganze Lagermenge m in kg eingesetzt

q in $\dfrac{kJ}{kg\,d}$ (Werte aus Formeln, Tabellen und Diagramme für die Kälteanlagentechnik, 3. Auflage 2002, C. F. Müller Verlag, S. 37 ff)

86 400 s/d

ergibt sich: $\dfrac{kg \cdot kJ \cdot d}{s \cdot kg \cdot d} \cdot \dfrac{1\,000 \text{ W}}{kW}$

4. Innenmaße Zelle 1:

$L = 4{,}3$ m; $B = 2{,}8$ m; $H = 2{,}55$ m

$\dot{Q}_{E1} = (4{,}3 \cdot 2{,}55) \cdot 0{,}19 \cdot 19 = 39{,}58$ mit $\dot{Q}_E = A \cdot k \cdot \Delta T$ in $\dfrac{m^2 \cdot W \cdot K}{m^2 \cdot K}$

$\dot{Q}_{E2} = (2{,}8 \cdot 2{,}55) \cdot 0{,}19 \cdot 19 = 25{,}78$

$\dot{Q}_{E3} = (4{,}3 \cdot 2{,}55) \cdot 0{,}19 \cdot 6 = -12{,}50$ fließt ab in Zelle 2

$\dot{Q}_{E4} = (2{,}8 \cdot 2{,}55) \cdot 0{,}19 \cdot 19 = 25{,}78$

$\dot{Q}_{EB} = (4{,}3 \cdot 2{,}8) \cdot 0{,}19 \cdot 9 = 20{,}59$

$\dot{Q}_{ED} = (4{,}3 \cdot 2{,}8) \cdot 0{,}19 \cdot 9 = 43{,}46$

$\dot{Q}_{E,ges} = $ \hspace{4em} 142,69 W

Innenmaße Zelle 2:

$L = 4{,}3$ m; $B = 4{,}3$ m; $H = 2{,}55$ m

$\dot{Q}_{E1} = (4{,}3 \cdot 2{,}55) \cdot 0{,}19 \cdot 6 = 12{,}50$ mit $\dot{Q}_E = A \cdot k \cdot \Delta T$ in $\dfrac{m^2 \cdot W \cdot K}{m^2 \cdot K}$

$\dot{Q}_{E2} = (4{,}3 \cdot 2{,}55) \cdot 0{,}19 \cdot 25 = 52{,}08$

$\dot{Q}_{E3} = (4{,}3 \cdot 2{,}55) \cdot 0{,}19 \cdot 18 = -37{,}50$ fließt ab in Zelle 3

$\dot{Q}_{E4} = (4{,}3 \cdot 2{,}55) \cdot 0{,}19 \cdot 25 = 52{,}08$

$\dot{Q}_{EB} = (4{,}3 \cdot 4{,}3) \cdot 0{,}19 \cdot 15 = 52{,}70$

$\dot{Q}_{ED} = (4{,}3 \cdot 4{,}3) \cdot 0{,}19 \cdot 25 = 87{,}83$

$\dot{Q}_{E,ges} = $ \hspace{4em} 219,69 W

Innenmaße Zelle 3:

$L = 4{,}3$ m; $B = 4{,}0$ m; $H = 2{,}55$ m

$\dot{Q}_{E1} = (4{,}3 \cdot 2{,}55) \cdot 0{,}19 \cdot 18 = 37{,}50$ mit $\dot{Q}_E = A \cdot k \cdot \Delta T$ in $\dfrac{m^2 \cdot W \cdot K}{m^2 \cdot K}$

$\dot{Q}_{E2} = (4{,}0 \cdot 2{,}55) \cdot 0{,}19 \cdot 43 = 83{,}33$

$\dot{Q}_{E3} = (4{,}3 \cdot 2{,}55) \cdot 0{,}19 \cdot 43 = 89{,}58$

$\dot{Q}_{E4} = (4{,}0 \cdot 2{,}55) \cdot 0{,}19 \cdot 43 = 83{,}33$

$\dot{Q}_{EB} = (4{,}3 \cdot 4{,}0) \cdot 0{,}19 \cdot 33 = 107{,}84$

$\dot{Q}_{ED} = (4{,}3 \cdot 4{,}0) \cdot 0{,}19 \cdot 43 = 140{,}52$

$\dot{Q}_{E,ges} = $ \hspace{4em} 542,10 W

5. $\dot{Q}_A = \dfrac{\dot{m} \cdot c \cdot \Delta T}{86\,400}$ in kW mit $\dot{m}$ in $\dfrac{kg}{d}$

$\qquad\qquad\qquad c$ in $\dfrac{kJ}{kg\,K}$

$\qquad\qquad\qquad \Delta T$ in K

$\qquad\qquad\qquad 86\,400$ s/d

$\qquad\qquad\qquad$ ergibt sich: $\dfrac{kg \cdot kJ \cdot K \cdot d}{d \cdot kg \cdot K \cdot s}$

$$\dot{Q}_A = \frac{1\,100 \cdot 3{,}2 \cdot 7}{86\,400} = 0{,}2852$$

$$\dot{Q}_A = 0{,}2852 \text{ kW} \;\hat{=}\; 285{,}2 \text{ W}$$

6. spezifische Wärmekapazität vor dem Gefrieren: $c = 3{,}2 \; \dfrac{\text{kJ}}{\text{kg K}}$

Erstarrungswärme: $q = 231 \; \dfrac{\text{kJ}}{\text{kg}}$

spezifische Wärmekapazität nach dem Gefrieren: $c = 1{,}7 \; \dfrac{\text{kJ}}{\text{kg K}}$

1 Rinderviertel hat eine Masse von 75 kg; höchster Gefrierpunkt: −1,5 °C

$Q_{\text{Abkühlung}} = m \cdot c \cdot \Delta T$ in kJ mit m in kg

$$c \text{ in } \frac{\text{kJ}}{\text{kg K}}$$

$$\Delta T \text{ in K}$$

$$\text{ergibt sich: } \frac{\text{k\!g} \cdot \text{kJ} \cdot \text{K}}{\text{k\!g} \cdot \text{K}}$$

$Q_{\text{Ab}} = (20 \cdot 75) \cdot 3{,}2 \cdot 8{,}5 = 40\,800$

$Q_{\text{Ab}} = 40\,800$ kJ

$Q_{\text{Erst.}} = m \cdot q$ in kJ mit m in kg

$$q \text{ in } \frac{\text{kJ}}{\text{kg}}$$

$$\text{ergibt sich: } \frac{\text{k\!g} \cdot \text{kJ}}{\text{k\!g}}$$

$Q_{\text{Erst.}} = (20 \cdot 75) \cdot 231 = 346\,500$

$Q_{\text{Erst.}} = 346\,500$ kJ

$Q_{\text{Unterkühlen}} = m \cdot c \cdot \Delta T$ in kJ

$Q_{\text{Unterkühlen}} = (20 \cdot 75) \cdot 1{,}7 \cdot 16{,}5 = 42\,075$

$Q_{\text{Unterkühlen}} = 42\,075$ kJ

$Q_{\text{ges}} = Q_{\text{Abkühlen}} + Q_{\text{Erstarrung}} + Q_{\text{Unterkühlung}}$ in kJ

$Q_{\text{ges}} = 40\,800$ kJ $+ 346\,500$ kJ $+ 42\,075$ kJ

$$Q_{\text{ges}} = \frac{429\,375 \text{ kJ}}{3{,}6} = 119\,271 \text{ Wh}; \quad \text{kJ}: 3{,}6 = \text{Wh}$$

$Q_{\text{ges}} = 119\,271$ Wh

$$\dot{Q}_{\text{ges}} = \frac{119\,271 \text{ Wh}}{8 \text{ h}} = 14\,909 \text{ W}$$

$\dot{Q}_{\text{ges}} = 14{,}91$ kW

2.2 Die Projektierung der Verdampfer

Bei den luftbeaufschlagten Verdampfern sind die Luftkühler mit natürlicher Luftumwälzung (statische Kühler für die sogenannte „stille Kühlung"), von den Luftkühlern mit erzwungener Luftumwälzung zu unterscheiden.

Die letztgenannte Art kommt heute zu über 80 % als sogenannter saugender Hochleistungsverdampfer zum Einsatz. Als Vorteil der saugenden Bauart, bei welcher der oder die Ventilatoren auf der Vorderseite angeordnet werden, sind zu nennen:

1. Die Ventilatoren stehen unter der Sichtkontrolle des Anlagenbenutzers.
2. Durch den frontseitigen Einbau vereinfachen sich die Servicearbeiten.
3. Der Anblasquerschnitt des Kühlerblocks kann im Gegensatz zum drückenden Verdampfer, dessen Ventilator auf der quadratischen Gehäuserückseite montiert ist, in rechteckiger Form (Seitenverhältnis 1 : 1,7) gestaltet werden.

Zur Verbesserung der Luftwurfweiten der saugenden Ausführung wurde beispielsweise das Ventilatorlüfterschutzgitter so konzipiert, dass es einerseits Luftgleichrichterfunktion und andererseits Schutzgitterfunktion erfüllt.

Der Vorteil dieser Konstruktion ist, dass der Primärluftstrom geradegerichtet und gebündelt den Verdampfer verlässt, bei gleichzeitig ca. 20 K reduzierter Motorwicklungstemperatur.

In einem Kühlraum soll das Kühlgut nicht vom Primärluftstrom angeblasen werden.

Es ist vorteilhafter, wenn ein aus dem Verdampfer austretender gerichteter Luftstrom über dem Kühlgut an der Kühlraumdecke entlang geführt wird, der die gegenüber liegende Wand noch mit mindestens 0,25 bis 0,5 m/s erreicht.

Dieser Primärluftstrom zieht dann einen Sekundärluftstrom über das Kühlgut mit sich und vermischt sich mit diesem in einem Bereich in dem kein Kühlgut lagert.

Dabei ist es nicht so entscheidend, wenn bei kleinen Räumen die so gemischte Luft die gegenüberliegende Wand mit einer etwas größeren Geschwindigkeit erreicht, da sie ja im Kreislauf wieder zurückgeführt wird.

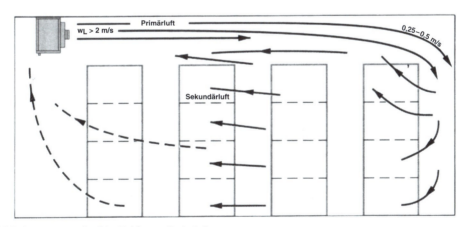

Bild 2.7 Strömungsverlauf im Kühlraum (Beispiel)

Der Verdampfer darf – ebenso wie die anderen Komponenten des Kältekreislaufes – nicht isoliert betrachtet werden. Unmittelbar beeinflusst wird seine Leistung durch das Expansionsventil. Der Verdampfer und das Expansionsventil bilden einen Regelkreis.

Es kann einerseits nicht mehr Kältemittel verdampfen als das Expensionsventil passieren lässt und andererseits kann das Expansionsventil nicht richtig regeln, wenn der Verdampfer kein vernünftiges Überhitzungssignal liefert.

Geht man davon aus, ca. 10 % der Verdampferfläche für die Sauggasüberhitzung zu opfern, so erhält man einen Überhitzungsgrad von 0,65.

Der Überhitzungsgrad gibt nach DIN 8955 das Verhältnis der gemessenen zur maximal möglichen Überhitzung an. Er ist ein Maß für die Verdampferausnutzung und wird als Quotient

$$\frac{\Delta t_{Oh}}{\Delta t_1} = f \quad \text{dargestellt.}$$

Die Überhitzung Δt_{Oh} ist dabei die Differenz zwischen der Überhitzungstemperatur t_{Oh} am Ausgang des Verdampfers und der Verdampfungstemperatur t_O. Die Verdampfungstemperatur t_O ist die dem Absolutdruck des Kältemittels entsprechende Sättigungstemperatur am Sauganschluss des Kühlsystems *einschließlich des Wärmetauschers*, wenn dieser in den Ventilator-Luftkühler fest eingebaut ist.

Als Überhitzungstemperatur t_{Oh} wird bezeichnet die Temperatur des den Kühler verlassenden Kältemitteldampfes, gemessen an der Rohrwand an der vom Hersteller zur Anbringung des Fühlers des Expansionsventils vorgesehenen Stelle oder nach dem Wärmeaustauscher, wenn dieser fester Bestandteil des Ventilator-Luftkühlers ist. Diese Stelle darf höchstens 500 mm hinter dem Anschluss des Ventilator-Luftkühlers liegen und muss innerhalb des Kühlraumes sein.

Die Eintrittstemperaturdifferenz Δt_1 ist die Differenz zwischen der Lufteintrittstemperatur (Raumtemperatur) $t_{L1} = t_R$ und der Verdampfungstemperatur t_O.

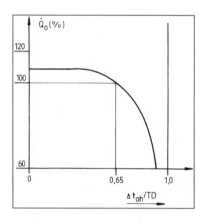

Bild 2.8

Bild 2.8 zeigt das Verhältnis von Überhitzungsgrad zu Verdampferleistung. Als Beispiel für den Einfluss der Überhitzung auf die Verdampferleistung sei folgendes aufgezeigt:

$t_R = t_{L1} = 0\ °C$

$t_O = -8\ °C$

$t_{Oh} = -2\ °C$

$$f = \frac{\Delta t_{Oh}}{\Delta t_1} = \frac{271,15\ K - 265,15\ K}{273,15\ K - 265,15\ K} = 0,75$$

$\Delta t_1 \mathrel{\hat{=}} TD$

Daraus erfolgt eine sinkende Verdampferleistung (siehe Bild 2.8).

Erfahrungsgemäß regeln jedoch thermostatische Expansionsventile erst ab Überhitzungen von 5 bis 7 K stabil, darunter tritt das so genannte Hunting auf. Dies bedeutet, dass Temperaturdifferenzen (TD = $t_R - t_O$) unter 8 bis 11 K konventionell nur schwer erzielbar sind ($\Delta T_{Arbeitsüberhitzung} = 0{,}7 \cdot TD$).

Die Verdampferleistung wird nur erreicht, wenn erstens die Luftumwälzung nicht eingeschränkt wird, welches durch ungünstige Kühlgutanordnung bzw. ungünstige Verdampferanordnung hervorgerufen zum Luftkurzschluss am Verdampfer führen kann.

Dort, wo schlecht gesteuerte Abtauvorrichtungen Verdampfer unstatthaft stark bereifen lassen, oder sich sogar Dauervereisungen einstellen, kann die Verwirbelung der Luft in Drehrichtung so stark werden, dass sie einem extrem radialen Ausblasen entspricht.

Wenn mehrere ungünstige bauliche Gegebenheiten zusammentreffen, kann es bis zum Totalzusammenbruch der Wurfweite kommen, mit der Folge einer schlechten bis ganz unterbrochenen Durchspülung des Raumes und einer Verschlechterung der Qualität des Kühl- oder Gefrierguts.

Für den Betrieb der Kälteanlage kann dies bedeuten: Vergrößerung der Temperaturdifferenz durch Kurzschlussluftstrom und auch Hunting am Expansionsventil durch Luftschwallbeeinflussung des Ventilfühlers.

Zweitens wird die Verdampferleistung nur erreicht, wenn die Überhitzung am Ende des Verdampfers nicht mehr als das 0,5- bis 0,7fache der Temperaturdifferenz zwischen Raumtemperatur und Verdampfungstemperatur beträgt und drittens die Stillstandzeit der Kälteanlage pro Tag für eine genügend große Zahl von Abtauzyklen ausreicht.

Legt man für die Verdampferleistung die Gleichung $\dot{Q}_O = A \cdot k \cdot \Delta T$ in W zugrunde, so erkennt man z. B. auch die Notwendigkeit der Auswahl des richtigen Lamellenabstandes daran, dass je nach Oberflächenbereifungszustand der Wärmedurchgangskoeffizient sowie die Eintrittstemperaturdifferenz Δt_1 nachhaltig beeinflusst werden.

Beispiel:

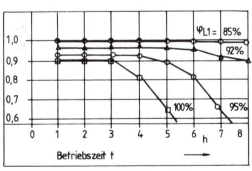

Bild 2.9
Abhängigkeit des Wärmedurchgangskoeffizienten k von der rel. Luftfeuchtigkeit φ_{L1} am Eintritt von der Betriebszeit t (1,0 entspricht dem Wert bei trockener Lamelle)

Verdampfungstemperatur	$t_0 = -25\ °C$	Rohranordnung	50×50 mm
Lufteintritt	$t_{L1} = -17\ °C$	fluchtend	
Luftgeschwindigkeit	$w_L = 2{,}7$ m/s	Lamellenabstand	5 mm
Cu-Rohr	15 mm $\varnothing$	Rohrreihen in Luftrichtung	4

Im Bild 2.9 ist der Verlauf des Wärmedurchgangskoeffizienten k über die Betriebszeit bei verschiedenen Luftfeuchtigkeiten φ_{L1} am Eintritt aufgetragen.

Bei der üblichen rel. Luftfeuchtigkeit in Tiefkühlräumen φ_{L1} von 75 bis 90 % liegt die Leistung eines hierfür geeigneten Verdampfers von Anfang an ca. 5 bis 10 % unter der Normleistung des trockenen Verdampfers und kann problemlos 8 b 10 Betriebsstunden gehalten werden.

Wie in Bild 2.9 weiterhin zu sehen ist, hängt das Betriebsverhalten und die Standzeit von bereifenden Verdampfern bei geometrisch ähnlichen Lamellensystemen (gleicher Lamellenabstand, gleicher Rohrdurchmesser und gleiche Rohranordnung) und bei gleicher Luftgeschwindigkeit weitgehend von der rel. Luftfeuchtigkeit am Eintritt des Kühlers ab.

Wird jedoch ein Verdampfer mit anderem Lamellenabstand, Rohrdurchmesser, Rohrteilung und Rohranordnung eingesetzt, so ergeben sich bei den gleichen Kühlraumbedingungen gravierende Unterschiede im Betriebsverhalten.

Bild 2.10, 2.11 und 2.12 zeigen das Betriebsverhalten von Verdampfern gleicher Bauart, jedoch mit unterschiedlichem Lamellenabstand LA = 3,0 mm bzw. 4,7 und 7,6 mm.

Vergleicht man die Leistungen bei trockener Kühleroberfläche, so ist sie beim Verdampfer in Bild 2.10 (Lamellenabstand LA = 3,0 mm) am größten. Die trockene Kühlerleistung beim Verdampfer in Bild 2.12 (Lamellenabstand LA = 7,6 mm) ist um ca. 20 % geringer.

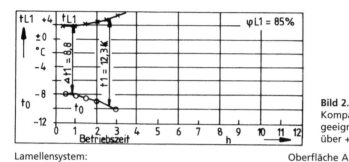

Bild 2.10
Kompaktverdampfer
geeignet bei Kühlräumen
über +5 °C

Lamellensystem:		Oberfläche A	= 36,3 m²
Cu-Rohr	15 mm Ø	Oberfläche/freiem Volumen	
Rohranordnung fluchtend	50 × 50 mm	A/V_{frei}	= 713,0 m²/m³
Lamellenabstand	= 3,0 mm	w_L	= 2,2 m/s

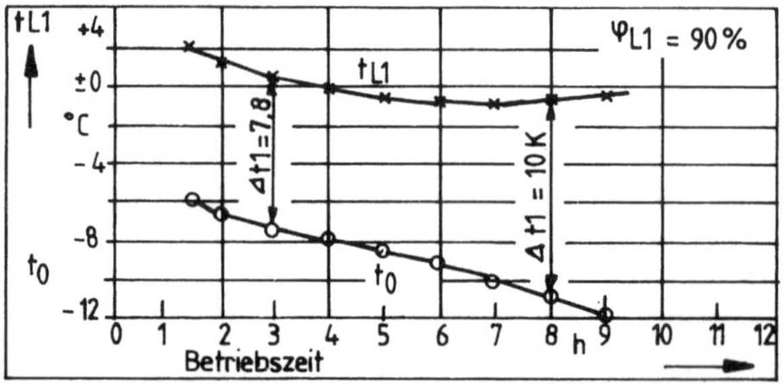

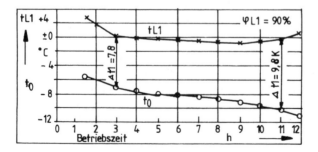

Bild 2.11
Standardverdampfer

Cu-Rohr	15 mm Ø	Lamellenabstand	= 4,7 mm
Rohranordnung	50 × 50 mm	A	= 29,5 m²
fluchtend		A/V_{frei}	= 449,0 m²/m³
		w_L	= 2,4 m/s

Bild 2.12
Verdampfer geeignet bei großem
Reifanfall

Cu-Rohr	15 mm Ø	Lamellenabstand	= 7,6 mm
Rohranordnung	50 x 50 mm	A	= 18,8 m²
fluchtend		A/V$_{frei}$	= 282,2 m²/m³
		w$_L$	= 2,5 m/s

Der Verdampfer mit dem größten Lamellenabstand LA = 7,6 mm (Bild 2.12) erreicht Standzeiten von über zehn Stunden. Beim Verdampfer mit engerem Lamellenabstand LA = 4,7 mm (Bild 2.11) vermindern sich die Standzeiten bei den gleichen Betriebsbedingungen auf 7 bis 8 Stunden. Beim Verdampfer in Bild 2.10 mit einem Lamellenabstand LA = 3 mm, ist die „Standzeit" sogar kleiner als drei Stunden.

> Die Standzeit ist dann erreicht, wenn die Temperaturdifferenz Δt_1 zwischen Lufteintrittstemperatur t_{L1} und Verdampfungstemperatur t_O um ca. 25 % zugenommen hat.

Beim Verdampfer in Bild 2.11 steigt die Temperaturdifferenz am Eintritt von Δt_1 = 7,8 K nach einer Betriebszeit von drei Stunden auf Δt_1 = 10 K nach acht Stunden an. Damit ergibt sich eine Standzeit von 8 Stunden.

> Das Erreichen der Standzeit bedeutet in der Praxis schlicht und einfach, dass der Verdampfer abgetaut werden muss und damit der Kühlvorgang unterbrochen wird.

2.2.1   Auslegung von Ventilator-Luftkühlern

Die Hersteller geben eine Empfehlung für die Einsatzbereiche der einzelnen Lamellenabstände der Verdampfer wie folgt an:

LA = 4,5 mm:
- Anlagen mit Verdampfungstemperaturen ≥ 0 °C
- Räume mit kleiner TD (5 bis 6 K)
- Gefrierlagerräume mit geringem Feuchtigkeitsanfall
- Flaschenkühlung

LA = 7,0 mm:
- Fleischkühlräume
- Tiefkühlräume

- Gefrierräume

LA = 12,0 mm:
- Räume mit hohem Feuchtigkeitsanfall und Verdampfungstemperaturen ≤ –3 °C, z. B. Schnellabkühlungs- und Schockräume.
- Anlagen, die aus versorgungstechnischen Gründen nur nachts abgetaut werden dürfen.

Die Auswahl der entsprechenden Produktlinie und der genauen Verdampfertypen hängt ursächlich mit der Kühlaufgabe zusammen.

In der Kältebedarfsrechnung wurde der Kühlgutwärmestrom bereits berechnet und dazu die Rahmendaten wie z. B. die spezifische Wärmekapazität des Kühlgutes, der höchste Gefrierpunkt des Kühlgutes, die optimale Lagertemperatur und die relative Luftfeuchte zur ordnungsgemäßen Lagerung des Kühlgutes aus der Kühlguttabelle entnommen.

Der Einfluss der Temperaturdifferenz zwischen Raumtemperatur und Verdampfungstemperatur auf die Entfeuchtung der Kühlraumluft und einer damit entstehenden Abweichung von der Vorgabe wird im nachfolgend dargestellten Beispiel gezeigt.

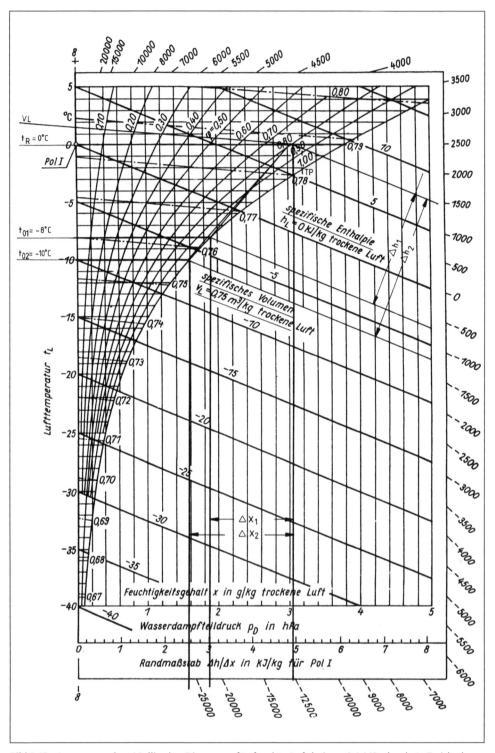

Bild 2.13 Auszug aus dem Mollier-h,x-Diagramm für feuchte Luft bei p = 0,1 MPa (nach A. Zwicker)

Wie aus dem Mollier-*h*, *x*-Diagramm (Bild 2.13) ersichtlich wird, vergrößert sich mit sinkender Verdampfungstemperatur, d. h. vergrößerter Temperaturdifferenz (TD = t_R–t_O) der Anteil der Entfeuchtung der Raumluft.

Die richtige Bemessung der für die entsprechende Kühlaufgabe erforderlichen Temperaturdifferenz zur Einhaltung der geforderten relativen Luftfeuchte und der Regelstabilität des thermostatischen Expansionsventils wird der nachfolgend gezeigten Graphik entnommen.

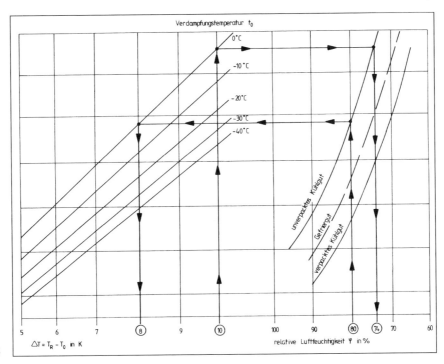

Bild 2.14

Beispiel:

In einem Obst- und Gemüsekühlraum sollen dreiviertelreife Tomaten für 1–2 Wochen eingelagert werden.

Die erforderliche relative Luftfeuchte beträgt bei diesem Kühlgut

φ = 0,80, die Lagertemperatur +8 °C bis +10 °C, die Kälteleistung beträgt $\dot{Q}_O$ = 3,5 kW. Ausgehend von der relativen Luftfeuchte von

φ = 0,80 ergibt sich bei einer Raumtemperatur von t_R = +8 °C und einer angesetzten Verdampfungstemperatur des Kältemittels von t_O = 0 °C eine Temperaturdifferenz von TD = 8 K.

Wird die Temperaturdifferenz auf ΔT = 10 K vergrößert, so stellt sich naturgemäss eine Entfeuchtung auf ca. φ = 0,74 ein. Mit der festgelegten Temperaturdifferenz TD = 8 K wird im Herstellerkatalog (Küba) ein passender Verdampfer dimensioniert.

Ausgewählt wird ein Ventilator-Luftkühler Fabrikat Küba, Typ SGA 51.

Wenn der Schnittpunkt von Kälteleistung und TD zwischen zwei Verdampfertypenkurven liegt, wird der nächstgrößere Typ gewählt. Dies führt zu einer Verkleinerung der

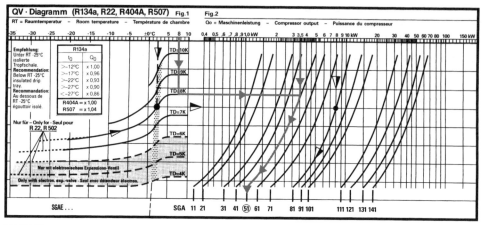

Bild 2.15

Temperaturdifferenz TD am Verdampfer wenn die Kältemaschinenleistung gleich bleibt und damit zu einer geringeren Raumluftentfeuchtung. Auf der folgenden Seite sind alle wichtigen technischen Daten des Verdampfers zu entnehmen.

Eine elektrische Abtauheizung (Verdampfertype SGAE 51) ist für das o. a. Beispiel nicht erforderlich, weil der Einsatzbereich vor der Reifgrenze liegt.

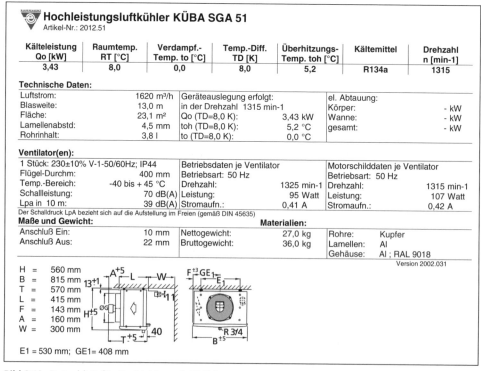

Bild 2.16 Datenblatt für Hochleistungsluftkühler

2.2.2 Übungsaufgaben

1. Projektieren Sie einen Hochleistungsluftkühler Fabrikat Küba, Typ SGLE für eine Raumtemperatur t_R = + 2 °C; TD = 8 K und eine Kälteleistung $\dot{Q}_O$ = 4,5 kW. Der Verdampfer soll mit zwei Lüftern ausgerüstet sein. Stellen Sie alle wichtigen technischen Daten zusammen.

2. Welcher alternative Verdampfertyp mit einem Lüfter kommt für die Aufgabe in Frage? Vergleichen Sie Ihre Lösungen und ziehen Sie eine Schlussfolgerung!

2.2.3 Lösungsvorschläge

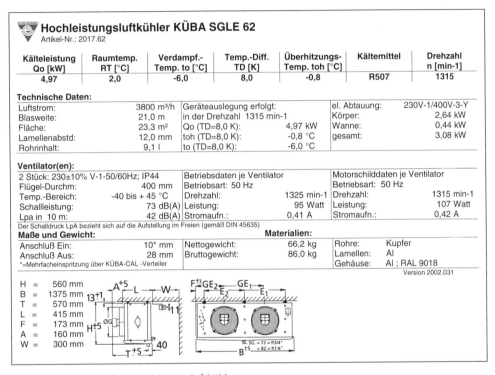

Hochleistungsluftkühler KÜBA SGLE 62
Artikel-Nr.: 2017.62

Kälteleistung Qo [kW]	Raumtemp. RT [°C]	Verdampf.- Temp. to [°C]	Temp.-Diff. TD [K]	Überhitzungs- Temp. toh [°C]	Kältemittel	Drehzahl n [min-1]
4,97	2,0	-6,0	8,0	-0,8	R507	1315

Technische Daten:

Luftstrom:	3800 m³/h	Geräteauslegung erfolgt:		el. Abtauung:	230V-1/400V-3-Y
Blasweite:	21,0 m	in der Drehzahl 1315 min-1		Körper:	2,64 kW
Fläche:	23,3 m²	Qo (TD=8,0 K):	4,97 kW	Wanne:	0,44 kW
Lamellenabstd:	12,0 mm	toh (TD=8,0 K):	-0,8 °C	gesamt:	3,08 kW
Rohrinhalt:	9,1 l	to (TD=8,0 K):	-6,0 °C		

Ventilator(en):

2 Stück: 230±10% V-1-50/60Hz; IP44		Betriebsdaten je Ventilator		Motorschilddaten je Ventilator	
Flügel-Durchm:	400 mm	Betriebsart: 50 Hz		Betriebsart: 50 Hz	
Temp.-Bereich:	-40 bis + 45 °C	Drehzahl:	1325 min-1	Drehzahl:	1315 min-1
Schallleistung:	73 dB(A)	Leistung:	95 Watt	Leistung:	107 Watt
Lpa in 10 m:	42 dB(A)	Stromaufn.:	0,41 A	Stromaufn.:	0,42 A

Der Schalldruck LpA bezieht sich auf die Aufstellung im Freien (gemäß DIN 45635)

Maße und Gewicht: | | | **Materialien:** | |

Anschluß Ein:	10* mm	Nettogewicht:	66,2 kg	Rohre:	Kupfer
Anschluß Aus:	28 mm	Bruttogewicht:	86,0 kg	Lamellen:	Al
*=Mehrfacheinspritzung über KÜBA-CAL -Verteiler				Gehäuse:	Al ; RAL 9018

Version 2002.031

H	=	560 mm
B	=	1375 mm
T	=	570 mm
L	=	415 mm
F	=	173 mm
A	=	160 mm
W	=	300 mm

Bild 2.17 Datenblatt für Hochleistungsluftkühler

Hochleistungsluftkühler KÜBA SGLE 81
Artikel-Nr.: 2017.81

Kälteleistung Qo [kW]	Raumtemp. RT [°C]	Verdampf.-Temp. to [°C]	Temp.-Diff. TD [K]	Überhitzungs-Temp. toh [°C]	Kältemittel	Drehzahl n [min-1]
4,62	2,0	-6,0	8,0	-0,8	R507	1400

Technische Daten:

Luftstrom:	3130 m³/h	Geräteauslegung erfolgt:		el. Abtauung:	230V-1/400V-3-Y
Blasweite:	21,0 m	in der Drehzahl 1400 min-1		Körper:	2,18 kW
Fläche:	21,1 m²	Qo (TD=7,8 K):	4,50 kW	Wanne:	0,35 kW
Lamellenabstd:	12,0 mm	toh (TD=7,8 K):	-0,7 °C	gesamt:	2,53 kW
Rohrinhalt:	8,9 l	to (TD=7,8 K):	-5,8 °C		

Ventilator(en):

1 Stück: 230/400V±10%V-3-50/60Hz; IP44		Betriebsdaten je Ventilator		Motorschilddaten je Ventilator	
Flügel-Durchm:	400 mm	Betriebsart: 50 Hz		Betriebsart: 50 Hz	
Temp.-Bereich:	-40 bis + 45 °C	Drehzahl:	1420 min-1	Drehzahl:	1400 min-1
Schallleistung:	75 dB(A)	Leistung:	215 Watt	Leistung:	300 Watt
Lpa in 10 m:	44 dB(A)	Stromaufn.:	0,52 A	Stromaufn.:	0,58 A

Der Schalldruck LpA bezieht sich auf die Aufstellung im Freien (gemäß DIN 45635)

Maße und Gewicht:			**Materialien:**		
Anschluß Ein:	10* mm	Nettogewicht:	44,7 kg	Rohre:	Kupfer
Anschluß Aus:	22 mm	Bruttogewicht:	56,0 kg	Lamellen:	Al
*=Mehrfacheinspritzung über KÜBA-CAL -Verteiler				Gehäuse:	Al ; RAL 9018

Version 2002.031

H	=	560 mm
B	=	1065 mm
T	=	640 mm
L	=	495 mm
F	=	143 mm
A	=	150 mm
W	=	300 mm

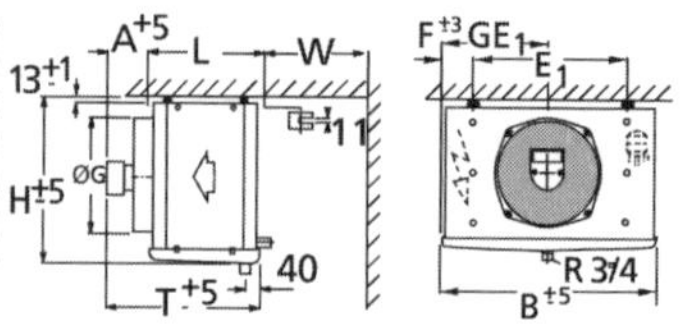

Bild 2.18 Datenblatt für Hochleistungsluftkühler

2.3 Die Bemessung der Kälteverdichter bzw. des Verflüssigungssatzes

Zwischen der in Abschnitt 2.2 beschriebenen Verdampferprojektierung, deren Parameter die Kälteleistung, die Raumtemperatur bzw. die Lufttemperatur t_{L1}, die Temperaturdifferenz TD bzw. DT1 und die Verdampfungstemperatur waren und der Auslegung der Kälteverdichter besteht ein Zusammenhang.

Der Projektbearbeiter muss einen Verdichter mit gleicher Kälteleistung und gleicher Verdampfungstemperatur auswählen um ein Leistungsgleichgewicht zwischen Verdampfer und Verdichter herzustellen.

2.3.1 Einsatzgrenzen und technische Informationen

Die nachfolgend aufgeführten Herstellerdiagramme (Bild 2.19) zeigen die möglichen Anwendungsbereiche von Verdichtern für die Kältemittel R404/R507, R134a und R 407C. Die Diagramme geben Aufschluss über erforderliche Antriebsmotoren, eventuelle Zusatzkühlungen und eingeschränkte Sauggastemperaturen.

Datenblätter von Kälteverdichtern beinhalten Kälteleistung, elektrische Leistungs- und Stromaufnahme in Tabellen- und/oder Diagrammform.

Die Verflüssigungs- bzw. Wärmeleistung lässt sich durch Addition von Kälteleistung und Leistungsaufnahme berechnen.

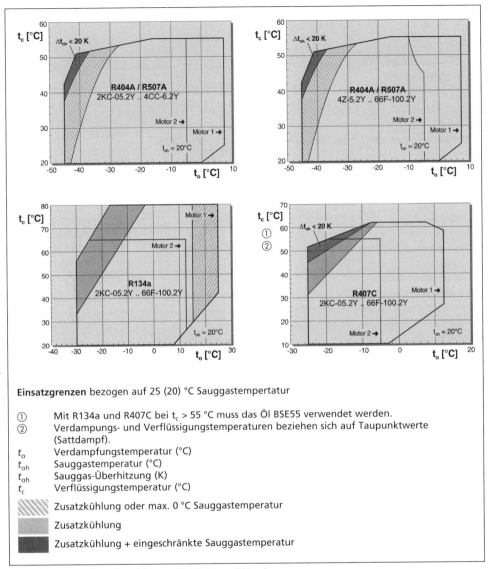

Bild 2.19 Anwendungsbereiche von Verdichtern (Bitzer)

Alle Angaben beziehen sich entsprechend der EN 12900, Tabelle 1 auf eine Sauggastemperatur von 20 °C, ohne Flüssigkeitsunterkühlung.

Die Kälteleistung des Verdichters nach EN 12900, Definition 3.2 ist charakterisiert als Produkt des Kältemittel-Massenstromes durch den Verdichter und der Differenz zwischen der spezifischen Enthalpie des Kältemittels am Verdichtereintritt und der spezifischen Enthalpie der gesättigten Flüssigkeit.

Das Kältemittel am Verdichtereintritt ist auf den angegebenen Wert (+20 °C) über der saugseitigen Taupunkttemperatur überhitzt.

Verdichtertyp 4P–10.2Y (vgl. Bild 2.20)

$\dot{Q}_0$ = 16,98 kW, P_{KI} = 6,32, ε = 2,69

R134a

$\dot{Q}_{0,\,Vorgabe}$ = 15,3 kW

Unterkühlung: 0K

Sauggastemperatur: 20 °C

Verdichterauslegung: Halbhermetische Hubkolbenverdichter

Vorgabewerte   **Einsatzgrenzen**

Kälteleistung	16kW
Kältemittel	R134a
Bezugstemperatur	Taupunkt
Verdampfung	-6°C
Verflüssigung	45°C
Flüssigkeitsunterkühlung	0K
Sauggastemperatur	20°C
Netzversorgung	Standard 50Hz
Nutzbare Überhitzung	100%
Leistungsregler	100%

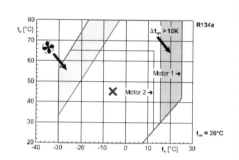

Ergebnis

Verdichtertyp	4T-8.2Y	4P-10.2Y
Kälteleistung	14,26 kW	16,98 kW
Kälteleistung *	14,38 kW	17,13 kW
Verdampferleist.	14,26 kW	16,98 kW
Leist.aufnahme	5,31 kW	6,32 kW
Strom (400V)	9,31 A	11,43 A
Verflüssigungsleistung	20,9 kW	24,8 kW
Leistungszahl	2,69	2,69
Leistungszahl *	2,71	2,71
Massenstrom	335 kg/h	399 kg/h
Betriebsart	Standard	Standard

*bei 2KC-05.2 bis 4CC-6.2: nach EN12900 (20°C Sauggastemp., 0K Flüssigkeitsunterkühlung)

alle anderen Verdichter: nach ISO-DIS 9309/DIN 8928 (25°C Sauggastemp., 0K Flüssigkeitsunterkühlung)

Bild 2.20 Datenblatt für Verdichterauslegung

Auswahlbeispiel:

Kühlgut: Fleisch von Rind und Schwein; Verdampfer bereits gewählt Küba, DZBE 063, $\dot{Q}_{OVda}$ = 17,2 kW, Kältemittel R134a, Kälteleistung $\dot{Q}_O$ = 15,3 kW, Betriebszeit 16 h/d; Raumtemperatur t_R = +2 °C; TD = 8 K; t_O = –6 °C; t_c = +45 °C.

Auf den nachfolgend gezeigten Datenblättern ist die Verdichterauswahl ersichtlich.

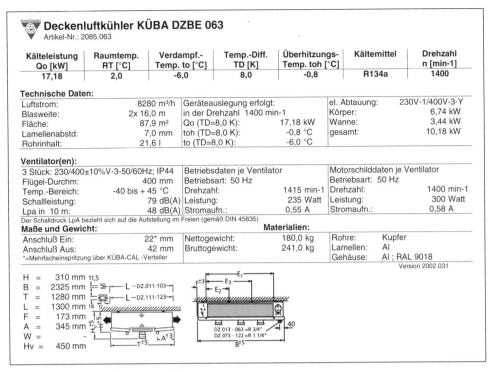

Deckenluftkühler KÜBA DZBE 063
Artikel-Nr.: 2085.063

Kälteleistung Qo [kW]	Raumtemp. RT [°C]	Verdampf.- Temp. to [°C]	Temp.-Diff. TD [K]	Überhitzungs- Temp. toh [°C]	Kältemittel	Drehzahl n [min-1]
17,18	2,0	-6,0	8,0	-0,8	R134a	1400

Technische Daten:

Luftstrom:	8280 m³/h	Geräteauslegung erfolgt:		el. Abtauung:	230V-1/400V-3-Y
Blasweite:	2x 16,0 m	in der Drehzahl 1400 min-1		Körper:	6,74 kW
Fläche:	87,9 m²	Qo (TD=8,0 K):	17,18 kW	Wanne:	3,44 kW
Lamellenabstd:	7,0 mm	toh (TD=8,0 K):	-0,8 °C	gesamt:	10,18 kW
Rohrinhalt:	21,6 l	to (TD=8,0 K):	-6,0 °C		

Ventilator(en):

3 Stück: 230/400±10%V-3-50/60Hz; IP44		Betriebsdaten je Ventilator		Motorschilddaten je Ventilator	
Flügel-Durchm.:	400 mm	Betriebsart: 50 Hz		Betriebsart: 50 Hz	
Temp.-Bereich:	-40 bis + 45 °C	Drehzahl:	1415 min-1	Drehzahl:	1400 min-1
Schallleistung:	79 dB(A)	Leistung:	235 Watt	Leistung:	300 Watt
Lpa in 10 m:	48 dB(A)	Stromaufn.:	0,55 A	Stromaufn.:	0,58 A

Der Schalldruck LpA bezieht sich auf die Aufstellung im Freien (gemäß DIN 45635)

Maße und Gewicht: **Materialien:**

Anschluß Ein:	22* mm	Nettogewicht:	180,0 kg	Rohre:	Kupfer
Anschluß Aus:	42 mm	Bruttogewicht:	241,0 kg	Lamellen:	Al
*=Mehrfacheinspritzung über KÜBA-CAL -Verteiler				Gehäuse:	Al ; RAL 9018

Version 2002.031

H	=	310 mm
B	=	2325 mm
T	=	1280 mm
L	=	1300 mm
F	=	173 mm
A	=	345 mm
W	=	-
Hv	=	450 mm

DZ 013 - 063 =R 3/4"
DZ 073 - 122 =R 1 1/4"

Bild 2.21 Datenblatt für Deckenluftkühler

Ausgewählt wurde ein halbhermetischer Verdichter, Fabrikat Bitzer, Type 4P-10.2Y mit folgenden technischen Daten:

$$t_O = -6\ °C; \qquad t_c = +45\ °C; \qquad \dot{Q}_O = 16,98\ kW; \qquad P_{Kl} = 6,32\ kW;$$

$$\varepsilon = \frac{1638\ kW}{6,32\ kW} = 2,69; \qquad \text{Betriebszeit neu:} \quad \frac{15,3\ kW \cdot 16\ h}{16,98\ kW\ d} = 14,42\ h/d$$

Zur Erinnerung: $\dot{Q}_{O,\ Vda} = 17,18\ kW$ bei $t_R = +2\ °C;$ TD = 8 K

$\dot{Q}_{O,\ Vdi} = 16,98\ kW$ bei $t_0 = -6\ °C;$ $t_c = +45\ °C$

Aus dem Verdichterdatenblatt geht hervor, dass die Verdichterkälteleistung bei einer Sauggastemperatur von $t_1 = +20\ °C$ ohne Flüssigkeitsunterkühlung angegeben wird.

Diese Angaben basieren auf den Vorschriften der EN12900 Kältemittel-Verdichter: Nennbedingungen, Toleranzen und Darstellung von Leistungsdaten des Herstellers. In Tabelle 1 Parameter für die Darstellung von Leistungsdaten wird für die Kältemittel der Gruppe 1, BGV -D4 eine Ansaugtemperatur $t_1 = + 20\ °C$ angegeben.

Diese Angabe gilt allgemein für alle Anwendungen außer R717 und Haushaltsgeräte.

Die tatsächlichen Anlagenbedingungen unterscheiden sich jedoch von den Vorgaben der Norm.

2.3.2   Technische Daten zum ausgewählten Verdichter

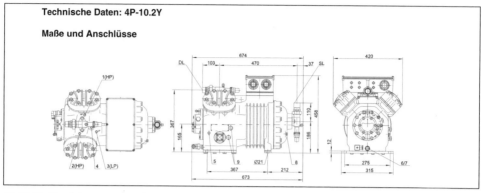

Bild 2.22 Verdichter 4P-10.2Y (Bitzer)

Beispiel für die herstellerspezifische Typenbezeichnung:

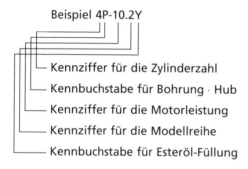

Technische Daten:
siehe Tabelle 2.7

Tabelle 2.7 Technische Daten für Verdichter 4P-10.2Y

Technische Daten	
Fördervolumen (1 450/min 50 Hz)	47,14 m³/h
Fördervolumen (1 750/min 80 Hz)	56,89 m³/h
Zylinderzahl × Bohrung × Hub	4 × 55 mm × 57 mm
Motorspannung (weitere auf Anfrage)	380..420 V PW-3-50 Hz
Max. Betriebsstrom	21.0 A
Anlaufstrom (Rotor blockiert)	59.0 A Y / 99.0 A YY
Gewicht	145 kg
Max. Überdruck (ND/HD)	19 / 28 bar
Anschluss Saugleitung	35 mm – 1 3/8''
Anschluss Druckleitung	28 mm – 1 1/8''

Tabelle 2.7 (Fortsetzung)

Technische Daten	
Anschluss Kühlwasser	R 1/2''
Ölfüllung R134a/R404A/R507A/R407C	tc > 55 °C: BSE32 / tc > 55 °C: BSE55 (Option)
Ölfüllung R22 (R12/R502)	B5.2 (Standard)
Ölfüllmenge	3,00 dm³
Ölsumpfheizung	100 W (Option)
Öldrucküberwachung	MP54
Ölserviceventil	Option
Druckgasüberhitzungsschutz	Option
Motorschutz	INT69VS (Standard), INT389 (Option)
Schutzklasse	IP54 (Standard), IP55 (Option)
Anlaufentlastung	Option
Leistungsregelung	100–50 % (Option)
Zusatzlüfter	Option
Wassergekühlte Zylinderköpfe	Option
CIC-System	Option
Dämpfungselemente	Standard

2.3.3 Druckabfall in der Saugleitung

Wenn der Projektbearbeiter schon zu Beginn seiner Arbeit bedenkt, dass ein Druckabfall zwischen Verdampfer und Verdichter bedingt durch die Saugleitung entsteht, so wird er folgendermaßen vorgehen:

Zu Erinnerung: der halbhermetische, sauggasgekühlte Verdichter Typ 4P-10.2Y leistet bei

t_O = −6 °C und t_c = +45 °C nach EN12900

$\dot{Q}_O$ = 16,98 kW und P_{KI} = 6,32 kW.

In der kältetechnischen Praxis wird ein „Druckabfall" von ΔT_{SL} = 1,5 bis 2 K in der Saugleitung als zulässig akzeptiert. Um diesen Betrag rutscht die Verdampfungstemperatur am Verdichter nach unten.

Es stellt sich somit die Frage: „Reicht die Verdichterkälteleistung auch bei saugseitig eingerechnetem Druckabfall noch aus?"

Die ausgewählte Maschine wird unter diesem Aspekt überprüft:

R134a, t_O = −7,5 °C t_c = +45 °C; $\dot{Q}_O$ = 15,83 kW; P_{KI} = 6,14 kW.

Fazit:

- die berechnete erforderliche Kälteleistung beträgt: $\dot{Q}_O$ = 15,3 kW
- die bemessene Kälteleistung incl. Druckabfall beträgt: $\dot{Q}_O$ = 15,83 kW

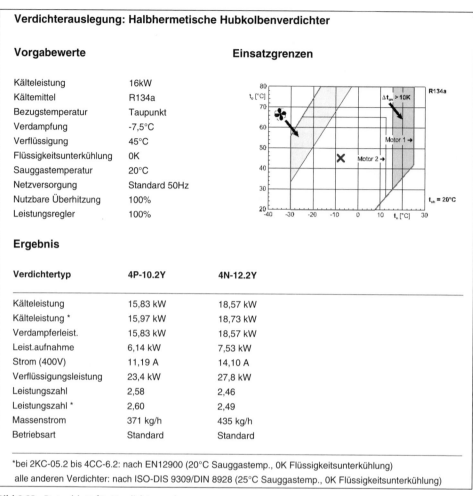

Verdichterauslegung: Halbhermetische Hubkolbenverdichter

Vorgabewerte   **Einsatzgrenzen**

Kälteleistung	16kW
Kältemittel	R134a
Bezugstemperatur	Taupunkt
Verdampfung	-7,5°C
Verflüssigung	45°C
Flüssigkeitsunterkühlung	0K
Sauggastemperatur	20°C
Netzversorgung	Standard 50Hz
Nutzbare Überhitzung	100%
Leistungsregler	100%

Ergebnis

Verdichtertyp	4P-10.2Y	4N-12.2Y
Kälteleistung	15,83 kW	18,57 kW
Kälteleistung *	15,97 kW	18,73 kW
Verdampferleist.	15,83 kW	18,57 kW
Leist.aufnahme	6,14 kW	7,53 kW
Strom (400V)	11,19 A	14,10 A
Verflüssigungsleistung	23,4 kW	27,8 kW
Leistungszahl	2,58	2,46
Leistungszahl *	2,60	2,49
Massenstrom	371 kg/h	435 kg/h
Betriebsart	Standard	Standard

*bei 2KC-05.2 bis 4CC-6.2: nach EN12900 (20°C Sauggastemp., 0K Flüssigkeitsunterkühlung)
 alle anderen Verdichter: nach ISO-DIS 9309/DIN 8928 (25°C Sauggastemp., 0K Flüssigkeitsunterkühlung)

Bild 2.23 Datenblatt für Verdichterauslegung

2.3.4   Die Auswahl von luftgekühlten Verflüssigungssätzen

Nach EN13215 – Verflüssigungssätze für die Kälteanwendung – müssen sich die Verflüssigungssatz-Leistungsangaben auf eine Umgebungstemperatur von +32 °C beziehen. Die angegebenen Leistungsdaten gelten dabei für einen sauberen Verflüssiger.

Leistungsdaten für Umgebungstemperaturen von 27 °C, 38 °C, 43 °C und 49 °C können dargestellt werden. Für wassergekühlte Verflüssigungssätze sind die Norm-Bezugspunkte bei +40 °C Verflüssigungstemperatur, bezogen auf den Verdichter-Austrittsdruck, angegeben worden. Die Wassereintrittstemperatur beträgt +30 °C und der Verschmutzungsfaktor $5 \cdot 10^{-5} \frac{m^2 K}{W}$. Die Norm-Bezugspunkte für die Sauggastemperatur für hohe, mittlere und tiefe Verdampfungstemperatur liegen bei + 20 °C.

Die Vorgehensweise bei der Auswahl von luftgekühlten Verflüssigungssätzen ist gedanklich die gleiche wie bei der Projektierung von Einzel-Kälteverdichtern.

In den Auswahl-Katalogen der Hersteller wird lediglich die Umgebungstemperatur t_a anstelle der Verflüssigungstemperatur t_c für die Bemessung angegeben.

Beispiel:

Kältemittel R134a, $\dot{Q}_O$ = 15.3 kW, Betriebszeit 16 h/d;

t_R = +2 °C;   TD = 8 K; t_O = −6 °C; t_c = +45 °C;

ΔT_{SL} = 1,5 K; t_O = −7,5 °C; bereits ausgewählter Verdampfer (siehe Bild 2.21).

Küba DZBE 063 leistet bei t_R = +2 °C und TD = 8 K, $\dot{Q}_O$ = 17,18 kW (vgl. Tabelle 2.8).

Tabelle 2.8 Deckenluftkühler KÜBA DZBE 063 (Auszug aus Datenblatt)

Kälteleistung Q_O [kW]	Raumtemp. RT [°C]	Verdampf. Temp. t_O [°C]	Temp.-Diff. TD [K]	Überhitzungs- Temp. t_{Oh} [°C]	Kältemittel	Drehzahl n [min^{-1}]
17,18	2,0	−6,0	8,0	−0,8	R134a	1 400

Die Auswahl unter den luftgekühlten Copeland-Verflüssigungssätzen ergab den Typ S9-3DS-100X.

Tabelle 2.9 R134a Kälteleistung

Verflüssigungssatz luftgekühlt	Lüfter	Umgeb. Temp.	Klimabereich				Normalbereich				Tief- bereich
			Verdampfungstemperatur °C								
		°C	12,5	10	7	5	0	−5	−10	−15	−20
		27	32 830	30 810	28 430	26 860	23 060	19 470	16 150	13 140	10 510
S9-3DS-100X	2	32	30 850	28 980	26 760	25 300	21 740	18 360	15 210	12 340	9 815
		43					18 980	16 060	13 300	10 750	8 460

Der Verflüssigungssatz leistet: $\dot{Q}_O$ = 16,8 kW; P_{KI} = 8,17 kW; t_O = −7,5 °C; t_a = +32 °C (siehe Bild 2.25)

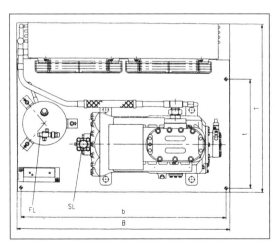

Bild 2.24

Die Auswahl von zwei alternativen, luftgekühlten Verflüssigungssätzen führt zu folgendem Ergebnis:

1. Bock SAMX 4/466-4 mit:

   R134a; $t_O = -7,5\,°C$; $t_a = +27\,°C$; $\dot{Q}_O = 16,64\,kW$

2. Bock SHGX 4/555-4SL mit:

   R134a; $t_O = -7,5\,°C$; $t_a = +32\,°C$; $\dot{Q}_O = 17,72\,kW$

Der Einsatz von einer der beiden Alternativen scheint durchaus sinnvoll zu sein. Bei Alternative 1 ist die Zulässigkeit von $t_a = +27\,°C$ zu prüfen!

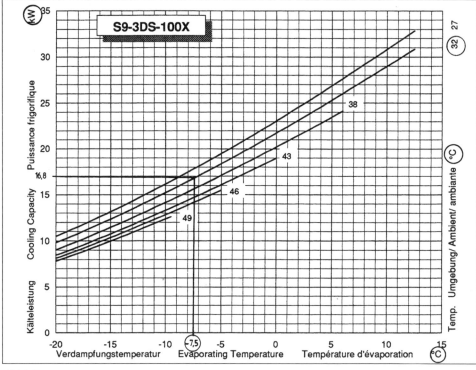

Bild 2.25

Tabelle 2.10 Datenblatt Verflüssigungssätze (Bock)

Type	t_a °C	+10	+5	±0	t_o °C −5	−10	−20	−30
[1]SAMX 0/45-6LD	27	1,79	1,57	1,36	1,14	0,95	0,63	0,40
	32	1,68	1,45	1,25	1,06	0,89	0,59	0,37
[1]SAMX 1/45-4LD	27	2,76	2,42	2,09	1,75	1,46	0,97	0,62
	32	2,60	2,24	1,93	1,63	1,37	0,90	0,57
SAMX 2/58-4L	27	3,80	3,33	2,84	2,38	1,97	1,26	0,80
	32	3,55	3,10	2,64	2,21	1,86	1,18	0,73
SAMX 2/73-4L	27	4,53	3,96	3,38	2,86	2,33	1,50	0,94
	32	4,21	3,87	3,12	2,64	2,20	1,40	0,86
SAMX 2/95-4L	27	6,03	5,27	4,50	3,81	3,16	2,08	1,31
	32	5,61	4.91	4,17	3,53	2,97	1,94	1,21

Tabelle 2.10 (Fortsetzung)

Type	t_a				t_o	°C		
	°C	+10	+5	±0	−5	−10	−20	−30
SAMX 2/121-4L	27	7,59	6,64	5,68	4,79	3,97	2,60	1,64
	32	7,06	6,18	5,25	4,44	3,73	2,43	1,51
SAMX 3/153-4L	27	10,02	8,77	7,50	6,31	5,20	3,39	2,13
	32	9,37	8,19	6,96	5,87	4,92	3,16	1,97
SAMX 3/185-4L	27	12,04	10,38	8,87	7,50	6,22	4,04	2,54
	32	11,06	9,67	8,22	6,97	5,87	3,87	2,35
SAMX 3/233-4L	27	14,51	12,66	10,80	9,12	7,54	5,02	3,15
	32	13,40	11,75	9,98	8,44	7,09	4,68	2,89
[2)]SAMX 4/306-4L	27	20,07	17,57	15,04	12,63	10,41	6,78	4,27
	32	18,78	16,39	13,95	11,72	9,82	6,34	3,94
[2)]SAMX 4/370-4L	27	22,95	20,71	17,79	14,98	12,41	8,08	5,07
	32	22,43	19,38	16,45	13,94	11,73	7,54	4,68
[2)]SAMX 4/466-4L	27	28,61	25,00	21,60	18,19	15,09	10,04	6,28
	32	26,49	23,20	19,99	16,90	14,20	9,36	5,80
[2)]SAMX 5/601-4L	27	39,72	34,41	29,12	24,93	20,65	13,70	8,51
	32	37,15	32,48	27,27	23,13	19,48	13,02	8,27
[2)]SAMX 5/724-4L	27	47,33	41,00	34,63	29,53	24,61	16,26	10,25
	32	44,25	38,25	32,58	27,56	23,24	15,39	9,73
[2)]SAMX 5/847-4L	27	55,36	48,01	40,56	34,24	28,78	19,05	11,98
	32	51,76	44,85	38,10	32,21	27,22	18,08	11,41

2.3.5 Übungsaufgaben

Ein Tiefkühlraum benötigt eine Kälteleistung von $\dot{Q}_O = 18,0$ kW mit $t_{L1} = -18\ °C$; DT1 = 10 K; $t_O = -28\ °C$, $\Delta T_{SL} = 2$ K;

$t_O = -30\ °C$; $t_a = +27\ °C$;   Betriebszeit 18 h/d.

a) Projektieren Sie einen Verdampfer, Fabrikat Küba mit einem Lamellenabstand von 12,0 mm!

b) Dimensionieren Sie einen passenden luftgekühlten Verflüssigungssatz, Fabrikat Bitzer!

Als Kältemittel soll das zeotrope Dreistoffgemisch R 404 A eingesetzt werden.

c) Welche Verdampfer- und welche Verflüssigungssatzleistung stellen Sie fest?

d) Welche neue tägliche Anlagenbetriebszeit stellt sich ein?

2.3.6 Lösungsvorschläge

a) Küba SGLE 63-F81; $\dot{Q}_O = 18,2$ kW bei $t_{L1} = -18\ °C$; DT1 = 10 K; $t_O = -28\ °C$.

b) Bitzer LH135/4H-15.2Y; $\dot{Q}_O = 17,14$ kW bei $t_O = -30\ °C$; $t_a = +32\ °C$; R 404 A.

c) $\dot{Q}_{O,\ Vda} = 18,2$ kW; $\dot{Q}_{O,\ Verflüssigungssatz} = 17,14$ kW

d) Betriebszeit neu: $\dfrac{18\ kW \cdot 18\ h}{17,14\ kW\ d} = 18,90$ h/d

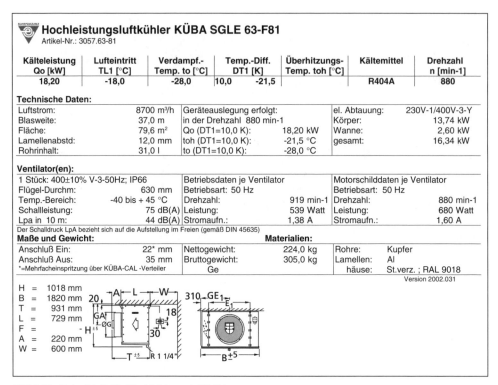

Bild 2.26 Datenblatt für Hochleistungsluftkühler

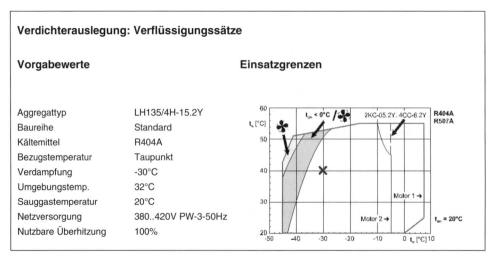

Bild 2.27 Datenblatt für Verdichterauslegung

Ergebnis	
Verdichtertyp	**LH135/4H-15.2Y**
Kälteleistung	17,14 kW
Verdampferleist.	17,14 kW
Leist.aufnahme*	10,67 kW
Strom (400V)	18,46 A
Massenstrom	452 kg/h
Verflüssigung	40,5 °C
Flüss.unterkühlung	3,00 K
Betriebsart	Standard

*Verdichterleistung (Leistungsaufnahme Lüfter siehe T. Daten

Bild 2.27 (Fortsetzung)

2.4 Die Auslegung luftgekühlter Verflüssiger

2.4.1 Einleitendes praxisbezogenes Beispiel

Für einen Verbrauchermarkt wurde ein Kältebedarf im Bereich der sogenannten Normalkühlung, d. h. bei Verdampfungstemperaturen $t_O = -10\,°C$ bis $t_O = -15\,°C$ mit $\dot{Q}_O = 67,84\,kW$ bei $t_O = 10\,°C$ ermittelt. Die Gesamtkälteleistung von $\dot{Q}_O = 67,84\,kW$ ergibt sich in diesem Fall aus der Addition von 12 Einzelkühlstellen, wie z. B. Käsekühltheke, Fleischtheke, Wurstkühlraum u. s. w.

Der Kältebedarf der Tiefkühlung setzt sich aus der Kälteleistung von 4 Tiefkühlstellen, nämlich einem Tiefkühlraum und drei Tiefkühlinseln zu $\dot{Q}_O = 19,85\,kW$ bei $t_O = -35\,°C$ zusammen.

Da im Tiefkühlbereich nur 4 Kühlstellen vorhanden sind, wird für die spätere Auswahl der Tiefkühlverbundkälteanlage kein Gleichzeitigkeitsfaktor eingesetzt. Im Normalkühlbereich kann die Kälteleistung, die für die Auswahl der Normalkühlverbundanlage maßgebend ist, mit einem Gleichzeitigkeitsfaktor von 0,85 multipliziert werden.

Der Gleichzeitigkeitsfaktor berücksichtigt die Tatsache, dass nicht immer alle Kühlstellen gleichzeitig eine Leistungsanforderung an die Verbundkälteanlage stellen.

Der Gleichzeitigkeitsfaktor sollte im Normalkühlbereich maximal 0,85 und im Tiefkühlbereich maximal 0,90 betragen und ist für jedes Projekt individuell zu prüfen. Für die oben angegebene Kälteleistung ergibt sich folgendes:

$\dot{Q}_O = 67,84\,kW \cdot 0,85 = 57,66\,kW \quad (t_O = -10\,°C).$

Für die kältemittelführenden Rohrleitungen wird im Normalkühlbereich und im Tiefkühlbereich ein Druckverlust von $\Delta T_{SL} = 2\,K$ in der Saugleitung angenommen. Daraus folgt für die Auswahl der entsprechenden Verbundkälteanlagen eine Verschiebung der Verdampfungstemperatur auf $t_O = -12\,°C$ bzw. $t_O = -37\,°C$.

Die Tiefkühlverbundkälteanlage wird mit integriertem Flüssigkeitsunterkühler vorgesehen.

Ausgewählt wird ein R 507-Verbundsatz Fabrikat Celsior, Typ VPM 305-4701 mit drei halbhermetischen Bitzer-Verdichtern Typ 4CC-6.2Y den technischen Daten gemäß Tabelle 2.11, lfd. Nr. 4.

Tabelle 2.11 Kälteleistung, TK-Verbundanlagen mit Flüssigkeitsunterkühlung, Bitzer-Verdichter, R404A

Lfd. Nr.	Typ	Verdichter Typ	Stck.	tv1	t_0	Kälteleistung in kW bei einer Verflüssigungstemperatur von 40 °C													
						-25.	-27.	-29.	-30.	-32.	-34.	-35.	-36.	-37.	-39.	-40.	-41.	-43.	-45.
1	VPM 305-4641	4FC-3.2Y	3	20.	A	7,23	6,49	5,80	5,48	4,90	4,35	4,08	3,83	3,58	3,10	2,88	2,66	2,25	1,86
					B	21,99	19,73	17,65	16,67	14,90	13,23	12,42	11,64	10,89	9,45	2,66	8,10	6,84	5,67
2	VPM 305-4661	4EC-4.2Y	3	20.	A	9,16	8,26	7,42	7,02	6,29	5,59	5,26	4,94	4,62	4,02	3,73	3,45	2,93	2,44
					B	27,85	25,12	22,57	21,36	19,13	17,02	16,00	15,01	14,05	12,22	11,35	10,51	8,91	7,42
3	VPM 305-4681	4DC-5.2Y	3	20.	A	11,07	9,99	8,96	8,46	7,50	6,61	6,20	5,81	5,44	4,75	4,44	4,14	3,62	3,17
					B	33,66	30,37	27,24	25,74	22,81	20,12	18,86	17,57	16,53	14,45	13,50	12,61	11,01	9,65
4	VPM 305-4701	4CC-6.2Y	3	20.	A	13,27	12,05	10,88	10,32	9,21	8,17	7,67	7,19	6,72	5,83	5,41	5,00	4,23	3,53
					B	40,36	36,66	33,10	31,38	28,02	24,85	23,33	21,86	20,44	17,73	16,45	15,21	12,87	10,73
5	VPM 305-4211	4T-8.2Y	3	25.	A	17,31	15,67	14,12	13,37	11,96	10,64	10,01	9,40	8,81	7,71	7,19	6,69	5,75	4,91
					B	52,65	47,65	42,93	40,67	36,38	32,35	30,44	28,59	26,81	23,44	21,86	20,34	17,50	14,93
6	VPM 305-4231	4P-10.2Y	3	25.	A	20,39	18,40	16,53	15,64	13,95	12,36	11,61	10,88	10,18	8,85	8,23	7,63	6,51	5,50
					B	62,00	55,96	50,27	47,56	42,42	37,60	35,31	33,10	30,96	26,93	25,03	23,21	19,80	16,72
7	VPM 305-4251	4N-12.2Y	3	25.	A	24,21	21,91	19,74	18,71	16,75	14,91	14,04	13,19	12,38	10,84	10,11	9,42	8,12	6,94
					B	73,62	66,63	60,04	56,90	50,94	45,35	42,69	40,12	37,64	32,96	30,75	28,64	24,68	21,10
8	VPM 305-4271	4J-13.2Y	3	25.	A	27,82	25,24	22,80	21,54	19,42	17,34	16,34	15,38	14,45	12,68	11,85	11,04	9,53	8,14
					B	84,61	76,76	69,34	65,80	59,07	52,73	49,70	46,78	43,94	38,57	36,03	33,58	28,98	24,76
9	VPM 325-4011	4H-15.2Y	3	25.	A	32,48	29,50	26,67	25,33	22,77	20,38	19,21	18,10	17,02	14,99	14,02	13,09	11,35	9,76
					B	98,78	89,70	81,12	77,02	69,24	61,91	58,42	55,04	51,77	45,57	42,64	39,82	34,53	29,68
10	VPM 305-4031	4G-20.2Y	3	25.	A	37,48	34,07	30,85	29,31	26,39	23,64	22,33	21,06	19,83	17,49	16,39	15,33	13,33	11,49
					B	114,00	103,60	93,81	89,13	80,26	71,89	67,90	64,03	60,29	53,20	49,84	46,61	40,53	34,95
11	VPM 305-4291	6J-22.2Y	3	25.	A	41,75	37,88	34,23	32,48	29,16	26,03	24,53	23,09	21,69	19,04	17,78	16,58	14,31	12,24
					B	126,95	115,20	104,10	98,78	88,67	79,15	74,60	70,21	65,96	57,89	54,08	50,42	43,53	37,23
12	VPM 305-4051	6H-25.2Y	3	25.	A	48,73	44,25	40,02	38,00	34,17	30,56	28,84	27,17	25,56	22,51	21,06	19,67	17,06	14,67
					B	148,20	134,55	121,70	115,55	103,90	92,93	87,70	82,63	77,74	68,45	64,05	59,83	51,88	44,61
13	VPM 305-4071	6G-30.2Y	3	25.	A	56,30	51,13	46,27	43,95	39,59	35,48	33,51	31,61	29,76	26,25	24,59	22,99	19,96	17,18
					B	171,20	155,50	140,70	133,65	120,40	107,90	101,90	96,12	90,51	79,84	74,78	69,91	60,71	52,25

Tabelle 2.11 (Fortsetzung)

Lfd. Nr.	Typ	Verdichter Stck.	Typ	tv1	t_o	Kälteleistung in kW bei einer Verflüssigungstemperatur von 40 °C −25.	−27.	−29.	−30.	−32.	−34.	−35.	−36.	−37.	−39.	−40.	−41.	−43.	−45.
14	VPM 305-4091	3	6F-40.2Y	25.	A	66,88	60,76	54,96	52,18	46,89	41,91	39,54	37,25	35,04	30,86	28,88	26,99	23,44	20,21
					B	203,40	184,75	167,10	158,70	142,60	127,45	120,25	113,30	106,55	93,83	87,83	82,08	71,29	61,46
15	VPM 405-4071	4	6G-30.2Y	25.	A	75,07	68,17	61,69	58,50	52,79	47,31	44,69	42,14	39,68	35,01	32,79	30,65	26,62	22,91
					B	228,25	207,30	187,60	178,20	160,55	143,85	135,90	128,15	120,70	106,45	99,71	93,21	80,96	69,67
16	VPM 405-4091	4	6F-40.2Y	25.	A	89,18	81,01	73,28	69,58	62,52	55,88	52,72	49,67	46,72	41,14	38,51	35,99	31,26	26,95
					B	271,20	246,35	222,85	211,60	190,10	169,95	160,30	151,05	142,05	125,10	117,10	109,45	95,05	81,95
17	VPM 505-4091	5	6F-40.2Y	25.	A	111,40	101,30	91,60	86,97	78,15	69,86	65,90	62,09	58,40	51,43	48,14	44,98	39,07	33,68
					B	338,90	307,90	278,55	264,45	237,65	212,40	200,40	188,80	177,60	156,40	146,40	136,80	118,80	102,45
18	VPM 605-4091	6	6F-40.2Y	25.	A	133,70	121,50	109,90	104,30	93,78	83,82	79,08	74,50	70,08	61,71	57,77	53,98	46,88	40,42
					B	406,70	369,50	334,20	317,30	285,15	254,90	240,50	226,55	213,10	187,65	175,65	164,15	142,60	122,90

Hinweis:
A = Leistung des Flüssigkeitsunterkühlers
B = Kälteleistung des Verbundsatzes
tv1 = Sauggastemperatur am Verdichter

Tabelle 2.12 Leistungsaufnahme, TK-Verbundanlagen mit Flüssigkeitsunterkühlung, Bitzer-Verdichter, R404A

Lfd. Nr.	Typ	Verdichter				Klemmenleistung in kW bei einer Verflüssigungstemperatur von 40 °C													
		Stck.	Typ	tv1	t_o	-25.	-27.	-29.	-30.	-32.	-34.	-35.	-36.	-37.	-39.	-40.	-41.	-43.	-45.
1	VPM 305-4641	3	4FC-3.2Y	20.		9,00	8,46	7,93	7,68	7,20	6,70	6,45	6,19	5,93	5,40	5,13	4,85	4,29	3,72
2	VPM 305-4661	3	4EC-4.2Y	20.		11,07	10,51	9,94	9,66	9,10	8,52	8,22	7,91	7,59	6,94	6,60	6,25	5,54	4,80
3	VPM 305-4681	3	4DC-5.2Y	20.		13,47	12,73	11,99	11,61	10,81	10,04	9,66	9,29	8,92	8,21	7,86	7,52	6,85	6,21
4	VPM 305-4701	3	4CC-6.2Y	20.		15,96	15,18	14,38	13,98	13,16	12,31	11,88	11,44	10,99	10,07	9,60	9,12	8,14	7,14
5	VPM 305-4211	3	4T-8.2Y	25.		19,35	18,39	17,41	16,92	15,91	14,90	14,40	13,89	13,38	12,36	11,85	11,33	10,30	9,27
6	VPM 305-4231	3	4P-10.2Y	25.		22,59	21,35	20,10	19,47	18,18	16,88	16,23	15,57	14,91	13,59	12,93	12,26	10,92	9,57
7	VPM 305-4251	3	4N-12.2Y	25.		26,82	25,42	24,00	23,28	21,82	20,36	19,62	18,87	18,13	16,62	15,87	15,11	13,57	12,03
8	VPM 305-4271	3	4J-13.2Y	25.		30,54	28,94	27,33	26,52	24,88	23,22	22,38	21,53	20,68	18,96	18,09	17,21	15,44	13,65
9	VPM 325-4011	3	4H-15.2Y	25.		35,67	33,83	31,98	31,05	29,17	27,27	26,31	25,34	24,37	22,41	21,42	20,42	18,41	16,38
10	VPM 305-4031	3	4G-20.2Y	25.		41,79	39,68	37,55	36,48	34,31	32,12	31,02	29,91	28,79	26,54	25,41	24,27	21,97	19,65
11	VPM 305-4291	3	6J-22.2Y	25.		45,84	43,43	41,00	39,78	37,32	34,82	33,57	32,30	31,03	28,47	27,18	25,88	23,26	20,61
12	VPM 305-4051	3	6H-25.2Y	25.		53,55	50,80	48,05	46,62	43,80	40,95	39,51	38,06	36,60	33,65	32,16	30,66	27,63	24,57
13	VPM 305-4071	3	6G-30.2Y	25.		62,73	59,58	56,36	54,75	51,50	48,21	46,56	44,89	43,21	39,83	38,13	36,41	32,95	29,46
14	VPM 305-4091	3	6F-40.2Y	25.		74,67	70,79	66,88	64,92	60,95	56,96	54,96	52,95	50,93	46,88	44,85	42,81	38,71	34,59
15	VPM 405-4071	4	6G-30.2Y	25.		83,64	79,42	75,15	73,00	68,67	64,29	62,08	59,86	57,62	53,11	50,84	48,55	43,94	39,28
16	VPM 405-4091	4	6F-40.2Y	25.		99,56	94,39	89,18	86,56	81,27	75,95	73,28	70,60	67,91	62,51	59,80	57,08	51,61	46,12
17	VPM 505-4091	5	6F-40.2Y	25.		124,40	118,00	111,50	108,20	101,60	94,94	91,60	88,25	84,89	78,14	74,75	71,35	64,52	57,65
18	VPM 605-4091	6	6F-40.2Y	25.		149,30	141,60	133,70	129,80	121,90	113,90	109,90	105,90	101,80	93,77	89,70	85,62	77,41	69,18

+ Zusatzlüfter für Zylinderkopf, bei
Pos. 1– 7 ist erforderlich, je Verdichter 32. W
Pos. 8–18 ist erforderlich, je Verdichter 239. W
Pos. 1–18 nicht erforderlich, wenn VS2000 und tv1 < = 0 °C

Tabelle 2.13 Kälteleistung, NK-Verbundanlagen, Bitzer-Verdichter, R404A

Lfd. Nr.	Typ	Verdichter Stck.	Verdichter Typ	tv1	Kälteleistung in kW bei einer Verflüssigungstemperatur von 45 °C (t_0)													
					5.	0.	-2.	-4.	-5.	-6.	-8.	-10.	-12.	-14.	-15.	-16.	-18.	-20.
1	VPP 300-4841	3	4FC-3.2Y	20.					34,51	33,10	30,39	27,85	25,51	23,31	22,26	21,26	19,36	17,56
2	VPP 300-4661	3	4EC-4.2Y	20.					42,76	41,07	37,82	34,78	31,95	29,29	28,01	26,78	24,42	22,20
3	VPP 300-4681	3	4DC-5.2Y	20.					52,23	50,17	46,20	42,45	38,94	35,62	34,03	32,50	29,58	26,85
4	VPP 300-4701	3	4CC-6.2Y	20.					60,69	58,34	53,83	49,58	45,60	41,84	40,04	38,32	35,01	31,90
5	VPP 300-4211	3	4T-8.2Y	25.					78,72	75,64	69,76	64,27	59,25	54,49	52,20	50,00	45,76	41,76
6	VPP 300-4231	3	4P-10.2Y	25.					94,63	90,88	83,72	77,02	70,87	65,06	62,28	59,59	54,45	49,59
7	VPP 300-4251	3	4N-12.2Y	25.					110,40	106,00	97,69	89,92	82,91	76,27	73,08	69,98	64,05	58,46
8	VPP 300-4271	3	4J-13.2Y	25.					125,00	120,10	110,80	102,10	94,28	86,84	83,27	79,83	73,21	66,96
9	VPP 300-4011	3	4H-15.2Y	25.					145,10	139,40	128,60	118,60	109,60	101,00	96,87	92,89	85,24	78,02
10	VPP 300-4031	3	4G-20.2Y	25.					166,40	160,00	147,90	136,60	126,20	116,30	111,60	107,10	98,34	90,07
11	VPP 300-4291	3	6J-22.2Y	25.					187,40	180,10	166,20	153,20	141,40	130,20	124,90	119,70	109,80	100,50
12	VPP 300-4051	3	6H-25.2Y	25.					217,80	209,30	193,20	178,10	164,50	151,60	145,40	139,50	128,00	117,20
13	VPP 300-4071	3	6G-30.2Y	25.					250,30	240,60	222,10	204,80	189,20	174,50	167,40	160,60	147,50	135,10
14	VPP 300-4091	3	6F-40.2Y	25.					298,50	286,90	264,90	244,40	225,70	208,10	199,60	191,40	175,70	160,80
15	VPP 300-4071	4	6G-30.2Y	25.					333,70	320,70	296,10	273,10	252,30	232,60	223,20	214,10	196,60	180,10
16	VPP 300-4091	4	6F-40.2Y	25.					398,00	382,60	353,20	325,90	301,00	277,40	266,10	255,20	234,30	214,40
17	VPP 300-4091	5	6F-40.2Y	25.					497,50	478,20	441,50	407,30	376,30	346,80	332,70	319,00	292,80	268,00
18	VPP 300-4091	6	6F-40.2Y	25.					597,00	573,80	529,80	488,80	451,50	416,20	399,20	382,80	351,40	321,60

Hinweis:
In den aufgeführten Daten ist eine Leistungssteigerung von 3 % durch natürliche Flüssigkeitsunterkühlung enthalten.
tv1 = Sauggastemperatur am Verdichter

Tabelle 2.14 Leistungsaufnahme, NK-Verbundanlagen, Bitzer-Verdichter, R404A

Lfd. Nr.	Typ	Verdichter				Klemmenleistung in kW bei einer Verflüssigungstemperatur von 45 °C														
		Stck.	Typ	tv1	t_0	5.	0.	-2.	-4.	-5.	-6.	-8.	-10.	-12.	-14.	-15.	-16.	-18.	-20.
1	VPP 300-4841	3	4FC-3.2Y	20.						14,28	14,04	13,56	13,06	12,55	12,04	11,79	11,53	11,02	10,50
2	VPP 300-4661	3	4EC-4.2Y	20.						17,10	16,84	16,32	15,78	15,21	14,64	14,35	14,07	13,49	12,90
3	VPP 300-4681	3	4DC-5.2Y	20.						21,07	20,78	20,17	19,54	18,89	18,20	17,85	17,47	16,70	15,93
4	VPP 300-4701	3	4CC-6.2Y	20.						24,78	24,41	23,64	22,84	22,00	21,14	20,71	20,27	19,39	18,51
5	VPP 300-4211	3	4T-8.2Y	25.						29,91	29,47	28,56	27,61	26,62	25,60	25,09	24,57	23,53	22,48
6	VPP 300-4231	3	4P-10.2Y	25.						35,65	35,16	34,09	32,97	31,74	30,50	29,86	29,22	27,92	26,61
7	VPP 300-4251	3	4N-12.2Y	25.						41,70	41,08	39,80	38,49	37,12	35,72	35,01	34,29	32,84	31,36
8	VPP 300-4271	3	4J-13.2Y	25.						48,40	47,55	45,86	44,19	42,55	40,89	40,06	39,23	37,54	35,85
9	VPP 300-4011	3	4H-15.2Y	25.						56,04	55,11	53,25	51,37	49,50	47,60	46,65	45,69	43,76	41,82
10	VPP 300-4031	3	4G-20.2Y	25.						65,23	64,16	62,01	59,85	57,68	55,50	54,40	53,30	51,09	48,85
11	VPP 300-4291	3	6J-22.2Y	25.						72,67	71,39	68,84	66,31	63,85	61,37	60,12	58,87	56,35	53,80
12	VPP 300-4051	3	6H-25.2Y	25.						84,15	82,75	79,94	77,13	74,31	71,46	70,03	68,60	65,71	62,79
13	VPP 300-4071	3	6G-30.2Y	25.						97,90	96,29	93,05	89,80	86,56	83,29	81,64	79,99	76,67	73,32
14	VPP 300-4091	3	6F-40.2Y	25.						117,00	115,20	111,50	107,80	103,80	99,83	97,81	95,78	91,69	87,55
15	VPP 300-4071	4	6G-30.2Y	25.						130,50	128,40	124,00	119,70	115,40	111,00	108,80	106,60	102,30	97,76
16	VPP 300-4091	4	6F-40.2Y	25.						156,00	153,60	148,70	143,70	138,40	133,10	130,40	127,70	122,20	116,70
17	VPP 300-4091	5	6F-40.2Y	25.						195,00	192,00	185,90	179,60	173,00	166,40	163,00	159,60	152,80	145,90
18	VPP 300-4091	6	6F-40.2Y	25.						234,10	230,40	223,10	215,60	207,60	199,60	195,60	191,60	183,40	175,10

+ Zusatzlüfter für Zylinderkopf, bei Pos. 1–18 nicht erforderlich

$\dot{Q}_O$ = 20,44 kW; P_{Kl} = 10,99 kW; t_O = −37 °C; t_c = +40 °C; t_1 = +20 °C; der integrierte Flüssigkeitsunterkühler hat eine Kälteleistung von $\dot{Q}_O$ = 6,72 kW.

Die Kälteleistung der Normalkühl-Verbundanlage erhöht sich um den o. a. Betrag von $\dot{Q}_O$ = 6,72 kW für den Unterkühler. Dieser steigert einerseits den spezifischen Enthalpiezuwachs im Tiefkühlbereich andererseits ist er aber eine weitere Kühlstelle für den Normalkühlverbund.

Daraus folgt:

$$
\begin{array}{ll}
\dot{Q}_O = 57,66 \text{ kW;} & t_O = -12 \text{ °C} \\
+\ \dot{Q}_{O,\,\text{Unterkühler}} = 6,72 \text{ kW;} & t_O = -12 \text{ °C} \\
\hline
\dot{Q}_{O,\,\text{gesamt}} = 64,38 \text{ kW;} & t_O = -12 \text{ °C}
\end{array}
$$

Ausgewählt wird ein R507-Verbundsatz Fabrikat Celsior, Typ VPP 300-4231 mit drei halbhermetischen Bitzer Verdichtern 4 P-10.2Y und den technischen Daten aus Tabelle 2.13 und 2.14, lfd. Nr. 6:

$\dot{Q}_O$ = 70,87 kW; P_{Kl} = 31,74 kW; t_O = −12 °C; t_c = +45 °C.

2.4.2   Die Auswahl der Axiallüfterverflüssiger

Luftgekühlte Axiallüfterverflüssiger werden in der kältetechnischen Praxis überwiegend für eine Lufteintrittstemperatur von t_{Le} = +32 °C projektiert.

Die Verflüssiger werden nach den Auswahlvorgaben des Herstellers Güntner bemessen.

Nach EN 327 „Ventilatorbelüftete Verflüssiger" wird unter den Norm-Temperatur-Bedingungen für Verflüssiger eine Eintritts-Temperaturdifferenz von ΔT = 15 K vorgegeben.

Die Eintritts-Temperaturdifferenz wird als Differenz zwischen der Verflüssigungstemperatur t_c und der Lufteintrittstemperatur t_{Le} definiert. Die Lufteintrittstemperatur t_{Le} soll dabei t_{Le} = +25 °C sein.

Der oben genannte Hersteller gibt in seinen technischen Unterlagen die Verflüssigernennleistung an, die auf folgenden Daten beruht:

1. Verflüssigungstemperatur t_c = +40 °C
2. Lufteintrittstemperatur t_{Le} = +25 °C
3. Temperaturdifferenz ΔT = 15 K
4. Kältemittel R404A

Die Eintrittstemperaturdifferenz für die o. a. Anlagenbedingungen weicht jedoch von der Herstellerangabe ab.

Zur Erinnerung:

$$
\begin{array}{llll}
\dot{Q}_{O,\,\text{Normalkühlung}} = 70,87 \text{ kW} & & & \\
+\ P_{Kl,\,\text{Normalkühlung}} = 31,74 \text{ kW;} & t_{Le} = +32 \text{ °C;} & t_c = +45 \text{ °C;} & \Delta T = 13 \text{ K} \\
=\ \dot{Q}_{c,\,\text{Normalkühlung}} = 102,61 \text{ kW.} & & &
\end{array}
$$

Durch die Flüssigkeitsunterkühlung der Tiefkühlverbundanlage kann bei gleicher Klemmenleistung die Kälteleistung für den Unterkühler subtrahiert werden, weil der Normalkühlverbund diese Leistung erbringt.

$$
\begin{array}{llll}
\dot{Q}_{O,\,\text{Tiefkühlung}} = 20,44 \text{ kW} - 6,72 \text{ kW} = 13,72 \text{ kW} & & & \\
+\ P_{Kl,\,\text{Tiefkühlung}} = 10,99 \text{ kW} & & & \\
=\ \dot{Q}_{c,\,\text{Tiefkühlung}} = 24,71 \text{ kW;} & t_{Le} = +32 \text{ °C;} & t_c = +40 \text{ °C;} & \Delta T = 8 \text{ K}
\end{array}
$$

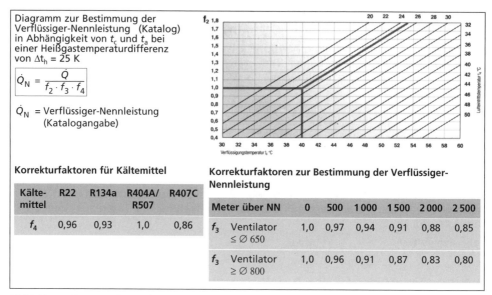

Diagramm zur Bestimmung der Verflüssiger-Nennleistung (Katalog) in Abhängigkeit von t_c und t_a bei einer Heißgastemperaturdifferenz von $\Delta t_h = 25$ K

$$\dot{Q}_N = \frac{\dot{Q}}{f_2 \cdot f_3 \cdot f_4}$$

$\dot{Q}_N$ = Verflüssiger-Nennleistung (Katalogangabe)

Korrekturfaktoren für Kältemittel

Kälte-mittel	R22	R134a	R404A/R507	R407C
f_4	0,96	0,93	1,0	0,86

Korrekturfaktoren zur Bestimmung der Verflüssiger-Nennleistung

Meter über NN		0	500	1 000	1 500	2 000	2 500
f_3	Ventilator $\leq \varnothing\, 650$	1,0	0,97	0,94	0,91	0,88	0,85
f_3	Ventilator $\geq \varnothing\, 800$	1,0	0,96	0,91	0,87	0,83	0,80

Bild 2.28 Bestimmung der Verflüssiger-Nennleistung

Bei abweichender Eintritts-Temperaturdifferenz (s. o.) wird mit Hilfe eines Diagrammes und zwei Tabellen zur Bestimmung der Verflüssiger-Nennleistung in Abhängigkeit von t_c und t_{Le} ein Korrekturfaktor f_2 bestimmt (Bild 2.28) sowie ein Korrekturfaktor bezüglich des Kältemittels und ein weiterer bezüglich der Aufstellhöhe des Verflüssigers.

Für den Normalkühlbereich ergibt sich: $f_2 = 0,875$; $f_3 = 1,0$; $f_4 = 1$;
Für den Tiefkühlbereich ergibt sich: $f_2 = 0,575$; $f_3 = 1,0$; $f_4 = 1,0$.

Die Verflüssiger-Nennleistung für die beiden Bereich ergibt sich zu:

1. $\dot{Q}_{N,\oplus} = \dfrac{\dot{Q}_{c,\oplus}}{f_2} = \dfrac{102,61\ \text{kW}}{0,875} = 117,27\ \text{kW}$

2. $\dot{Q}_{N,\ominus} = \dfrac{\dot{Q}_{c,\ominus}}{f_2} = \dfrac{24,71\ \text{kW}}{0,575} = 42,97\ \text{kW}$

Exkurs:

Zur überschlägigen Ermittlung von $\dot{Q}_{c,\,Nenn}$ wird in der Praxis häufig nach der Formel:

$$\dot{Q}_{c,\,Nenn} = \frac{\dot{Q}_c \cdot 15\ \text{K}}{\Delta T_{tat}} \text{ in kW} \quad \text{verfahren.}$$

Probe:

$$\dot{Q}_{c,\,Nenn\,+} = \frac{102,61\ \text{kW} \cdot 15\ \text{K}}{13\ \text{K}} = 118,40\ \text{kW}$$

$$\dot{Q}_{c,\,Nenn\,-} = \frac{24,71\ \text{kW} \cdot 15\ \text{K}}{8\ \text{K}} = 46,33\ \text{kW}$$

Bei der Bemessung der luftgekühlten Verflüssiger sollte aus Sicherheitsgründen immer ein Apparat mit mindestens zwei Lüftermotoren gewählt werden. Weiterhin hängt es vom Aufstellungsort des Gerätes ab, welche Leistungsstufe die Lüftermotoren haben werden.

Genaue Vorgaben sind abhängig vom Standort und in Verbindung mit den Immissions-richtwerten der TA-Lärm zu treffen. Die Verflüssigerauswahl wird unter Zuhilfenahme der aktuellen Güntner Auslegungssoftware vorgenommen.

Die Planung erfolgt dabei in zwei Richtungen gleichzeitig und zwar folgendermaßen:

1. Die Verflüssigungsleistung variiert während das ΔT-Zuluft konstant gehalten wird.

Für Ihre Vorgaben:

Anzahl der Kreise:	1
Leistung:	103.0 kW
Kältemittel:	R507
Verflüssigungstemp.:	45.0 °C
Lufteintrittstemp.:	32.0 °C
Luftfeuchtigkeit:	40.0 %

eignen sich folgende Geräte:

	Geräteschlüssel	Leistung	Fläche	Luft	Schalldr.	Motordaten		
		kW	m	m/h	dB(A)	kW	A	U/min
1	GVH 067C/2-N(D)	94.835	196.4	29800	67	2.20	4,3	1340
2	GVH 067B/3-L(D)	98.604	251.2	27540	56	0.76	1,5	870
3	GVH 102B/1-N(D)	101.788	356.1	27100	59	2.20	4,2	670
4	GVH 052A/2x2-N(D)	96.467	207.2	29750	60	0.78	1,35	1340
5	GVH 067C/3-L(D)	107.537	296.5	28830	56	0.76	1,5	870
6	GVH 102C/1-N(D)	108.733	412.4	28500	59	2.20	4,2	670
7	GVH 052B/4-N(D)	110.097	256.1	31750	60	0.78	1,35	1340
8	GVH 082A/2-L(D)	96.143	347.9	25500	53	1.05	2,4	680
9	GVH 082A/2-N(D)	118.210	347.9	34100	59	2.00	4,0	880
10	GVH 067A/3-N(S)	97.378	205.8	30160	61	1.30	2,5	1000
11	GVH 067A/3-N(D)	116.293	205.8	39950	68	2.20	4,3	1340
12	GVH 082B/2-L(D)	111.483	425.2	28300	53	1.05	2,4	680
13	GVH 082B/2-N(S)	109.044	425.2	27500	53	1.25	2,3	660
14	GVH 082B/2-N(D)	136.971	425.2	37600	59	2.00	4,0	880
15	GVH 067B/3-N(S)	110.755	251.2	32710	61	1.30	2,5	1000
16	GVH 067B/3-N(D)	132.400	251.2	42830	68	2.20	4,3	1340
17	GVH 092A/2-L(D)	114.579	347.9	32600	59	1.75	3,6	680
18	GVH 052C/2x2-N(S)	98.508	299.3	25290	54	0.55	0,94	1000
19	GVH 052C/2x2-N(D)	118.300	299.3	32880	60	0.78	1,35	1340
20	GVH 092A/2-N(S)	119.215	347.9	34500	59	2.50	4,3	700

Bild 2.29 Datenblatt zur Verflüssigerauswahl

Verflüssiger	GVH 067C/3-L(D)		
Leistung:	107.5 kW	Kältemittel:	R507[1]
		Heißgastemperatur:	74.0 °C
Luftvolumenstrom:	28830 m/h	Verflüssigungstemp.:	45.0 °C
Luft Eintritt:	32.0 °C	Kondensataustritt:	43.8 °C
Geodätische Höhe:	0 m	Heißgasvolumenstr.:	21.89 m/h
Ventilatoren:	3 Stück 3~400V 50Hz	Schalldruckpegel:	56 dB(A)[2]
Daten je Motor:		im Abstand:	5.0 m
Drehzahl:	870 min-1	Schallleistung:	83 dB(A)
Leistung:	0.76 kW		
Stromaufnahme:	1.5 A		

Bild 2.30 Datenblatt zur Verflüssigerauswahl

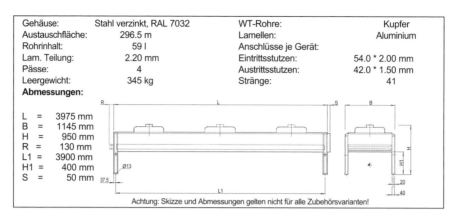

Gehäuse:	Stahl verzinkt, RAL 7032	WT-Rohre:	Kupfer
Austauschfläche:	296.5 m	Lamellen:	Aluminium
Rohrinhalt:	59 l	Anschlüsse je Gerät:	
Lam. Teilung:	2.20 mm	Eintrittsstutzen:	54.0 * 2.00 mm
Pässe:	4	Austrittsstutzen:	42.0 * 1.50 mm
Leergewicht:	345 kg	Stränge:	41

Abmessungen:

L   = 3975 mm
B   = 1145 mm
H   = 950 mm
R   = 130 mm
L1 = 3900 mm
H1 = 400 mm
S   =   50 mm

Achtung: Skizze und Abmessungen gelten nicht für alle Zubehörsvarianten!

Bild 2.30 Fortsetzung

2. Die Verflüssigungstemperatur variiert während die Verflüssigungsleistung konstant bleibt.

Für Ihre Vorgaben:

Anzahl der Kreise:	1
Leistung:	103.0 kW
Kältemittel:	R507
Verflüssigungstemp.:	45.0 °C
Lufteintrittstemp.:	32.0 °C
Luftfeuchtigkeit:	40.0 %

eignen sich folgende Geräte:

	Geräteschlüssel	TC	Fläche	Luft	Schalldr.	Motordaten		
		°C	m	m/h	dB(A)	kW	A	U/min
1	GVH 067C/2-N(D)	46.3	196.4	29800	67	2.20	4,3	1340
2	GVH 067B/3-L(D)	45.7	251.2	27540	56	0.76	1,5	870
3	GVH 102B/1-N(D)	45.2	356.1	27100	59	2.20	4,2	670
4	GVH 052A/2x2-N(D)	46.0	207.2	29750	60	0.78	1,35	1340
5	GVH 067C/3-L(D)	44.4	296.5	28830	56	0.76	1,5	870
6	GVH 102C/1-N(D)	44.2	412.4	28500	59	2.20	4,2	670
7	GVH 052B/4-N(D)	44.1	256.1	31750	60	0.78	1,35	1340
8	GVH 082A/2-L(D)	46.0	347.9	25500	53	1.05	2,4	680
9	GVH 082A/2-N(S)	46.3	347.9	24700	53	1.25	2,3	660
10	GVH 082A/2-N(D)	43.3	347.9	34100	59	2.00	4,0	880
11	GVH 067A/3-N(S)	45.8	205.8	30160	61	1.30	2,5	1000
12	GVH 067A/3-N(D)	43.3	205.8	39950	68	2.20	4,3	1340
13	GVH 082B/2-L(S)	46.3	425.2	22700	48	0.77	1,5	530
14	GVH 082B/2-L(D)	44.0	425.2	28300	53	1.05	2,4	680
15	GVH 082B/2-N(S)	44.3	425.2	27500	53	1.25	2,3	660
16	GVH 082B/2-N(D)	41.7	425.2	37600	59	2.00	4,0	880
17	GVH 067B/3-N(S)	44.0	251.2	32710	61	1.30	2,5	1000
18	GVH 067B/3-N(D)	41.8	251.2	42830	68	2.20	4,3	1340
19	GVH 092A/2-L(D)	43.7	347.9	32600	59	1.75	3,6	680
20	GVH 052C/2x2-N(S)	45.7	299.3	25290	54	0.55	0,94	1000

Bild 2.31 Datenblatt zur Verflüssigerauswahl

Verflüssiger	GVH 067C/3-L(D)		
Leistung:	103.0 kW	**Kältemittel:**	R507[1]
		Heißgastemperatur:	74.0 °C
Luftvolumenstrom:	28830 m/h	Verflüssigungstemp.:	44.4 °C
Luft Eintritt:	32.0 °C	Kondensataustritt:	43.3 °C
Geodätische Höhe:	0 m	Heißgasvolumenstr.:	21.20 m/h
Ventilatoren:	3 Stück 3~400V 50Hz	Schalldruckpegel:	56 dB(A)[2]
Daten je Motor:		im Abstand:	5.0 m
Drehzahl:	870 min-1	Schallleistung:	83 dB(A)
Leistung:	0.76 kW		
Stromaufnahme:	1.5 A		
Gehäuse:	Stahl verzinkt, RAL 7032	WT-Rohre:	Kupfer
Austauschfläche:	296.5 m	Lamellen:	Aluminium
Rohrinhalt:	59 l	Anschlüsse je Gerät:	
Lam. Teilung:	2.20 mm	Eintrittsstutzen:	54.0 * 2.00 mm
Pässe:	4	Austrittsstutzen:	42.0 * 1.50 mm
Leergewicht:	345 kg	Stränge:	41

Abmessungen:

L = 3975 mm
B = 1145 mm
H = 950 mm
R = 130 mm
L1 = 3900 mm
H1 = 400 mm
S = 50 mm

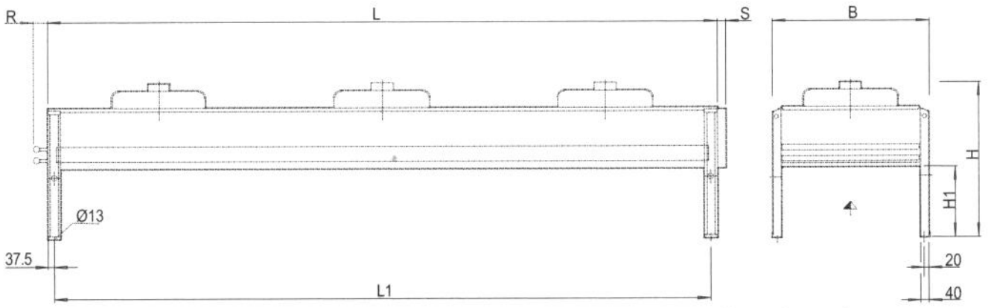

Achtung: Skizze und Abmessungen gelten nicht für alle Zubehörsvarianten!

Bild 2.32 Datenblatt zur Verflüssigerauswahl

Gewählt wird der luftgekühlte Verflüssiger **GVH 067C/3-L** für die Normalkühlanlage.

Aus den Daten des nachfolgenden Bildes 2.33 ist die Ermittlung der Schalldruckpegeländerung des jeweils ausgewählten Verflüssigertyps in Abhängigkeit von Entfernung und Ventilatoranzahl möglich.

Der angegebene Schalldruckpegel dB_A/5 m ist der rechnerische Messflächen-Schalldruckpegel bezogen auf die Quaderoberfläche in 5 m Entfernung vom Gerät im Freifeld auf einer reflektierenden Ebene. Das Nomogramm zur Bestimmung der Schalldruckpegeländerung ΔL_{PA} für andere Entfernungen basiert auf einer quaderförmigen Hüllfläche um das Gerät (Hüllflächenverfahren). Der Schalldruckpegel ist eine Berechnung aus dem Schallleistungspegel.

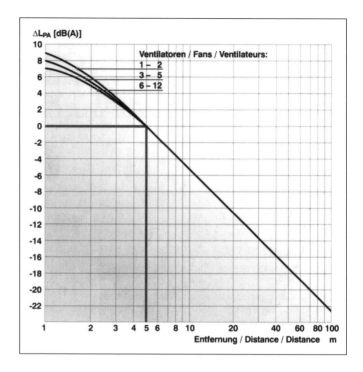

Bild 2.33

Der Hersteller Güntner typisiert seine luftgekühlten Axialverflüssiger wie folgt:

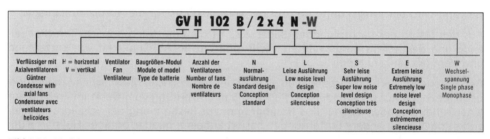

Bild 2.34 Typisierung

Es steht *N* für die Normalausführung (Aufstellung in Gebieten, in denen nur gewerbliche oder industrielle Anlagen vorhanden sind).

Es steht *L* für die Leiseausführung (Aufstellung in Gebieten, in denen vorwiegend gewerbliche Anlagen untergebracht sind).

Es steht *S* für die sehr leise Ausführung und *E* für die Extrem leise Ausführung (Aufstellung in Wohngebieten usw.).

Für die Tiefkühlanlage wird die Verflüssigerauswahl auf die gleiche Art und Weise vorgenommen wie oben beschrieben und aufgezeigt.

Ausgewählt wird der luftgekühlte Verflüssiger Güntner GVH 052A/2-N.

Für Ihre Vorgaben:

Anzahl der Kreise: 1
Leistung: 25.0 kW
Kältemittel: R507
Verflüssigungstemp.:   40.0 °C
Lufteintrittstemp.:   32.0 °C
Luftfeuchtigkeit: 40.0 %

eignen sich folgende Geräte:

	Geräteschlüssel	Leistung	Fläche	Luft	Schalldr.	Motordaten		
		kW	m	m/h	dB(A)	kW	A	U/min
1	GVH 047A/2-N(W)	22.606	83.1	10530	55	0.39	1,9	1400
2	GVH 067C/1-L(D)	22.177	96.3	9550	52	0.76	1,5	870
3	GVH 067A/1-N(D)	23.754	66.1	13110	64	2.20	4,3	1340
4	GVH 047C/2-N(W)	24.524	110.8	11400	55	0.39	1,9	1400
5	GVH 067B/1-N(S)	22.624	81.2	10780	57	1.30	2,5	1000
6	GVH 067B/1-N(D)	27.017	81.2	14140	64	2.20	4,3	1340
7	GVH 067C/1-N(S)	24.983	96.3	11410	57	1.30	2,5	1000
8	GVH 067C/1-N(D)	29.645	96.3	14830	64	2.20	4,3	1340
9	GVH 052A/2-N(S)	22.729	103.6	11220	51	0.55	0,94	1000
10	GVH 052A/2-N(D)	27.972	103.6	14870	57	0.78	1,35	1340
11	GVH 047A/3-L(W)	24.068	125.9	10400	47	0.18	0,8	910
12	GVH 047A/3-N(W)	33.218	125.9	15900	57	0.39	1,9	1400
13	GVH 082A/1-L(S)	24.529	167.5	9850	46	0.77	1,5	530
14	GVH 082A/1-L(D)	29.038	167.5	12500	51	1.05	2,4	680
15	GVH 082A/1-N(S)	28.395	167.5	12100	51	1.25	2,3	660
16	GVH 082A/1-N(D)	35.120	167.5	16700	57	2.00	4,0	880
17	GVH 052C/2-L(D)	24.317	149.6	11120	47	0.32	0,74	900
18	GVH 092A/1-S(D)-F6	24.692	167.5	9940	48	0.66	1,45	535
19	GVH 067A/2-L(S)	27.049	136.0	12950	49	0.47	0,81	650
20	GVH 067A/2-L(D)	33.191	136.0	17020	55	0.76	1,5	870

Bild 2.35 Datenblatt für Verflüssigerauswahl

Verflüssiger	GVH 052A/2-N(D)		
Leistung:	27.6 kW	**Kältemittel:**	R507[1]
		Heißgastemperatur:	69.0 °C
Luftvolumenstrom:	14870 m/h	Verflüssigungstemp.:	39.9 °C
Luft Eintritt:	32.0 °C	Kondensataustritt:	39.0 °C
Geodätische Höhe:	0 m	Heißgasvolumenstr.:	6.37 m/h
Ventilatoren:	2 Stück 3~400V 50Hz	Schalldruckpegel:	57 dB(A)[2]
Daten je Motor:		im Abstand:	5.0 m
Drehzahl:	1340 min-1	Schallleistung:	83 dB(A)
Leistung:	0.78 kW		
Stromaufnahme:	1.35 A		
Gehäuse:	Stahl verzinkt, RAL 7032	WT-Rohre:	Kupfer
Austauschfläche:	103.6 m	Lamellen:	Aluminium
Rohrinhalt:	21 l	Anschlüsse je Gerät:	
Lam. Teilung:	2.20 mm	Eintrittsstutzen:	35.0 * 1.50 mm
Pässe:	6	Austrittsstutzen:	28.0 * 1.50 mm
Leergewicht:	152 kg	Stränge:	20
Abmessungen:			

Bild 2.36 Datenblatt für Verflüssigerauswahl

L   =   1850 mm
B   =   895 mm
H   =   950 mm
R   =   100 mm
L1 =   1775 mm
H1 =   400 mm
S   =   50 mm

Achtung: Skizze und Abmessungen gelten nicht für alle Zubehörsvarianten!

Bild 2.36 Fortsetzung

Für Ihre Vorgaben:

Anzahl der Kreise:	1
Leistung:	25.0 kW
Kältemittel:	R507
Verflüssigungstemp.:	40.0 °C
Lufteintrittstemp.:	32.0 °C
Luftfeuchtigkeit:	40.0 %

eignen sich folgende Geräte:

	Geräteschlüssel	TC	Fläche	Luft	Schalldr.	Motordaten		
		°C	m	m/h	dB(A)	kW	A	U/min
1	GVH 067B/1-L(D)	42.1	81.2	9090	52	0.76	1,5	870
2	GVH 047A/2-N(W)	40.9	83.1	10530	55	0.39	1,9	1400
3	GVH 067C/1-L(D)	41.2	96.3	9550	52	0.76	1,5	870
4	GVH 067A/1-N(D)	40.5	66.1	13110	64	2.20	4,3	1340
5	GVH 047C/2-N(W)	40.1	110.8	11400	55	0.39	1,9	1400
6	GVH 067B/1-N(S)	40.9	81.2	10780	57	1.30	2,5	1000
7	GVH 067B/1-N(D)	39.3	81.2	14140	64	2.20	4,3	1340
8	GVH 052A/2-L(D)	41.4	103.6	10040	47	0.32	0,74	900
9	GVH 067C/1-N(S)	40.0	96.3	11410	57	1.30	2,5	1000
10	GVH 067C/1-N(D)	38.6	96.3	14830	64	2.20	4,3	1340
11	GVH 052A/2-N(S)	40.7	103.6	11220	51	0.55	0,94	1000
12	GVH 052A/2-N(D)	39.2	103.6	14870	57	0.78	1,35	1340
13	GVH 047A/3-L(W)	40.3	125.9	10400	47	0.18	0,8	910
14	GVH 047A/3-N(W)	38.1	125.9	15900	57	0.39	1,9	1400
15	GVH 082A/1-S(D)-F6	42.1	167.5	7630	40	0.37	1,2	440
16	GVH 082A/1-L(S)	40.2	167.5	9850	46	0.77	1,5	530
17	GVH 082A/1-L(D)	38.8	167.5	12500	51	1.05	2,4	680
18	GVH 082A/1-N(S)	39.0	167.5	12100	51	1.25	2,3	660
19	GVH 082A/1-N(D)	37.6	167.5	16700	57	2.00	4,0	880
20	GVH 052C/2-L(S)	42.0	149.6	8480	40	0.20	0,41	640

Bild 2.37 Datenblatt für Verflüssigerauswahl

Verflüssiger	GVH 052A/2-N(D)		
Leistung:	25.0 kW	**Kältemittel:**	R507[1]
		Heißgastemperatur:	69.0 °C
Luftvolumenstrom:	14870 m/h	Verflüssigungstemp.:	39.2 °C
Luft Eintritt:	32.0 °C	Kondensataustritt:	38.3 °C
Geodätische Höhe:	0 m	Heißgasvolumenstr.:	5.85 m/h
Ventilatoren:	2 Stück 3~400V 50Hz	Schalldruckpegel:	57 dB(A)[2]
Daten je Motor:		im Abstand:	5.0 m
Drehzahl:	1340 min-1	Schallleistung:	83 dB(A)
Leistung:	0.78 kW		
Stromaufnahme:	1.35 A		
Gehäuse:	Stahl verzinkt, RAL 7032	WT-Rohre:	Kupfer
Austauschfläche:	103.6 m	Lamellen:	Aluminium
Rohrinhalt:	21 l	Anschlüsse je Gerät:	
Lam. Teilung:	2.20 mm	Eintrittsstutzen:	35.0 * 1.50 mm
Pässe:	6	Austrittsstutzen:	28.0 * 1.50 mm
Leergewicht:	152 kg	Stränge:	20
Abmessungen:			

L = 1850 mm
B = 895 mm
H = 950 mm
R = 100 mm
L1 = 1775 mm
H1 = 400 mm
S = 50 mm

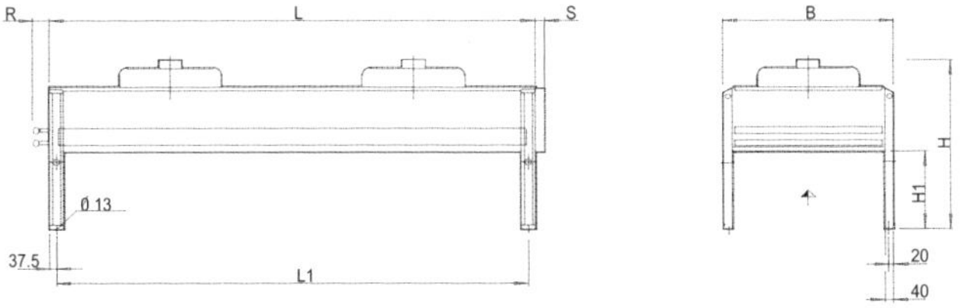

Achtung: Skizze und Abmessungen gelten nicht für alle Zubehörsvarianten!

Bild 2.38 Datenblatt für Verflüssigerauswahl

2.4.2.1 Die Bemessung eines zweispurigen Verflüssigers für zwei Kälteanlagen

Die Vorgehensweise bei der Auswahl, wie oben gezeigt, ist für zwei getrennte Anlagensysteme durchaus praxisüblich. Doch wie wäre ein einziger Verflüssiger für beide Kälteanlagen zusammen zu bemessen?

1. $\dot{Q}_{c, NK}$ = 102,61 kW
2. $\dot{Q}_{c, TK}$ = 24,71 kW

Wegen der besseren Verflüssigerlüftersteuerung wird für beide Anlagensysteme zusammen ein zweispuriger Verflüssiger vom Typ GVH 067B/2x2L mit folgenden technischen Daten projektiert:

Für Ihre Vorgaben:

Anzahl der Kreise: 1
Leistung: 128.0 kW
Kältemittel: R507
Verflüssigungstemp.:   45.0 °C
Lufteintrittstemp.:   32.0 °C
Luftfeuchtigkeit: 40.0 %

eignen sich folgende Geräte:

	Geräteschlüssel	Leistung	Fläche	Luft	Schalldr.	Motordaten		
		kW	m	m/h	dB(A)	kW	A	U/min
1	GVH 082A/2-N(D)	118.210	347.9	34100	59	2.00	4,0	880
2	GVH 082B/2-N(D)	136.971	425.2	37600	59	2.00	4,0	880
3	GVH 067B/3-N(D)	132.400	251.2	42830	68	2.20	4,3	1340
4	GVH 052C/2x2-N(D)	118.300	299.3	32880	60	0.78	1,35	1340
5	GVH 092A/2-N(S)	119.215	347.9	34500	59	2.50	4,3	700
6	GVH 092A/2-N(D)	141.834	347.9	44800	65	3.60	7,2	890
7	GVH 067B/4-L(D)	132.543	336.1	36760	57	0.76	1,5	870
8	GVH 082C/2-L(D)	123.497	502.6	30300	53	1.05	2,4	680
9	GVH 082C/2-N(S)	121.525	502.6	29600	53	1.25	2,3	660
10	GVH 082C/2-N(D)	152.220	502.6	40100	59	2.00	4,0	880
11	GVH 092B/2-L(D)	138.672	425.2	38200	59	1.75	3,6	680
12	GVH 067C/3-N(S)	121.732	296.5	34500	61	1.30	2,5	1000
13	GVH 067C/3-N(D)	145.233	296.5	44770	68	2.20	4,3	1340
14	GVH 092B/2-N(S)	143.410	425.2	40100	59	2.50	4,3	700
15	GVH 092B/2-N(D)	169.326	425.2	51400	65	3.60	7,2	890
16	GVH 067B/2x2-L(D)	130.763	332.4	36630	57	0.76	1,5	870
17	GVH 102A/2-S(D)-F4	118.555	412.4	36800	49	0.86	2,0	420
18	GVH 092C/2-L(S)	125.949	502.6	31100	54	1.20	2,3	520
19	GVH 092C/2-L(D)	157.463	502.6	42000	59	1.75	3,6	680
20	GVH 052A/2x3-N(S)	118.468	313.7	33780	55	0.55	0,94	1000

Bild 2.39 Datenblatt für Verflüssigerauswahl

Verflüssiger	GVH 067B/2X2-L(D)		
Leistung:	128.0 kW	**Kältemittel:**	R507[1]
		Heißgastemperatur:	74.0 °C
Luftvolumenstrom:	36630 m/h	Verflüssigungstemp.:	44.7 °C
Luft Eintritt:	32.0 °C	Kondensataustritt:	43.6 °C
Geodätische Höhe:	0 m	Heißgasvolumenstr.:	26.21 m/h
Ventilatoren:	4 Stück 3~400V 50Hz	Schalldruckpegel:	57 dB(A)[2]
Daten je Motor:		im Abstand:	5.0 m
Drehzahl:	870 min-1	Schallleistung:	84 dB(A)
Leistung:	0.76 kW		
Stromaufnahme:	1.5 A		
Gehäuse:	Stahl verzinkt, RAL 7032	WT-Rohre:	Kupfer
Austauschfläche:	332.4 m	Lamellen:	Aluminium
Rohrinhalt:	74 l	Anschlüsse je Gerät:	
Lam. Teilung:	2.20 mm	Eintrittsstutzen:	54.0 * 2.00 mm
Pässe:	6	Austrittsstutzen:	42.0 * 1.50 mm
Leergewicht:	452 kg	Stränge:	54
Abmessungen:			

Bild 2.40 Datenblatt für Verflüssigerauswahl

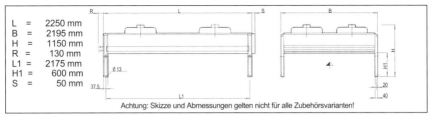

L = 2250 mm
B = 2195 mm
H = 1150 mm
R = 130 mm
L1 = 2175 mm
H1 = 600 mm
S =   50 mm

Achtung: Skizze und Abmessungen gelten nicht für alle Zubehörsvarianten!

Bild 2.40 Fortsetzung

Damit die richtige Strangleistung für die getrennten Wärmetauscherpakete der Normal-kühlung und der Tiefkühlung werkseitig vorgesehen werden kann, wird folgende Unterteilung vorgenommen:

1. Der ausgewählte Verflüssiger hat eine Strangzahl von: 54 Strängen

2. Die Strangleistung ergibt sich zu: $\dfrac{128\ kW}{54\ Stränge} = 2{,}37\ \dfrac{kW}{Strang}$

3. Strangaufteilung Plusverbund: $\dfrac{102{,}61\ kW}{2{,}37\ kW/Strang} = 43{,}29\ Stränge$

4. Strangaufteilung Minusverbund: $\dfrac{24{,}71\ kW}{2{,}37\ kW/Strang} = 10{,}43\ Stränge$

Ergebnis: Stranganzahl Plusverbund: 43

Stranganzahl Minusverbund: 11

Strangzahl gesamt: 54

2.4.3   Die Projektierung eines Radiallüfterverflüssigers

2.4.3.1   Einleitendes, praxisorientiertes Beispiel

In einem Verbrauchermarkt werden im Bereich der Normalkühlung d. h. bei $t_O = -15\ °C$ zwölf Kühlstellen installiert die nachfolgend aufgezeigt werden: (Kälteleistungen aus Kühlmöbeldatenblättern bzw. durch Berechnung ermittelt).

Kühl-stelle:	(Raum bzw. Kühlmöbel-temperatur	Kälteleistung $\dot{Q}_O$ (kW)	Verdampfungs-temperatur t_{O1} Nennwert	t_{O2} Effektivwert
nur für Kühlmöbel ist diese Unterscheidung zu machen!				
Pos. 1:	Käsekühltheke (+4/+6 °C)			
	2 × Celsior VBU 375 B46 A7	2 × 0,75 = 1,50	−10	−8,0
Pos. 2:	Wurstkühltheke (+2/+4 °C)			
	2 × Celsior VBU 375 B46 A7	2 × 0,83 = 1,66	−10	−9,5
Pos. 3:	Fleischkühltheke (0/+2 °C)			
	1 × Celsior VBU 375 B46 A7	1 × 0,88 = 0,88	−10	−11,0
	1 × Celsior VBU 190 B46 A7	1 × 0,40 = 0,40	−10	−11,0
	3 × Celsior VBU 375 B46 A7	3 × 0,88 = 2,64	−10	−11,0

Pos. 4:   Wurstkühlinsel (+2/+4 °C)
          3 × Celsior VFI 375 B45 G   3 × 1,08 = 3,24   −10   −9,0
Pos. 5:   Fleischkühlregal (0/+2 °C)
          4 × Celsior VFR 375 B45 G   4 × 6,00 = 24,00   −10   −10,0
Pos. 6:   Molkereikühlregal (+5/+7 °C)
          3 × Celsior VMR 375 B25   3 × 3,65 = 10,96   −10   −5,0

Pos. 7:   Feinkostregal (+2/+4 °C)
          3 × Celsior VMR 375 B25   3 × 4,32 = 12,96   −10   −8,0
Pos. 8:   Molkereikühlraum (+6 °C)   2,00   −10   −3,0
Pos. 9:   Käsekühlraum (+8 °C)   1,60   −10   −1,0
Pos. 10: Wurstkühlraum (+2 °C)   2,40   −10   −7,0
Pos. 11: Fleischkühlraum (0 °C)   3,10   −10   −9,0
Pos. 12: Fleischverarbeitung (+14 °C)   8,50   −10   +4,0

Bei der Auswahl einer Verbundkälteanlage wird der sogenannte Nennwert in kW bei der Verdampfungstemperatur t_{O1} zugrunde gelegt und für die Bereiche oberhalb des Nennwertes also bei t_{O2} der effektiven Verdampfungstemperatur, der Einsatz von Verdampfungsdruckreglern empfohlen.

Dadurch wird neben der angestrebten Raumtemperatur auch die dem Kühlgut zugeordnete optimale Feuchtigkeit gehalten.

In diesem Fall wird jedoch für jede Kühlstelle eine zugeordnete Kältemaschine projektiert. Als Kältemittel wird R134a vorgegeben und als Hersteller kommt Copeland in Betracht.

Pos. 1   Käsekühltheke   DKL-7X
          $t_O = -10$ °C $t_O = -10$ °C; $t_c = +45$ °C
          $Q_O = 1,5$ kW $Q_O = 1453$ W
                                     $P_{KI} = 690$ W

Pos. 2   Wurstkühltheke   DKSJ-10X
          $t_O = -10$ °C $t_O = -10$ °C; $t_c = +45$ °C
          $Q_O = 1,66$ kW $Q_O = 1850$ W
                                     $P_{KI} = 840$ W

Pos. 3   Fleischkühltheke   DLL-30X
          $t_O = -10$ °C $t_O = -12$ °C; $t_c = +45$ °C
          $Q_O = 3,92$ kW $Q_O = 4643$ W
                                     $P_{KI} = 2270$ W

Pos. 4   Wurstkühlinsel   DLJ-20X
          $t_O = -10$ °C $t_O = -12$ °C; $t_c = +45$ °C
          $Q_O = 3,24$ kW $Q_O = 3649$ W
                                     $P_{KI} = 1512$ W

Pos. 5   Fleischkühlregal   D4DJ-200X
          $t_O = -10$ °C $t_O = -12$ °C; $t_c = +45$ °C
          $Q_O = 24$ kW $Q_O = 24606$ W
                                     $P_{KI} = 10100$ W

Pos. 6   Molkereikühlregal   D3DC-75X
          $t_O = -10$ °C $t_O = -10$ °C; $t_c = +45$ °C
          $Q_O = 10,96$ kW $Q_O = 11730$ W
                                     $P_{KI} = 4470$ W

Pos. 7   Feinkostregal   D3DC-75X
          $t_O = -10\ °C$ $t_O = -10\ °C;\ t_c = +45\ °C$
          $Q_O = 12{,}96\ kW$ $Q_O = 11\,730\ W$
                                           $P_{KI} = 4\,470\ W$

Pos. 8   Molkereikühlraum   DkJ-7X
          $t_O = -3\ °C$ $t_O = -4\ °C;\ t_c = +45\ °C$
          $Q_O = 2{,}0\ kW$ $Q_O = 1\,928\ W$
                                           $P_{KI} = 750\ W$

Pos. 9   Käsekühlraum   DKM-5X
          $t_O = -1\ °C$ $t_O = -2\ °C;\ t_c = +45\ °C$
          $Q_O = 1{,}6\ kW$ $Q_O = 1\,601\ W$
                                           $P_{KI} = 603\ W$

Pos. 10   Wurstkühlraum   DKSJ-10X
          $t_O = -7\ °C$ $t_O = -8\ °C$
          $Q_O = 2{,}40\ kW$ $Q_O = 2\,340\ W$
                                           $P_{KI} = 820\ W$

Pos. 11   Fleischkühlraum   DLF-20X
          $t_O = -9\ °C$ $t_O = -10\ °C;\ t_c = +45\ °C$
          $Q_O = 3{,}10\ kW$ $Q_O = 3\,538\ W$
                                           $P_{KI} = 1\,560\ W$

Pos. 12   Fleischverarbeitung   DLL-30X
          $t_O = +4\ °C$ $t_O = +3\ °C;\ t_c = +45\ °C$
          $Q_O = 8{,}5\ kW$ $Q_O = 8\,985\ W$
                                           $P_{KI} = 2\,862\ W$

Für den Bereich der Tiefkühlung wird als Kältemittel R404A gewählt und für die vier vorkommenden Kühlstellen folgendermaßen verfahren:

Kühlstelle	$\dot{Q}_O$ (kW)	t_{O1} Nennwert	t_{O2} Effektivwert
nur für Kühlmöbel ist diese Unterscheidung zu machen!			
Pos. 1: Tiefkühlinsel (−18/−20 °C) 3 × VTI 375 B75/85 G	3 × 1,55 = 4,65	−35	−35
Pos. 2: Tiefkühlinsel (−18/−20 °C) 3 × VTI 375 B75/85 G	3 × 1,55 = 4,65	−35	−35
Pos. 3: Tiefkühlinsel für Eiscreme (−22/−24 °C) 3 × VTI 375 B75/85 G	3 × 2,58 = 7,74	−35	−40
Pos. 4: Tiefkühlraum (−20 °C)	2,80	−35	−30

Verdichter:

Pos. 1   Tiefkühlinsel I   D3DA-75X
          $t_O = -35\ °C$ $t_O = -37\ °C;\ t_c = +40\ °C$
          $Q_O = 4{,}65\ kW$ $Q_O = 4\,723\ W$
                                           $P_{KI} = 3\,476\ W$

Pos. 2   siehe Pos. 1   siehe Pos. 1

Pos. 3   Eiscremeinsel   D4DL-150X
          $t_O = -40\ °C$ $t_O = -42\ °C;\ t_c = +40\ °C$
          $Q_O = 7{,}74\ kW$ $Q_O = 9\,010\ W$
                                     $P_{KI} = 7\,500\ W$

Pos. 4   Tiefkühlraum   D2DD-50X
          $t_O = -30\ °C$ $t_O = -30\ °C;\ t_c = +40\ °C$
          $Q_O = 2{,}80\ kW$ $Q_O = 3\,355\ W$
                                     $P_{KI} = 2\,313\ W$

2.4.3.2   Die Auswahl des Radiallüfterverflüssigers

Die Bemessung eines Radiallüfterverflüssigers wird durch das Herstellerdatenblatt (Tabelle 2.15) erleichtert. Zunächst werden von links nach rechts die 16 Kühlstellen, die Kältemittel, die Verdichtertypen, die Verdichterkälteleistung, die Klemmenleistung, die Verdampfungstemperatur, die Verflüssigungstemperatur, die Verflüssigungsleistung und die Lufteintrittstemperatur eingetragen.

Aus Bild 2.41 werden für die Normal- und die Tiefkühlung zwei Korrekturfaktoren f_2 bestimmt die Ausdruck für eine abweichende Eintrittstemperaturdifferenz sind.

$f_{2,\ NK} = 0{,}85$

$f_{2,\ TK} = 0{,}50$

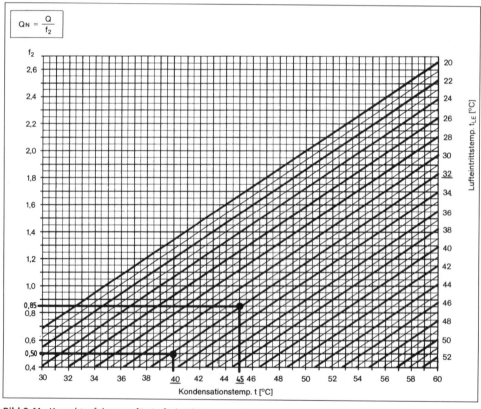

Bild 2.41 Korrekturfaktoren für Lufteintrittstemperatur

Tabelle 2.15

Kunde: Anfrage Nr.:   Pos.:   Datum: Pos.:   Datum:
Komm.:   Angebot Nr.:   Auftrag Nr.:   Sachbearbeiter:
                                                         AB-Nr.:   Kunde:
                                                                                       Lieferant:

Kreislauf-Nr.	Kühlstelle	Kälte-mittel R	Kompressor Typ	Kompressor-Leistung Q0 W	Q0 kcal/h	Leistungs-aufnahme KW	Verd.-Temp. t0 °C	Kond.-Temp. t °C	Faktor Diagr.1 f1	Kondensator-Leistung Q W	Q kcal/h	Luft-Eintritt tLE °C	Faktor Diagr.2 f2	t2	korrig. Paket-Leistung W	kcal/h	Anzahl Pakete
1	Käsetheke	134a	DKJ-7X	1.953		0,69	-10	+45		2.143			0,85		1.087		2
2	Wursttheke	=	DKSJ-10X	1.850		0,84	-10	+45		2.690			=		=		3
3	Fleischtheke	=	DLL-30X	4.643		2,27	-12	+45		6.913			=		=		7
4	Wurstinsel	=	DLJ-20X	3.649		1,51	-12	+45		5.159			=		=		5
5	Fleischregal	=	D4DJ-200X	24.606		10,1	-12	+45		34.706			=		=		32
6	Mopro Regal	=	D3DC-75X	11.730		4,47	-10	+45		16.200			=		=		15
7	Feinkost Regal	=	D3DC-75X	11.730		4,47	-10	+45		16.200			=		=		15
8	Mopro Kühlraum	=	DKJ-7X	1.928		0,75	-4	+45		2.678		+32	=		=		3
9	Käsekühlraum	=	DKM-5X	1.601		0,60	-2	+45		2.201			=		=		2
10	Wurstkühlraum	=	DKSJ-10X	2.340		0,82	-8	+45		3.160			=		=		3
11	Fleischkühlr.	=	DLF-20X	3.538		1,56	-10	+45		5.098			=		=		5
12	Fleischverarb.	=	DLL-30X	8.995		2,86	+3	+45		11.845			=		=		11
13	Tki I	404A	D3DA-75X	4.723		3,48	-37	+40		8.203			0,50		640		13
14	Tki II	=	D3DA-75X	4.723		3,48	-37	+40		8.203			=		=		13
15	Tki - Eiscreme	=	D4DL-150X	9.010		7,50	-42	+40		16.510			=		=		26
16	TKR	=	D2DD-50X	3.350		2,31	-30	+40		5.660			=		=		9
17																	
18																	
19																	
20																	**164**

Weitere Spalten (rechts):
Anschlüsse (Eintr. ∅mm / Austr. ∅mm) · Rohr-Volumen l · Typ · Inhalt l · Kältemittelsammler Anschlüsse (ein E ∅mm / aus A ∅mm) · Sicherheitsventil RV* · Entlüftungsventil EAV · Sonderausführung (S) · Bemerkungen

Typ: URB 18 – 4 – 164

Luftaustritt ☐ oben ☐ rückwärts
Anordnung der Kreisläufe:
☐ links n. rechts ☐ oben n. unten
Δp Luft extern   PA/mm WS
Motorsch.   Lüftersch.
Motoren: Schutzart   Iso-Kl.
n =   min⁻¹, polumschaltbar; Y/Δ
f =   Hz
P =   KW; U =   V; I =   A
Lüftertrennwand
verlängerte Aufstellfüße   mm hoch
Lackierung

Zubehör-Sammler	Stck.	Typ
Maschinengestell		
Sammlergestell		
zusätzl. Schauglas		
Kältemittelstandanzeiger		
Kompressorkonsolen		

Zubehör - Kühlluft	Stck.	Typ
Gegenrahmen		
Segeltuchstutzen		
Ausblasstutzen für horizontalen Ausblas		
Ausblasstutzen für vertikalen Ausblas		
Ausblaskanal		
Ausblaskanalbogen		
Ausblasschutzgitter		
Überdruckjalousie		

Kondensatordruck-Steuerung-Regelung:

Kühlluft-Drosselung:
Jalousieklappe
Steuer-Regel-Einrichtung
Fabrikat
Umluftbetrieb:
Umluftkammer mit Jalousieklappen
Steuer-Regel-Einrichtung
Fabrikat
Kondensat-Rückstauregler Fabrikat

Schalldämpfung
schalldämmende Auskleidung
Schwingmetallfüße
Schalldämpfer:
Fabrikat
Ansaug
Übergangsstück
Ausblas
Übergangsstück

Im angeführten Beispiel ist der Radiallüfterverflüssiger für eine sogenannte Mehrkreis-anwendung vorzusehen.

Hierbei wird der Apparat über die zu ermittelnde Anzahl an Wärmetauscherpaketen bemessen.

Die Vorgehensweise ist dabei folgende:

Der Hersteller gibt eine Standardpaketleistung von 1 279 W an. Die Verflüssiger-Nenn-leistung bezieht sich auf eine Lufteintrittstemperatur $t_{Le} = 25\ °C$ und eine Verflüssigungs-temperatur von $t_c = +40\ °C$. Der Korrekturfaktor f_2 für abweichende Eintrittstempera-turdifferenzen wird aus Diagramm 2 ermittelt und mit der Standardpaketleistung mul-tipliziert; das Ergebnis ist die korrigierte Paketleistung. Um die richtige Zahl an Wärme-tauscherpaketen pro Kühlstelle zu erhalten wird die jeweilige Verflüssigungsleistung durch die korrigierte Paketleistung dividiert und das Ergebnis sinnvoll gerundet. Die Ad-dition der ermittelten Paketanzahl insgesamt ist ausschlaggebend für die Verflüssiger-bemessung.

Im Beispiel ergab die Addition die Zahl 164.
Aus dem Katalog wird der Verflüssiger Typ URB 18-4-164 ausgewählt (siehe Tabelle 2.16)

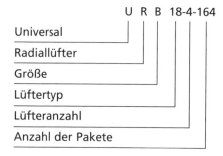

Tabelle 2.16 Typ model URB

Lüfter Typ	Anzahl der Lüfter	Anzahl der Pakete	Nennleistung $\Delta t = 15\ K$		Luftmenge	Austauschfläche	Motoren – Normalausführung			max. zusätzl.	Lautstärke
			Watt	kcal/h	m³/h	m²	Anzahl	KW	Amp. 380 V	mm WS	dB$_A$ 5 m
18	4	158	202 100	173 800	61 400	593	4	4,0	8,8	12	73
18	4	160	204 700	176 000	62 200	600	4	4,0	8,8	12	73
18	4	162	207 200	178 200	63 000	608	4	4,0	8,8	12	73
18	4	164	209 800	180 400	63 800	615	4	4,0	8,8	12	73
18	4	166	212 300	182 600	64 500	623	4	4,0	8,8	11	74
18	4	168	214 900	184 800	65 300	630	4	4,0	8,8	11	74

Tabelle 2.16 (Fortsetzung)

Motoren – verstärkte Ausführung						Maße							
Anzahl			max. zulässige Lautstärke	Ausführung	Anzahl der Füße	L	L_1	B	D	H	H_1	Rohrvolumen	Gewicht
	KW	Amp. 380 V	mm WS	dB_A 5 m		mm	mm	mm	mm	mm	mm	ltr.	kg
4	5,5	12	25	74	II	6	4 600	1 150	1 000	630	1 990	1 000	72	1 275
4	5,5	12	25	74	II	6	4 600	1 150	1 000	630	1 990	1 000	73	1 278
4	5,5	12	25	74	II	6	4 600	1 150	1 000	630	1 990	1 000	73	1 281
4	5,5	12	25	74	II	6	4 600	1 150	1 000	630	1 990	1 000	74	1 283
4	5,5	12	24	75	II	6	4 600	1 150	1 000	630	1 990	1 000	75	1 286
4	5,5	12	24	75	II	6	4 600	1 150	1 000	630	1 990	1 000	76	1 289

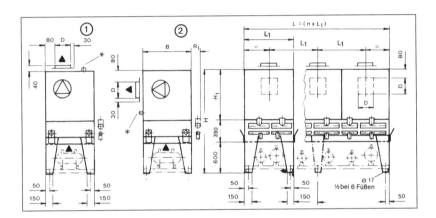

Bild 2.42

Aus den Herstellerunterlagen wird ersichtlich, dass der Verflüssiger eine Nennleistung von 209,80 kW hat.

Überprüfung des Verflüssigers über die Verflüssigungsleistung:

1. die Summe aller Verflüssigungsleistungen im Normalkühlbereich ergibt:
   $\dot{Q}_{c, NK} = 108\,993\ W$

2. die Summe aller Verflüssigungsleistungen im Tiefkühlbereich ergibt $\dot{Q}_{c, TK} = 38\,576\ W$

3. $\dot{Q}_{c, Nenn, NK} = \dfrac{\dot{Q}_{c, NK}}{f_2} = \dfrac{108\,993\ W}{0,85} = 128\,227\ W$

4. $\dot{Q}_{c, Nenn, TK} = \dfrac{\dot{Q}_{c, TK}}{f_2} = \dfrac{38\,576\ W}{0,50} = 77\,152\ W$

5. $\dot{Q}_{c, Nenn, ges} = 205,38\ W$

Die Überprüfung der Leistung bestätigt die Auswahl.

2.4.4 Übungsaufgaben

1. Projektieren Sie alle halbhermetischen Kälteverdichter für den Verbrauchermarkt sowohl im Normalkühl- als auch im Tiefkühlbereich für den Betrieb mit R 507 (Hersteller Bitzer).

   Anmerkung:
   Sind die Kälteleistungen nicht ausreichend, fassen Sie zwei Kühlstellen für eine Maschine zusammen!

2. Bemessen Sie einen Radiallüfterverflüssiger für die in Aufgabe 1 ausgelegten Verdichter! (Hersteller Güntner).

2.4.5 Lösungsvorschläge

zu 1. Verdichter

Normalkühlung:

Pos. 1	2HC – 1.2Y	1,81/0,85	R 134a
Pos. 2	2HC – 1.2Y	1,81/0,85	R 134a
Pos. 3	2CL – 3.2Y	4,0/1,81	R 134a
Pos. 4	2DL – 2.2Y	3,27/1,48	R 134a
Pos. 5	4G – 20.2Y	22,3/4,61	R 134a
Pos. 6	4T – 8.2Y	11,81/4,9	R 134a
Pos. 7	4P – 10.2Y	14,03/5,83	R 134a
Pos. 8	2HC – 1.2Y	2,43/0,95	R 134a
Pos. 9	2HC – 1.2Y	2,67/0,98	R 134a
Pos. 10	2GC – 2.2Y	2,38/1,06	R 134a
Pos. 11	2EL – 2.2Y	3,09/1,37	R 134a
Pos. 12	2CL – 3.2Y	8,15/2,55	R 134a

Tiefkühlung:

Pos. 1	4V – 6.2Y*	4,63/3,52	R 404A
Pos. 2	4V – 6.2Y*	4,63/3,52	R 404A
Pos. 3	4H – 15.2Y	8,11/6,47	R 404A
Pos. 4	2DL – 2.2Y	2,76/1,93	R 404A
	*mit Zylinderkopfkühlung		

Zu 2. Radiallüfterverflüssiger Fabrikat Güntner, Typ URB 18-4-160.

2.5 Die rechnerische, tabellarische und nomogrammatische Auslegung der kältemittelführenden Rohrleitungen in der Kälteanlage

In Kälteanlagen die mit H-FKW- bzw. H-FCKW Kältemitteln und zeotropen Kältemittelgemischen betrieben werden sind die kältemittelführenden Rohrleitungen und Fittings in Kupfer ausgeführt. DIN 8905, Teil 1 normiert die „Rohre für Kälteanlagen mit hermetischen und halbhermetischen Verdichtern" bis zu einem Rohraußendurchmesser von 54 mm und spezifiziert die technischen Lieferbedingungen (Tabelle 2.17).

Kupferrohre mit einem Durchmesser d_a > 54 mm werden nicht mehr in der sogenannten Kühlschrankqualität geliefert.

Über den kältetechnischen Großhandel sind die Größen 64 × 2 mm; 70 × 2 mm; 76 × 2 mm; 89 × 2 mm und 108 × 2,5 mm ab Lager lieferbar.

Als Stangenrohr (Länge 5 m) ist das Cu-Rohr von d_a = 10 × 1 mm an aufwärts in der Festigkeit F 36 (entspricht der Zugfestigkeit R_m mit 360 N/mm²) erhältlich.

Als sogenanntes Bundrohr (aufgewickelt in Ringen) ist das Cu-Rohr von d_a = 6 × 1 mm bis d_a = 22 × 1 mm in der Festigkeit F 22 (entspricht der Zugfestigkeit R_m mit 220 N/mm²) zu haben.

Alle zugehörigen Fittings in Kupfer sind in DIN 2856 genormt.

Tabelle 2.17 Rohre für Kälteanlagen mit hermetischen und halbhermetischen Verdichtern

Außendurchmesser d_a[1]) Nennmaß mm	Wanddicke s[1]) Nennmaß mm	Längenbezogene Massen kg/m
2	0,5	0,021
3	1	0,056
4	1	0,084
5	1	0,112
6[4])	1	0,140
8[4])	1	0,196
10[4])	1	0,252
12[4])	1	0,308
15[4])	1	0,391
18[4])	1	0,475
22[4])	1	0,587
28[4])	1,5	1,11
35[4])	1,5	1,40
42[4])	1,5	1,71
54[4])	2	2,91

[1]) Andere Maße sind zu vereinbaren.
[4]) Für diese Außendurchmesser sind Fittings nach DIN 2856 genormt. Werden andere Maße vereinbart, dann entsprechen die Toleranzen dieser Maße dem nächstgrößeren Maß nach DIN 59753.

Die drei wichtigsten Parameter für die Auslegung von kältemittelführenden Rohrleitungen sind:

1. **der Druckverlust**
2. **die Ölrückführung und**
3. **die Strömungsgeschwindigkeit**

Der Druckverlust in den Rohrleitungen beeinflusst nachhaltig die Kälteleistung der Anlage, nämlich durch Leistungsminderung bei steigender Druckdifferenz.

Tabelle 2.18 gibt den praxisüblichen zulässigen Druckabfall in den Rohrleitungen an. Wie bereits oben gezeigt wurde, erhöht sich die Genauigkeit der Bemessung von Verdichtern bzw. Verflüssigungssätzen, wenn von vornherein der Druckverlust in der Saugleitung durch sinnvolle Annahme Berücksichtigung findet.

Tabelle 2.18 Zulässiger Druckabfall

Bezeichnung	Kurzzeichen	Druckabfall in K (Empfehlung)
Saugleitung	SL	1 bis 2
Druckleitung	DL	1 bis 2
Flüssigkeitsleitung	FL	ca. 0,5
Verflüssigerleitung	VL	ca. 0,5

Tabelle 2.19 Strömungsgeschwindigkeiten in Leitungen

Bezeichnung	Sole, Glykolmischung	Wasser	Kältemittel
Saugleitung	0,5–1,5	0,5–2	6–12
Druckleitung	1–2	1,5–3	6–15
Flüssigkeitsleitung			0,3–1,2

Für die Strömungsgeschwindigkeit gelten Erfahrungswerte, die bei der Nachrechnung beachtet werden sollten.

Tabelle 2.19 gibt einige Richtwerte in m/s an.

2.5.1   Strömungsgeschwindigkeit und Druckverlust

Der sorgfältigen Rohrleitungsauslegung ist schon deshalb die entsprechende Beachtung zu schenken, weil der Druckverlust mit dem Quadrat der Geschwindigkeit ansteigt.

Nach dem Kontinuitätsgesetz errechnet sich der Kältemittelvolumenstrom zu:

$$\dot{V} = A \cdot w \quad \text{in} \quad \frac{m^3}{s} \quad \text{mit} \quad w\text{:}\frac{m}{s}; \quad A = \frac{d_i^2 \cdot \pi}{4} \quad \text{in m}^2 \qquad (1)$$

$$\text{mit } \dot{V} = \frac{\dot{m}}{\varrho} \text{ und } \dot{m} = \dot{V} \cdot \varrho \text{ ergibt sich auch:}$$

$$\dot{V} = \frac{\dot{m}}{\varrho} \qquad (2)$$

und

$$\dot{m} = \dot{V} \cdot \varrho \qquad (3)$$

Bezogen auf die Kältetechnik kann man sagen:

Kältemittelvolumenstrom = Quotient aus Kältemittelmassenstrom und Dichte des Kältemittels daraus folgt:

$$\frac{\dot{m}_R}{\varrho_R} = \frac{d_i^2 \cdot \pi \cdot w}{4} \quad \text{in} \quad \frac{kg \, m^3}{s \, kg} = \frac{m^2 \cdot m}{s} = \frac{m^3}{s} \qquad (4)$$

Der Kältemittelmassenstrom $\dot{m}_R$ in kg/s zirkuliert durch den Verdampfer und sichert bei einer definierten Enthalpiedifferenz Δh, die auch als Nutzkältegewinn

$$q_{ON} = h_{1'} - h_4 \text{ in kJ/kg}$$

bezeichnet wird, eine bestimmte Kälteleistung $\dot{Q}_O$ in kJ/s.

$$\dot{m}_R = \frac{\dot{Q}_O}{q_{ON}} \text{ in } \frac{kg}{s} \quad \text{mit} \quad \dot{Q}_O : \frac{kJ}{s} \qquad (5)$$

$$q_{ON} : \frac{kJ}{kg}$$

eingesetzt in (4) ergibt:

$$\frac{\dot{Q}_O}{q_{ON} \cdot \rho_R} = \frac{d_i^2 \cdot \pi \cdot w}{4} \text{ in } \frac{m^3}{s} \quad \text{nach } \dot{Q}_O \text{ aufgelöst:}$$

$$\dot{Q}_O = \frac{d_i^2 \cdot \pi \cdot w \cdot q_{ON} \cdot \varrho_R}{4} \text{ in } \frac{kJ}{s} \qquad (6)$$

aufgelöst nach der Geschwindigkeit w:

$$w = \frac{\dot{Q}_O \cdot 4}{d_i^2 \cdot \pi \cdot w \cdot q_{ON} \cdot \varrho_R} \text{ in } \frac{m}{s} \qquad (7)$$

aufgelöst nach d_i:

$$d_i = \sqrt{\frac{\dot{Q}_O \cdot 4}{w \cdot \pi \cdot q_{ON} \cdot \varrho_R}} \qquad (8)$$

Um einen sicheren Öltransport zum Verdichter zu gewährleisten empfiehlt es sich, die Sauggasgeschwindigkeit mit der o. a. Formel (7) nachzurechnen und mit den Werten aus Tabelle 2.19 abzustimmen.

Wie aus (7) ersichtlich wird, hat die Veränderung des Rohrdurchmessers einen erheblichen Einfluss auf die Geschwindigkeit. Dies sei an folgendem Beispiel gezeigt:

$$\dot{Q}_O = 21 \text{ kW}; \qquad \text{Saugleitung: } d_a = 42 \cdot 1,5 \text{ mm}; \qquad \text{R407C}$$

$$t_O = -10 \text{ °C}, \qquad t_{1'} = -4\text{°C}; \qquad \varrho_R = 12,44 \frac{kg}{m^3}$$

$$t_c = +45 \text{ °C}; \qquad t_3 = +43 \text{ °C}; \qquad h_3 = h_4 = 269,24 \frac{kJ}{kg}$$

$$h_{1'} = 418,89 \frac{kJ}{kg}$$

$$q_{ON} = h_{1'} - h_4 \text{ in } \frac{kJ}{kg}$$

$$q_{ON} = 418,89 - 269,24 = 149,65$$

$$q_{ON} = 149,65 \frac{kJ}{kg}$$

$$w = \frac{21 \cdot 4}{(0,039)^2 \cdot \pi \cdot 149,65 \cdot 12,44} = 9,44 \frac{m}{s}$$

Würde jetzt der Durchmesser der Saugleitung auf $d_a = 35 \cdot 1,5$ mm verkleinert, stiege die Strömungsgeschwindigkeit sprunghaft an, wie das obige Beispiel, neu berechnet, zeigt:

$$w = \frac{21 \cdot 4}{(0,032)^2 \cdot \pi \cdot 149,65 \cdot 12,44} = 14,03 \; \frac{m}{s}$$

Dieses Ergebnis würde einen unzulässig hohen Wert darstellen, weil der Druckverlust, wie nachfolgend gezeigt wird, mit dem Quadrat der Strömungsgeschwindigkeit ansteigt:

Die Strömungslehre liefert die Formel für den Druckverlust im gerade geführten Rohrleitungsabschnitt mit:

$$\Delta p = \lambda \cdot \frac{l}{d_i} \cdot \frac{\varrho}{2} \cdot w^2 \; \text{in} \; \frac{N}{m^2} \; \text{mit:} \qquad (9)$$

λ = in Rohrreibungszahl, dimensionslos

l = Rohrlänge in m

d_i = Rohrinnendurchmesser in m

ϱ = Dichte in $\frac{kg}{m^3}$

w = Strömungsgeschwindigkeit in $\frac{m}{s}$

Die Rohrreibungszahl λ ist eine Funktion der Reynolds'schen Zahl Re $= \frac{w \cdot d}{v}$

Sie ist eine dimensionslose Kennzahl zur Beurteilung der Strömungsform.

Den Strömungsverhältnissen in den herkömmlichen Kälteanlagen liegt eine turbulente Strömung mit Re > 2 320 zugrunde.

Exkurs:
In der Kältetechnik wird die Rohrreibungszahl λ für die Kupferrohre mit λ_{Cu} = 0,03 angegeben, obwohl Berechnungen des Autors nach der Formel von Nikuradse für 10^5 < Re < 10^8 mit

$$\lambda = 0,0032 + \frac{0,221}{Re^{0,237}} \; \text{und}$$

$$Re = \frac{w \cdot d_i}{v} \; \text{sowie} \; v = \frac{\eta}{\varrho}$$

für R 22 bei t_O = −7 °C beispielsweise einen λ-Wert von 0,016 ergeben.

Die graphische Lösung führt zum gleichen Ergebnis für λ im Blasius'schen λ-Bereich für glatte Rohre bei turbulenter Strömung.

Den Gepflogenheiten der Praxis folgend wird jedoch λ = 0,03 eingesetzt.

Der Druckverlust der Einzelwiderstände im Rohrnetz wie z. B. durch 90° Bögen, T-Stücke, Reduzierungen, Erweiterungen usw. verursacht, wird nach der Formel:

$$\Delta p = \zeta \cdot \frac{\varrho}{2} \cdot w^2 \; \text{in} \; \frac{N}{m^2} \; \text{mit} \qquad (10)$$

ζ = Widerstandsbeiwert, dimensionslos

ϱ = Dichte in $\frac{kg}{m^3}$

w = Strömungsgeschwindigkeit $\frac{m}{s}$

berechnet.

Tabelle 2.20 Widerstandsbeiwerte

Einbauteil	Darstellung	Zeta-Wert	
Bogen 90°		R/d	ζ
		0,5	1,0
		0,75	0,5
		1,0	0,25
		1,5	0,15
		2,0	0,1
		3,0	0,1
		4,0	0,1
T-Stück			1,4
T-Stück			1,4
Erweiterung		α	ζ_1
		5°	0,15
		7,5°	0,20
		10°	0,25
		15°	0,4
		22,5°	0,6
Verengung		30°	0,8
		45°	0,9
	$\zeta_2 = 0,1$	90°	1,0
Dehnungsausgleicher, Lyrabogen		$R \geq 3d$	0,4
		$R \geq 8d$	0
Wellrohrkompensator			2,0
Muffe			1,0

Zeta-Werte für Einbauteile sind aus der Fachliteratur zu entnehmen. In Tabelle 2.20 sind einige Widerstandsbeiwerte aufgeführt.

Die Hersteller von Einbauteilen wie z. B. Rückschlagventilen oder Magnetventilen sind dazu übergegangen, für Ihre Erzeugnisse die entsprechenden k_v-Werte anzugeben.

In Abschnitt 2.6 wird die k_v-Wertberechnung und der daraus ermittelte Druckverlust über der jeweiligen Armatur vorgestellt.

Tabelle 2.21

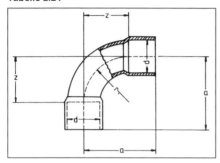

Ermittlung von *r/d*:

d	a	r	z
6	15	9	9
8	21	12	12
10	25	15	15
12	25	17	17
15	33	20,5	20,5
16	35	23	23
18	40	25	25
22	47	30	30
28	58	39	39
35	76	52,5	52,5
42	92	63	63
54	115	81	81
64	129	96	96
70	138	105	105
76	147	114	114
80	153	120	120
89	169,5	133,5	133,5
104	197	156	156
108	203	162	162

Der Druckverlust in einem Rohrleitungssystem ergibt sich zusammengefasst zu: (ohne Steigleitung)

$$\Delta p = \Sigma\left(\lambda \cdot \frac{l}{d} \cdot \frac{\varrho}{2} \cdot w^2\right) + \Sigma\left(\zeta \cdot \frac{\varrho}{2} \cdot w^2\right) \text{ in } \frac{N}{m^2} \qquad (11)$$

Steigleitungsanteile z. B. in der Flüssigkeitsleitung, wenn das TEV oberhalb des Sammleraustritts montiert ist, werden durch die Formel:

$$\Delta p = h \cdot \varrho \cdot g \text{ in } \frac{N}{m^2} \text{ mit} \qquad (12)$$

h = Höhe der Steigleitung in m

ϱ = Dichte in $\frac{kg}{m^3}$

$g = 9{,}81 \frac{m}{s^2}$

berücksichtigt, so dass sich zusammenfassend folgendes ergibt:

$$\Delta p_{ges} = \lambda \cdot \frac{l}{d} \cdot \frac{\varrho}{2} \cdot w^2 + \Sigma\left(\zeta \cdot \frac{\varrho}{2} \cdot w^2\right) + h \cdot \varrho \cdot g \text{ in } \frac{N}{m^2} \qquad (13)$$

Anmerkung:
Im Falle einer Flüssigkeitsleitung, bei welcher das TEV unterhalb des Sammlers montiert ist, wird die berechnete Druckdifferenz als „Druckgewinn" der fallenden Leitung von Δp_{ges} subtrahiert.

Beispiel:
Berechnen Sie die Strömungsgeschwindigkeit und den Druckverlust in der dargestellten Flüssigkeitsleitung (Bild 2.43)!

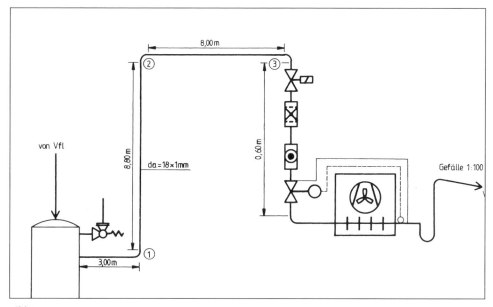

Bild 2.43

Technische Daten:

R407C; $\dot{Q}_O = 21$ kW; $t_O = -10\,°C$; $t_{1'} = -4\,°C$; $t_c = +45\,°C$;

$t_3 = +43\,°C$; $h_4 = 269{,}24\,\dfrac{kJ}{kg}$;

$h_{1'} = 418{,}89\,\dfrac{kJ}{kg}$; $\varrho_R = 1{,}049\,\dfrac{kg}{dm^3} \triangleq 1\,049\,\dfrac{kg}{m^3}$; FL: 18×1 mm; $h_{1'} - h_4 = 149{,}65\,\dfrac{kJ}{kg}$

$\Delta p_{MV} = 0{,}06$ bar; über k_v-Wert Berechnung bestimmt

$\Delta p_{Trockner} = 0{,}14$ bar nach DIN 8949

$\Delta p_{Schauglas}$ wird vernachlässigt

Strömungsgeschwindigkeit:

$$w = \frac{21 \cdot 4}{(0{,}016)^2 \cdot \pi \cdot 149{,}65 \cdot 1049} = 0{,}67\,\frac{m}{s}$$

Zur Berechnung der geraden Rohrleitungsanteile wird die Flüssigkeitsleitung in Abschnitte aufgeteilt:

1. Abschnitt: vom Behälterausgang zum Bogen 1
2. Abschnitt: vom Bogen 1 zum Bogen 2; Steigleitung
3. Abschnitt: vom Bogen 2 zum Bogen 3

$$\Delta p_1 = 0{,}03 \cdot \frac{3{,}0}{0{,}016} \cdot \frac{1\,049}{2} \cdot (0{,}67)^2 = 1\,324{,}39$$

$$\Delta p_1 = 1\,324{,}39\,\frac{N}{m^2}$$

$$\Delta p_2 = (8{,}80 \cdot 1\,049 \cdot 9{,}81) + \left(0{,}03 \cdot \frac{8{,}8}{0{,}016} \cdot \frac{1\,049}{2} \cdot (0{,}67)^2 \right)$$

$$\Delta p_2 = 90\,558{,}07 + 3\,884{,}89$$

$$\Delta p_2 = 94\,442{,}96\,\frac{N}{m^2}$$

$$\Delta p_3 = 0{,}03 \cdot \frac{8{,}0}{0{,}016} \cdot \frac{1\,049}{2} \cdot (0{,}67)^2 = 3\,531{,}72$$

$$\Delta p_3 = 3\,531{,}72\,\frac{N}{m^2}$$

Berechnung der Einzelwiderstände:
3 Stck. 90° Bögen: $d_a = 18 \cdot 1$ mm; mit $r = 25$ mm und

$d_a = 18$ mm wird $\dfrac{r}{d} = 1{,}39$; daraus folgt $\zeta = 0{,}15$

Da die Querschnitte überall gleich sind, kann mit

$w = 0{,}67\,\dfrac{m}{s}$

gerechnet werden.

Daraus folgt:

$$\Delta p = \Sigma \zeta \cdot \frac{\varrho}{2} \cdot w^2$$

$$\Delta p = (0,15 + 0,15 + 015) \cdot \frac{1\,049}{2} \cdot (0,67)^2 \text{ in } \frac{N}{m^2}$$

$$\Delta p = 105,95 \; \frac{N}{m^2}$$

$$\Delta p_{ges} = 1\,324,39 + 94\,442,96 + 3\,531,72 + 105,95 + 6\,000 + 14\,000$$

$$\Delta p_{ges} = 119\,405,02 \; \frac{N}{m^2}$$

$$\Delta p_{ges} = 1,19 \text{ bar}$$

Berechnung der Unterkühlung für das flüssige R 407C, um eine Vorverdampfung in dem o. a. Rohrleitungsabschnitt zu vermeiden.

t_c = +45 °C:	p_c = 19,560 bar	
t = **+44 °C**:	p = **19,107 bar**	
ΔT = 1 K:	Δp = 0,453 bar/K	

Unterkühlung des flüssigen Kältemittels in K:

$$\frac{\Delta p_{ges} \text{ in bar}}{\Delta p \text{ in bar/K}} = \frac{1,19}{0,453}$$

Unterkühlung: 2,63 K

Hinweis:

Überschlägig lässt sich der Druckabfall für R 407C je Meter Steigleitung mit Δp = 0,111 bar/m berechnen.
Probe:

$$8,80 \text{ m Steigleitung} \times 0,111 \text{ bar/m} = 0,9768 \text{ bar} = 97\,680 \; \frac{N}{m^2}$$

2.5.2 Bemessung der Saugleitung nach Tabellenwerten

Anstelle der ziemlich umfangreichen „hydraulischen" Berechnung von Rohrleitungen wird im folgenden Abschnitt ein Verfahren zur Bemessung von kältemittelführenden Leitungen vorgestellt, welches sich an tabellarisch erfassten Daten orientiert.

Bei diesem Verfahren wird anstelle von Widerstandsbeiwerten ζ mit äquivalenten Rohrlängen gearbeitet.

Wird der Einzelwiderstand z. B. ein 90° Bogen durch einen Widerstand ersetzt, der einer bestimmten gestreckten Rohrlänge entspricht, so spricht man von der äquivalenten Rohrlänge.

In den folgenden Tabellen (Tabelle 2.22–2.25) sind gleichwertige Rohrlängen für eine Reihe von Einbauteilen aufgeführt.

In der anschließend gezeigten Tabelle 2.26 sind die Rohrleitungsdurchmesser angegeben für die Kältemittel R 22 und R 407C in Abhängigkeit von der Kälteleistung bei einem eingerechneten Druckabfall von ΔT= 1,1 K auf der Saugseite und einem ΔT= 0,6 K auf der Druckseite bzw. in der Flüssigkeitsleitung.

Die Basisverflüssigungstemperatur beträgt t_c = +40,6 °C für alle Tabellenabschnitte.

Für abweichende Verflüssigungstemperaturen ist die tabellierte Leistung mit dem jeweiligen Korrekturfaktor zu multiplizieren.

Tabelle 2.22

CU-Rohr d_a	Kugel-Durchgang Absperr-ventil/ Lötaus-	Eck-Absperr-ventil HVE	Bogen 90°	Bogen 45°	Bogen 180°	Über-spring bogen
in mm	führung	FAS	Nr. 5002a	Nr. 5041	Nr. 5060	Nr. 5085
6	0,03	–	0,10	0,10	–	–
8	0,05	–	0,10	0,10	–	–
10	0,20	–	0,15	0,15	0,25	–
12	0,55	1,50	0,20	0,15	0,30	0,70
15	0,20	2,10	0,25	0,20	0,40	1,00
18	0,45	3,10	0,30	0,20	0,50	1,40
22	0,20	2,70	0,40	0,25	0,60	1,80
28	0,35	11,90	0,45	0,30	0,75	–
35	0,45	6,60	0,60	0,40	0,80	–
42	0,70	8,60	0,70	0,60	1,00	–
54	0,60	19,00	0,90	0,75	1,35	–
64	–	–	1,10	0,75	1,80	–
76	–	42,00	1,30	0,90	2,20	–
89	–	–	1,55	1,05	2,55	–
108	–	–	1,90	1,25	3,15	–
133	–	–	2,35	1,55	3,90	–
159	–	–	2,80	1,90	4,65	–

Äquivalente Rohrlängen für Ventile und CU-Fittings $l_{äq}$ in m (FAS, Sanha)

Tabelle 2.23

CU-Rohr d_a in mm	flexible Rohre	Abzweig trennend	Abzweig vereinig.	Durchg. vereinig.	Durchg. trennend	Gegenlauf trennend	Gegenlauf vereinig.
6	0,50	0,30	0,20	0,15	0,05	0,30	0,70
8	0,72	0,45	0,30	0,20	0,10	0,45	1,10
10	1,00	0,60	0,45	0,30	0,15	0,60	1,45
12	1,20	0,80	0,55	0,35	0,20	0,80	1,80
15	1,55	1,00	0,70	0,45	0,25	1,00	2,35
18	1,90	1,25	0,85	0,60	0,30	1,25	2,90
22	2,40	1,55	1,10	0,70	0,35	1,55	3,60
28	3,00	1,95	1,35	0,90	0,45	1,95	4,50
35	3,80	2,50	1,75	1,15	0,60	2,50	5,75
42	4,70	3,00	2,10	1,40	0,70	3,00	2,00
54	6,00	3,90	2,70	1,80	0,90	3,90	9,00
64	7,20	4,70	3,25	2,15	1,10	4,70	10,80
76	9,10	5,60	3,90	2,60	1,30	5,60	13,00
89	10,65	6,95	4,60	3,05	1,50	6,95	15,30
108	12,50	8,10	5,60	3,75	1,90	8,10	18,70
133	12,50	10,10	7,00	4,65	2,30	10,10	23,20
159	18,60	12,10	8,40	5,60	2,80	12,10	27,90

Äquivalente Rohrlängen für Ventile und CU-Fittings $l_{äq}$ in m (Bänninger)

T-Stück Nr. 5130

Tabelle 2.24

d_a in mm	$l_{äq}$ in m	d_a in mm	$l_{äq}$ in mm
8– 6	0,10	28–18	0,60
10– 6	0,15	28–22	0,70
10– 8	0,15	35–15	0,70
12– 8	0,20	35–18	0,75
12–10	0,20	35–22	0,85
15–10	0,30	35–28	0,95
15–12	0,30	42–22	1,00
18–10	0,30	42–28	1,10
18–12	0,35	42–35	1,30
18–15	0,40	54–28	1,40
22–12	0,40	54–35	1,50
22–15	0,50	54–42	1,80
22–18	0,55	76–54	2,60
28–10	0,50	89–76	3,30
28–12	0,50	108–89	4,30
28–15	0,60		

Reduziermuffen Nr. 5240
$l_{äq}$ = bezogen auf den kleinen Durchmesser

Tabelle 2.25

Äquivalente Rohrlängen für Kältemittelfilter/Trockner $l_{äq}$ in m (Alco)		
Trocknertype	$l_{äq}$ in m	d_a in mm
032	0,40	6,0
0,52	0,40	6,0
082	0,40	6,0
162	0,40	6,0
053	2,70	10,0
083	1,90	10,0
163	1,55	10,0
303	1,55	10,0
084	2,00	12,0
164	1,20	12,0
304	0,90	12,0
414	0,85	12,0
165	1,95	15,0
305	1,80	15,0
415	1,20	15,0
417 S	6,70	22,0
757 S	3,20	22,0
759 S	7,90	28,0

Tabelle 2.26 Kältemittelführende Rohrleitungen für R 22 und R 407C in Kupfer

Saugleitung für Kältemittel R 22/R 407 C
Verflüssigungstemperatur t_c = +40,6 °C, äquivalente Rohrlänge $l_{äT}$ = 30,50 mm
Temperaturdifferenz ΔT = 1,1 K, Verdampfungstemperatur t_o in °C

t_o	Rohraußendurchmesser d_a in mm														
	6×1	8×1	10×1	12×1	15×1	18×1	22×1	28×1,5	35×1,5	42×1,5	54×2	64×2	76,1×2	88,9×2	108×2
	Verdampfungsleistung $\dot{Q}_{OT}$ in kW														
+5		0,70	1,25	1,95	3,65	5,60	11,10	20,40	38,15	63,00	123,10	202,45	325,60	497,55	809,60
−10		0,43	0,77	1,20	2,10	3,20	6,35	11,75	22,10	36,60	71,95	118,70	190,95	292,50	476,25
−20		0,30	0,55	0,85	1,45	2,20	4,30	8,15	15,30	25,40	49,95	82,40	132,95	203,70	331,45
−30		0,20	0,34	0,53	0,90	1,40	2,95	5,30	10,40	16,85	33,15	55,10	88,75	136,20	221,55
−40							1,85	3,60	6,60	10,90	21,35	35,10	56,85	87,05	142,20

Für andere Verflüssigungstemperaturen gilt:

+30 °C	+35 °C	+45 °C	+50 °C	+55 °C	+60 °C
1,08	1,06	0,95	0,88	0,85	0,80

Druckleitung für Kältemittel R 22/R 407 C
Verflüssigungstemperatur t_c = +40,6 °C, äquivalente Rohrlänge $l_{äT}$ = 30,50 mm
Temperaturdifferenz ΔT = 0,6 K, Verdampfungstemperatur t_o in °C

t_o	6×1	8×1	10×1	12×1	15×1	18×1	22×1	28×1,5	35×1,5	42×1,5	54×2	64×2	76,1×2	88,9×2	108×2
	Verdampfungsleistung $\dot{Q}_{OT}$ in kW														
+5		0,90	1,60	2,50	4,90	7,50	14,90	27,70	51,80	85,45	167,45	275,45	443,30	677,95	1 101,05
−40		0,78	1,40	2,20	4,30	6,60	13,10	24,40	45,80	75,50	147,55	242,85	390,65	597,55	970,65

Für andere Verflüssigungstemperaturen gilt:

+30 °C	+35 °C	+45 °C	+50 °C	+55 °C	+60 °C
0,84	0,90	1,06	1,11	1,19	1,26

Flüssigkeitsleistung für Kältemittel R 22/R 407 C
Verflüssigungstemperatur t_c = +40,6 °C, äquivalente Rohrlänge $l_{äT}$ = 30,50 mm
Temperaturdifferenz ΔT = 0,6 K, max. Strömungsgeschwindigkeit w = 0,5 m/s

6×1	8×1	10×1	12×1	15×1	18×1	22×1	28×1,5	35×1,5	42×1,5	54×2	64×2	76,1×2	88,9×2	108×2
Verdampfungsleistung $\dot{Q}_{OT}$ in kW														
1,67	3,80	6,80	10,65	20,60	31,50	64,50	120,30	226,10	373,80	734,35	1 213,35	1 954,85	3 000,10	4 883,00

Für andere Verflüssigungstemperaturen gilt:

+30 °C	+35 °C	+45 °C	+50 °C	+55 °C	+60 °C
1,08	1,06	0,95	0,80	0,85	0,80

Beispiel:
Kälteanlage mit Einzelverdichter, luftgekühltem Verflüssiger und Hochleistungsluft-kühler.

Technische Daten:
Kältebedarf: 22 kW; t_R = +2 °C; ΔT_m = 8 K;   R 407C
Verdampfer Küba SGBE 93 mit $\dot{Q}_O$ = 23,40 kW; t_O = −6 °C
saugseitiger Anschluss 54 mm;   Druckabfall Saugleitung: 2 K
Verdichter Bitzer 4P-15.2Y t_O = −8 °C; t_c = +45 °C; $\dot{Q}_O$ = 22,79 kW; P_{Kl} = 9,36 kW
Anschluss Saugabsperrventil 35 mm;   Anschluss Druckabsperrventil 28 mm
Verflüssiger Güntner GVH047C/2-N(W)

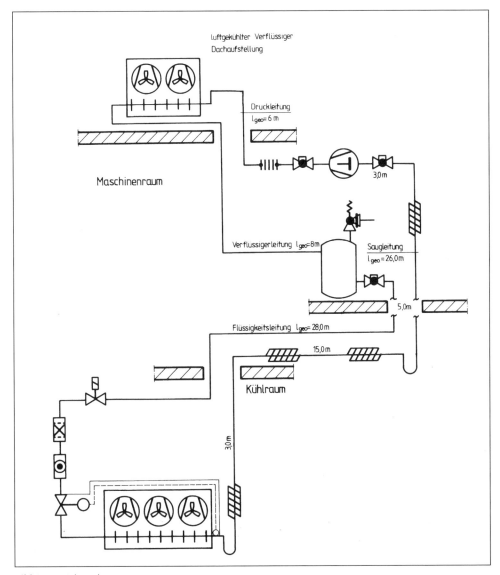

Bild 2.44   Kälteanlage

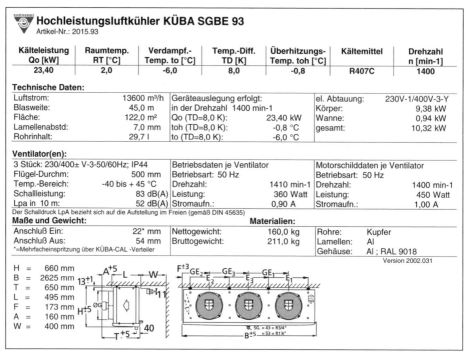

Hochleistungsluftkühler KÜBA SGBE 93
Artikel-Nr.: 2015.93

Kälteleistung Qo [kW]	Raumtemp. RT [°C]	Verdampf.- Temp. to [°C]	Temp.-Diff. TD [K]	Überhitzungs- Temp. toh [°C]	Kältemittel	Drehzahl n [min-1]
23,40	2,0	-6,0	8,0	-0,8	R407C	1400

Technische Daten:

Luftstrom:	13600 m³/h	Geräteauslegung erfolgt:		el. Abtauung:	230V-1/400V-3-Y
Blasweite:	45,0 m	in der Drehzahl 1400 min-1		Körper:	9,38 kW
Fläche:	122,0 m²	Qo (TD=8,0 K):	23,40 kW	Wanne:	0,94 kW
Lamellenabstd:	7,0 mm	toh (TD=8,0 K):	-0,8 °C	gesamt:	10,32 kW
Rohrinhalt:	29,7 l	to (TD=8,0 K):	-6,0 °C		

Ventilator(en):

3 Stück: 230/400± V-3-50/60Hz; IP44		Betriebsdaten je Ventilator		Motorschilddaten je Ventilator	
Flügel-Durchm:	500 mm	Betriebsart: 50 Hz		Betriebsart: 50 Hz	
Temp.-Bereich:	-40 bis + 45 °C	Drehzahl:	1410 min-1	Drehzahl:	1400 min-1
Schalleistung:	83 dB(A)	Leistung:	360 Watt	Leistung:	450 Watt
Lpa in 10 m:	52 dB(A)	Stromaufn.:	0,90 A	Stromaufn.:	1,00 A

Der Schalldruck LpA bezieht sich auf die Aufstellung im Freien (gemäß DIN 45635)

Maße und Gewicht:			**Materialien:**	
Anschluß Ein:	22* mm	Nettogewicht:	160,0 kg	Rohre:	Kupfer
Anschluß Aus:	54 mm	Bruttogewicht:	211,0 kg	Lamellen:	Al
*=Mehrfacheinspritzung über KÜBA-CAL -Verteiler				Gehäuse:	Al ; RAL 9018

Version 2002.031

H = 660 mm
B = 2625 mm
T = 650 mm
L = 495 mm
F = 173 mm
A = 160 mm
W = 400 mm

Bild 2.45 Datenblatt für Hochleistungsluftkühler

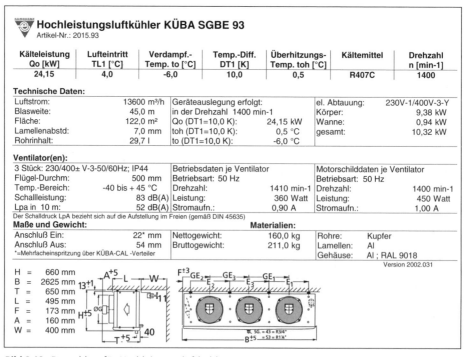

Hochleistungsluftkühler KÜBA SGBE 93
Artikel-Nr.: 2015.93

Kälteleistung Qo [kW]	Lufteintritt TL1 [°C]	Verdampf.- Temp. to [°C]	Temp.-Diff. DT1 [K]	Überhitzungs- Temp. toh [°C]	Kältemittel	Drehzahl n [min-1]
24,15	4,0	-6,0	10,0	0,5	R407C	1400

Technische Daten:

Luftstrom:	13600 m³/h	Geräteauslegung erfolgt:		el. Abtauung:	230V-1/400V-3-Y
Blasweite:	45,0 m	in der Drehzahl 1400 min-1		Körper:	9,38 kW
Fläche:	122,0 m²	Qo (DT1=10,0 K):	24,15 kW	Wanne:	0,94 kW
Lamellenabstd:	7,0 mm	toh (DT1=10,0 K):	0,5 °C	gesamt:	10,32 kW
Rohrinhalt:	29,7 l	to (DT1=10,0 K):	-6,0 °C		

Ventilator(en):

3 Stück: 230/400± V-3-50/60Hz; IP44		Betriebsdaten je Ventilator		Motorschilddaten je Ventilator	
Flügel-Durchm:	500 mm	Betriebsart: 50 Hz		Betriebsart: 50 Hz	
Temp.-Bereich:	-40 bis + 45 °C	Drehzahl:	1410 min-1	Drehzahl:	1400 min-1
Schalleistung:	83 dB(A)	Leistung:	360 Watt	Leistung:	450 Watt
Lpa in 10 m:	52 dB(A)	Stromaufn.:	0,90 A	Stromaufn.:	1,00 A

Der Schalldruck LpA bezieht sich auf die Aufstellung im Freien (gemäß DIN 45635)

Maße und Gewicht:			**Materialien:**	
Anschluß Ein:	22* mm	Nettogewicht:	160,0 kg	Rohre:	Kupfer
Anschluß Aus:	54 mm	Bruttogewicht:	211,0 kg	Lamellen:	Al
*=Mehrfacheinspritzung über KÜBA-CAL -Verteiler				Gehäuse:	Al ; RAL 9018

Version 2002.031

H = 660 mm
B = 2625 mm
T = 650 mm
L = 495 mm
F = 173 mm
A = 160 mm
W = 400 mm

Bild 2.46 Datenblatt für Hochleistungsluftkühler

Verdichterauslegung: Halbhermetische Hubkolbenverdichter

Vorgabewerte

Kälteleistung	22kW
Kältemittel	R407C
Bezugstemperatur	Taupunkt
Verdampfung	-8°C
Verflüssigung	45°C
Flüssigkeitsunterkühlung	0K
Sauggastemperatur	20°C
Netzversorgung	Standard 50Hz
Nutzbare Überhitzung	100%
Leistungsregler	100%

Einsatzgrenzen

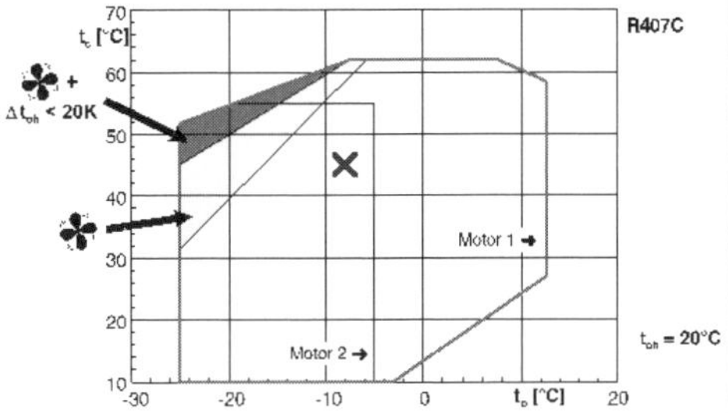

Ergebnis

Verdichtertyp	**4T-12.2Y**	**4P-15.2Y**
Kälteleistung	19,08 kW	22,7 kW
Kälteleistung *	19,08 kW	22,7 kW
Verdampferleist.	19,08 kW	22,7 kW
Leist.aufnahme	7,83 kW	9,36 kW
Strom (400V)	14,47 A	16,68 A
Verflüssigungsleistung	26,9 kW	32,1 kW
Leistungszahl	2,44	2,42
Leistungszahl *	2,44	2,42
Massenstrom	406 kg/h	483 kg/h
Betriebsart	Standard	Standard

*nach EN12900 (20°C Sauggastemp., 0K Flüssigk.unterkühlung) - Achtung: Daten auf Taupunkt bezogen!

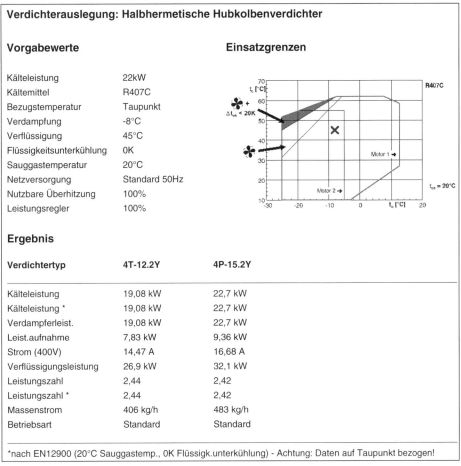

Bild 2.47 Datenblatt für Verdichterauslegung

Technische Daten: 4P-15.2Y

Maße und Anschlüsse

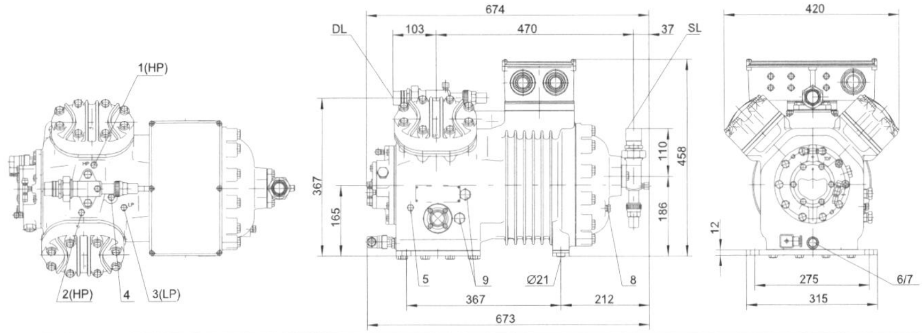

Bild 2.48 Verdichter 4p-15.2Y

Tabelle 2.27 Technische Daten für Verdichter 4P-15.2Y

Technische Daten			
Fördervolumen (1450/min 50Hz)	47,14 m³/h	Ölfüllmenge	3,00 dm³
Fördervolumen (1750/min 60Hz)	56,89 m³/h	Ölsumpfheizung	100 W (Option)
		Öldrucküberwachung	MP54
Zylinderzahl × Bohrung × Hub	4 × 55 mm × 57 mm	Ölserviceventil	Option
Motorspannung (weitere auf Anfrage)	380..420 V PW-3-50Hz	Druckgasüber- hitzungsschutz	Option
Max. Betriebsstrom	31.0 A	Motorschutz	INT69VS (Standard, INT389 (Option)
Anlaufstrom (Rotor blockiert)	81.0 A Y / 132.0 A YY	Schutzklasse	IP54 (Standard), IP66 (Option)
Gewicht	152 kg	Anlaufentlastung	Option
Max. Überdruck (ND/HD)	19 / 28 bar	Leistungsregelung	100–50 % (Option)
Anschluss Saugleitung	35 mm – 1 3/8″		
Anschluss Druckleitung	28 mm – 1 1/8″	Zusatzlüfter	Option
Anschluss Kühlwasser	R 1/2″	Wassergekühlte Zylinderköpfe	Option
Ölfüllung R134a/R404A/ R507A/R407C	tc<55 °C: BSE32 / tc>55 °C: BSE55 (Option)	CIC-System	–
Ölfüllung R22 (R12/R502)	B5.2 (Standard	Dämpfungselemente	Standard

Für die Vorgaben:

Anzahl der Kreise:	1	Verflüssigungstemperatur:	45.0 °C
Leistung:	32.1 kW	Lufteintrittstemperatur:	32.0 °C
Kältemittel:	R407C	Luftfeuchtigkeit:	40.0 %

eignen sich folgende Geräte:

	Geräteschlüssel	Leistung	Fläche	Luft	Schalldr.	Motordaten		
		kW	m	m/h	dB(A)	kW	A	U/min
1	GVH 047A/2-N(W)	29.823	83.1	10530	55	0.39	1,9	1400
2	GVH 067C/1-L(D)	29.182	96.3	9550	52	0.76	1,5	870
3	GVH 067A/1-N(D)	31.351	66.1	13110	64	2.20	4,3	1340
4	GVH 047C/2-N(W)	33.039	110.8	11400	55	0.39	1,9	1400
5	GVH 067B/1-N(S)	29.913	81.2	10780	57	1.30	2,5	1000
6	GVH 067B/1-N(D)	35.550	81.2	14140	64	2.20	4,3	1340
7	GVH 067C/1-N(S)	32.964	96.3	11410	57	1.30	2,5	1000
8	GVH 067C/1-N(D)	38.908	96.3	14830	64	2.20	4,3	1340
9	GVH 052A/2-N(S)	30.898	103.6	11220	51	0.55	0,94	1000
10	GVH 052A/2-N(D)	37.754	103.6	14870	57	0.78	1,35	1340
11	GVH 047A/3-L(W)	32.483	125.9	10400	47	0.18	0,8	910
12	GVH 047A/3-N(W)	44.292	125.9	15900	57	0.39	1,9	1400
13	GVH 082A/1-L(S)	33.298	167.5	9850	46	0.77	1,5	530
14	GVH 082A/1-L(D)	39.271	167.5	12500	51	1.05	2,4	680
15	GVH 082A/1-N(S)	38.418	167.5	12100	51	1.25	2,3	660
16	GVH 082A/1-N(D)	47.317	167.5	16700	57	2.00	4,0	880
17	GVH 052C/2-L(D)	33.521	149.6	11120	47	0.32	0,74	900
18	GVH 092A/1-S(D)-F6	33.514	167.5	9940	48	0.66	1,45	535
19	GVH 067A/2-L(S)	36.954	136.0	12950	49	0.47	0,81	650
20	GVH 067A/2-L(D)	45.067	136.0	17020	55	0.76	1,5	870

Bild 2.49 Datenblatt für Verflüssigerauswahl

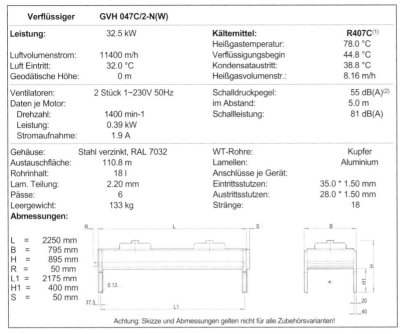

Verflüssiger	GVH 047C/2-N(W)		
Leistung:	32.5 kW	**Kältemittel:**	**R407C**[1]
		Heißgastemperatur:	78.0 °C
Luftvolumenstrom:	11400 m/h	Verflüssigungsbeginn	44.8 °C
Luft Eintritt:	32.0 °C	Kondensataustritt:	38.8 °C
Geodätische Höhe:	0 m	Heißgasvolumenstr.:	8.16 m/h
Ventilatoren:	2 Stück 1~230V 50Hz	Schalldruckpegel:	55 dB(A)[2]
Daten je Motor:		im Abstand:	5.0 m
Drehzahl:	1400 min-1	Schallleistung:	81 dB(A)
Leistung:	0.39 kW		
Stromaufnahme:	1.9 A		
Gehäuse:	Stahl verzinkt, RAL 7032	WT-Rohre:	Kupfer
Austauschfläche:	110.8 m	Lamellen:	Aluminium
Rohrinhalt:	18 l	Anschlüsse je Gerät:	
Lam. Teilung:	2.20 mm	Eintrittsstutzen:	35.0 * 1.50 mm
Pässe:	6	Austrittsstutzen:	28.0 * 1.50 mm
Leergewicht:	133 kg	Stränge:	18

Abmessungen:

L = 2250 mm
B = 795 mm
H = 895 mm
R = 50 mm
L1 = 2175 mm
H1 = 400 mm
S = 50 mm

Achtung: Skizze und Abmessungen gelten nicht für alle Zubehörvarianten!

Bild 2.50 Datenblatt für Verflüssigerauswahl

Für die Vorgaben:

Anzahl der Kreise:	1	Verflüssigungstemperatur:	45.0 °C
Leistung:	32.1 kW	Lufteintrittstemperatur:	32.0 °C
Kältemittel:	R407C	Luftfeuchtigkeit:	40.0 %

eignen sich folgende Geräte:

	Geräteschlüssel	TC	Fläche	Luft	Schalldr.	Motordaten		
		°C	m	m/h	dB(A)	kW	A	U/min
1	GVH 047A/2-N(W)	45.9	83.1	10530	55	0.39	1,9	1400
2	GVH 067C/1-L(D)	46.1	96.3	9550	52	0.76	1,5	870
3	GVH 067A/1-N(D)	45.2	66.1	13110	64	2.20	4,3	1340
4	GVH 047C/2-N(W)	44.7	110.8	11400	55	0.39	1,9	1400
5	GVH 067B/1-N(S)	45.8	81.2	10780	57	1.30	2,5	1000
6	GVH 067B/1-N(D)	43.9	81.2	14140	64	2.20	4,3	1340
7	GVH 052A/2-L(D)	46.2	103.6	10040	47	0.32	0,74	900
8	GVH 067C/1-N(S)	44.7	96.3	11410	57	1.30	2,5	1000
9	GVH 067C/1-N(D)	43.0	96.3	14830	64	2.20	4,3	1340
10	GVH 052A/2-N(S)	45.4	103.6	11220	51	0.55	0,94	1000
11	GVH 052A/2-N(D)	43.5	103.6	14870	57	0.78	1,35	1340
12	GVH 047A/3-L(W)	44.8	125.9	10400	47	0.18	0,8	910
13	GVH 047A/3-N(W)	42.2	125.9	15900	57	0.39	1,9	1400
14	GVH 082A/1-L(S)	44.5	167.5	9850	46	0.77	1,5	530
15	GVH 082A/1-L(D)	42.9	167.5	12500	51	1.05	2,4	680
16	GVH 082A/1-N(S)	43.1	167.5	12100	51	1.25	2,3	660
17	GVH 082A/1-N(D)	41.4	167.5	16700	57	2.00	4,0	880
18	GVH 052C/2-L(D)	44.5	149.6	11120	47	0.32	0,74	900
19	GVH 092A/1-S(D)-F6	44.5	167.5	9940	48	0.66	1,45	535
20	GVH 067A/2-L(S)	43.7	136.0	12950	49	0.47	0,81	650

Bild 2.51 Datenblatt für Verflüssigerauswahl

Verflüssiger	GVH 047C/2-N(W)		
Leistung:	32.1 kW	**Kältemittel:**	R407C[1]
		Heißgastemperatur:	78.0 °C
Luftvolumenstrom:	11400 m/h	Verflüssigungsbegin	44.7 °C
Luft Eintritt:	32.0 °C	Kondensataustritt:	38.7 °C
Geodätische Höhe:	0 m	Heißgasvolumenstr.:	8.08 m/h
Ventilatoren:	2 Stück 1~230V 50Hz	Schalldruckpegel:	55 dB(A)[2]
Daten je Motor:		im Abstand:	5.0 m
Drehzahl:	1400 min-1	Schallleistung:	81 dB(A)
Leistung:	0.39 kW		
Stromaufnahme:	1.9 A		
Gehäuse:	Stahl verzinkt, RAL 7032	WT-Rohre:	Kupfer
Austauschfläche:	110.8 m	Lamellen:	Aluminium
Rohrinhalt:	18 l	Anschlüsse je Gerät:	
Lam. Teilung:	2.20 mm	Eintrittsstutzen:	35.0 * 1.50 mm
Pässe:	6	Austrittsstutzen:	28.0 * 1.50 mm
Leergewicht:	133 kg	Stränge:	18

Abmessungen:

L = 2250 mm
B = 795 mm
H = 895 mm
R = 50 mm
L1 = 2175 mm
H1 = 400 mm
S = 50 mm

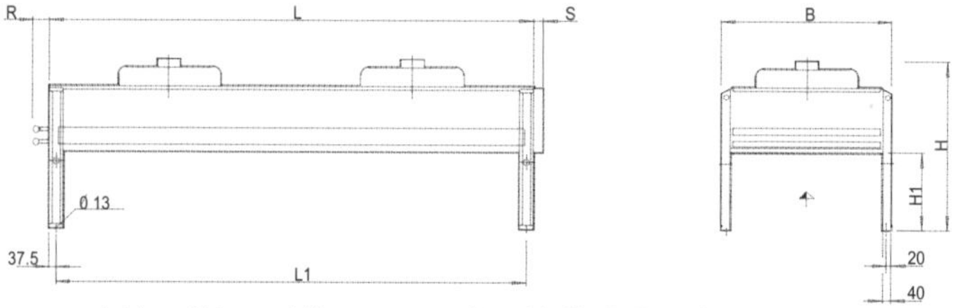

Achtung: Skizze und Abmessungen gelten nicht für alle Zubehörsvarianten!

Bild 2.52 Datenblatt für Verflüssigerauswahl

Weitere Anlagendaten:

t_3 = +43 °C; verdampferseitige Überhitzung von 6 K ergibt

$t_{1'}$ = 0 °C; $h_3 = h_4 = 269{,}24 \dfrac{\text{kJ}}{\text{kg}}$;

$h_{1'}$ = 414,79 $\dfrac{\text{kJ}}{\text{kg}}$;

$\varrho_{R,D}$ = 14,87 $\dfrac{\text{kg}}{\text{m}^3}$

Δp_{MV} = 0,06 bar; $\varrho_{R,Fl}$ = 1,05 $\dfrac{\text{kg}}{\text{dm}^3}$

1. **Bestimmen Sie** den Durchmesser der Saugleitung!
2. **Bestimmen Sie** den Druckverlust der Saugleitung als Temperaturdifferenz in K!
3. **Berechnen Sie** die Strömungsgeschwindigkeit in der Saugleitung!

Lösung:

1. Die geometrische Länge der Saugleitung (ohne Fittings) beträgt vom Ausgang des Verdampfers bis zum Saugabsperrventil des Verdichters: l_{geo} = 26 m

2. Die Tabelle 2.26 Saugleitung für Kältemittel R 22 und R 407 C liefert bei einem Rohrdurchmesser von $d_a = 35 \times 1,5$ mm für $t_O = +5\,°C$ ein $\dot{Q}_{O,\,T} = 38,15$ kW und für $t_O = -10\,°C$ ein $\dot{Q}_{O,\,T} = 22,10$ kW.

   Zur Erinnerung:

   $\dot{Q}_O = 23,40$ kW; $t_O = -6\,°C$ (Verdampferwerte)

3. Die Verflüssigungstemperatur der Anlage beträgt $t_c = +45\,°C$

4. Der Korrekturfaktor für $t_c = +45\,°C$ beträgt: $f = 0,95$

5. Die Tabellenwerte bezogen auf $t_O = -6\,°C$ ergeben $\dot{Q}_{O,\,T} = 26,38$ kW

6. Der effektive Tabellenwert berechnet sich zu:

   $\dot{Q}_{O,\,Te} = \dot{Q}_{O,\,T} \cdot f$　mit:　$\dot{Q}_{O,\,Te} = 26,38$ kW $\cdot$ 0,95 $= 25,06$ kW

   $\dot{Q}_{O,\,Te} = 25,06$ kW

7. Ergebnis: Eine Saugleitung von $d_a = 35 \cdot 1,5$ mm bewältigt eine Kälteleistung von bis zu $\dot{Q}_O = 25,06$ kW mit R 407C; $t_O = -6\,°C$ und $t_c = +45\,°C$ bei einer äquivalenten Leitungslänge (l_{geo} + äquivalente Länge der Fittings) von $l_{äq} = 30,50$ m.

8. Ermittlung der äquivalenten Länge der Cu-Fittings (Tabellen 2.22 und 2.24)

   Tabelle 2.28

		$l_{äq}$ in m
8.1	Reduziermuffe 54/35 mm	1,50
8.2	90° Bogen 35 mm	0,60
8.3	180° Bogen 35 mm	0,80
8.4	90° Bogen 35 mm	0,60
8.5	90° Bogen 35 mm	0,60
8.6	180° Bogen 35 mm	0,80
8.7	90° Bogen 35 mm	0,60
		5,50 m

9. Die gesamte Leitungslänge beträgt

   $l_{äq} = 26$ m $+ 5,50 = 31,50$

   Wie in Punkt 7 gezeigt, werden bis zu 25,06 kW auf 30,50 m übertragen.

10. Ermittlung der tatsächlichen Temperaturdifferenz in der Saugleitung mit Hilfe der Berechnungsformel:

$$\Delta T_e = \Delta T_T \cdot \frac{l_{äq}}{l_{äq,\,T}} \cdot \left(\frac{\dot{Q}_O}{\dot{Q}_{O,\,Te}}\right)^{1,\,8} \text{ in K}$$

$$1,1\text{ K} \cdot \frac{31,50\text{ m}}{30,5\text{ m}} \cdot \left(\frac{23,40\text{ kW}}{25,06\text{ kW}}\right)^{1,\,8} = 0,91\text{ K}$$

$\Delta T_e = 0,91$ K

Da von vornherein ein $\Delta T_{SL} = 2$ K berücksichtigt wurde, ist die Kälteleistung des Verdichters in jedem Fall sichergestellt.

11. Berechnung der Strömungsgeschwindigkeit w in der Saugleitung

$$w = \frac{\dot{Q}_O \cdot 4}{d_i^2 \cdot \pi \cdot q_{ON} \cdot \varrho_R} \text{ in } \frac{m}{s}$$

$$w = \frac{23,40 \cdot 4}{(0,032)^2 \cdot \pi \cdot 145,55 \cdot 14,87} = 13,44 \frac{m}{s}$$

$$w = 13,44 \frac{m}{s}$$

Bei dieser Sauggasgeschwindigkeit ist eine Ölrückführung zum Verdichter gewährleistet.

2.5.3   Bemessung der Verflüssiger- und der Flüssigkeitsleitung nach Tabellenwerten

1. **Bestimmen Sie** den Durchmesser der Verflüssigerleitung und der Flüssigkeitsleitung!

2. **Bestimmen Sie** die Temperaturdifferenz in K!

3. **Berechnen Sie** die Strömungsgeschwindigkeit in der Verflüssigerleitung und in der Flüssigkeitsleitung!

Lösung:

1. Gegeben: Verflüssigerleitung l_{geo} = 8 m (vom Ausgang Verflüssiger bis zum Eingang Behälter; ohne Fittings)

2. Die Tabelle 2.26 Flüssigkeitsleitung für Kältemittel R 22 und R 407C liefert bei einem Rohrdurchmesser von d_a = 18 × 1 mm eine übertragbare Kälteleistung von $\dot{Q}_O$ = 31,50 kW bei folgenden Rahmenbedingungen:

   t_c = +40,6 °C
   $l_{äq}$ = 30,50 m
   ΔT = 0,6 K
   w = 0,5 m/s

3. Die Verflüssigungstemperatur der Anlage beträgt t_c = +45 °C

4. Der Korrekturfaktor für t_c = +45 °C beträgt f = 0,95

5. Der effektive Tabellenwert berechnet sich zu

   $\dot{Q}_{O,\,Te}$ = 31,50 kW · 0,95 = 29,93 kW
   $\dot{Q}_{O,\,Te}$ = 29,93 kW

6. Ermittlung der äquivalenten Länge der Cu-Fittings (Tabelle 2.22)
   3 Stück 90° Bögen 18 mm zu jeweils $l_{äq}$ = 0,30 m ⇒ $l_{äq\,ges}$ = 0,90 m

7. Die gesamte Leitungslänge der Verflüssigerleitung $l_{äq}$ = 8,0 m + 0,90 m = 8,9 m

8. Ermittlung der tatsächlichen Temperaturdifferenz in der Verflüssigerleitung mit Hilfe der Berechnungsformel:

$$\Delta T_e = \Delta T_T \cdot \frac{l_{äq}}{l_{äq,\,T}} \cdot \left(\frac{\dot{Q}_O}{\dot{Q}_{O,\,Te}}\right)^{1,8}$$

$$\Delta T_e = 0,6 \text{ K} \cdot \frac{8,90 \text{ m}}{30,50 \text{ m}} \cdot \left(\frac{23,40 \text{ kW}}{29,93 \text{ kW}}\right)^{1,8} = 0,11 \text{ K}$$

$$\Delta T_e = 0,11 \text{ K}$$

9. Berechnung der Strömungsgeschwindigkeit w in der Verflüssigerleitung

$$w = \frac{\dot{Q}_O \cdot 4}{d_i^2 \cdot \pi \cdot q_{ON} \cdot \varrho_R} \text{ in } \frac{m}{s}$$

$$w = \frac{23{,}40 \cdot 4}{(0{,}016)^2 \cdot \pi \cdot 145{,}55 \cdot 1\,050} = 0{,}76$$

$w = 0{,}76$ m/s

Gemäß Tabelle 2.19 ergibt sich mit $w = 0{,}76$ m/s eine wirtschaftliche Strömungsgeschwindigkeit in der Verflüssigerleitung.

Bemessung der Flüssigkeitsleitung vom Behälterausgang (in Strömungsrichtung hinter dem betriebsmäßig nicht absperrbaren Ventil) bis zum TEV

1. Gegeben: Flüssigkeitsleitung l_{geo}: 28 m (ohne Fittings)

2. Die Tabelle 2.26 Flüssigkeitsleitung für Kältemittel R 22 und R 407C liefert bei einem Durchmesser von $d_a = 18 \times 1$ mm eine übertragbare Kälteleistung von $\dot{Q}_O = 31{,}50$ kW bei folgenden Rahmenbedingungen;

    $t_c = +40{,}6\ °C$
    $l_{äq} = 30{,}50$ m
    $\Delta T = 0{,}6$ K
    $w = 0{,}5$ m/s

3. Die Verflüssigungstemperatur der Anlage beträgt $t_c = +45\ °C$

4. Der Korrekturfaktor für $t_c = +45\ °C$ beträgt $f = 0{,}95$

5. Der effektive Tabellenwert berechnet sich zu

    $\dot{Q}_{O,\,Te} = 31{,}50$ kW $\cdot\ 0{,}95 = 29{,}93$ kW
    $\dot{Q}_{O,\,Te} = 29{,}93$ kW

6. Ermittlung der äquivalenten Länge der Cu-Fittings und des Trockners (Tabellen 2.22 und 2.25)

6.1 5 Stück 90° Bögen 18 mm zu jeweils $l_{äq} = 0{,}30$ m; $l_{äq\ ges} = 1{,}50$ m

6.2 Trockner ADK 165 S, gemäß Tabelle 2.25 ergibt sich: $\dfrac{1{,}95\ m}{\Sigma\ 3{,}45\ m}$

7. Die gesamte Leitungslänge der Verflüssigerleitung $l_{äq} = 28$ m $+ 3{,}45$ m $= 31{,}45$ m

8. Ermittlung der tatsächlichen Temperaturdifferenz in der Verflüssigerleitung mit Hilfe der Berechnungsformel:

$$\Delta T_e = \Delta T_T \cdot \frac{l_{äq}}{l_{äq,\,T}} \cdot \left(\frac{\dot{Q}_O}{\dot{Q}_{O,\,Te}}\right)^{1,\,8} \text{ in K}$$

$$\Delta T_e = 0{,}6\ K \cdot \frac{31{,}45\ m}{30{,}50\ m} \cdot \left(\frac{23{,}40\ kW}{29{,}93\ kW}\right)^{1,\,8} = 0{,}40\ K$$

$\Delta T_e = 0{,}40$ K

9. Umrechnung der Temperaturdifferenz ΔT_e in eine Druckdifferenz Δp;

    gegeben:

    R 407C
    $\Delta T_e = 0{,}40$ K
    $t_c = +45\ °C;$ $p_c = 19{,}56$ bar

es gilt:

t_c = +45 °C $\widehat{=}$ p_c = 19,56 bar

t = +44 °C $\widehat{=}$ p = 19,107 bar

ΔT = 1 K $\widehat{=}$ Δp = 0,453 bar/K

$\Delta p = \Delta T_e$ in K $\cdot \Delta p$ in bar/K

Δp = 0,40 K $\cdot$ 0,453 bar/K = 0,18 bar

Δp = 0,18 bar

Ermittlung der Gesamtdruckdifferenz in der Flüssigkeitsleitung:

Rohrleitung, Fittings, Trockner	Δp	= 0,18 bar
Magnetventil (gegeben)	Δp	= 0,06 bar
	Δp_{ges}	= 0,24 bar

Anmerkung:

Die Flüssigkeitsleitung hat ebenso wie die Verflüssigerleitung fallende Rohrleitungsabschnitte, die keinen Druckabfall, sondern einen „Druckgewinn" darstellen und bis dato noch nicht berücksichtigt worden sind.

Wir konzentrieren uns bei unserer Auslegungsübung nur auf die Flüssigkeitsleitung!

1. Fallleitung: Ausgang Sammler $\rightarrow$ horizontale Leitung Δh_1 = 5 m

2. Fallleitung: Decke $\rightarrow$ Anschluss Verdampfer Δh_2 = 3 m

$\Delta p_1 = \Delta h_1 \cdot \varrho_{R, Fl} \cdot g$ in $\dfrac{N}{m^2}$ mit: Δh in m

$\Delta p_1 = 5 \cdot 1\,050 \cdot 9,81 = 51\,503 \dfrac{N}{m^2}$ $\varrho_{R, Fl}$ in $\dfrac{kg}{m^3}$

Δp_1 = 0,52 bar $g = 9,81 \dfrac{m}{s^2}$

$\Delta p_2 = \Delta h_2 \cdot \varrho_{R, Fl} \cdot g$ in $\dfrac{N}{m^2}$

$\Delta p_2 = 3 \cdot 1\,050 \cdot 9,81 = 30\,902 \dfrac{N}{m^2}$

Δp_2 = 0,31 bar

Die tatsächlich auftretende Druckdifferenz wird nachfolgend ermittelt:

aus Punkt 10:

Δp_{ges} =	0,24 bar	
$- \Delta p_1$ =	0,52 bar	
$- \Delta p_2$ =	0,31 bar	
Δp =	$-0,59$ bar	

Die Sättigungstemperatur, die sich nach dem Druckanstieg auf p = 20,15 bar ($p = p_c + \Delta p$) einstellt, beträgt t = 46,28 °C

Fazit:

Es ist keine Unterkühlung des flüssigen Kältemittels zum Ausgleich der „Druckdifferenz" vorzunehmen.

2.5.4 Bemessung der Druckleitung nach Tabellenwerten

1. Gegeben: Druckleitung l_{geo} = 6 m (ohne Fittings)

2. Die Tabelle 2.26 Druckleitung für Kältemittel R 22 und R 407C liefert bei einem Rohrdurchmesser von d_a = 28 × 1,5 mm für t_O = +5 °C ein $\dot{Q}_{O, T}$ = 27,70 kW und für t_O = −40 °C ein $\dot{Q}_{O, T}$ = 24,40 kW

3. Die Verflüssigungstemperatur der Anlage ist projektiert mit t_c = +45 °C

4. Der Korrekturfaktor für t_c = +45 °C beträgt f = 1,06

5. Der Tabellenwert bei t_O = −6 °C ergibt sich zu $\dot{Q}_{O, T}$ = 26,89 kW

6. Der effektive Tabellenwert berechnet sich:

$\dot{Q}_{O, Te} = \dot{Q}_{O, T} \cdot f$ mit: $\dot{Q}_{O, Te}$ = 26,89 kW · 1,06 = 28,50 kW
$\dot{Q}_{O, Te}$ = 28,50 kW

7. Ermittlung der äquivalenten Länge der Cu-Fittings (Tabellen 2.22 und 2.23)

7.1 4 Stück 90° Bögen 28 mm zu jeweils $l_{äq}$ = 0,45 m ergibt $l_{äq\,ges}$ = 1,80 m

7.2 1 Schwingungsdämpfer 28 mm: $\dfrac{3,0\ m}{\Sigma\ 4,80\ m}$

8. Die gesamte Leitungslänge beträgt $l_{äq}$ = 6,0 m + 4,80 m = 10,80 m

9. Ermittlung der tatsächlichen Temperaturdifferenz in der Druckleitung mit Hilfe der Berechnungsformel:

$$\Delta T_e = \Delta T_T \cdot \frac{l_{äq}}{l_{äq,\,T}} \cdot \left(\frac{\dot{Q}_O}{\dot{Q}_{O,\,Te}}\right)^{1,8} \text{ in K}$$

$$\Delta T_e = 0,6 \text{ K} \cdot \frac{10,80\ m}{30,50\ m} \cdot \left(\frac{23,40\ kW}{28,50\ kW}\right)^{1,8} = 0,15 \text{ K}$$

10. Berechnung der Strömungsgeschwindigkeit w in der Druckleitung

$$w = \frac{\dot{Q}_O \cdot 4}{d_i^2 \cdot \pi \cdot q_{ON} \cdot \varrho_R} \text{ in } \frac{m}{s}$$

$$w = \frac{23,40 \cdot 4}{(0,025)^2 \cdot \pi \cdot 145,55 \cdot 57,17} = 5,73 \frac{m}{s}$$

Exkurs zur Ermittlung der Dichte des überhitzten Dampfes in der Druckleitung:

1. Ermittlung der Verdichtungsendtemperatur T_2 bei polytroper Verdichtung:

$$T_2 = T_1 \cdot \left(\frac{p_c}{p_O}\right)^{\frac{n-1}{n}} \text{ in } K$$

$T_1 = 273,15 + t_O + 10$ in K

$T_1 = 273,15 + (−6) + 10 = 277,15$ K

t_1 = +4 °C

$\dfrac{p_c}{p_O} = \dfrac{19,56\ bar}{4,658 bar} = 4,20$

$n = 1,2388$

Tabelle 2.29 Polytropenexponent n (Zwischenwerte interpolieren)

Kältemittel	p_c/p_o								
	2	3	4	5	6	7	8	9	10
R 134 a	1,216	1,191	1,177	1,172	1,166	1,163	1,160	1,157	1,155
R 407C/R 507	1,325	1,258	1,240	1,234	1,232	1,230	1,228	1,226	1,225

$$T_2 = 277,15 \cdot \left(\frac{19,56}{4,658}\right)^{\frac{1,2388-1}{1,2388}}$$

$$T_2 = 365,46 \text{ K}$$

$$t_2 = 92,31 \text{ °C}$$

Aus der Dampftafel für den überhitzten Bereich wird die Dichte mit $\varrho_R = 57,7$ kg/m³ ermittelt.

Die oben berechnete Strömungsgeschwindigkeit fällt zu gering aus, so dass der Durchmesser der Druckleitung von $d_a = 28 \cdot 1,5$ m auf $d_a = 22 \cdot 1$ mm reduziert wird.

Die erneute Nachrechnung der Strömungsgeschwindigkeit für den Durchmesser $d_a = 22 \cdot 1$ mm ergibt: $w = 8,95 \frac{\text{m}}{\text{s}}$.

Dieser Wert ist auch im Hinblick auf die Angaben in Tabelle 2.19 akzeptabel.

2.5.5   Auslegung der Saugleitung nach Nomogramm

In den vorgenannten Abschnitten wird u. a. die arbeitsintensive Rohrnetzdimensionierung anhand von Tabellen bzw. Berechnungen aufgezeigt.

In der Praxis haben sich allerdings auch sehr gute Nomogramme etabliert mit deren Hilfe, bei richtiger Anwendung in jedem Fall eine Rohrnetzauslegung erfolgen kann.

Diese werden nachfolgend vorgestellt und ebenso im Anhang als Arbeitsunterlage beigefügt.

Projektbeispiel: Saugleitung: $l_{geo} = 26$ m (ohne Fittings); $\dot{Q}_O = 22$ kW; R 407C

Hinweis:

Bei Rohrleitungen mit wenigen Umlenkungen, d. h. wenigen Einzelwiderständen wird mit $l_{geo} + 30$ % für unbekannte Fittings = $l_{äq}$ gearbeitet!

Bei Rohrnetzen mit häufigem Richtungswechsel, vielen Bögen usw. wird mit $l_{geo} + 50$ % für unbekannte Fittings = $l_{äq}$ gearbeitet.

Im Beispiel wird angesetzt:

$l_{äq} = l_{geo} + 30$ % für unbekannte Fittings

$l_{äq} = 26$ m $+ 30$ % $= 33,80$ m ~ 34 m

Lösung ist im Nomogramm (Bild 2.53) eingezeichnet!

1. Links unten: Festlegung von $t_c = +45$ °C
2. Senkrecht nach oben zur eingetragenen Verdampfungstemperatur $t_O = -6$ °C
3. Im rechten Winkel nach rechts zum Schnittpunkt mit der Leistungskurve für $\dot{Q}_O = 22$ kW welche von oben ankommt.

Cu-Saugleitung für R 407C

Beispiel:

Gegeben:	$\dot{Q}_O = 17$ kW, $t_O = -20$ °C, $t_c = +45$ °C. max. Druckabfall = 1 K, Rohrlänge 30 m
Gesucht:	Rohrleitungsdurchmesser
Lösung:	Linie A–B und C, dann D–E–F ergibt Schnittpunkt G zwischen 35 × 1 und 42 × 1,5.
Gewählt:	Rohrleitungsdurchmesser 42 × 1,5
Druckabfall:	Linie r–s–t und D ergibt Schnittpunkt v. Äquivalenter Druckabfall für 30 m Rohrlänge beträgt 0,7 K.

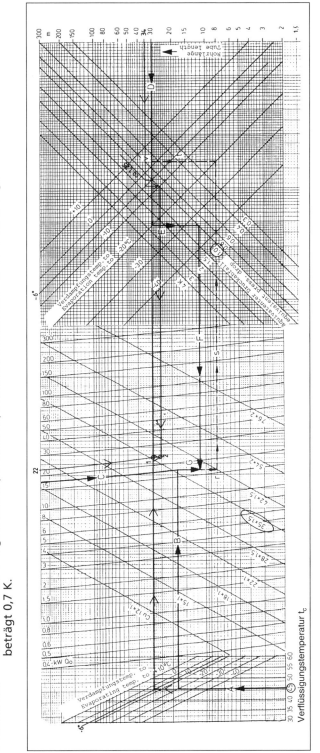

Bild 2.53

4. Rechts außen: Eintragung von $l_{äq} = 34$ m; danach nach links fahren zum Schnittpunkt mit $t_O = -6$ °C (vorher eingetragen)

5. Senkrecht nach unten zum Schnittpunkt mit der Linie äquivalenter Druckabfall 1 K fahren (es kann auch senkrecht nach oben gehen, das ist projektabhängig!)

6. Nach links fahren zum Schnittpunkt 2.; Schnittpunkt 2 entsteht folgendermaßen: Von Schnittpunkt 1 senkrecht nach unten oder oben fahren bis die Linie die von rechts auf den Schnittpunkt zuläuft getroffen wird.

7. Auswahl von $d_a = 35 \cdot 1,5$ mm weil der Schnittpunkt in unmittelbarer Nähe der „Durchmesserlinie" verläuft.

8. Der sich einstellende tatsächliche Druckabfall (projektiert war $\Delta T = 1$ K) wird folgendermaßen festgestellt:

8.1 Vom Schnittpunkt 2 senkrecht nach oben, das wäre immer der kleinere Rohrdurchmesser bzw. senkrecht nach unten zum jeweils größeren Rohrdurchmesser auf die jeweilige Linie fahren.

8.2 Anschließend nach rechts fahren zur Linie Verdampfungstemperatur (im Beispiel $t_O = -6$ °C).

8.3 Nach oben bzw. nach unten zum Schnittpunkt mit der Grundlinie von rechts zeichnen.

8.4 Äquivalenten Druckabfall am Schnittpunkt unmittelbar ablesen.

8.5 Im Beispiel ergibt sich bei dieser Überprüfung ziemlich genau ein $\Delta T = 1$ K; so wie es festgelegt wurde.

Anmerkung:
Für die Flüssigkeitsleitung und die Druckleitung ist die Vorgehensweise die gleiche. Lediglich das jeweilige ΔT und $l_{äq}$ ist entsprechend anzusetzen.

Die Lösungen sind in den Diagrammen eingetragen (bezogen auf das o. g. Beispiel).

Auf eine Beschreibung wird verzichtet.

2.5.6   Auslegung der Verflüssiger- und der Flüssigkeitsleitung nach Nomogramm

Ergebnis:
Verflüssigerleitung/Flüssigkeitsleitung gewählt:

$d_a = 18 \cdot 1$ mm   mit: $t_c = +45$ °C; $t_O = -6$ °C; $\Delta T = 0,6$ K

$l_{äq} = 36,4$ m; $\dot{Q}_O = 22$ kW

2.5.7   Auslegung der Druckleitung nach Nomogramm

Ergebnis:
Druckleitung gewählt:

$d_a = 22 \cdot 1$ mm   mit: $t_c = +45$ °C; $t_O = -6$ °C; $\Delta T = 0,6$ K

$l_{äq} = 7,8$ m; $\dot{Q}_O = 22$ kW

Cu-Flüssigkeitsleitung für R 407C

Beispiel:

Gegeben: $\dot{Q}_0 = 8$ kW, $t_0 = -15\ °C$, $t_c = +50\ °C$. max. Druckabfall = 0,5 K, Rohrlänge 25 m

Gesucht: Rohrleitungsdurchmesser

Lösung: Linie A–B und C, dann D–E–F ergibt Schnittpunkt G zwischen 10×1 und 12×1.

Gewählt: Rohrleitungsdurchmesser 12×1

Druckabfall: Linie r–t und Verlängerung von D ergibt Schnittpunkt v. Äquivalenter Druckabfall für 25 m Rohrlänge beträgt 0,35 K.

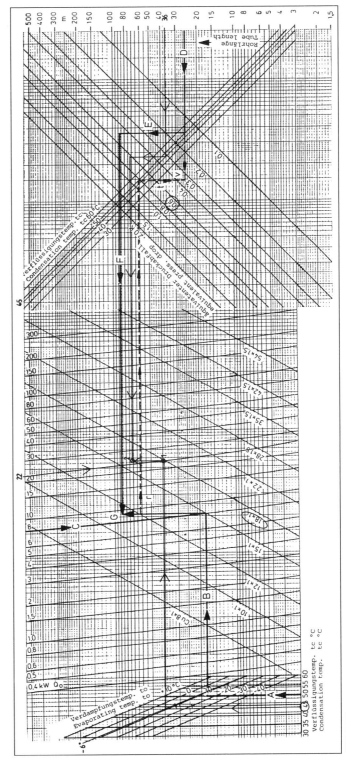

Bild 2.54

Cu-Druckleitung für R 407C

Beispiel:

Gegeben: $\dot{Q}_O = 30$ kW, $t_O = -30\,°C$, $t_c = +45\,°C$. max. Druckabfall = 1 K, Rohrlänge 70 m

Gesucht: Rohrleitungsdurchmesser

Lösung: Linie A–B und C, dann D–E–F ergibt Schnittpunkt G zwischen $28 \times 1{,}5$ und $35 \times 1{,}5$.

Gewählt: Rohrleitungsdurchmesser $35 \times 1{,}5$

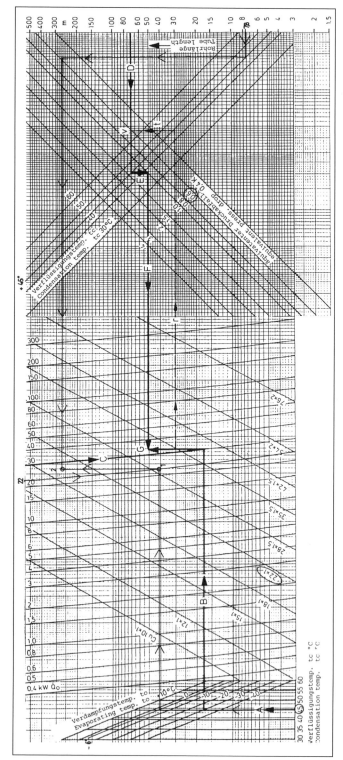

Bild 2.55

2.5.8   Dimensionierung von gesplitteten Saug- und Druckleitungen

In Kälteanlagen mit leistungsgeregelten Verdichtern oder mehreren parallelgeschalte-ten, im Verbund arbeitenden Kältemaschinen wird durch Zu- oder Abschalten von Zylin-dern bzw. Verdichtern die erforderliche Kälteleistung der jeweiligen Situation bedarfs-gerecht angepasst.

Überwiegend geschieht diese Leistungsanpassung druckabhängig über Pressostate mit neutraler Zone oder Drucktransmitter.

Eine R 507-Verbundkälteanlage deren Arbeitstemperaturen bei $t_0 = -12\,°C$ und $t_c = +45\,°C$ liegen, soll eine Kälteleistung von $\dot{Q}_O = 70$ kW erbringen.

Geplant wird ein Verbundsatz Celsior Typ VPP 300-4231 mit drei halbhermetischen Ver-dichtern Fabrikat Bitzer, Typ 4P-10.2Y mit einer Kälteleistung von $\dot{Q}_O = 70{,}87$ kW bei einer Leistungsaufnahme von $P_{KI} = 31{,}74$ kW. Der luftgekühlte Verflüssiger soll zwei Lüf-termotoren besitzen, einen Schalldruckpegel in 5 m Entfernung von < 50dBA aufweisen, mit einer stufenlosen Drehzahlregelung ausgerüstet sein sowie verdrahtete Reparatur-schalter aufweisen.

Geplant wird nachfolgend aufgezeigtes Modell:
Hersteller Güntner, Typ GVH102B/2-S(D)-F4

technische Daten: $\dot{Q}_C = 103$ kW
erhöhte Zulufttemperatur: $t_{LE}= +35\,°C$
                                         $t_c = +45\,°C$
                                         $\Delta T = 10$ K
                                         49 dB_A in 5 m Entfernung

Phasenanschnitt Drehzahlregler GDR8 mit Drucksensor GSW 4003/F
Reparaturschalter pro Lüftermotor verdrahtet

Der luftgekühlte Verflüssiger steht auf einer Bühne direkt oberhalb des Maschinenrau-mes im Freien.

Der Höhenunterschied vom Anschluss der Drucksammelleitung der Verbundanlage zum Eintritt in den Verflüssiger beträgt $l_{geo} = 7$ m.

Der senkrecht verlaufende Teil der Druckleitung muss in zwei parallel zueinander lau-fende Stränge aufgeteilt werden, damit im Teillastbetrieb der Anlage (z. B. 1 Verdichter in Betrieb, 2 Verdichter außer Betrieb) auch die entsprechende Teilleistung übertragen werden kann (im o. a. Fall ein Drittel der Kälteleistung).

2.5.8.1   Auslegung der gesplitteten Druckleitung am Beispiel

Bezug: o. a. Beispiel
Nach Anwendung des Nomogrammes ergibt sich eine Druckleitung, zunächst als unge-teilte Einzelleitung ausgelegt von:

$d_a = 35 \cdot 1{,}5$ mm.

Auslegungsdaten:

$l_{äq} = l_{geo} + 30\,\% = 9{,}0$ m; $t_O = -12\,°C$; $t_c = +45\,°C$; $\Delta T = 0{,}6$ K; $\dot{Q}_O = 70$ kW

Wie wird diese Druckleitung jetzt gesplittet?

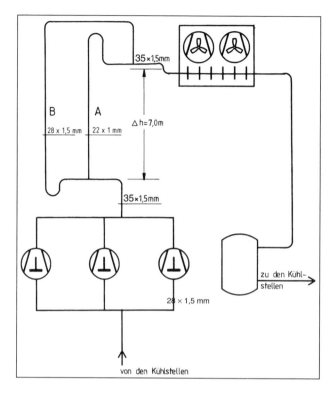

Bild 2.56

1. Leitungsstrang A wird für den Teillastbetrieb bemessen.

$$\dot{Q}_{O,\ Teillast} = \frac{\dot{Q}_O}{3} = \frac{70\ kW}{3} = 23{,}33\ kW$$

Mit Hilfe des Nomogrammes (Bild 2.57) wird der Teillaststrang mit

$d_a = 22 \cdot 1$ mm bemessen.

2. Die zuerst ausgelegte Einzeldruckleitung mit

$d_a = 35 \cdot 1{,}5$ mm besitzt einen freien Querschnitt von A = 0,0008042 m² (siehe Tabelle 2.30).

Der Teillaststrang der Druckleitung mit $d_a = 22 \cdot 1$ mm besitzt einen freien Querschnitt von:

A = 0,0003142 m²

3. Um den Strang B zu dimensionieren wird zunächst der Querschnitt von Strang A vom Querschnitt bei Einzelrohrverlegung subtrahiert.

Querschnitt Strang B

= 0,0008042 m²–0,0003142 m²

= 0,0004900 m²

Laut Tabelle 2.30 kommt dafür eine Leitung mit

$d_a = 28 \cdot 1{,}5$ mm dem berechneten Querschnitt am nächsten.

Ergebnis: Strang B: $d_a = 28 \cdot 1{,}5$ mm

Cu-Druckleitung für R 507

Beispiel:

Gegeben:	$\dot{Q}_O = 10$ kW, $t_O = -20$ °C, $t_c = +40$ °C. max. Druckabfall = 1 K, Rohrlänge ca. 80 m
Gesucht:	Rohrleitungsdurchmesser
Lösung:	Linie A–B und C, dann D–E–F ergibt Schnittpunkt G zwischen 22 × 1 und 28 × 1,5.
Gewählt:	Rohrleitungsdurchmesser 22 × 1
Druckabfall:	Linie r-t und D ergibt Schnittpunkt v. Äquivalenter Druckabfall für 80 m Rohrlänge beträgt 1,1 K.

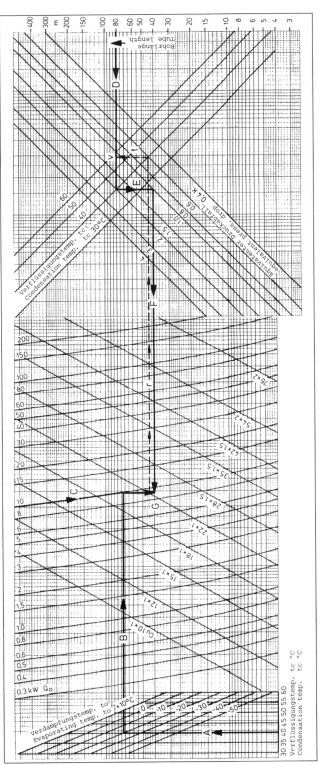

Bild 2.57

Tabelle 2.30

Außen-∅ × Wand-dicke	Innen-∅	Freier Querschnitt	innerer Ober-fläche	äußere Ober-fläche	Verhältnis äußere Oberfläche innere Ober-fläche	Inhalt	Gewicht
mm	mm	m²	m²/m	m²/m		dm²/m	kg/m
6 × 1	4	0,0000126	0,0126	0,0188	1,5	0,0126	0,140
10 × 1	8	0,0000503	0,0251	0,0314	1,25	0,0503	0,252
12 × 1	10	0,0000785	0,0314	0,0377	1,2	0,0785	0,310
16 × 1	14	0,0001539	0,0440	0,0503	1,14	0,1539	0,412
22 × 1	20	0,0003142	0,0628	0,0691	1,1	0,3142	0,590
28 × 1,5	25	0,0004909	0,0785	0,0880	1,12	0,4909	1,120
35 × 1,5	32	0,0008042	0,1005	0,1100	1,09	0,8042	1,420
42 × 1,5	39	0,0011946	0,1225	0,1319	1,08	1,1946	1,710
54 × 2	50	0,0019635	0,1571	0,1696	1,08	1,9635	2,940
64 × 2	60	0,0028274	0,1885	0,2011	1,07	2,8274	3,467
76 × 2	72	0,0040715	0,2262	0,2388	1,06	4,0715	4,140

Anmerkung:
Das Splitting von Saugleitungen zur Leistungsübertragung im Teillastbereich, wenn die Verbundanlage höher steht als die Kühlstellen erfolgt nach dem gleichen System, nämlich:

1. Auslegung einer Einzelsaugleitung für die ganze Kälteleistung.
2. Auslegung von Strang A für den Teillastbetrieb.
3. Feststellung der beiden freien Querschnitte und Subtraktion.
4. Festlegung von Strang B.

2.6   Die Bemessung der Bauteile des Kältekreislaufes

2.6.1   Das thermostatische Expansionsventil (TEV)

Die Kreislaufkomponenten in der Kälteanlage stehen wie schon bei Verdampfer und Verdichter gezeigt in einer direkten Wechselwirkung zueinander.

Dem Expansionsventil kommt in diesem Zusammenhang eine besondere Bedeutung zu, weil es die Ausnutzung der Wärmetauscherfläche nachhaltig beeinflusst.

Das TEV hat die Aufgabe dem Verdampfer die Menge flüssigen Kältemittels zuzuführen, die dort vollständig verdampfen kann.

Nach der Verdampfung erwärmt sich das Kältemittelgas im Verdampfer und die hierbei auftretende Temperaturdifferenz wird als Maßstab für die Verdampferausnutzung herangezogen.

Bei schlechter Verdampferausnutzung muss also die Erwärmungsstrecke für das gasförmige Kältemittel groß gewesen sein, die Überhitzung ist groß!

Bei guter Verdampferausnutzung ist demnach die Erwärmungsstrecke für das gasförmige Kältemittel klein gewesen, die Überhitzung ist klein!

Die Überhitzung des Sauggases wird als Regelgröße für das Expansionsventil genutzt. Somit wird das richtig bemessene TEV durch Querschnittsveränderung den Kältemittelstrom an alle Betriebszustände des Verdampfers anzupassen suchen.

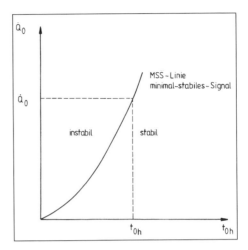

Bild 2.58

Bild 2.58 zeigt, dass das MSS (minimal stabiles Signal) die stabile von der instabilen Zone der Überhitzung als Regelgröße für das TEV trennt.

Es wird ferner deutlich, dass die Übertragungsleistung des Verdampfers bei abnehmender Überhitzung bis zum Erreichen des minimal stabilen Signals (MSS) zunimmt.

Das Expansionsventil pendelt bei Unterschreitung der MSS-Linie, mit der Folge der Vermehrung von unverdampften Flüssigkeitsanteilen im Sauggas, welche ihrerseits wiederum nicht zur Nutzkälteleistung beitragen.

Wenn man die Ventilkennlinie in Bild 2.59 einzeichnet, zeigt sich folgendes:

Ventil 1 arbeitet mit einer Überhitzung unterhalb der MSS-Linie, d. h. instabil. Wird die statische Überhitzung vergrößert (denn erst bei Erreichen der statischen Überhitzung ist der Öffnungsbeginn des Ventils erreicht) arbeitet das TEV mit einem kleinen „Sicherheitsabstand" von der MSS-Linie stabil.

Das Ventil ist vollständig geöffnet, wenn die Überhitzung um den Betrag der Öffnungsüberhitzung gestiegen ist.

Die zweite Möglichkeit wäre ein Ventil mit kleinerer Leistung einzusetzen (Ventil 2).

2.6.1.1 Wie wird ein thermostatisches Expansionsventil richtig ausgelegt?

Zunächst wird die Druckdifferenz über dem Expansionsventil ermittelt.

Dabei geht man in der folgenden Weise vor:

1. Subtraktion des Verdampfungsdruckes p_O vom Verflüssigungsdruck p_c: $p_c - p_O$

2. Ermittlung der Druckabfälle der Komponenten in der Flüssigkeitsleitung (falls vorhanden) wie z. B.

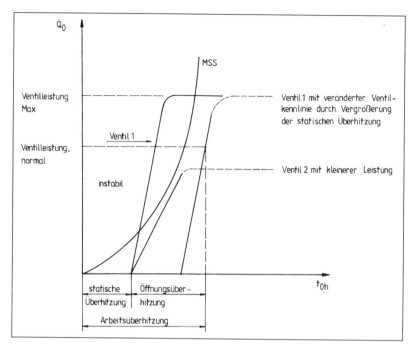

Bild 2.59

$\Delta p_{\text{Trockner}};$ $\Delta p_{\text{Schauglas}};$ $\Delta p_{\text{Handabsperrventil}};$

$\Delta p_{\text{Magnetventil}};$ $\Delta p_{\text{Flüssigkeitsleitung}};$ $\Delta p_{\text{Steigleitung}};$

$\Delta p_{\text{Flüssigkeitsverteiler}};$ $\Delta p_{\text{Verteilerrohre}}$

3. Ermittlung des verbleibenden Druckabfalles durch das Expansionsventil.

$$\Delta p_{\text{ges}} = (p_c - p_O) - (\Delta p_1 + \Delta p_2 + \Delta p_3 + \Delta p_4 + \Delta p_5 + \Delta p_6 + \Delta p_7 + \Delta p_8)$$

4. Bemessung der Temperatur des flüssigen Kältemittels vor dem TEV.

   Hinweis:
   Unterkühlung des flüssigen Kältemittels bei luftgekühlten Verflüssigungssätzen ca. 2 K! Temperatur des flüssigen Kältemittels bei Tiefkühlverbundanlagen mit Fremd- bzw. Eigenunterkühlung ca. 0 °C.

5. Ermittlung des Korrekturfaktors für den eingesetzten Wert aus Pos. 4.

6. Ermittlung des Korrekturfaktors für den ermittelten Druckabfall über dem Ventil aus Pos. 3.

7. Berechnung der Ventilleistung unter Anlagenbedingungen.

8. Auswahl des entsprechenden Ventiltyps.

Auslegungsbeispiel:

Tiefkühlraum: $\dot{Q}_O = 7,8$ kW; $t_R = -20$ °C; $t_O = -28$ °C; TD = 8 K; Verdampfer Küba SGBE 101 mit Mehrfacheinspritzung über Küba CAL-Verteiler: $t_c = +40$ °C, $t_3 = +38$ °C; $t'_1 = -22$ °C; Kältemittel R404A; Flüssigkeitsleitung $d_a = 12 \cdot 1$ mm; $l_{\text{geo}} = 12$ m davon 7 m Steigleitung; Verdampfer oberhalb des Flüssigkeitssammelbehälters angeordnet; 2 Handabsperrventile jeweils vor und hinter dem Filtertrockner in die Flüssigkeitsleitung eingebaut; ein Schauglas mit Feuchtigkeitsindikator; ein Trockner, ein Magnetventil.

Es soll ein thermostatisches Expansionsventil mit äußerem Druckausgleich, in Lötausführung mit Flansch Fabrikat Alco zum Einsatz kommen.

Der Hersteller gibt die Ventilleistung bei einer bestimmten, festgelegten Verdampfungs- und Verflüssigungstemperatur an.

In diesem Falle basieren die Katalogangaben auf

$$t_O = +4\,°C; \qquad t_c = +38\,°C; \qquad \text{Unterkühlung 1 K.}$$

Es ist deshalb erforderlich, die Leistung unter Anlagenbedingungen zu ermitteln. Hierzu wird auf die vom Hersteller bereitgestellten Tabellen zurückgegriffen.

Für andere als die Katalogbasisbedingungen muss die Nennleistung des Ventils nach:
$\dot{Q}_N = \dot{Q}_O \cdot K_{t,\,Fl} \cdot K\Delta_p$ berechnet werden.

Der Korrekturfaktor $K_{t,\,Fl}$ wird für $t_3 = +38\,°C$ und $t_O = -28\,°C$ durch Interpolation mit $K_t = 1,845$ gefunden. (siehe Datenblatt!)

Zur Ermittlung des Faktors $K\Delta_p$ muss zunächst die Gesamtdruckdifferenz über dem TEV ermittelt werden.

$\Delta p_{Trockner} = 0,14$ bar nach DIN 8949; unabhängig von Hersteller und Typ.

$\Delta p_{Schauglas}$: Druckabfall wird vernachlässigt weil keine merkliche Querschnittsveränderung stattfindet. Das Schauglas wird in Lötausführung mit dem gleichen Durchmesser den die Flüssigkeitsleitung aufweist, bemessen.

$\Delta p_{Handabsperrventil}$: Das Handabsperrventil wird nach dem Durchmesser der vorhandenen Flüssigkeitsleitung ausgelegt. Damit ist allerdings der Druckabfall über der Armatur nicht bekannt.

Die Hersteller geben den sogenannten k_v-Wert in m³/h in den Tabellen an.

Der k_v-Wert ist eine Eichgröße für den Durchfluss von Wasser mit einer Temperatur von $t_w = +20\,°C$ und einem Druckabfall von 1 bar.

Für den Einsatz in der Kälteanlage ist der k_v-Wert mit Hilfe geeigneter Formeln umzurechnen (siehe entsprechende Auslegungsbeispiele).

Gewählt: Handabsperrventil Danfoss BML 12 mm;

k_v-Wert = 1,50 m³/h.

Kältemittelvolumenstrom durch das Handabsperrventil:

$$\dot{V}_{Fl} = \frac{\dot{Q}_O \cdot 3600}{q_{ON} \cdot \rho_{Fl}} \text{ in } \frac{m^3}{h} \text{ mit } \dot{Q}_O = 7,8\,\frac{kJ}{s}$$

$$q_{ON} = h_{1'} - h_4 = 356\,\frac{kJ}{kg} - 259\,\frac{kJ}{kg} = 97\,\frac{kJ}{kg}$$

$$v_{Fl} = 0,00105 \text{ m}^3/\text{kg aus log } p,\ h\text{-Diagramm R 404A}$$

$$\rho_{Fl} = 952,38\,\frac{kg}{m^3}$$

Enthalpiewerte aus log p, h-Diagramm R 404A

$$\dot{V}_{Fl} = \frac{7,8 \cdot 3600}{97 \cdot 952,38} = \frac{2800}{92 \cdot 380,86} = 0,3040\,\frac{m^3}{h}$$

Druckabfall durch das Handabsperrventil BML 12:

$$\Delta p = \left(\frac{\dot{V}_{Fl}}{k_v}\right)^2 \cdot \frac{\varrho_{Fl}}{1\,000} = \text{in bar}$$

$$\Delta p = \frac{(0{,}304)^2 \cdot 952{,}38}{(1{,}5)^2 \cdot 1\,000} = 0{,}0391 \text{ bar}$$

$\Delta p = 0{,}0391$ bar

$\Delta p_{\text{Magnetventil}} = 0{,}1168$ bar; siehe Auslegungsbeispiel Abschnitt 2.6.2

$\Delta p_{\text{Flüssigkeitsleitung}} = 0{,}1073$ bar

Exkurs zur Ermittlung von $\Delta p_{\text{Flüssigkeitsleitung}}$:
Ermittlung der Strömungsgeschwindigkeit w!

$$w = \frac{\dot{Q}_O \cdot 4}{\varrho_R \cdot q_{ON} \cdot d_i^2 \cdot \pi} \text{ in } \frac{m}{s}$$

$$\dot{Q}_O = 7{,}8 \frac{kJ}{s}$$

$$\varrho_R = 952{,}38 \frac{kg}{m^3}$$

$$q_{ON} = 97 \frac{kJ}{kg}$$

$$d_i = 0{,}01 \text{ m}$$

$$w = \frac{7{,}8 \cdot 4}{952{,}38 \cdot 97 \cdot (0{,}01)^2 \cdot \pi} = 1{,}075 \frac{m}{s}$$

Ermittlung des Druckabfalles in der Flüssigkeitsleitung, ohne den Steigleitungsanteil!

$$\Delta p = \frac{\lambda \cdot l \cdot \varrho_R \cdot w^2}{d_i \cdot 2} \text{ mit}$$

$$\Delta p = \frac{0{,}03 \cdot 6{,}50 \cdot 952{,}38 \cdot (1{,}075)^2}{0{,}01 \cdot 2}$$

$\Delta p = 10\,731$ Pa

$\Delta p = 0{,}1073$ bar

λ = Rohrreibungszahl Lambda, dimensionslos

$\lambda_{CU} = 0{,}03$

l = $l_{äq}$ in m, hier angenommen: 6,50

(l_{geo} + 30 % für Fittings)

ϱ_R = Dichte des flüssigen R 404A bei

t_3 = + 38 °C; $\varrho_R = 952{,}38 \frac{kg}{m^3}$

w = Strömungsgeschwindigkeit in $\frac{m}{s}$

w = 1,075 $\frac{m}{s}$

d_i = Rohrrinnendurchmesser in m

d_i = 0,01 m

ergibt sich:

$$\frac{m \cdot kg \cdot m^2}{m \cdot m^3 \cdot s^2} = \frac{N}{m^2} = Pa$$

$$\Delta p_{Steigleitung} = h \cdot \varrho_R \cdot g \quad in \quad \frac{N}{m^2} = Pa \quad mit$$

h = 7,0 m

ϱ_R = 952,38 $\dfrac{kg}{m^3}$

g = 9,81 $\dfrac{m}{s^2}$

Δp = 7,0 · 952,38 · 9,81 = 65 399,93 Pa

Δp = 65 400 Pa

Δp = 0,654 bar

$\Delta p_{Steigleitung}$ = 0,654 bar

$\left.\begin{array}{l} \Delta p_{Flüssigkeitsverteiler} \\[4pt] \Delta p_{Verteilerrohre} \end{array}\right\}$ **Zusammen Δp = 0,5 bar, weil ein Küba CAL-Verteiler eingesetzt**

wird; sonst wird praxisüblich für den **Venturiverteiler Δp = 0,5 bar** und für die **Verteilerrohre Δp = 0,5 bar** eingesetzt; wird ein **Staudüsenverteiler** eingesetzt, ergibt sich Δp = 3,5 bar.

Berechnung des gesamten Druckabfalls durch das thermostatische Expansionsventil:

Δp_{ges} = (18,30 − 2,27) − (0,14 + 0,0391 + 0,1168 + 0,1073 + 0,654 + 0,5)

Δp_{ges} = 16,03 − 1,5572 = 14,47 bar

Der Korrekturfaktor für die o. a. Druckdifferenz beträgt:

$K_{\Delta p}$ = 0,846

Die Ventilnennleistung wird anhand der Formel:

$\dot{Q}_N = \dot{Q}_O \cdot K_{tFl} \cdot K_{\Delta p}$ in kW berechnet.

$\dot{Q}_N$ = 7,8 · 1,845 · 0,846 = 12,17 kW

Mit dieser ermittelten erforderlichen Ventilleistung wird aus dem Katalog (siehe Tabelle 2.31!) folgender Typ ausgewählt: TCLE 250 SW, Fabrikat Alco.

Das Ventil hat eine Katalognennleistung von $\dot{Q}_O$ = 12,2 kW. Diese Katalogleistung basiert allerdings auf einer Verdampfungstemperatur t_O = +4 °C und einer Verflüssigungstemperatur von t_c = +38 °C und einer Flüssigkeitsunterkühlung von 1 K.

Aus diesem Grunde war die Umrechnung auf die tatsächlichen Anlagenbedingungen mit Hilfe der Auslegungsformel $\dot{Q}_N = \dot{Q}_O \cdot K_{tFl} \cdot K_{\Delta p}$ erforderlich.

Tabelle 2.31 Ventilauswahl für Expansionsventile

Expansionsventile, Baureihe

Verdampfungstemperaturbereich −45 %/+30 °C   **T**

Bau-reihe	R 134a		R 22		R 404A/R 507		R 407C		Ventileinsatz
	Typ	Nenn-leistung kW	Typ	Nenn-leistung kW	Typ	Nenn-leistung kW	Typ	Nenn-leistung kW	
	25 MW	1,5	50 HW	1,9	25 SW	1,3	50 NW	2,1	X 22440-B1B
	75 MW	2,9	100 HW	3,7	75 SW	2,6	100 NW	4,0	X 22440-B2B
	150 MW	6,1	200 HW	7,9	150 SW	5,6	200 NW	8,5	X 22440-B3B
	200 MW	9,3	250 HW	11,9	200 SW	8,4	300 NW	12,9	X 22440-B3,5B
TCLE	250 MW	13,5	300 HW	17,3	250 SW	12,2	400 NW	18,7	X 22440-B4B
	350 MW	17,3	500 HW	22,2	400 SW	15,7	550 NW	24,0	X 22440-B5B
	550 MW	23,6	750 HW	30,4	600 SW	21,5	750 NW	32,9	X 22440-B6B
	750 MW	32,0	1 000 HW	41,1	850 SW	29,0	1 000 NW	44,4	X 22440-B7B
	900 MW	37,2	1 200 HW	47,8	1 000 SW	33,8	1 150 NW	51,7	X 22440-B8B
TJRE	11 MW	45	14 HW	58	12 SW	40	14 NW	62	X 11873-B4B
	13 MW	57	18 HW	74	14 SW	51	17 NW	80	X 11873-B5B
	16 MW	71	22 HW	91	18 SW	63	21 NW	99	X 9117-B6B
TERE	19 MW	81	26 HW	104	20 SW	72	25 NW	112	X 9117-B7B
	25 MW	112	35 HW	143	27 SW	99	33 NW	155	X 9117-B8B
	31 MW	135	45 HW	174	34 SW	120	42 NW	188	X 9117-B9B
TIRE	45 MW	174	55 HW	223	47 SW	154	52 NW	241	X 9166-B10B
THRE	55 MW	197	75 HW	253	61 SW	174	71 NW	273	X 9144-B11B
	68 MW	236	100 HW	302	77 SW	209	94 NW	327	X 9144-B13B

Die Nennleistungen beziehen sich auf eine Verdampfungstemperatur von +4 °C, eine Verflüssigungstemperatur von +38 °C sowie eine Flüssigkeitsunterkühlung von 1 K am Ventileintritt.

Tabelle 2.32 Korrekturfaktoren für R 404A

Temperatur der Flüssig-keit vor dem Ventil °C	Korrekturfaktor K_t R 404A Verdampfungstemperatur °C																R 404A	Temperatur der Flüssig-keit vor dem Ventil °C
	+30	+25	+20	+15	+10	+5	0	−5	−10	−15	−20	−25	−30	−35	−40	−45		
+60	1,56	1,59	1,64	1,69	1,74	1,81	1,88	1,96	2,06	2,43	2,95	3,56	4,37	5,38	6,71	8,47		+60
+55	1,32	1,35	1,38	1,42	1,46	1,50	1,55	1,61	1,68	1,96	2,36	2,83	3,43	4,16	5,12	6,34		+55
+50	1,16	1,18	1,20	1,26	1,26	1,30	1,34	1,38	1,43	1,67	1,99	2,37	2,85	3,43	4,18	5,14		+50
+45	1,04	1,05	1,07	1,10	1,12	1,15	1,18	1,22	1,26	1,46	1,74	2,05	2,46	2,95	3,57	4,35		+45
+40	0,94	0,96	0,97	0,99	1,02	1,04	1,07	1,09	1,13	1,30	1,55	1,82	2,17	2,59	3,13	3,80		+40
+35	0,87	0,88	0,90	0,91	0,93	0,95	0,97	1,00	1,02	1,18	1,40	1,64	1,96	2,33	2,80	3,38		+35
+30	0,81	0,82	0,83	0,84	0,86	0,88	0,90	0,92	0,94	1,08	1,28	1,50	1,78	2,11	2,53	3,05		+30
+25		0,76	0,77	0,79	0,80	0,82	0,83	0,85	0,87	1,00	1,18	1,39	1,64	1,94	2,32	2,79		+25
+20			0,73	0,74	0,75	0,77	0,78	0,80	0,81	0,94	1,10	1,29	1,52	1,80	2,15	2,58		+20
+15				0,70	0,71	0,72	0,73	0,75	0,76	0,88	1,03	1,21	1,42	1,68	2,00	2,40		+15
+10					0,67	0,68	0,69	0,71	0,72	0,83	0,97	1,13	1,34	1,58	1,88	2,25		+10
+ 5						0,65	0,66	0,67	0,68	0,78	0,92	1,07	1,26	1,49	1,77	2,11		+ 5
0							0,63	0,64	0,65	0,75	0,88	1,02	1,20	1,41	1,67	2,00		0
− 5								0,61	0,62	0,71	0,83	0,97	1,14	1,34	1,59	1,90		− 5
−10									0,60	0,68	0,80	0,93	1,09	1,28	1,52	1,81		−10
Korrekturfaktor $K_{\Delta p}$																		
Δp (bar)	0,5	1,0	1,5	2,0	2,5	3,0	3,5	4,0	4,5	5,0	5,5	6,0	6,5	7,0	8,0	9,0		Δp (bar)
$K_{\Delta p}$	4,55	3,21	2,62	2,27	2,03	1,86	1,72	1,61	1,52	1,44	1,37	1,31	1,26	1,21	1,14	1,07		$K_{\Delta p}$
Δp (bar)	10,0	11,0	12,0	13,0	14,0	15,0	16,0	17,0	18,0	19,0	20,0	21,0	22,0	23,0	24,0	25,0		Δp (bar)
$K_{\Delta p}$	1,02	0,97	0,93	0,89	0,86	0,83	0,80	0,78	0,76	0,74	0,72	0,70	0,69	0,67	0,66	0,64		$K_{\Delta p}$

2.6.1.2   Übungsaufgaben

Für einen Bierkühlraum mit einer Kälteleistung $\dot{Q}_O$ = 3,8 kW bei t_R = +5 °C und t_O = −5 °C; t_c = +45 °C; t_3 = +43 °C; $t_{1'}$ = +3 °C soll ein thermostatisches Expansionsventil ausgelegt werden. Als Kältemittel kommt R 134a zum Einsatz (Dampftafel für Reclin 134a). Der Verdampfer liegt 2,5 m höher als der Ausgang des Flüssigkeitssammelbehälters. Die Flüssigkeitsleitung hat eine geometrische Länge von 8 Metern und einen Durchmesser von d_a = 10 · 1 mm. In der Leitung ist ein Schauglas und ein Kältemittelfiltertrockner eingebaut. Da das Aggregat vom Raumthermostat geschaltet wird, entfällt das Magnetventil. Außerdem sind keine Absperrventile eingelötet. Als Verdampfer wird der Typ Küba SPA 031 C eingesetzt.

Projektieren Sie ein thermostatisches Expansionsventil mit austauschbarem Ventileinsatz und Ventiloberteil sowie ein Standardexpansionsventil mit Bördel-/Lötanschluss.

2.6.1.3   Lösungsvorschläge

1. Subtraktion des Verdampfungsdruckes p_O vom Verflüssigungsdruck p_c:

   $p_c - p_O$ = 11,592 bar − 2,435 bar = 9,157 bar.

2. Ermittlung der Druckabfälle der Komponenten in der Flüssigkeitsleitung, soweit vorhanden.

   $\Delta p_{Trockner}$ = 0,14 bar

   $\Delta p_{Flüssigkeitsleitung}$ = 0,0322 bar

   $\Delta p_{Steigleitung}$ = 0,278 bar

   $\Delta p_{Schauglas}$ = entfällt

   $\Delta p_{Handabsperrventil}$ = entfällt

   $\Delta p_{Magnetventil}$ = entfällt

   $\Delta p_{Flüssigkeitsverteiler}$ = entfällt

   $\Delta p_{Verteilerrohre}$ = entfällt

   Verdampfer SPA 031C hat keine Mehrfacheinspritzung

   Ermittlung der Strömungsgeschwindigkeit w:

   $$w = \frac{\dot{Q}_O \cdot 4}{\varrho_R \cdot q_{ON} \cdot d_i^2 \cdot \pi} \text{ in } \frac{m}{s}$$

   $$\dot{Q}_O = 3,8 \ \frac{kJ}{s}$$

   $$\varrho_R = 1\,135 \ \frac{kg}{m^3}$$

   $$q_{ON} = 404 - 260,53 = 143,47 \ \frac{kJ}{kg}$$

   $$w = \frac{3,8 \cdot 4}{1\,135 \cdot 143,47 \cdot (0,008)^2 \cdot \pi} = 0,46 \ \frac{m}{s}$$

   Ermittlung des Druckabfalles in der Flüssigkeitsleitung, ohne den Steigleitungsanteil:

   $$\Delta p = \frac{\lambda \cdot l \cdot \varrho_R \cdot w^2}{d_i \cdot 2} \text{ in } \frac{N}{m^2} = Pa$$

mit

λ_{Cu} = 0,03 (dimensionslos)

l = $l_{\ddot{a}q}$ in m, mit

$l_{\ddot{a}q}$ = l_{geo} + 30 % für Fittings

$l_{\ddot{a}q}$ = 7,15 m

ϱ_R = 1 135 $\dfrac{kg}{m^3}$

w = 0,46 $\dfrac{m}{s}$

d_i = 0,008 m

$\Delta p = \dfrac{0,03 \cdot 7,15 \cdot 1\,135 \cdot (0,46)^2}{0,008 \cdot 2}$

Δp = 3 219,73 Pa

Δp = 0,0322 bar

$\Delta p_{Steigleitung} = h \cdot \varrho_R \cdot g$ in $\dfrac{N}{m^2}$

mit:

h = 2,50 m

ϱ_R = 1 135 $\dfrac{kg}{m^3}$

g = 9,81 $\dfrac{m}{s^2}$

$\Delta p_{Steigleitung}$ = 2,5 $\cdot$ 1 135 $\cdot$ 9,81 in $\dfrac{N}{m^2}$

$\Delta p_{Steigleitung}$ = 0,2786 bar

3. Ermittlung des gesamten Druckabfalles durch das Expansionsventil.

   $\Delta p_{ges} = (p_c - p_O) - (\Delta p_1 + \Delta p_2 + \Delta p_3)$ in bar

   Δp_{ges} = (11,592 − 2,435) − (0,14 + 0,0322 + 0,278)

   $\boldsymbol{\Delta p_{ges} = 8{,}71\ bar}$

4. Bemessung der Temperatur des flüssigen Kältemittels vor dem TEV

   t_3 = +43 °C

5. Ermittlung des Korrekturfaktors $K_{t,\,Fl}$ aus der Tabelle

   $K_{t,\,Fl}$ = 1,122

6. Ermittlung des Korrekturfaktors $K_{\Delta p}$ aus der Tabelle

   $K_{\Delta p}$ = 0,842

7. Berechnung der Ventilleistung unter Anlagenbedingungen

   $\dot{Q}_N = \dot{Q}_O \cdot K_t \cdot K_{\Delta p}$ in kW

   $\dot{Q}_N$ = 3,8 $\cdot$ 1,122 $\cdot$ 0,842 = 3,59 kW

Tabelle 2.33 Ventilauswahl für Expansionsventile

Expansionsventile, Baureihe

Verdampfungstemperaturbereich –45 %/+30 °C $\boxed{T}$

Bau-reihe	R 134a		R 22		R 404A/R 507		R 407C		Ventileinsatz
	Typ	Nenn-leistung kW	Typ	Nenn-leistung kW	Typ	Nenn-leistung kW	Typ	Nenn-leistung kW	
	25 MW	1,5	50 HW	1,9	25 SW	1,3	50 NW	2,1	X 22440-B1B
	75 MW	2,9	100 HW	3,7	75 SW	2,6	100 NW	4,0	X 22440-B2B
	150 MW	6,1	200 HW	7,9	150 SW	5,6	200 NW	8,5	X 22440-B3B
	200 MW	9,3	250 HW	11,9	200 SW	8,4	300 NW	12,9	X 22440-B3,5B
TCLE	250 MW	13,5	300 HW	17,3	250 SW	12,2	400 NW	18,7	X 22440-B4B
	350 MW	17,3	500 HW	22,2	400 SW	15,7	550 NW	24,0	X 22440-B5B
	550 MW	23,6	750 HW	30,4	600 SW	21,5	750 NW	32,9	X 22440-B6B
	750 MW	32,0	1 000 HW	41,1	850 SW	29,0	1 000 NW	44,4	X 22440-B7B
	900 MW	37,2	1 200 HW	47,8	1 000 SW	33,8	1 150 NW	51,7	X 22440-B8B

TCLE

Typschlüssel

TCL E 100 H W 35 WL 10×16

Ventilserie
Ex. Druckausgleich
Leistungs-Kennzahl
Kältemittelsymbol
Füllungs-Code
MOP-Kennzahl
Flanschausführung
Anschlussdurchmesser

Tabelle 2.34 Korrekturfaktoren für R 134a

Temperatur der Flüssig-keit vor dem Ventil °C	R 134a					Korrekturfaktor K_t Verdampfungstemperatur °C						R 134a					Temperatur der Flüssig-keit vor dem Ventil °C
	+30	+25	+20	+15	+10	+5	0	−5	−10	−15	−20	−25	−30	−35	−40	−45	
+60	1,22	1,25	1,27	1,30	1,33	1,36	1,40	1,44	1,48	1,75	2,08	2,46	2,94	3,50	4,12	4,83	+60
+55	1,14	1,16	1,18	1,21	1,23	1,26	1,29	1,33	1,36	1,60	1,90	2,25	2,68	3,18	3,74	4,36	+55
+50	1,07	1,08	1,10	1,13	1,15	1,17	1,20	1,23	1,26	1,48	1,76	2,07	2,46	2,92	3,42	3,98	+50
+45	1,00	1,02	1,04	1,06	1,08	1,10	1,12	1,15	1,17	1,38	1,63	1,92	2,28	2,70	3,15	3,65	+45
+40	0,93	0,96	0,98	0,99	1,01	1,03	1,05	1,08	1,10	1,29	1,52	1,79	2,12	2,50	2,92	3,38	+40
+35	0,90	0,91	0,92	0,94	0,96	0,97	0,99	1,01	1,03	1,21	1,43	1,68	1,99	2,34	2,73	3,15	+35
+30	0,85	0,86	0,88	0,89	0,91	0,92	0,94	0,96	0,98	1,14	1,35	1,58	1,87	2,20	2,55	2,95	+30
+25		0,82	0,83	0,85	0,86	0,87	0,89	0,91	0,92	1,08	1,27	1,49	1,76	2,07	2,40	2,77	+25
+20			0,80	0,81	0,82	0,83	0,85	0,89	0,88	1,02	1,21	1,41	1,67	1,96	2,27	2,61	+20
+15				0,77	0,78	0,79	0,81	0,82	0,84	0,97	1,15	1,34	1,58	1,85	2,15	2,47	+15
+10					0,75	0,76	0,77	0,78	0,80	0,93	1,09	1,25	1,51	1,76	2,04	2,35	+10
+ 5						0,73	0,74	0,75	0,76	0,89	1,04	1,22	1,44	1,68	1,94	2,23	+ 5
0							0,71	0,72	0,73	0,85	1,00	1,17	1,37	1,61	1,86	2,13	0
− 5								0,69	0,70	0,82	0,96	1,12	1,31	1,54	1,78	2,04	− 5
−10									0,68	0,79	0,92	1,07	1,26	1,48	1,70	1,95	−10

						Korrekturfaktor $K_{\Delta p}$										
Δp (bar)	0,5	1,0	1,5	2,0	2,5	3,0	3,5	4,0	4,5	5,0	5,5	6,0	6,5	7,0	7,5	8,0	Δp (bar)
$K_{\Delta p}$	3,50	2,48	2,02	1,75	1,57	1,43	1,32	1,24	1,17	1,11	1,06	1,01	0,97	0,94	0,90	0,88	$K_{\Delta p}$
Δp (bar)	8,5	9,0	9,5	10,0	10,5	11,0	11,5	12,0	13,0	14,0	15,0	16,0	17,0	18,0	19,0	20,0	Δp (bar)
$K_{\Delta p}$	0,85	0,83	0,80	0,78	0,76	0,75	0,73	0,72	0,69	0,66	0,64	0,62	0,60	0,58	0,57	0,55	$K_{\Delta p}$

Tabelle 2.35 Ventileinsätze

Größe	Typ	Bestell-Nr.	Nennleistung Q_n (kW)				
			R 134a	R 22	R 404A	R 407C	R 507
00	TIO-00X	800 532	0,3	0,5	0,4	0,5	0,4
0	TIO-000	800 533	0,8	1,3	1,0	1,4	1,0
1	TIO-001	800 534	1,9	3,2	2,3	3,5	2,3
2	TIO-002	800 535	3,1	5,3	3,9	5,7	3,9
3	TIO-003	800 536	5,0	8,5	6,2	9,2	6,2
4	TIO-004	800 537	8,3	13,9	10,1	15,0	10,1
5	TIO-005	800 538	10,1	16,9	12,3	18,3	12,3
6	TIO-006	800 539	11,7	19,5	14,2	21,1	14,2

Die Nennleistungen beziehen sich auf eine Verdampfungstemperatur von +4 °C, eine Verflüssigungstemperatur von +38 °C sowie eine Flüssigkeitsunterkühlung von 1 K am Ventileintritt.

8.   Auswahl des entsprechenden Ventiltyps (s. Tabelle 2.31–Tabelle 2.34)

8.1 TCLE 150 MW.

8.2 TISE-MW mit Ventileinsatz (Düsengröße 3) mit äußerem Druckausgleich.

8.3 TIS-MW mit Ventileinsatz (Düsengröße 3) mit innerem Druckausgleich.

8.4 TN 2 mit Düse 03, innerer Druckausgleich; (Danfoss, ohne Katalogauszug).

8.5 TEN 2 mit Düse 03, äußerer Druckausgleich; (Danfoss, ohne Katalogauszug).

2.6.2   Das Magnetventil (MV)

Magnetventile haben in der Kälteanlage die Aufgabe eine kältemittelführende Rohrleitung ganz gleich ob Druckleitung, Flüssigkeitsleitung oder Saugleitung abzusperren.

Beispielsweise muss einem Verdampfer der mit Heißdampf abgetaut wird, während der Abtauphase die Saugleitung abgesperrt werden, wenn das überhitzte Kältemittel über die Abtaudruckleitung zum Verdampfer strömt.

Die Flüssigkeitsleitung wird abgesperrt um eine pump down-Schaltung zu ermöglichen.

Bei einer Heißgas-Bypass-Regelung wie in Bild 2.60 abgebildet, ist in der Druckleitung ein Magnetventil dann erforderlich, wenn die Anlage abgepumpt werden soll.

Da der Heißgas-Bypass-Regler bei Unterschreiten seines Einstelldruckes öffnet, würde der Saugdruck ohne das MV nicht absinken können.

Bei den Magnetventilen unterscheidet man zwischen den direkt gesteuerten und den servogesteuerten Ausführungen.

Bei den direkt gesteuerten (siehe Bild 2.61) Magnetventilen wird die magnetische Kraft der Spule auf den Magnetanker übertragen, der das Öffnen des Ventilsitzes direkt bewirkt.

Aus diesem Grunde benötigen direkt gesteuerte Magnetventile im Gegensatz zu servogesteuerten Magnetventilen keinen minimalen Druckabfall des durchströmenden Kältemittels zum Offenhalten des Ventils.

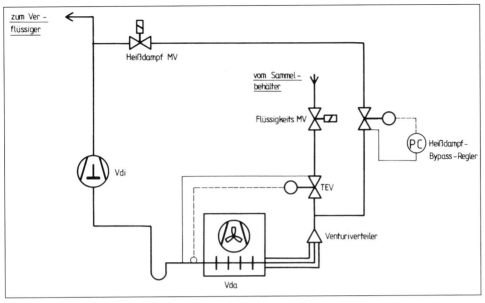

Bild 2.60

Bei stromloser Spule wird kein Magnetfeld aufgebaut, so dass der Anker durch die Kraft einer Feder gegen den Ventilsitz gedrückt wird.

Bei erregter Spule wird ein Magnetfeld aufgebaut und der Anker angezogen. Das Ventil gibt den Durchfluss frei.

Die servogesteuerte Bauart (siehe Bild 2.62) funktioniert folgendermaßen:
Die magnetische Kraft der Spule wird nur für das Öffnen oder Schließen eines Pilotsitzes verwendet und nicht für das Öffnen oder Schließen des Hauptsitzes. Die Energie für die

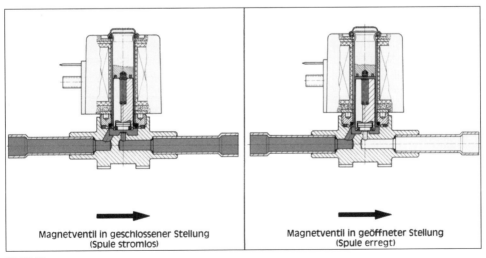

Bild 2.61

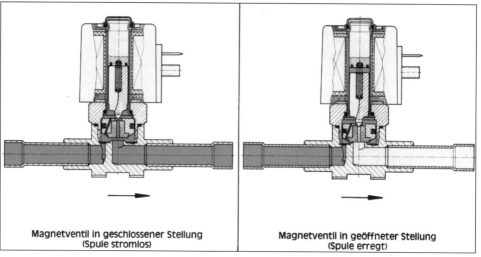

| Magnetventil in geschlossener Stellung (Spule stromlos) | Magnetventil in geöffneter Stellung (Spule erregt) |

Bild 2.62

Betätigung des Servo-Kolbens, die diesen öffnet oder schließt, wird vom Durchströmenden Kältemittel aufgebracht, was sich in Form eines bestimmten Druckabfalles äußert.

Hierbei ist zu beachten, dass der minimale Druckabfall zum Offenhalten des Servo-Kolbens 0,05 bar beträgt.

Bei stromloser Spule baut die Spule kein Magnetfeld auf, so dass der Anker durch die Kraft einer kleinen Spiralfeder gegen den Pilotsitz gedrückt wird und diesen verschließt. In dem Servo-Kolben ist eine kleine Ausgleichsöffnung, durch die das Kältemittel von der Eintrittsseite des Ventiles in den Raum oberhalb des Kolbens einströmt. Dadurch kann der Eintrittsdruck auf die gesamte Oberseite des Kolbens als Schließkraft wirken und ihn gegen den Hauptsitz drücken. Das Kältemittel hat dabei keine Möglichkeit das Ventil zu verlassen, weil – wie bereits erwähnt – der Anker den Pilotsitz verschlossen hält: Das Ventil ist geschlossen! (siehe Bild 2.62 linke Seite)

Bei erregter Spule baut diese ein Magnetfeld auf und zieht den Anker an. Dadurch wird der Pilotsitz freigegeben und das im Ventil oberhalb des Servo-Kolbens stehende Kältemittel kann aus dem Ventil abströmen. Auf der Oberseite des Servo-Kolbens lastet jetzt der niedrigere Austrittsdruck, so dass der unter dem Kolben stehende höhere Eintrittsdruck diesen vom Hauptsitz abheben kann. Das Ventil ist geöffnet! (siehe Bild 2.62 rechte Seite)

2.6.2.1   Wie wird das Magnetventil richtig ausgelegt?

Die Hersteller geben die Ventilnennleistung immer bezogen auf bestimmte Basisauslegungsdaten an, wie z. B.:

bei Flüssigkeitsanwendung: $t_O = +4\ °C$; $t_c = +38\ °C$

$\Delta p_{Ventil} = 0,15$ bar,

oder bei Heißgasanwendung: $t_O = +4\ °C$; $t_c = +38\ °C$

$\Delta p_{Ventil} = 1,0$ bar; $t_{Sauggas} = +18\ °C$, oder bei Sauggasanwendung: $t_O = +4\,°C$; $t_c = +38\,°C$

$\Delta p_{Ventil} = 0{,}15$ bar.

Für andere Daten sind die Ventilleistungen anhand der Gleichung: $\dot{Q}_N = \dot{Q}_O \cdot K_t \cdot K_{\Delta p}$ mit den jeweils ermittelten Korrekturfaktoren K_t bzw. $K_{\Delta p}$ umzurechnen.

Die Ventilleistung hängt von den Größen: Dichte ϱ_R des Kältemittels, Druckabfall Δp bei geöffnetem Ventil (geplanter Wert) und der verfügbaren Verdampfungsenthalpie Δh des Kältemittels bei den entsprechenden Betriebsbedingungen ab.

Geht man von der Ventilnennleistung $\dot{Q}_1$ für die Dichte ϱ_1, die Verdampfungsenthalpie Δh_1 und den Druckabfall Δp_1 aus, so bewirken Veränderungen dieser drei Größen auch eine Veränderung der Ventilnennleistung für neue Betriebsbedingungen.

Erhöht sich die Dichte des Kältemittels, so erhöht sich der Massenstrom und damit die Ventilleistung zu:

$$\dot{Q}_2 = \dot{Q}_1 \cdot \sqrt{\frac{\varrho_2}{\varrho_1}}$$

Die verfügbare Verdampfungsenthalpie geht unmittelbar in die Nennleistung ein.

Steht statt der Verdampfungsenthalpie Δh_1 die Verdampfungsenthalpie Δh_2 zur Verfügung, ergibt sich die reine Nennleistung zu:

$$\dot{Q}_2 = \dot{Q}_1 \cdot \frac{\Delta h_2}{\Delta h_1}$$

Wird statt des Druckabfalls Δp_1 der Druckabfall Δp_2 veranschlagt, so ergibt sich:

$$\dot{Q}_2 = \dot{Q}_1 \cdot \sqrt{\frac{\Delta p_2}{\Delta p_1}}$$

Wenn anstelle der gegebenen Nennleistung $\dot{Q}_1$ bei einem Druckabfall Δp_1 die Kälteleistung $\dot{Q}_2$ erbracht wird, ergibt sich der neue Druckabfall zu:

$$\Delta p_2 = \Delta p_1 \cdot \left(\frac{\dot{Q}_2}{\dot{Q}_1}\right)^2$$

Wenn $\dot{Q}_2 = 5$ kW 50 % der Kälteleistung von $\dot{Q}_1 = 10$ kW bei einem leistungsgeregelten Verdichter darstellt und der Druckabfall mit $\Delta p = 0{,}10$ bar geplant war, reduziert er sich jetzt auf $\Delta p_2 = 0{,}025$ bar.

Würde in der Kälteanlage ein servogesteuertes Magnetventil eingesetzt, so ist zu vermeiden, dass eine Unterschreitung des Mindestdruckabfalles von $\Delta p_{min} = 0{,}05$ bar stattfindet.

Zusammengefasst erhält man die neue Ventilleistung $\dot{Q}_2$ mit:

$$\dot{Q}_2 = \dot{Q}_1 \cdot \frac{\Delta h_2}{\Delta h_1} \cdot \sqrt{\frac{\Delta p_2}{\Delta p_1}} \cdot \sqrt{\frac{\varrho_2}{\varrho_1}}$$

Beispiel 1:

Ventilauswahl für Kältemittel, die in den Herstellerleistungstabellen nicht angegeben sind.

Welche Flüssigkeitsnennleistung hat ein R 22-Magnetventil mit einer Nennleistung von $\dot{Q}_N = 7{,}1$ kW bei $\Delta p = 0{,}15$ bar, $t_O = +4\,°C$ und $t_c = +38\,°C$ im R 23 Tiefkühlkreislauf einer Kaskadenkälteanlage mit $t_O = -60\,°C$, $t_c = -10\,°C$ und $\Delta p = 0{,}10$ bar?

Lösung:

1. $\Delta h_{R\,22} = 406{,}32\ \dfrac{kJ}{kg} - 246{,}69\ \dfrac{kJ}{kg} = 159{,}63\ \dfrac{kJ}{kg}$

2. Dichte der Flüssigkeit $\varrho_R = 1{,}14$ kg/Liter (R 22)

3. $\Delta h_{R\,23} = 1\,050{,}77\ \dfrac{kJ}{kg} - 899{,}363\ \dfrac{kJ}{kg} = 151{,}41\ \dfrac{kJ}{kg}$

4. Dichte der Flüssigkeit $\varrho_R = 1{,}1017$ kg/Liter (R 23)

5. $\dot{Q}_2 = 7{,}1\ kW \cdot \dfrac{151{,}41\ kJ/kg}{159{,}63\ kJ/kg} \cdot \sqrt{\dfrac{0{,}10\ bar}{0{,}15\ bar}} \cdot \sqrt{\dfrac{1{,}1017\ kg/Liter}{1{,}140\ kg/Liter}}$

6. $\dot{Q}_2 = 5{,}41\ kW$

Das Magnetventil leistet im R 23-Kreislauf unter Anlagenbedingungen $\dot{Q}_2 = 5{,}41$ kW aufgrund der veränderten Parameter: Dichte, Enthalpiedifferenz, Druckdifferenz.

Beispiel 2:

Auslegung eines Magnetventils (Flüssigkeitsanwendung) mit Hilfe des k_v-Wertes.

$$k_v = \dot{m}_R \cdot \sqrt{\left(\dfrac{1 \cdot bar \cdot m^3}{\Delta p \cdot \varrho_R \cdot 1\,000\ kg}\right)}\ \text{in}\ \dfrac{m^3}{h}$$

Kältemittel R134a, $t_O = -10\ °C$, $t_c = +45\ °C$; $\dot{Q}_O = 45$ kW; $\Delta p = 0{,}10$ bar (geplanter Wert), $t_3 = +43\ °C$

Lösung:

1. $\Delta h = 391{,}62\ \dfrac{kJ}{kg} - 263{,}50\ \dfrac{kJ}{kg} = 128{,}12\ \dfrac{kJ}{kg}$

2. $\dot{m}_R = \dfrac{\dot{Q}_O}{\Delta h} = \left(\dfrac{45\ kJ\ kg}{128{,}12\ s\ kJ}\right) = 0{,}3512\ \dfrac{kg}{s} \mathrel{\hat=} 1\,264{,}44\ \dfrac{kg}{h}$

3. $\varrho_R = 1{,}125$ kg/Liter $= 1\,125$ kg/m³

4. $\Delta p = 0{,}10$ bar gewählter Wert

5. $k_v = 1\,264\ \dfrac{kg}{h} \cdot \sqrt{\dfrac{1 \cdot bar \cdot m^3 \cdot m^3}{0{,}10\ bar \cdot 1\,125\ kg \cdot 1\,000\ kg}}$

    $k_v = 1\,264\ \dfrac{kg}{h} \cdot \sqrt{\dfrac{1 \cdot m^3 \cdot m^3}{112\,500\ kg \cdot kg}}$

    $k_v = 3{,}77\ \dfrac{m^3}{h}$

240 RA

Bild 2.63 Magnetventil

6. gewählt: Magnetventil Typ 240RA 9 T7 mit folgenden technischen Daten:

    k_v-Wert $= 4{,}8\ \dfrac{m^3}{h}$; $\dot{Q}_N = 76{,}2$ kW;   Löt 22 mm

7. Wird der erforderliche Mindestdruckabfall von $\Delta p_{min} = 0{,}05$ bar überschritten?

    Probe:

    $\Delta p_2 = \Delta p_1 \cdot \left(\dfrac{k_v\text{-gerechnet}}{k_v\text{-Katalog}}\right)^2$

Tabelle 2.36

Typ	Variante	Bestell-Nr.	Löt/ODF mm	Löt/ODF Zoll	Bördel/SAE mm	Bördel/SAE Zoll	Flüss. R 134a	Flüss. R 22	Flüss. R 507/R 404A	Flüss. R 407C	Heißgas R 134a	Heißgas R 22	Heißgas R 507/R 404A	Heißgas R 407C	Sauggas R 134a	Sauggas R 22	Sauggas R 507/R 404A	Sauggas R 407C	k_v-Wert m³/h	Δp min. bar
110 RB 2	T2	801 217	6	1/4																	0
	T2	801 210	10	3/8			3,5	3,8	2,5	3,6	1,6	2,0	1,7	2,1					0,2	
	T3	801 209	10	3/8																
	F2	801 213			6	1/4														
	F3	801 212			10	3/8														
210 RB 3	T3	801 239	10	3/8			6,6	7,1	4,6	6,8		3,7	3,2	3,9					0,4	
	F3	801 240			10	1/4														
200 RB 4	T3	801 176	10	3/8																
	T3	801 190	10	3/8																
	T4	801 178	12	1/2			15,5	16,8	10,9	16,1	7,1	8,8	7,5	9,2					0,9	0,05
	F4	801 179			12	1/2														
	F3	801 177			10	3/8														
200 RB 6	T4	801 182	12	1/2																
	T4	801 183	16	5/8			27,3	29,5	18,9	28,0	12,5	15,4	13,1	16,1					1,6	
	T5	801 186	16	5/8																
	F4	801 187			12	1/2														
	F5	801 189			16	5/8														
240 RA 8	T5	801 160	22	7/8			36,3	39,3	25,2	37,3	16,7	20,5	17,4	21,4	4,2	5,6	4,6	5,2	2,3	0,05
	T7	801 143	22	7/8																
240 RA 9	T5	801 161	16	5/8			76,2	82,5	52,9	78,4	35,1	43,1	36,5	44,9	8,8	11,7	9,7	10,9	4,8	
	T7	801 162	22	7/8																
240 RA 12	T9	801 142	22	1-1/8																
	T7	801 163	22	7/8			85,7	92,8	59,5	88,1	39,4	48,4	41,1	50,5	9,9	13,1	10,9	12,3	5,4	
	T9	801 144	22	1-1/8																
240 RA 18	T9	801 164	22	1-1/8			139,1	150,5	96,5	142,9	64,0	78,5	66,6	81,9	16,0	21,3	17,7	19,9	8,8	
	T11	801 166	35	1-3/8																
240 RA 20	T11-M	801 172	35	1-3/8			202,6	219,3	140,7	208,3	93,2	114,4	97,1	119,3	23,3	31,0	25,7	29,0		
	T13-M	801 224	42	1-5/8																
	T13-M	801 173	35	1-3/8																
	T17-M	801 174	54	2-1/8																

240 RA

Tabelle 2.37 Sauggasanwendung

Verdampfungs-temperatur °C	Korrekturfaktor K_t Kondensationstemperatur °C									Verdampfungs-temperatur °C
	+60	+55	+50	+45	+40	+35	+30	+25	+20	
+10	1,03	0,97	0,92	0,88	0,84	0,80	0,76	0,74	0,71	+10
0	1,40	1,32	1,25	1,20	1,14	1,10	1,04	1,01	0,96	0
−10	1,71	1,62	1,53	1,47	1,40	1,34	1,27	1,23	1,18	−10
−20	2,20	2,08	1,97	1,88	1,80	1,72	1,64	1,58	1,51	−20
−30	2,79	2,63	2,50	2,39	2,27	2,19	2,07	2,01	1,92	−30
−40	3,68	3,47	3,29	3,15	3,00	2,89	2,73	2,65	2,53	−40

Korrekturfaktor $K_{\Delta p}$												
Δp (bar)	0,05	0,10	0,15	0,20	0,25	0,30	0,35	0,40	0,45	0,50	0,55	Δp (bar)
$K_{\Delta p}$	1,73	1,22	1,00	0,87	0,77	0,71	0,65	0,61	0,48	0,55	0,52	$K_{\Delta p}$

Tabelle 2.38 Flüssigkeitsanwendung

Temperatur der Flüssig-keit vor dem Ventil °C	R 134a Korrekturfaktor K_t Verdampfungstemperatur °C						R 22						Temperatur der Flüssig-keit vor dem Ventil °C
	+10	0	−10	−20	−30	−40	+10	0	−10	−20	−30	−40	
+60	1,33	1,40	1,48	1,56	1,67	1,79	1,26	1,30	1,38	1,38	1,44	1,50	+60
+55	1,23	1,29	1,36	1,43	1,52	1,62	1,19	1,22	1,29	1,29	1,34	1,39	+55
+50	1,15	1,20	1,26	1,32	1,39	1,48	1,12	1,15	1,21	1,22	1,26	1,30	+50
+45	1,08	1,12	1,17	1,22	1,29	1,37	1,06	1,08	1,15	1,15	1,18	1,23	+45
+40	1,01	1,05	1,10	1,14	1,20	1,27	1,01	1,03	1,09	1,09	1,12	1,16	+40
+35	0,96	0,99	1,03	1,07	1,12	1,18	0,96	0,98	1,03	1,03	1,06	1,10	+35
+30	0,91	0,94	0,98	1,01	1,06	1,11	0,92	0,94	0,99	0,98	1,01	1,04	+30
+25	0,86	0,89	0,92	0,95	1,00	1,04	0,88	0,89	0,94	0,94	0,96	0,99	+25
+20	0,82	0,85	0,88	0,91	0,94	0,98	0,84	0,86	0,90	0,90	0,92	0,95	+20
+15	0,78	0,81	0,84	0,86	0,89	0,93	0,81	0,82	0,87	0,86	0,88	0,91	+15
+10	0,75	0,77	0,80	0,82	0,85	0,89	0,78	0,79	0,83	0,83	0,85	0,87	+10
+ 5		0,74	0,76	0,78	0,81	0,84		0,76	0,80	0,79	0,81	0,83	+ 5
0		0,71	0,73	0,75	0,78	0,81		0,73	0,77	0,77	0,78	0,80	0
− 5			0,70	0,72	0,74	0,77			0,74	0,74	0,75	0,77	− 5
−10			0,68	0,69	0,71	0,74			0,72	0,71	0,73	0,74	−10

Korrekturfaktor $K_{\Delta p}$																
Δp (bar)	0,05	0,10	0,15	0,20	0,25	0,30	0,35	0,40	0,45	0,50	0,55	0,60	0,65	0,70	0,75	Δp (bar)
$K_{\Delta p}$	1,73	1,22	1,00	0,87	0,77	0,71	0,65	0,61	0,58	0,55	0,52	0,50	0,48	0,46	0,45	$K_{\Delta p}$

$$\Delta p_2 = 0{,}10 \text{ bar} \left(\frac{3{,}77 \text{ m}^3/\text{h}}{4{,}80 \text{ m}^3/\text{h}} \right)^2$$

$$\Delta p_2 = 0{,}06 \text{ bar} > \Delta p_{min}$$

Beispiel 3:

Auslegung des Magnetventils aus Beispiel 2 mit den Auswahltabellen (Tabelle 2.36) des Herstellers.

Kältemittel R134a, $t_O = -10$ °C, $t_c = +45$ °C; $\dot{Q}_O = 45$ kW; $\Delta p = 0{,}10$ bar (geplanter Wert)

Lösung:

$$\dot{Q}_N = \dot{Q}_O \cdot K_{t,\,Fl} \cdot K_{\Delta p}$$

Tabelle 2.39

Flüssigkeitsanwendung

Temperatur der Flüssigkeit vor dem Ventil °C	R 404A	Korrekturfaktor K_t Verdampfungstemperatur °C					Temperatur der Flüssigkeit vor dem Ventil °C
	+10	0	-10	-20	-30	-40	
+60	1,74	1,88	2,06	2,28	2,57	2,95	+60
+55	1,46	1,55	1,68	1,83	2,01	2,25	+55
+50	1,26	1,34	1,43	1,54	1,68	1,84	+50
+45	1,12	1,18	1,26	1,34	1,45	1,57	+45
+40	1,02	1,07	1,13	1,20	1,28	1,38	+40
+35	0,93	0,97	1,02	1,08	1,15	1,23	+35
+30	0,86	0,90	0,94	0,99	1,05	1,11	+30
+25	0,80	0,83	0,87	0,92	0,97	1,02	+25
+20	0,75	0,78	0,81	0,85	0,90	0,95	+20
+15	0,71	0,73	0,76	0,80	0,84	0,88	+15
+10	0,67	0,69	0,72	0,75	0,79	0,83	+10
+ 5		0,66	0,68	0,71	0,74	0,78	+ 5
0		0,63	0,65	0,68	0,71	0,74	0
- 5			0,62	0,65	0,67	0,70	- 5
-10			0,60	0,62	0,64	0,67	-10

Temperatur der Flüssigkeit vor dem Ventil °C	R 407C	Korrekturfaktor K_t Verdampfungstemperatur °C					R 507						Temperatur der Flüssigkeit vor dem Ventil °C
	+10	0	-10	-20	-30	-40	+10	0	-10	-20	-30	-40	
+60							1,71	1,83	1,98	2,18	2,43	2,75	+60
+55	1,28	1,34	1,40	1,48			1,43	1,52	1,62	1,76	1,92	2,12	+55
+50	1,17	1,22	1,27	1,33			1,24	1,31	1,40	1,49	1,61	1,76	+50
+45	1,08	1,12	1,17	1,22			1,11	1,17	1,23	1,31	1,40	1,52	+45
+40	1,01	1,04	1,08	1,13			1,01	1,06	1,11	1,17	1,25	134	+40
+35	0,94	0,98	1,01	1,05			0,93	0,97	1,01	1,07	1,13	1,20	+35
+30	0,89	0,92	0,95	0,99			0,86	0,89	0,93	0,98	1,03	1,09	+30
+25	0,84	0,87	0,90	0,93			0,80	0,83	0,87	0,91	0,95	1,01	+25
+20	0,80	0,82	0,85	0,88			0,75	0,78	0,81	0,85	0,89	0,93	+20
+15	0,76	0,78	0,81	0,84			0,71	0,73	0,76	0,79	0,83	0,87	+15
+10	0,73	0,75	0,77	0,80			0,67	0,69	0,72	0,74	0,78	0,81	+10
+ 5		0,72	0,74	0,76				0,65	0,68	0,70	0,73	0,76	+ 5
0		0,69	0,71	0,73				0,62	0,64	0,66	0,69	0,72	0
- 5			0,68	0,70				0,61	0,63	0,65	0,68		- 5
-10			0,65	0,67				0,58	0,60	0,62	0,64		-10

Korrekturfaktor $K_{\Delta p}$																
Δp (bar)	0,05	0,10	0,15	0,20	0,25	0,30	0,35	0,40	0,45	0,50	0,55	0,60	0,65	0,70	0,75	Δp (bar)
$K_{\Delta p}$	1,73	1,22	1,00	0,87	0,77	0,71	0,65	0,61	0,58	0,55	0,52	0,50	0,48	0,46	0,45	$K_{\Delta p}$

Heißgasanwendung

Korrekturfaktor K_t											
	+10	+5	0	-5	-10	-15	-20	-25	-30	-35	-40
$K_{\Delta p}$	1,73	1,22	1,00	0,87	0,77	0,71	0,65	0,61	0,58	0,55	0,52	$K_{\Delta p}$

Korrekturfaktor $K_{\Delta p}$									
Δp (bar)	0,35	0,50	0,70	1,00	1,50	2,00	2,50	3,00	4,00	Δp (bar)
$K_{\Delta p}$	1,72	1,49	1,22	1,00	0,86	0,78	0,73	0,70	0,65	$K_{\Delta p}$

1. Ermittlung des Korrekturfaktors $K_{t,\,Fl}$ für $t_3 = +43\,°C$ bei

$t_o = -10\,°C$
$K_{t,\,Fl} = 1,128$

2. Ermittlung des Korrekturfaktors $K_{\Delta p}$ für einen geplanten Druckabfall von
   $\Delta p = 0{,}10$ bar im Ventil
   $K_{\Delta p} = 1{,}22$

3. Berechnung der Ventilnennleistung in kW

   $$\dot{Q}_N = 45 \cdot 1{,}128 \cdot 1{,}22 = 61{,}93 \text{ kW}$$

4. gewählt: Magnetventil Typ 240 RA 9 T7 mit $\dot{Q}_N = 76{,}2$ kW

5. Wird der erforderliche Mindestdruckabfall für dieses servogesteuerte Magnetventil überschritten?

   Probe: $$\Delta p_2 = \Delta p_1 \cdot \left(\frac{\dot{Q}_N \text{-gerechnet}}{\dot{Q}_N \text{-Katalog}} \right)^2$$

   $$\Delta p_2 = 0{,}10 \text{ bar} \left(\frac{61{,}93 \text{ kW}}{76{,}20 \text{ kW}} \right)^2$$

   $$\Delta p_2 = 0{,}071 \text{ bar} > \Delta p_{min}$$

2.6.2.2   Übungsaufgaben

Bild 2.64 zeigt einen von mehreren Verdampfern einer Kälteanlage, die einen Tiefkühl-raum temperiert und die mit Heißdampf abgetaut wird.
Der Verdampfer arbeitet unter folgenden Bedingungen:

Tiefkühlraum, Kältebedarf: 11kW
$t_R = -20\ °C$; $t_O = -28\ °C$; $t_c = +40\ °C$; $t_s = -30\ °C$; $\Delta T_{SL} = 2$ K; $\dot{Q}_O = 11$ kW
$t_3 = 0\ °C$ (durch Flüssigkeitsunterkühlung!); R 507; Abtauung mit Heißdampf;
Verdampfer Küba SGB50-F61, V6.07; $\dot{Q}_O = 11{,}79$ kW

Projektieren Sie:
1. Das Magnetventil für die Flüssigkeits-Anwendung!
2. Das Magnetventil für die Sauggas-Anwendung!
3. Das Magnetventil für die Heißdampf-Anwendung!

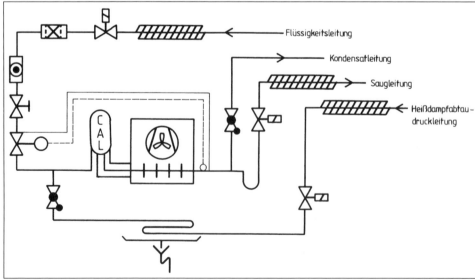

Bild 2.64

2.6.2.3 Lösungsvorschläge

zu 1. Ermittlung der Korrekturfaktoren $K_{t, Fl}$ und $K_{\Delta p, Fl}$

$K_{t, Fl} = 0{,}684;$ $\quad K_{\Delta p, Fl} = 1{,}22$ $\quad$ bei $\quad \Delta p_{geplant} = 0{,}10$ bar

s. Tabelle 2.39, Flüssigkeitsanwendung
Berechnung der Ventilnennleistung in kW:

$\dot{Q}_N = \dot{Q}_O \cdot K_{t, Fl} \cdot K_{\Delta p, Fl} = 11$ kW $\cdot\ 0{,}684 \cdot 1{,}22 = 9{,}18$ kW

$\dot{Q}_N = 9{,}18$ kW

Gewählter Ventiltyp: 200 RB 4T4 mit $\dot{Q}_N = 10{,}9$ kW, s. Tabelle 2.36
Druckdifferenz:

$$\Delta p_2 = \Delta p_1 \cdot \left(\frac{\dot{Q}_N}{\dot{Q}_{NK}}\right)^2 \text{ in bar}$$

$$\Delta p_2 = 0{,}10 \cdot \left(\frac{9{,}18}{10{,}9}\right)^2 = 0{,}071 \text{ bar}$$

$\Delta p_2 > \Delta p_{min}$

zu 2. Ermittlung der Korrekturfaktoren
s. Tabelle 2.37, Sauggas-Anwendung

$K_{t, SG} = 2{,}176;$ $\quad K_{\Delta p, SG} = 1{,}00$ $\quad$ bei $\quad \Delta p_{geplant} = 0{,}15$ bar

Berechnung der Ventilnennleistung in kW:

$\dot{Q}_N = \dot{Q}_O \cdot K_{t, SG} \cdot K_{\Delta p, SG} = 11$ kW $\cdot\ 2{,}176 \cdot 1{,}0 = 23{,}94$ kW

$\dot{Q}_N = 23{,}94$ kW

Gewählter Ventiltyp: 240 RA 20T11-M mit $\dot{Q}_N = 25{,}7$ kW, s. Tabelle 2.36
Druckdifferenz:

$$\Delta p_2 = \Delta p_1 \cdot \left(\frac{\dot{Q}_N}{\dot{Q}_{NK}}\right)^2 \text{ in bar}$$

$$\Delta p_2 = 0{,}15 \cdot \left(\frac{23{,}94}{25{,}70}\right)^2 = 0{,}13 \text{ bar}$$

$\Delta p_2 > \Delta p_{min}$

zu 3. Ermittlung der Korrekturfaktoren
s. Tabelle 2.39, Heißgas-Anwendung

$K_{t, HG} = 1{,}232;$ $\quad K_{\Delta p, HG} = 1{,}22$ $\quad$ bei $\quad \Delta p_{geplant} = 0{,}70$ bar

Berechnung der Ventilnennleistung in kW:

$\dot{Q}_N = \dot{Q}_O \cdot K_{t, HG} \cdot K_{\Delta p, HG} = 11$ kW $\cdot\ 1{,}232 \cdot 1{,}22 = 16{,}53$ kW

$\dot{Q}_N = 16{,}53$ kW

Gewählter Ventiltyp: 240 RA 8T7 mit $\dot{Q}_N = 17{,}4$ kW, s. Tabelle 2.36
Druckdifferenz:

$$\Delta p_2 = \Delta p_1 \cdot \left(\frac{\dot{Q}_N}{\dot{Q}_{NK}}\right)^2 \text{ in bar}$$

$$\Delta p_2 = 0{,}70 \cdot \left(\frac{16{,}53}{17{,}40}\right)^2 = 0{,}632 \text{ bar}$$

$\Delta p_2 > \Delta p_{min}$

Tabelle 2.40

Typ		Bestell-Nr.	Löt/ODF mm	Löt/ODF Zoll	Bördel/SAE mm	Bördel/SAE Zoll	Flüssigkeit R 134a	R 22	R 507	R 407C	Heißgas R 134a	R 22	R 507	R 407C	Sauggas R 134a	R 22	R 507	R 407C	k_v-Wert m³/h	Δp min. bar
	T2	801 217	6																	
	T2	801 210		1/4																
110 RB 2	T3	801 209	10	3/8			3,5	3,8	2,5	3,6	1,6	2,0	1,7	2,1					0,2	0
	F2	801 213			6	1/4														
	F3	801 212			10	3/8														
200 RB 3	T3	801 239	10	3/8			6,6	7,1	4,6	6,8	3,0	3,7	3,2	3,9					0,4	
	F3	801 240			10	3/8														
	T3	801 176	10																	
	T3	801 190		3/8																
200 RB 4	T4	801 178	12	1/2			15,5	16,8	10,9	16,1	7,1	8,8	7,5	9,2					0,9	0,05
	T4	801 179				1/2														
	F3	801 177			10	3/8														

Tabelle 2.41

Typ		Bestell-Nr.	Löt/ODF mm	Löt/ODF Zoll	Flüssigkeit R 134a	R 22	R 507	R 407C	Heißgas R 134a	R 22	R 507	R 407C	Sauggas R 134a	R 22	R 507	R 407C	k_v-Wert m³/h
	T11-M	801 217	35	1-3/8	202,6	219,3	140,7	208,3	93,2	114,4	97,1	119,3	23,3	31,0	25,7	29,0	12,8
	T13-M	801 210	42														
240 RA 20	T13-M	801 209		1-5/8													
	T17-M	801 213	54	2-1/8													

Tabelle 2.42

Typ		Bestell-Nr.	Löt/ODF mm	Löt/ODF Zoll	Flüssigkeit R 134a	R 22	R 507	R 407C	Heißgas R 134a	R 22	R 507	R 407C	Sauggas R 134a	R 22	R 507	R 407C	k_v-Wert m³/h
240 RA 8	T5	801 160		5/8	36,3	39,3	25,2	37,3	16,7	20,5	17,4	21,4	4,2	5,6	4,6	5,2	5,2
	T7	801 143	22	7/8													

200 RB

240 RA

2.6.3   Der Kältemitteltrockner

Filtertrockner werden in verschiedenen Ausführungen in der Kälteanlage eingesetzt.

Die geschlossene Ausführung ist mit Bördel- oder Lötanschluss erhältlich, während Filtertrockner mit austauschbaren Blockeinsätzen nur in der Lötversion angeboten werden. Filtertrockner werden überwiegend in die Flüssigkeitsleitung eingebaut, jedoch sind ebenso Trockner für die Saugleitung und Trockner für Wärmepumpenanlagen mit umschaltbarem Kreislauf für 2 Durchflussrichtungen lieferbar.

Aufgrund der Forderungen in DIN 8975 Teil 10 und dem VDMA-Einheitsblatt 24243 nach Hermetisierung sollten auch Trockner in der geschlossenen Ausführung in die Flüssigkeitsleitung eingelötet werden.

Es werden zwei Leistungsangaben unterschieden: die Durchflussleistung und die empfohlene Leistung.

Die empfohlene Leistung gilt für normale, mit üblicher Sorgfalt installierte Anlagen mit 30 °C Flüssigkeitstemperatur und Verdampfungstemperaturen bis –15 °C.

Bei Anlagen mit tieferen Verdampfungstemperaturen, überlangen Rohrleitungen, übergroßen Füllmengen oder ungünstigen Montage-Bedingungen empfiehlt sich die Verwendung des nächstgrößeren Filtertrockner-Typs.

Bei fabrikfertigen Standard-Anlagen mit hohem Trockenheits- und Sauberkeitsgrad und/ oder höheren Verdampfungstemperaturen können die empfohlenen Werte überschritten werden.

Die Durchflussleistung bezieht sich gemäß ARI-Standard 710-86 und DIN 8949 auf einen Druckverlust von 0,07 bar bei einer Flüssigkeitstemperatur von +30 °C und einer Verdampfungstemperatur von –15 °C.

Die Durchflussleistungen werden in den nachfolgenden Auswahltabellen bei 0,07 und 0,14 bar spezifiziert.

Korrekturfaktoren erlauben die Auswahl von Filter-Trocknern bei von +30 °C/–15 °C abweichenden Bedingungen.

Die Wasseraufnahmefähigkeit bei R22 gibt die Wassermenge an, die der Filtertrockner gemäß ARI-Standard 710-86 und DIN 8949 bei einer Flüssigkeitstemperatur von 24/52 °C und einer Restfeuchte von 60 PPM aufnehmen kann. Bei anderen Kältemitteln ist die Restfeuchte wie folgt:

Tabelle 2.43

Kältemittel	Restfeuchte (PPM)
R 134a	50
R 407C	50
R 404A	50
R 507	50
R 410A	50

Tabelle 2.44 Übersicht zur Auswahl von Filtern und Filtertrocknern

Auswahl-kriterien	Baureihe									
	ADK-Plus	BFK	ADKS-Plus mit Einsatz H/S/W 48	FDS-24 mit Einsatz		FDS-48 mit Einsatz H/S/W 48	ASF-Plus	ASD-Plus	BTAS mit Einsatz	
				F24	S24				AF	AF-D
Hermetische Ausführung	+	+					+	+		
Für austauschbare Einsätze			+	+	+	+			+	+
Filter				+			+	+		
Filter-Trockner	+	+	+		+	+		+		+
Flüssigkeitsanwendung	+	+	+		+	+				
Sauggasanwendung				+	+		+	+	+	+
Für Wärmepumpen (Bi-Flow)		+								
Gehäusematerial	Stahl	Stahl	Stahl	Stahl		Stahl	Stahl	Stahl	Messing	
Katalogseite	95	*	97	98		99	100	100	101	

2.6.3.1 Übungsaufgaben

Eine R 134a-Kälteanlage hat eine Kälteleistung von $\dot{Q}_O$ = 5 kW. Die äquivalente Länge der Flüssigkeitsleitung mit d_a = 12 × 1 mm beträgt 28 Meter.

Bemessen Sie einen Filtertrockner in geschlossener oder anderer Ausführung, der bei gleichen Anschlussmaßen in die Flüssigkeitsleitung eingelötet werden kann.

1. ADK-Plus 0812 MMS, Löt 12 mm
   Durchflussleistung bei 0,07 bar Druckverlust: 24,1 kW

ADK-Plus

FDS

Bild 2.65 Hermetischer Filtertrockner

Bild 2.66 Filtertrockner mit austauschbarem Einsatz

2. FDS-244, Löt 12 mm, Blockeinsatz 1 Stück S24 (Filtertrockner mit Schnellverschluss und austauschbarem Blockeinsatz), Kugelabsperrventil BVAM12 zur ausgangsseitigen Absperrung
   Durchflussleistung bei 0,07 bar Druckverlust: 41 kW

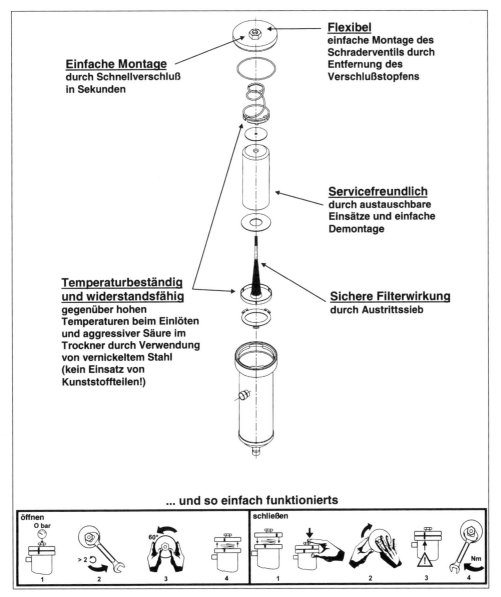

Bild 2.67 Montage des Filtereinsatzes

Eine R 507-Verbundkälteanlage hat eine Kälteleistung von $\dot{Q}_O$ = 94,63 kW bei t_O = –5 °C und t_c = +45 °C. Als Saugleitung wurde verlegt: d_a = 64 × 2 mm + Armaflex H64. Planen Sie einen Saugleitungsfiltertrockner mit entsprechender Leistung.

Auslegung:

$$\dot{Q}_N = \dot{Q}_O \cdot K_S$$
$$\dot{Q}_N = 94,63 \text{ kW} \cdot 1,35 = 127,75 \text{ kW}$$

BTAS

gewählt: BTAS 580, Löt 80 mm, $\dot{Q}_N$ = 199,4 kW, Filtertrocknereinsatz A5F-D 2 Stück Absatz-Nippel nach DIN 2856, Modell 5243, Typ 80a-64, Montagehalter GT für Trocknergehäuse plus Befestigungsmaterial, 2 Stück Kugelabsperrventile Hansa KAV 64 mm zur beidseitigen Absperrung, AF/Armaflex-Platten zur Dämmung, Format 2,0 × 0,50 m, Typ H99, Armaflex-Kleber 520, 0,2 l Pinseldose

Bild 2.68 Filtertrockner für Saugleitung

Tabelle 2.45 Datenblatt für Filtertrockner (Typ BTAS)

Saugleitungs-Filtertrockner Typ	Bestell-Nr.	Rohranschluss Löt/ODF		Nennleistung $\dot{Q}_N$ kW					Filtertrocknereinsatz	
		mm	Zoll	R 134a	R 22	R 404A	R 407C	R 507	Typ	Bestell-Nr.
BTAS 25	049 460		5/8	11,6	15,5	12,8	14,4	12,8	A2F-D	049 483
BTAS 26	049 461		3/4	16,2	21,8	17,9	20,3	17,9		
BTAS 27	049 462	22	7/8	19,1	25,2	20,6	23,4	20,6		
BTAS 39	049 465		1-1/8	34,4	45,7	37,5	42,5	37,5	A3F-D	049 484
BTAS 311	049 466	35	1-3/8	49,2	65,5	53,7	60,9	53,7		
BTAS 342	049 243	42		57,1	77,3	62,5	71,9	62,5		
BTAS 313	049 467		1-5/8	57,1	77,3	62,5	71,9	62,5		
BTAS 317	049 468	54	2-1/8	71,1	94,1	77,7	87,5	77,7		
BTAS 417	049 471	54	2-1/8	106,8	144,5	118,3	134,4	118,3	A4F-D	049 485
BTAS 521	049 474		2-5/8	153,3	205,1	169,0	190,7	169,0		
BTAS 580	049 334	80		181,2	242,0	199,4	225,1	199,4	A5F-D	049 486
BTAS 525	049 475		3-1/8	181,2	242,0	199,4	225,1	199,4		

Die Nennleistung bezieht sich auf einen Druckverlust von 0,21 bar und eine Verdampfungstemperatur von +4 °C. Auswahl für tiefere Verdampfungstemperaturen als +4 °C:

$$\dot{Q}_N = \dot{Q}_O \times K_S$$

Dabei ist:

$\dot{Q}_N$: Nennleistung des Filters oder Filtertrockners

K_S: Korrekturfaktor für einen Druckverlust entsprechend 1 K Sättigungstemperatur

$\dot{Q}_O$: Erforderliche Kälteleistung

Korrekturfaktor K_S Verdampfungstemperatur (°C)										
	+4	0	−5	−10	−15	−20	−25	−30	−35	−40
K_S	1,00	1,12	1,35	1,75	2,00	2,50	3,00	3,75	5,00	6,60	K_S

Teil II

3 Gedankenflussplan zur Projektierung von Kälteanlagen

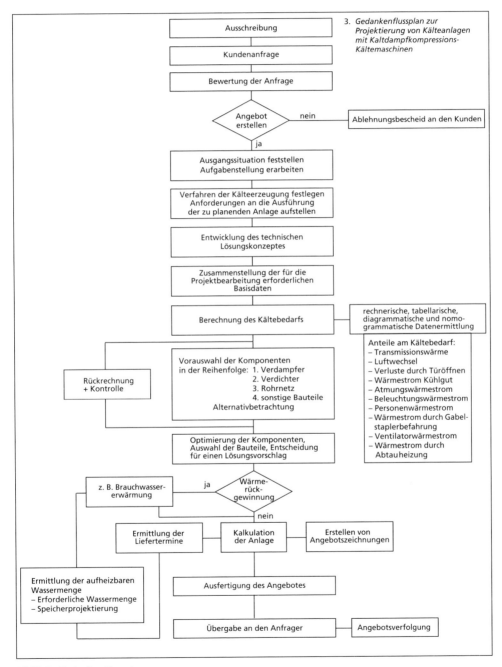

Bild 3.1 Gedankenflussplan

4 Projekte aus der kältetechnischen Praxis

4.1 Projekt: Steckerfertige Kühlzelle

4.1.1 Ausgangssituation

Ein Schafzüchter möchte eine kleine Kühlzelle mit eingebautem Kälteaggregat zur Kühlung von Schaffleisch. Die Kühlzelle mit Boden wird zur Aufbewahrung von ca. 6 Tierhälften benötigt, wobei sich der Betreiber die Option offen hält, eventuell noch mehr Ware einzulagern. Sie wird in einem eigens dafür hergerichteten Aufstellungsraum eingebaut. Die Wärme des Kälteaggregats wird problemlos durch eine bauseitig vorbereitete Fensteröffnung abgeführt. Das Haus ist in Hanglage gebaut und der o. a. Aufstellungsraum befindet sich im rückwärtigen, hangseitigen Gebäudeteil. Der rechteckige, nicht unterkellerte Raum ist bis in Deckenhöhe an einer Länge- und einer Breitseite vom angrenzenden Erdreich umgeben.

4.1.2 Ermittlung der für die Projektierung der Kälteanlage erforderlichen Basisdaten

k-Wert der Kühlzelle Type 60/215 : 0,32 $\frac{W}{m^2K}$

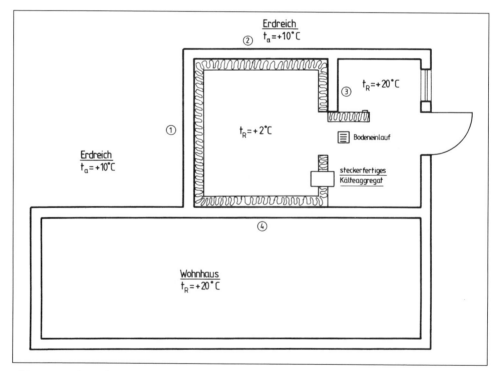

Bild 4.1 Lageskizze (unmaßstäblich)

Maße der Zelle mit Boden: Breite außen: 2,10 m
(siehe Bild 4.1) Tiefe, außen: 2,10 m
Höhe, außen: 2,15 m
A_i: 3,92 m²
V_i: 8,0 m³

Das Schlachtgewicht von Schafen beträgt 25–35 kg. Gerechnet wird 15 kg pro Tierhälfte!

Die spezifische Wärmekapazität von Schaffleisch (vor dem Erstarren!) beträgt 2,78 kJ/kgK. Die Einbringtemperatur wird mit

$t_{Einbring}$ = +30 °C angesetzt. Die Raumtemperatur sei

t_R = +2 °C

4.1.3 Ermittlung des Kältebedarfs

4.1.3.1 Wärmeeinströmung von außen

Wand 1:

$\dot{Q}_E = A \cdot k \cdot \Delta T$ mit m² · W/m²K · K in W
$\dot{Q}_{E1} = (1,98 \cdot 2,03) \cdot 0,32 \cdot 8 = 10,29$
$\dot{Q}_{E1} = \mathbf{10,29 \ W}$

Wand 2:

$\dot{Q}_E = A \cdot k \cdot \Delta T$ mit m² · W/m²K · K in W
$\dot{Q}_{E2} = (1,98 \cdot 2,03) \cdot 0,32 \cdot 8 = 10,29$
$\dot{Q}_{E2} = \mathbf{10,29 \ W}$

Wand 3:

$\dot{Q}_E = A \cdot k \cdot \Delta T$ mit m² · W/m²K · K in W
$\dot{Q}_{E3} = (1,98 \cdot 2,03) \cdot 0,32 \cdot 18 = 23,15$
$\dot{Q}_{E3} = \mathbf{23,15 \ W}$

Wand 4:

$\dot{Q}_E = A \cdot k \cdot \Delta T$ mit m² · W/m²K · K in W
$\dot{Q}_{E4} = (1,98 \cdot 2,03) \cdot 0,32 \cdot 18 = 23,15$
$\dot{Q}_{E4} = \mathbf{23,15 \ W}$

Zellendecke:

$\dot{Q}_E = A \cdot k \cdot \Delta T$ mit m² · W/m²K · K in W
$\dot{Q}_{E5} = (1,98 \cdot 1,98) \cdot 0,32 \cdot 18 = 22,58$
$\dot{Q}_{E5} = \mathbf{22,58 \ W}$

Zellenboden:

$\dot{Q}_E = A \cdot k \cdot \Delta T$ mit m² · W/m²K · K in W
$\dot{Q}_{E6} = (1,98 \cdot 1,98) \cdot 0,32 \cdot 8 = 10,03$
$\dot{Q}_{E6} = \mathbf{10,03 \ W}$

$\dot{Q}_{E \ gesamt} = \mathbf{99,49 \ W}$

Der berechnete Kältebedarf durch Wärmeeinströmung in die Zelle wird anhand der technischen Unterlagen, nachfolgend kontrolliert: s. Bild 4.2.

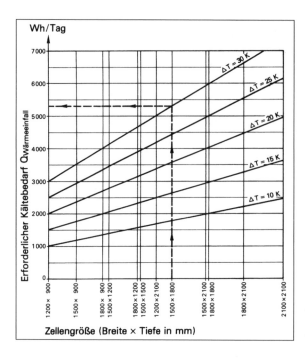

Bild 4.2 Kältebedarf aufgrund der Temperaturdifferenz zwischen Zellen-innentemperatur und Umgebungs-temperatur (Wärmeeinfall)

Da die eine Hälfte der Wärmeeinströmung mit einem $\Delta T = 18$ K gerechnet werden muss, wird zunächst bei $\Delta T = 20$ K geplant. Ergebnis: 5 000 Wh/Tag; entspricht $\dot{Q}_E = 5\,000$ Wh/d: 24 h/d = 208,33 W; davon 50 % ergibt: 104,16 W.

Die andere Hälfte der Wärmeeinströmung wird mit einer Temperaturdifferenz von lediglich $\Delta T = 8$ K gerechnet, so dass auch bei $\Delta T = 10$ K im Diagramm kontrolliert wird. Ergebnis: 2500 Wh/Tag; entspricht $\dot{Q}_E = 2\,500$ Wh/d : 24 h/d = 104,16 W; davon 50 % ergibt: 52,08 W;

gerechneter Wert: $\dot{Q}_{E\,ges} = 99,49$ W

Vergleichswert: $\dot{Q}_{E\,ges} = 156,34$ W

4.1.3.2 Kältebedarf durch Beleuchtung und Ventilator

Laut Herstellerdatenblatt wird ein Festwert von $\dot{Q}_{Wärmeerzeuger} = 600$ Wh/Tag eingesetzt. $\dot{Q}_{Wärmeerzeuger} = 600$ Wh/d : 24 h/d = 25 W

Kontrollrechnung:
Würde die serienmäßig installierte Ovalleuchte mit einer Leistung von 60 W pro Tag   8 h eingesetzt sein, so errechnet sich ein Wert von:

$$\dot{Q}_{Beleuchtung} = \frac{i \cdot P \cdot \tau}{24} \text{ mit:}$$

$$i = \text{Anzahl der Leuchten}$$
$$P = \text{Leistung in Watt}$$
$$\tau = \text{Einschaltdauer in h/D}$$

$$\dot{Q}_{Beleuchtung} = \frac{1 \cdot 60 \cdot 8}{24} = 20 \quad \text{mit} \quad \frac{1 \cdot W \cdot \cancel{h} \cdot \cancel{d}}{\cancel{h} \cdot \cancel{d}} \text{ in W}$$

$$\dot{Q}_{Beleuchtung} = 20 \text{ W}$$

Tabelle 4.1 Erforderlicher Kältebedarf

Häufigkeit des Türöffnens pro Tag	Erforderlicher Kältebedarf in Wh/Tag bei Zellengröße (Breite × Tiefe) in mm			
	1 200 × 900 2 500 × 900	1 500 × 1 200 1 800 × 900	1 500 × 1 500 1 500 × 1 800 1 800 × 1 200 2 100 × 1 200	1 500 × 2 100 1 800 × 1 800 1 800 × 2 100 2 100 × 2 100
10	290	350	580	720
30	350	465	755	930
100	465	580	930	1 160

4.1.3.3 Luftwechsel durch Öffnen der Kühlzellentür

Gemäß Tabelle 4.1 wird eine Öffnungshäufigkeit von 10 Öffnungen pro Tag angesetzt (angesichts der geringen Kühlgutmasse durchaus vertretbar).

Ergebnis: $Q_{Luftwechsel}$ = 720 Wh/Tag; entspricht $\dot{Q}_{Luftwechsel}$ = 720 Wh/d : 24 h/d = 30 W

Kontrollrechnung:
Aus der Tabelle „Enthalpie der Luft für Kühlräume" (Breidert/Schittenhelm, 3. Auflage, S. 46) wird bei t_R = +2 °C ein Wert von 36,08 kJ/m^3 – bezogen auf einen Außenluftzustand von t_a = +20 °C und φ_a = 0,50 – ermittelt.

$$\dot{Q}_{Lufterneurung} = \frac{V_R \cdot i \cdot \Delta h}{86\,400} \text{ in kW}$$

mit
V_R in m^3
i Anzahl der Luftwechsel, nach Tabelle 4.1
10 Türöffnungen pro Tag

ΔT in kJ/m^3
86 400 Sekunden pro Tag

$$\dot{Q}_L = \frac{8 \cdot 10 \cdot 36,08}{86\,400} = 0,0334 \text{ kW}$$

$$\dot{Q}_L = 33,4 \text{ W}$$

4.1.3.4 Kältebedarf durch Kühlgutbeschickung

Nach Bild 4.3 ergibt sich bei einer Temperaturdifferenz von ΔT = 28 K ein Kältebedarf von 2 500 Wh/Tag bei einer Beschickungsmenge von 100 kg/Tag und einer Abkühlzeit von 24 Stunden.

Ergebnis: $Q_{Kühlgut}$ = 2 500 Wh/Tag; entspricht $\dot{Q}_{Kühlgut}$ = 2 500 Wh/d : 24 h/d = 104,16 W

Kontrollrechnung:
Mit den eingangs dargestellten Daten errechnet sich der Kältebedarf für das eingelagerte Kühlgut wie folgt:

$$\dot{Q}_{Kühlgut} = \frac{\dot{m} \cdot c \cdot \Delta T}{86\,400} \text{ in kW}$$

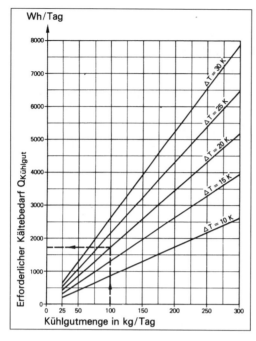

Bild 4.3 Kältebedarf aufgrund des Einbringens von Kühlgut bei Abkühlung innerhalb 24 Stunden

mit $\dot{m}$ = Kühlgut in kg/d
       c = spez. Wärmekapazität in kJ/kg K (vor dem Erstarren)
       ΔT = Temperaturdifferenz in K
       86 400 Sekunden pro Tag

$$\dot{Q}_{Kühlgut} = \frac{90 \cdot 2,78 \cdot 28}{86\,400} = 0,0811$$

$$\dot{Q}_{Kühlgut} = 0,0811 \text{ kW} \mathrel{\widehat{=}} 81,08 \text{ W}$$

Die Kühlzelle ist lediglich am Schlachttag und einige Zeit danach im Betrieb, so dass sich eine projektierte Abkühlzeit von 24 Stunden als in Ordnung erweist. Ansonsten müsste der Kältebedarf entsprechend dem Korrekturfaktor vergrößert werden.

Beispiel: Abkühldauer für das Kühlgut nicht 24 h sondern 12 h.

$$f = 24 \text{ h}/12 \text{ h} = 2$$

Tabellenwert: 2 500 Wh/Tag · 2 = 5 000 Wh/pro 12 h Abkühlzeit

Ermittlung des Gesamtkältebedarfs:

$$\dot{Q}_{gesamt} = \dot{Q}_{E\,ges} + \dot{Q}_{Wärmeerzeuger} + \dot{Q}_{Luftwechsel} + \dot{Q}_{Kühlgut}$$

$$\dot{Q}_{gesamt} = 99,49 \text{ W} + 25 \text{ W} + 30 \text{ W} + 104,16 \text{ W} = 258,65 \text{ W}$$

$$\dot{Q}_{gesamt} = 258,65 \text{ W}$$

Ausgewählt wird ein betriebsfertiger Kältesatz Typ CS500SE mit elektronischer Regelung, automatischer Bedarfsabtauung, Kältemittel R134a und einer Kälteleistung von $\dot{Q}_O$ = 450 W bei einer Raumtemperatur von t_R = +2 °C und einer Umgebungstemperatur t_a = +25 °C.

4.1.4 Kalkulation der Gesamtanlage (mit 30 % Rabatt und einem Kalkulationszuschlag von 40 % Materialgemeinkosten)

Kühlzelle Tecto 60 mm, Höhe 2 150 mm, mit Boden, 2 100 mm × 2 100 gemäß Preisliste:

€ 3 435,– Zelle, Lieferung frei Baustelle in der Bundesrepublik Deutschland (ausgenommen deutsche Inseln)

€ 75,– Montageöffnung für Kälteaggregat

€ 1 739,– betriebsfertiger Kältesatz CS 0500 SE mit Kältemittel R 134a und elektronischer Regelung

€ 5 249,– – 30 % Rabatt

= 3 675 × 1,4 = 5 145,– €

Montagezeit der Kühlzelle inkl. betriebsfertigem Kältesatz zum Stundenverrechnungssatz von € 41,–/h.

Zeitaufwand zur Aufstellung pro m² Zellenfläche (außen) ca. 15–20 Minuten.

A_{ges} = 26,88 m²
Zeit = 0,33 h/m²
Summe = 8,87 h

Kalkulation Aggregat: Auspacken, transportieren, einbauen, Inbetriebnahme: 2 h

Die Montagekosten bei einer Entfernung zum Kunden von 15 km und einer Kilometerpauschale von € 14,– errechnen sich wie folgt:

8,87 h + 2 h = 10,87 h · 41,–/h = 446,– Euro

Gesamtpreis: € 5 605,– zzgl. gesetzl. MWSt.

4.1.5 Angebot

Herrn
E. Müller
Kirchstr. 20
55490 Mengerschied

Sehr geehrter Herr Müller,

wir danken ihnen für ihre Anfrage vom 18.03.2002 und gestatten uns, ihnen nachstehend das gewünschte Angebot zu unterbreiten.

Unser Angebot umfasst im einzelnen eine Kühlzelle Tecto, 60 mm Höhe/2150 mm mit Boden und einem betriebsfertigen Kältesatz mit dem Kältemittel R 134 a.

Lieferumfang:

Pos. 1. **Kühlzelle** für empfohlene Temperaturdifferenzen bis ΔT = 30 K nach VDI 2055 mit einer Wandstärke von 60 mm.

Wärmedämmung aus hochwertigem Polyurethan-Hartschaum, FCKW-frei mit Cyclopentan geschäumt, mit einer Schaumdichte von 40 kg/m² und einem *k*-Wert von 0,32 W/m² K.

Oberflächen aus Stahlblech mit Alu-Zink-Auflage mit dauerhafter Epoxid/Polyester Beschichtung, Farbe weiß.

Die Zellenelemente werden nach Plan in Sandwich-Bauweise durch ein Nut/Feder-System mit Spannschlössern zusammengefügt. Die Oberseite der Bodenelemente ist aus Edelstahlblech, geprägt und für Radlasten bis 1 000 N/Gummirad bzw. eine gleichmäßig verteilte Flächenlast bis 30 000 N/m² geeignet.

Tür mit lichter Weite 600 × 1900 mm, 800 × 1 900 mm oder 1 000 × 1 900 wahlweise. Türanschlag wahlweise DIN rechts oder DIN links.

Kühlzellen-Tür mit Presshebelverschluss, Zylinderschloss und Notöffner. Bedientableau mit integriertem Lichtschalter, geeichtem Thermometer und Druckausgleichsventil an der Außenseite des Türstocks. Innenbeleuchtung mittels Ovalleuchte 60 W.

Abmessungen

Breite, außen: 2,10 m
Tiefe, außen: 2,10 m
Höhe, außen.   2,15 m
Fläche, innen: 3,92 m²
Volumen, innen: 8,00 m³

Pos. 2. **Betriebsfertiger Kältesatz** zum Anhängen an ein Zellenelement in werksseitig vorbereitete Montageöffnung. Kompaktes steckerfertiges Kälteaggregat für die Kühlzelle mit stabilem, verwindungssteifem Gehäuse, Farbe weiß und Schutzgitter für Verdampferventilator gemäß DIN 31001. Temperaturbereich +19 °V bis −2 °C.

Komplette, kältetechnische Einrichtung bestehend aus:

Geräuscharmem hermetischem Hubkolbenverdichter mit Wicklungsschutzschalter, ventilatorbelüftetem Verflüssiger und Verdampfer, thermostatischem Expansionsventil, Sammler-Trockner, Sicherheitsdruckwächter.

Der Kältekreislauf ist ohne Verschraubungen komplett verlötet und mit dem Kältemittel R 134 a befüllt. Elektronische Temperaturregelung mit Sollwertprogrammierung über Drucktasten und digitaler Anzeige der Kühlraumtemperatur. Zeitgesteuerte Elektroabtauung; bei Kühlraumtemperaturen größer +3 °C Umluftabtauung. Feuchtebeeinflussung der Luft in der Kühlzelle durch Vorwahl der Laufzeit des Verdampferventilators. Anschlussmöglichkeit für Türkontaktschalter. Bei Ausfall der Regelung Betrieb über Notschalter. Anschlussfertig verdrahtet mit 5 m Anschlussleitung und Schukostecker.

Kälteaggregat entspricht EN und DIN, VDE-Vorschriften und BGV-Richtlinien, Gerät ist CE-konform.

Technische Daten Aggregat CS0500SE im einzelnen:

Kälteleistung: 450 W
Raumtemperatur: +2 °C
Umgebungstemperatur: +25 °C
Leistungsaufnahme: 240 W
Stromaufnahme:
Kühlbetrieb gesamt: 1,3 A
Abtauheizung: 3,7 A
Kältemittelfüllung: 0,6 kg R 134a
Schalldruckpegel: 59 dB(A), gemessen in 1 m Abstand und 1,60 m Höhe
                      bei Nennleistung in Einbaulage
Spannung: 230 V

Abmessungen:

Höhe:	700 mm
Breite:	427 mm
Tiefe:	880 mm
Gewicht:	49,5 kg

Preis der vorbeschriebenen Lieferung (Positionen 1 und 2) frei Haus einschließlich Kühl-
zellen- und Aggregatmontage sowie Inbetriebnahme und Einweisung.

€ 5 605,– + MWSt.

Lieferzeit: 14 Tage
Gültigkeit des Angebotes: 3 Monate
Gewährleistung: 1 Jahr
Zahlungsbedingungen: nach vorheriger Vereinbarung
Bauseitige Leistungen: wasserwaagenebener Boden, Schukosteckdose in Zellennähe

Mit freundlichen Grüßen

4.1.6 RI-Fließbild

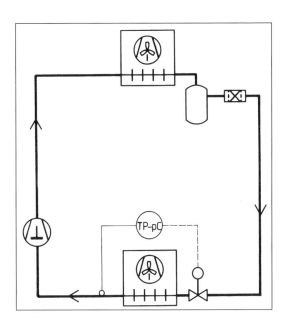

Bild 4.4 Steckerfertiges Kälteaggregat

4.1.7 Übungsaufgaben

Für ein Forstamt ist eine Kühlzelle mit Edelstahlboden zu projektieren, die in einem vorhandenen von außen zugänglichen und befahrbaren Untergeschoss- bzw. Tiefgaragen-
bereich aufgestellt werden soll.

Die Kühlzelle soll so ausgelegt werden, dass sie einerseits mit einem steckerfertigen Aggregat betrieben werden kann und dabei andererseits entweder maximal 15 Stück Reh-
wild oder maximal 10 Sauen gekühlt werden können.

Das erlegte Wild wird ausgeweidet in der Zelle am Haken abgekühlt.

Technische Vorgaben vom Staatsbauamt:

1. Kühlzelle in Ausführung Tecto Spezial 100 mit Edelstahl Wannen-Boden, Zellenwände vertikal Tecto-überlappt und mit Radien in den Ecken der Wände

2. H_a = 2,45 m; B_a = 2,40 m; T_a = 2,70 m

3. Wandstärke 100 mm, k-Wert = 0,20 W/m²K

4. Kühlraumtür mit lichter Weite 1 000 mm und eingebautem Sichtfenster ⌀ 225 mm, ohne Heizung

5. Lieferung und Einbau von 3 Stück Fleischgehängekonstruktionen für Deckenmontage

6. Edelstahlbodenoberfläche mit multidirektionaler Rutschhemmung (R11)

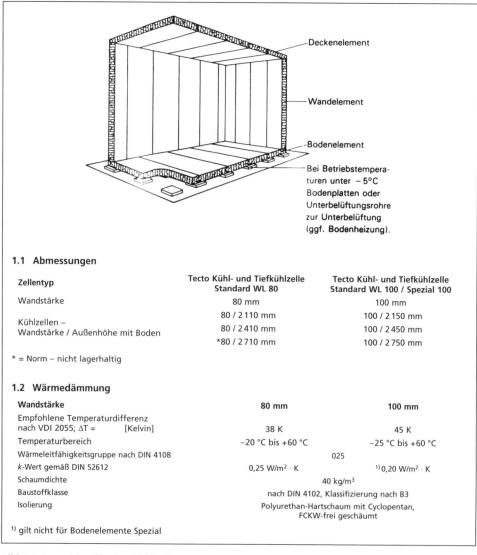

1.1 Abmessungen

Zellentyp	Tecto Kühl- und Tiefkühlzelle Standard WL 80	Tecto Kühl- und Tiefkühlzelle Standard WL 100 / Spezial 100
Wandstärke	80 mm	100 mm
Kühlzellen – Wandstärke / Außenhöhe mit Boden	80 / 2 110 mm	100 / 2 150 mm
	80 / 2 410 mm	100 / 2 450 mm
	*80 / 2 710 mm	100 / 2 750 mm

* = Norm – nicht lagerhaltig

1.2 Wärmedämmung

Wandstärke	80 mm	100 mm
Empfohlene Temperaturdifferenz nach VDI 2055; ΔT = [Kelvin]	38 K	45 K
Temperaturbereich	−20 °C bis +60 °C	−25 °C bis +60 °C
Wärmeleitfähigkeitsgruppe nach DIN 4108	025	
k-Wert gemäß DIN 52612	0,25 W/m² · K	[1) 0,20 W/m² · K
Schaumdichte	40 kg/m³	
Baustoffklasse	nach DIN 4102, Klassifizierung nach B3	
Isolierung	Polyurethan-Hartschaum mit Cyclopentan, FCKW-frei geschäumt	

[1) gilt nicht für Bodenelemente Spezial

Bild 4.5 Datenblatt für eine Kühlzelle

Tabelle 4.2 Norm – lagerhaltig

Zellentyp	Tecto Kühl- und Tiefkühlzelle	
(mm) Außenm.	Standard WL 80	Standard WL 100 / Spezial 100
Höhe[1]	2 110 2 410	2 150 2 450
Breite	1 500–3 600	1 500–3 000
Tiefe	ab 1 200 im Raster von 300	
Lieferzeit	ab Lager	

[1] Höhenmaße – Zelle mit Boden. Zellen ohne Boden – Höhe entsprechend niedriger (minus Wandstärke + Feder 15 mm.

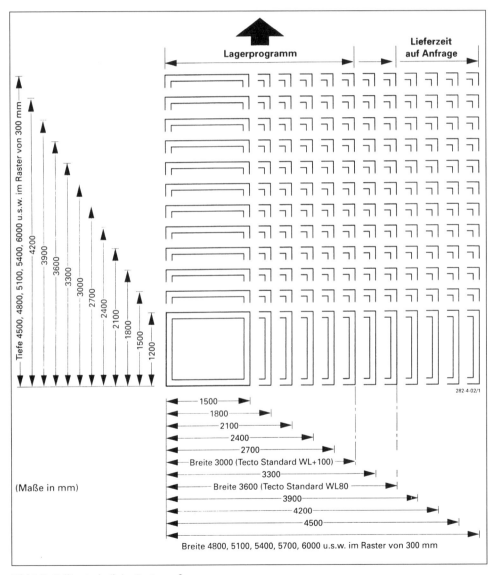

Bild 4.6 Zelltentechnik im Rastermaß

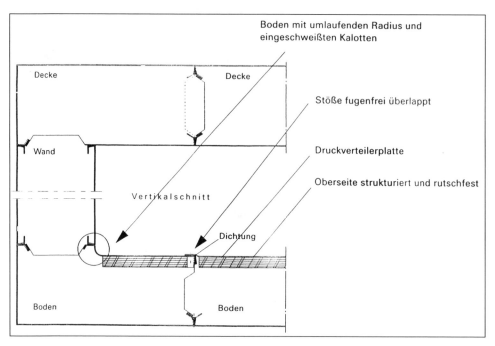

Bild 4.7 Zellentechnik im Bild (Vertikalschnitt)

Verbindung der Elemente
Verbindung der Sandwich-Elemente nach dem Nut-/Feder-System, mit PE-Schaumband-abdichtung, eingebaute Exzenterspannschlösser mit Kunststoffgehäuse und korrosions-geschütztem Spannhaken.
Die Spannschlösser sind von innen bedienbar; die Zelle braucht bei der Montage nicht von außen rundum zugänglich zu sein.

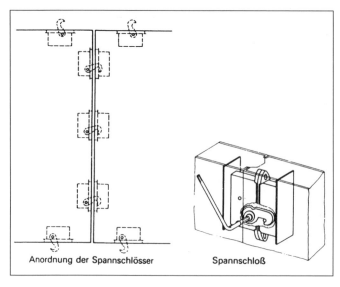

Bild 4.8 Spannschloss

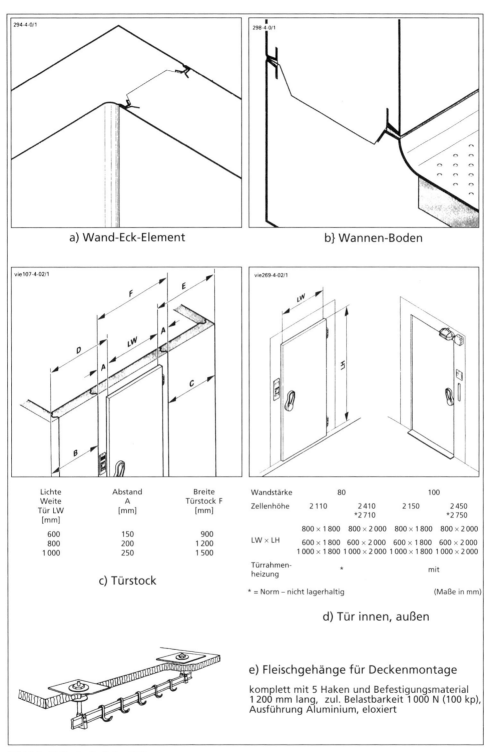

a) Wand-Eck-Element

b} Wannen-Boden

Lichte Weite Tür LW [mm]	Abstand A [mm]	Breite Türstock F [mm]
600	150	900
800	200	1 200
1 000	250	1 500

c) Türstock

	Wandstärke	80		100	
Zellenhöhe		2 110	2 410 *2 710	2 150	2 450 *2 750
LW × LH		800 × 1 800 600 × 1 800 1 000 × 1 800	800 × 2 000 600 × 2 000 1 000 × 2 000	800 × 1 800 600 × 1 800 1 000 × 1 800	800 × 2 000 600 × 2 000 1 000 × 2 000
Türrahmen-heizung		*		mit	

* = Norm – nicht lagerhaltig   (Maße in mm)

d) Tür innen, außen

e) Fleischgehänge für Deckenmontage

komplett mit 5 Haken und Befestigungsmaterial
1 200 mm lang, zul. Belastbarkeit 1 000 N (100 kp),
Ausführung Aluminium, eloxiert

Bild 4.9 Zellentechnik im Bild

Aufgabenstellung

1. Berechnen Sie den Gesamtkältebedarf!
2. Studieren Sie die technischen Daten der Tecto Zellenausführung!
3. Projektieren Sie das steckerfertige Stopfer-Aggregat!

4.1.8   Lösungsvorschläge

Die Fleischhygiene-Verordnung schreibt vor, dass Haarwild 3 Stunden nach dem Erlegen auf eine Innentemperatur von t_i = +7 °C abzukühlen ist.

Die Einbringtemperatur des Wildes wird mit t_E = +25 °C angesetzt.

Ein ausgeweidetes Reh wird mit 12 kg Gewicht und ein Wildschwein (Überläufer) mit 30 kg Gewicht angesetzt.

Anmerkung: Nur Wildschweine vom Frischling bis zum Überläufer (einjährig) tragen den Schweinepest-Erreger in sich, ohne dass sie eine Immunität dagegen ausgebildet haben.

Die spezifische Wärmekapazität vor dem Erstarren wird mit

$$c = 3,1 \ \frac{kJ}{kg \ K} \ \text{festgelegt.}$$

Die Raumtemperatur soll t_R = +2 °C sein.

Die Umgebungstemperatur beträgt t_a = +25 °C.

Berechnung der Transmissionswärmemenge in Wh pro d mit:

$$m^2 \cdot \frac{W}{m^2 K} \cdot K \cdot 24 \ \frac{h}{d}$$

$$Q_{E,1} = (2,50 \cdot 2,25) \cdot 0,20 \cdot 23 \cdot 24 = 621,12$$

$$Q_{E,2} = (2,20 \cdot 2,25) \cdot 0,20 \cdot 23 \cdot 24 = 546,48$$

$$Q_{E,3} = (2,50 \cdot 2,25) \cdot 0,20 \cdot 23 \cdot 24 = 621,12$$

$$Q_{E,4} = (2,20 \cdot 2,25) \cdot 0,20 \cdot 23 \cdot 24 = 546,48$$

$$Q_{E,B} = (2,20 \cdot 2,50) \cdot 0,20 \cdot \ \ 8 \cdot 24 = 211,20$$

$$Q_{E,D} = (2,20 \cdot 2,50) \cdot 0,20 \cdot 23 \cdot 24 = 607,20$$

$$\overline{\qquad\qquad 3\,153,60}$$

Die Transmissionswärmemenge beträgt: $3\,154 \ \frac{Wh}{d}$

Berechnung der Kühlgutwärmemenge in kJ mit:

$$kg \cdot \frac{kJ}{kg \ K} \cdot K$$

1. $Q_{\text{Kühlgut, Reh}} = (15 \cdot 12) \cdot 3,1 \cdot 23 = 12\,834 \ kJ$

   oder alternativ

2. $Q_{\text{Kühlgut, Wildschwein}} = (10 \cdot 30) \cdot 3,1 \cdot 23 = 21\,390 \ kJ$

   ausgewählt Nr. 2 (größerer Wert mit: $\dfrac{21\,390 \ kJ}{3,6}$

   entspricht: $5\,942$ Wh

Wärmeerzeugung in der Zelle durch Beleuchtung und Ventilatormotor.
Für diese Wärmeerzeuger kann als „Festwert" mit $Q_{\text{Wärmeerzeuger}}$ = 600 Wh gerechnet werden.

Luftwechsel durch Öffnen der Tür.

Bei jedem Öffnen der Tür gelangt warme und feuchte Luft in die Zelle, diese muss gekühlt und entfeuchtet werden.

Tabelle 4.3 Erforderlicher Kältebedarf

Häufigkeit des Türöffnens pro Tag	Erforderlicher Kältebedarf in Wh/Tag bei Zellengröße (Breite x Tiefe) in mm			
	1200×900 1500×900	1500×1200 1800×900	1500×1500 1500×1800 1800×1200 2100×1200	1500×2100 1800×1800 1800×2100 2100×2100
10	290	350	580	720
30	350	465	755	930
100	465	580	930	1160

Obwohl die Zelle nicht in der Tabelle 4.3 bemessen ist, wird sicherheitshalber ein Pauschalwert mit eingerechnet.

Es ist eigentlich nicht davon auszugehen, dass die Zellentür 10mal pro Tag geöffnet wird.

Trotzdem: $Q_{\text{Luftwechsel}}$ = 720 Wh

Addition zur Gesamtwärmemenge:

Q_{ges} = 3154 Wh + 5942 Wh + 600 Wh + 720 Wh

Q_{ges} = 10416 Wh

Berechnung der erforderlichen Kälteleistung bei 4-stündiger Abkühldauer

$$\dot{Q}_{\text{ges}} = \frac{\dot{Q}_{\text{ges}}}{\text{Abkühldauer}} \text{ in W}$$

mit: $\dot{Q}_{\text{ges}}$ in W

Abkühldauer in h

$$\dot{Q}_{\text{ges}} = \frac{10416 \text{ Wh}}{4 \text{ h}} \text{ in } 2604 \text{ W}$$

Anmerkung:
In der Praxis ist eher nicht möglich Wild nach dem Abschuss aufzunehmen, zu transportieren, auszuweiden und kühlraumfertig zu machen. Und das Ganze in insgesamt 3 Stunden wobei die Abkühlung auf +7 °C im Kern enthalten ist.

Der Autor legt die Standard-Kühlraumtemperatur für Fleisch von t_R = +2 °C zugrunde und bemisst die Leistung für eine Abkühlzeit von 4 Stunden auf t_{Kern} = + 2 °C. Planung des Kälteaggregates

$\dot{Q}_{\text{ges, gerechnet}}$ = 2604 W

$\dot{Q}_{\text{Aggregat}}$ = 2750 W bei t_a = +25 °C und t_R = +2 °C, Typ CS 2800E

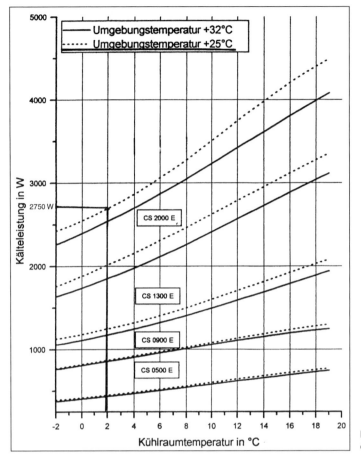

Bild 4.10 Ermittlung der Kälteleistung

Tabelle 4.4 Technische Daten für Kühlaggregate

Kühlaggregate	Typ	CS 0500	CS 0900	CS 1300	CS 2000	CS 2800
Kühlaggregate für Kühlraum-	von	+19 °C	+19 °C	+19 °C	+19 °C	+19 °C
temperaturen (Thermostat)	bis	+3 °C	+3 °C	+3 °C	+3 °C	+3 °C
temperaturen (Elektronik)	bis	–2 °C	–2 °C	–2 °C	–2 °C	–2 °C
Elektrische Werte:						
Schutzart		IP 23	IP 23	IP 23	IP 23	IP 23
Temperaturklasse		T	T	T	T	T
Spannung	V	AC 230	AC 230	AC 230	AC 230	AC 230
Frequenz	Hz	50	50	50	50	50
Leistungsaufnahme:						
Kühlbetrieb gesamt	W	240	530	720	1 100	1 580
Abtauheizung	W	–	–	–	–	–
Stromaufnahme:						
Kühlbetrieb gesamt	A	1,3	3,2	4,7	5,3	7,5
Abtauheizung (nur bei elektronischer Regelung)	A	3,7	3,7	3,7	5,9	5,9
Gewicht (Huckepackaggregat)	kg	49,5	52,7	60,0	89,7	101,0
Kälteleistung:						
bei Kühlraumtemperatur +5 °C						
und Umgebungstemperatur +32 °C	W	500	925	1 302	2 050	2 765

Tabelle 4.4 (Fortsetzung)

Kühlaggregate	Typ	CS 0500	CS 0900	CS 1300	CS 2000	CS 2800
Kühlaggregate für Kühlraum-	von	+19 °C	+19 °C	+19 °C	+19 °C	+19 °C
temperaturen (Thermostat)	bis	+3 °C	+3 °C	+3 °C	+3 °C	+3 °C
temperaturen (Elektronik)	bis	−2 °C	−2 °C	−2 °C	−2 °C	−2 °C
Einsatzbereich: Umgebungstemperatur		+ 1 bis +45 °C	+ 1 bis +45 °C	+ 1 bis +45 °C	+ 1 bis +45 °C	+ 1 bis +45 °C
Kältemittel Füllgewicht (Huckepackaggregat)	g	R 134 a 600	R 134a 600	R 134a 650	R 134a 1 000	R 134a 1 400
Abzuführende Luftmenge bei Erhöhung der Umgebungstemperatur um 5 K	m³/ h	500	800	1 200	1 800	2 500
Schalldruckpegel nach DIN EN 292	dB (A)	59	60	61	59	60
Huckepackaggregat mit elektronischer Regelung Best.Nr.	Typ	CS0500SE 7160400	CS0900SE 7160402	CS1300SE 7160404	CS2000SE 7160406	CS2800SE 7160408
Huckepackaggregat mit Thermostat Best.Nr.	Typ	CS0500T 7160415	CS0900T 7160410	CS1300T 7160411	CS2000T 7160606	CS2800T 7160608
Split mit elektronischer Regelung Best.Nr.	Typ	− −	CS0900 Split 7160600	CS1300 Split 7160601	CS2000 Split 7160602	CS2800 Split 7160603

4.2 Projekt: Fleischkühlraum

4.2.1 Ausgangssituation

Ein mittelständisches Fleischverarbeitungsunternehmen hat seine Produktionskapazität erweitert. Der neuerstellte Anbau besteht aus Betonfertigelementen und ist über dem Erdreich errichtet. Für die erweiterte Kühlraumkapazität wird eine Kälteanlage benötigt.

Der Kühlraum hat eine Länge von 9,0 m, eine Breite von 8,0 m und ist 3,40 m hoch (angegebene Maße sind Fertigmaße nach Isolierung). Im Raum ist eine Rohrbahnanlage montiert, die in einer Höhe von 2,45 m (Rohrmitte) umläuft. Ein Fachbetrieb hat die Ausführung der Wärmedämmung vorgenommen.

Auf der Innenseite der Wände und auf dem Unterbeton wurde zur Staubbindung und als Haftvermittler Bitumenemulsion vollflächig aufgetragen. Der anschließende Auftrag von Heißbitumen dient als Wasserdampfdiffusionssperrschicht und Grundlage für die aufgesetzten Dämmstoffplatten aus Styropor in der Qualität PS15 für die Wände und PS30 für den Boden mit einer Stärke von jeweils 10 cm.

Der Putz (Zementmörtel) als Spritzbewurf mit einer Stärke von 2 cm ist auf den Dämmplatten aufgetragen und mit einem Reibbrett abgerieben. Auf die so vorbereiteten Flächen werden anschließend Spaltklinkerplatten hochkant gestellt und im 2 cm tiefen Mörtelbett verlegt. Der Fußbodenbelag besteht aus rutschfesten Fliesen im Mörtelbett mit Hohlkehlsockel an den Rändern.

Die Decke des Fleischkühlraumes besteht aus vorgefertigten 10 cm starken Dämmelementen in Paneelbauweise auf der Basis von FCKW-freiem Polyurethan-Hartschaum. Sie ist auf 3,4 m Höhe angeordnet (Rohbaumaß: Raumhöhe 4,75 m).

Die Rohrbahnanlage wird von Halterungen in der Betondecke geführt. Die tragenden Gewindestäbe sind durch die Dämmelemente hindurchgeführt. Der Abstand zwischen

den einzelnen Rohrbahnen beträgt abwechselnd 0,60 m und 0,65 m, jeweils von Rohrmitte zu Rohrmitte gemessen. Der Wandabstand der gesamten Rohrbahnanlage beträgt
rundherum 1,0 m.

Zum Angebot gefordert ist eine R 134a Kälteanlage.

4.2.2   Ermittlung der für die Projektierung der Kälteanlage erforderlichen Basisdaten

– Der Fleischkühlraum liegt im Gebäudekern und ist keiner direkten Sonneneinstrah-
  lung ausgesetzt. Daher entfällt der Ansatz, die Außentemperatur des Gebäudes unter
  Berücksichtigung der Daten der Kühllastzonenkarte nach VDI 2078 aus dem Jahr 1994
  zu betrachten.

– Die erforderlichen Rechenwerte sind der Zeichnung in der Anlage zu entnehmen.

– Aus den vorliegenden Daten der Rohrbahnanlage ergibt sich folgendes:
  Länge der nutzbaren Rohrbahn:
  Raumbreite innen: 8,0 m – 1,0 m – 1,0 m
  Wandabstände links und rechts = 6,0 m. 6,0 m – 0,5 m =
  5,5 m nutzbare Länge zum Einschwenken in die Hauptrohrbahn
  Raumlänge innen: 9,0 m – 1,0 m – 1,0 m
  Wandabstände links und rechts = 7,0 m. 7,0 m:
  0,625 m Rohrbahnabstand ergibt ca. **11 Bahnen zu je 5,5 m Länge**.

– Als Kühlgut kommt Rind- und Schweinefleisch in Betracht und zwar in jeweils 1/3 und
  2/3 der Gesamtmasse aufgeteilt.

– In den entsprechenden Tabellen wird das Gewicht mit 40 kg für eine magere
  Schweinehälfte und 75 kg für ein Rinderviertel festgelegt.

– Auf einem Meter Rohrbahn finden 4 Schweinehälften bzw. 3 Rinderviertel Platz.

– Gesamtrohrbahnlänge: 11 Bahnen zu 5,5 m nutzbarer Länge ergibt: $11 \times 5,5 = 60,6$ m
  ≈ 60 m

– Bei Aufteilung des Kühlgutes in 1/3 Rindfleisch; 2/3 Schweinefleisch ergibt sich:
  • 20 m · 3 Stck./m · 75 kg/Stck. = 4 500 kg Rindfleisch
  • 40 m · 4 Stck./m · 40 kg/Stck. = 6 400 kg Schweinefleisch

– tägliche Kühlgutmasse 10 900 kg Fleisch

Kontrollrechnung:
Bei Kühlräumen mit hohem täglichen Kühlgutwechsel wird mit folgendem praxisüblichen Wert gerechnet:

150 kg Kühlgut pro m² und Tag ergibt:

Länge: 9 m; Breite 8m; A = 72 m²

$$\dot{m}_{\text{Kühlgut}} = 72 \cdot 150 = 10\,800 \text{ kg pro d} \quad \text{mit} \quad \frac{\text{m}^2 \cdot \text{kg}}{\text{m}^2 \cdot \text{d}} = \frac{\text{kg}}{\text{d}}$$

– Lage des Fleischkühlraumes innerhalb des Gebäudekomplexes: (unmaßstäbliche Darstellung Bild 4.11)

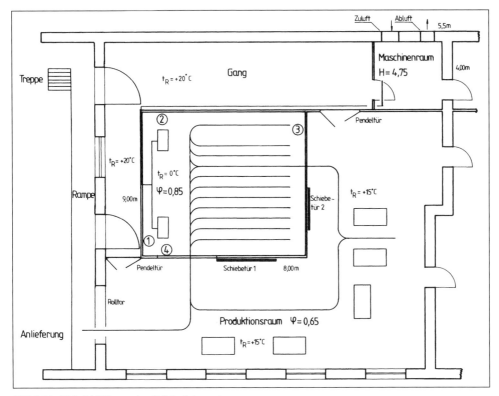

Bild 4.11 Fleischkühlraum im Gebäudekomplex

4.2.3 Ermittlung des Kältebedarfs

- Bei der Ermittlung des Kältebedarfs wird der Berechnungsbogen der Bundesfachschule Kälte-Klima-Technik (BFS) eingesetzt (Tabelle 2.5).

4.2.3.1 Ergänzungen und Erläuterungen zum Berechnungsbogen BFS:

Pos. 1 **Art der Kühlräume:** Fleischkühlraum, Erdgeschoss

Pos. 2 **Wärmedämmung:** Styropor PS15 und PS30
Wärmeleitkoeffizient mit $\lambda = 0{,}04$ W/mK angesetzt;

Bei der Berechnung des k-Wertes werden lediglich die technischen Daten der Dämmung eingesetzt. Die Werte für die weiteren Umfassungskonstruktionen des Kühlraumes wie z. B. Putz, Fliesen usw. werden vernachlässigt.

$$k = \cfrac{1}{\cfrac{1}{\alpha_a} + \sum\limits_{i=1}^{n} \cfrac{\delta_n}{\lambda_n} + \cfrac{1}{\alpha_i}} \quad \text{mit} \quad \cfrac{1}{\cfrac{W}{m^2 K}} + \cfrac{m \cdot m\,K}{W} + \cfrac{1}{\cfrac{W}{m^2 K}} = \cfrac{1}{\cfrac{m^2 K}{W} + \cfrac{m^2 K}{W} + \cfrac{m^2 K}{W}} = \cfrac{W}{m^2 K}$$

für die Wärmeübergangskoeffizienten gilt: $\alpha_a = 18\ \dfrac{W}{m^2 K}$ und $\alpha_i = 18\ \dfrac{W}{m^2 K}$

$$k = \frac{1}{\frac{1}{18} + \frac{0,1}{0,04} + \frac{1}{18}} = 0,38 \ \text{W/m}^2 \ \text{K}$$

Bei den Umfassungswänden (1) und (2) erfolgt eine gesonder k-Wert-berechnung wegen eines veränderten Wärmeübergangswiderstandes $1/\alpha_a$. Siehe hierzu Pos. 15 und 16 Berechnungsbogen.

Pos. 3 **Innenmaße Wärmedämmung:**
Länge: 9,0 m
Breite: 8,0 m
Höhe: 3,4 m

Pos. 4 **entfällt**

Pos. 5 **Raumvolumen:** 9,0 m · 8,0 m · 3,4 m = 244,80 m^3

Pos. 6 **Außenluftzustände:** t_a; φ_a : t_a = +15 °C; φ_a = 65 %

Pos. 7 **Innenluftzustände:** t_i; φ_i : t_i = 0 °C; φ_i = 85 %

Pos. 8 **Art des Kühlgutes:** Rindfleisch und Schweinefleisch

Pos. 9 **Eingebrachte Kühlgutmasse pro Tag:** 10 900 kg

Pos. 10 **Einbringtemperatur:** +10 °C
Die Beförderungstemperatur für Fleisch beträgt +7 °C. Aus Gründen der Sicherheit wird mit +10 °C gerechnet.

Pos. 11 **entfällt**

Bei diesem Projekt entfällt der Ansatz, eine mögliche Gesamtbelegungsmasse nach der Formel
$m_{ges} = m_B \cdot A_R \cdot H_{St} \cdot \eta_B$ in kg zu errechnen und davon 30 %, bzw. bei Produktionsbetrieben 50 % als tägliche Wechselrate einzusetzen.

$m_{ges} = m_B \cdot A_R \cdot H_{St} \cdot \eta_B$ mit:

m_B = Belegungsdichte in kg/m^3

A_R = Innenfläche Kühlraum in m^2

H_{St} = Stapelhöhe in m

η_B = Belegungskoeffizient, dimensionslos

Pos. 12 **Begehung – Personen je Tag/Begehungszeit:**
6 Personen
8 h Arbeitszeit/Tag

Pos. 13 **Beleuchtung/Einschaltzeit:** Bei 8 Leuchten im Kühlraum sind 400 W installiert.

Pos. 14 **sonstige Wärmeströme:** entfällt

Pos. 15 Wärmeeinströmung der Wand (1):

$\dot{Q}_{\text{Einströmung, Wand 1}} = A \cdot k \cdot \Delta T$ in m^2 · W/m^2 K · K = W

$\dot{Q}_{E,\,1} = (9 \cdot 3,4) \cdot 0,373 \cdot 20 = \underline{228,28 \ \text{W}}$

k-Wert in W/m^2 K: $k = \dfrac{1}{\frac{1}{8} + \frac{0,1}{0,04} + \frac{1}{18}} = 0,373 \ \text{W/m}^2 \ \text{K}$

Pos. 16 Wärmeeinströmung der Wand (2):

$\dot{Q}_{\text{Einströmung, Wand 2}} = A \cdot k \cdot \Delta T$ in m² · W/m² K · K = W

k-Wert siehe Pos. 15: 0,373 W/m² K

$\dot{Q}_{\text{E, 2}} = (8 \cdot 3,4) \cdot 0,373 \cdot 20 = \underline{202,91\ \text{W}}$

Pos. 17 Wärmeeinströmung der Wand (3):

$\dot{Q}_{\text{Einströmung, Wand 3}} = A \cdot k \cdot \Delta T$ in m² · W/m² K · K = W

k-Wert siehe Pos. 2: 0,38 W/m² K

$\dot{Q}_{\text{E, 3}} = (9 \cdot 3,4) - \underbrace{(2 \cdot 2,2)}_{A_{\text{Tür}}} \cdot 0,38 \cdot 15 = \underline{149,34\ \text{W}}$

mechanisch bewegte Kühlraumtür: H = 2,20 m, B = 2,00 m

(k-Wert: 0,19 W/m² K → siehe Pos. 19)

Pos. 18 Wärmeeinströmung der Wand (4):

$\dot{Q}_{\text{Einströmung, Wand A}} = A \cdot k \cdot \Delta T$ in m² · W/m² K · K = W

k-Wert siehe Pos. 2: 0,38 W/m² K

$\dot{Q}_{\text{E, 4}} = (8 \cdot 3,4) - \underbrace{(2 \cdot 2,2)}_{A_{\text{Tür}}} \cdot 0,38 \cdot 15 = \underline{129,96\ \text{W}}$

Pos. 19 Wärmeeinströmung der Türen in Umfassungswand 3 und 4:

$\dot{Q}_{\text{E, Türen}} = A \cdot k \cdot \Delta T$ in m² · W/m² K · K = W

$\dot{Q}_{\text{E, Türen}} = 2 \cdot (2 \cdot 2,2) \cdot 0,19 \cdot 15 = \underline{25,08\ \text{W}}$

(k-Wert der Türen jeweils 0,19 W/m² K bei 10 cm PUR-Türfüllung)

Pos. 20 Wärmeeinströmung der Decke

$\dot{Q}_{\text{E, Decke}} = A \cdot k \cdot \Delta T$ in m² · W/m² K · K = W

$\dot{Q}_{\text{E, Decke}} = (9 \cdot 8) \cdot 0,19 \cdot 25 = \underline{342\ \text{W}}$

– k-Wert der PUR-Deckenpaneele: 0,19 W/m² K
– im Zwischenraum zwischen der abgehängten Kühlraumdecke und der Betondecke (Höhenunterschied: 1,25 m) wird eine Temperatur von +25 °C angesetzt.

Pos. 21 Wärmeeinströmung des Fußbodens

$\dot{Q}_{\text{E, Boden}} = A \cdot k \cdot \Delta T$ in m² · W/m² K · K = W

$\dot{Q}_{\text{E, Boden}} = (9 \cdot 8) \cdot 0,39 \cdot 10 = \underline{280,8\ \text{W}}$

– bei erdreichberührten Bauteilen wird $1/\alpha_a = 0$ gesetzt; daraus folgt:

$$k = \frac{1}{0 + \dfrac{0,1}{0,04} + \dfrac{1}{18}} = 0,39\ \text{W/m}^2\ \text{K}$$

– wenn sich Erdreich unter dem Kühlraumboden befindet wird $t_{\text{Erdreich}} = +10\ °C$
  eingesetzt

Pos. 22 Luftwechsel pro Tag

$$n = \frac{70}{\sqrt{244,8}} = 4,47\text{fach pro Tag}$$

– zur Ermittlung der Luftwechselrate wird die Nährungsgleichung von Bäck-

ström herangezogen: $n = \dfrac{70}{\sqrt{V_R}} = $ mit V_R in m³

Pos. 23 Enthalpie – Tabelle –: entfällt

– es wird mit den Daten die das Mollier-h, x Diagramm (Bild 4.12) liefert gerechnet

Pos. 24 Lufterneuerung

1. $\dot{V}_L = V_R \cdot n$ mit   m³ · 1/d aus Pos. 22; in m³/d

    $\dot{V}_L = 244,80 \text{ m}^3 \cdot 4,47 \text{ d}^{-1} = 1\,094,26 \text{ m}^3/\text{d}$

    Der Lufterneuerungsvolumenstrom beträgt 1 094,26 m³/d

2. $\dot{m}_L = \dfrac{\dot{V}_L \cdot \varrho_L}{86\,400}$ mit $\dfrac{\text{m}^3 \cdot \text{kg} \cdot \text{d}}{\text{d} \cdot \text{m}^3 \cdot \text{s}}$ in $\dfrac{\text{kg}}{\text{s}}$

    $\dot{m}_L = \dfrac{1\,094,26 \cdot 1,29}{86\,400}$ mit $\rho_L = 1,29 \text{ kg/m}^3$

    (ϱ_L am Ende der Abkühlung eingesetzt!)

    $\dot{m}_L = 0,0163 \text{ kg/s}$

    der Lufterneuerungsmassenstrom beträgt 0,0163 kg/s

3. $\dot{Q}_O = \dot{m}_L \cdot \Delta h$ mit $\dfrac{\text{kg}}{\text{s}} \cdot \dfrac{\text{kJ}}{\text{kg}}$ in $\dfrac{\text{kJ}}{\text{s}} \, \hat{=} \, \text{kW}$

    Δh: 32,25 kJ/kg – 8 kJ/kg = 24,25 kJ/kg

    (siehe Mollier h, x-Diagramm)

    $\dot{Q}_{\text{Lufterneuerung}} = 0,0163 \cdot 24,25$

    $\dot{Q}_{\text{Lufterneuerung}} = 396 \text{ W}$

$\rightarrow$ s. Bild 2.7 Mollier-Diagramm

Pos. 25 Eingebrachte Kühlgutmasse je Tag: 10 900 kg

Pos. 26 Spezifische Wärmekapazität vor dem Erstarren:
Rindfleisch: $c = 3,2$ kJ/kg K als Mittelwert gebildet
Schweinefleisch: $c = 2,12$ kJ/kg K als Mittelwert gebildet.

Pos. 27 Spezifische Wärmekapazität nach dem Erstarren: entfällt
– das Kühlgut wird nicht gefroren!

Pos. 28 Erstarrungsenthalpie q: entfällt
– das Kühlgut wird nicht gefroren!

Pos. 29 Atmungsenthalpie: entfällt
– lediglich bei Obst- und Gemüsekühlung zu beachten!

Pos. 30 Temperaturdifferenz $\Delta T = 10$ K
Einbringtemperatur Kühlgut: +10 °C
Raumtemperatur Kühlraum: 0 °C

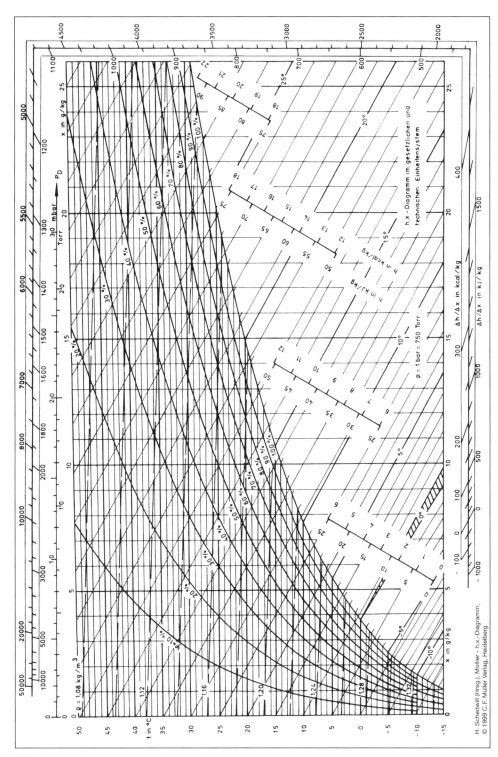

Bild 4.12 Molier h, x-Diagramm

Pos. 31 Kühlgutwärmestrom – gesamt – : 3 230 W

$$\dot{Q}_{\text{Abkühlung}} = \frac{\dot{m} \cdot c \cdot \Delta T}{86\,400} \quad \text{mit} \quad \frac{\text{kg} \cdot \text{kJ} \cdot \text{K} \cdot \text{d}}{\text{d} \cdot \text{kg}\,\text{K} \cdot \text{s}} \quad \text{in} \quad \frac{\text{kJ}}{\text{s}} \,\hat{=}\, \text{kW}$$

$$\dot{Q}_{\text{Abkühlung, Rindfleisch}} = \frac{4\,500 \cdot 3,2 \cdot 10}{86\,400} = 1,66 \text{ kJ/s}$$

$$\dot{Q}_{\text{Abkühlung, Schweinefleisch}} = \frac{6\,400 \cdot 2,12 \cdot 10}{86\,400} = 1,57 \text{ kJ/s}$$

$$\dot{Q}_{\text{Abkühlung, gesamt}} = 1,66 \text{ kJ/s} + 1,57 \text{ kJ/s} = 3,23 \text{ kJ/s}$$

$$\underline{\underline{= 3,23 \text{ kW}}}$$

Pos. 32 Atmungswärmestrom: entfällt
– lediglich bei Obst- und Gemüsekühlung zu beachten!

Pos. 33 Wärmestrom je Person – Tabelle – :
Es ergibt sich bei einer Raumtemperatur von 0 °C ein Wärmeäquivalent für Personen von 270 W.

Pos. 34 Wärmestrom durch Personen:

$$\dot{Q}_{\text{Person}} = \frac{i \cdot P \cdot \tau}{24} \quad \text{in W mit:}$$

i = Zahl der Personen – siehe Pos. 12
P = Wärmeäquivalent in Watt – siehe Pos. 33
τ = Aufenthaltszeit im Kühlraum in h pro Tag
τ = 8 h gewählt

$$\dot{Q}_{\text{Person}} = \frac{6 \cdot 270 \cdot 8}{24} = \underline{\underline{540 \text{ W}}}$$

$\dot{Q}_{\text{Person}} = 540$ W

Pos. 35 Beleuchtungswärmestrom

$$\dot{Q}_{\text{Beleuchtung}} = \frac{i \cdot P \cdot \tau}{24} \quad \text{in W mit:}$$

i = Zahl der Leuchten im Kühlraum – siehe Pos. 13
P = Leistung pro Leuchte in Watt – siehe Pos. 13
τ = Einschaltdauer in h/Tag; 8 h gewählt

$$\dot{Q}_{\text{Beleuchtung}} = \frac{8 \cdot 50 \cdot 8}{24} = \underline{\underline{133,3\overline{3} \text{ W}}}$$

$\dot{Q}_{\text{Beleuchtung}} = 133,3\overline{3}$ W

Pos. 36 Sonstige Wärmeströme; hier: Verlust durch Türöffnen
– der Kühlraum ist mit zwei mechanisch bedienten Kühlraumschiebetüren ausgerüstet. Da die Türöffnung an die Benutzung der Rohrbahnanlage geknüpft ist, wird sicherheitshalber das Wärmeäquivalent berechnet, welches sich durch produktionsbedingtes Öffnen einer Tür ergibt. Es ist nicht davon auszugehen, dass beide Türen immer gleichzeitig und gleichlang geöffnet werden.
– zur Berechnung wird die überarbeitete Zahlenwertgleichung von Tamm benutzt:

$$\dot{Q}_{\text{Tür}} = [8,0 + (0,067 \cdot \Delta T_{\text{Tür}})] \cdot \tau_{\text{Tür}} \cdot \varrho_{\text{L, KR}} \cdot B_{\text{Tür}} \cdot H_{\text{Tür}}$$

$$\cdot \sqrt{H_{\text{Tür}} \cdot \left(1 - \frac{\varrho_{\text{Luft, außen}}}{\varrho_{\text{Luft, innen}}}\right)} \cdot (h_{\text{L, a}} - h_{\text{L, i}}) \cdot \eta_{\text{LS}} \quad \text{in W}$$

$\Delta T_{\text{Tür}}$ = Differenz der Lufttemperaturen beiderseits der Tür in Kelvin.

$\tau_{\text{Tür}}$ = in einer Stunde maximal auftretende Türöffnungszeit in Min/h; Anhaltswerte für Türöffnungszeiten $\tau_{\text{Tür}}$ in Min/t Kühlgutumschlag sind der unten aufgeführten Tabelle zu entnehmen und mit dem Kühlgutumschlag in t/h durch die Tür zu multiplizieren.

Tabelle 4.5 Anhaltspunkte für die Türöffnungszeit $\tau_{\text{Tür}}$

Art der Schiebetür	Art der Ware	$\tau_{\text{Tür}}$ Min/t Warenumschlag
handbedient	gefrorene Tierkörper	15
	palettisierte Ware	6
mechanisch bedient	gefrorene Tierkörper	1
	palettisierte Ware	0,8

$\varrho_{\text{L, KR}}$ = Dichte der Luft im Kühlraum bei t_R = 0 °C
$h_{\text{L, a}}$ = spezifische Enthalpie der Luft auf der Außenseite der Tür in kJ/kg
$h_{\text{L, i}}$ = spezifische Enthalpie der Luft auf der Innenseite der Tür in kJ/kg
$B_{\text{Tür}}$ = Türbreite in m
$H_{\text{Tür}}$ = Türhöhe in m
$\varrho_{\text{Luft, außen}}$ = Dichte der Luft auf der Außenseite der Tür in kg/m³
$\varrho_{\text{Luft, innen}}$ = Dichte der Luft im Kühlraum in kg/m³
η_{LS} = Wirkungsgrad der eventuell vorhandenen Luftschleieranlage;
            η_{LS} wird = 1 gesetzt
$\Delta T_{\text{Tür}}$ = $T_{\text{L, a}} - T_{\text{L, i}}$ = 288,15 K – 273,15 K = 15 K
$\Delta T_{\text{Tür}}$ = 15 K
$\tau_{\text{Tür}}$ = 0,8 Min/Tonne

$$\tau_{\text{Tür}} \quad = \frac{\tau_{\text{Tür}} \cdot 10,9}{24} = 0,36 \text{ Min/h}$$

$$\dot{Q}_{\text{Tür}} = [8,0 + (0,067 \cdot 15)] \cdot 0,36 \cdot 1,29 \cdot 2,0 \cdot 2,2 \cdot \sqrt{2,2 \cdot \left(1 - \frac{1,222}{1,29}\right)}$$
$$\times (32,25 - 8) \cdot 1$$

$$\underline{\dot{Q}_{\text{Tür}} = 151,93 \text{ W}}$$

Pos. 37 Gesamtwärmestrom (Addition) in Watt

$$\dot{Q}_{\text{gesamt}} = 228,28 + 202,91 + 149,34 + 129,96 + 25,08$$
$$+ 342 + 280,8 + 396 + 3230 + 540 + 133,33$$
$$+ 151,93 = 5809,63 \text{ W}$$

Pos. 38 Betriebszeit der Kälteanlage in h pro Tag:
16 h/Tag gewählt

Pos. 39 Umrechnen der Kälteleistung auf die o. g. Betriebszeit:

$$\dot{Q}_{\text{vorläufig}} = \frac{\text{Gesamtwärmestrom} \cdot 24}{16} \quad \text{mit} \quad \frac{W \cdot h \, d}{h \cdot d} \quad \text{in W}$$

$$\dot{Q}_{\text{vorläufig}} = \frac{5809,63 \cdot 24}{16} = \underline{8714,45 \text{ W}}$$

– die vorläufige Verdampfungsleistung beläuft sich auf 8714,45 Watt.
– bei einer relativen Betriebszeit der Kälteanlage von 16 h täglich erhöht sich die erforderliche Kälteleistung um die Hälfte.

Pos. 40 Verdampfungstemperatur:
Für das eingelagerte Rind- und Schweinefleisch wird eine Luftfeuchtigkeit im Raum zwischen 85 % und 90 % angegeben. Um diese Luftfeuchtigkeit im Kühlraum sicherzustellen, wird eine kleine Temperaturdifferenz am Verdampfer zwischen Raum- und Verdampfungstemperatur erforderlich sein. Der Ausgangspunkt der Verdampferplanung ist also zunächst die Festlegung der entsprechenden Temperaturdifferenz. Als Hilfsmittel wird dabei das Arbeitsdiagramm eines Herstellers (Bild 4.13) hinzugezogen.

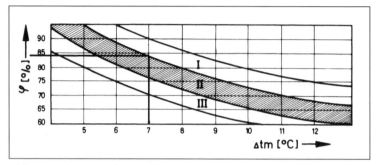

Bild 4.13 Relative Feuchte in Abhängigkeit von der mittleren Temperaturdifferenz

Es wird in 3 Zonen unterteilt, wobei die erste Zone Kühlgüter bezeichnet, welche eine hohe relative Luftfeuchte benötigen, die zweite Zone Kühlgüter mit normaler und die dritte Zone Kühlgüter mit niedriger relativer Luftfeuchte gekennzeichnet. Als günstig hat es sich erwiesen, immer im Mittelfeld dieser abgebildeten Zone zu arbeiten.

Aus dem Diagramm ergibt sich eine Unterschreitung der geforderten relativen Feuchte von 85 % auf knapp 84 % bei einer Temperaturdifferenz von 7 K zwischen t_R und t_O. Ein $\Delta T = 7$ K wird für die notwendige Arbeitsüberhitzung eines konventionellen thermostatischen Expansionsventils zu knapp werden ($\Delta T_A = \Delta T \cdot 0,7$). Es ergibt sich hier ein $\Delta T_A = 4,9$ K. Aus diesem Grund wird ein $\Delta T = 8$ K zwischen t_R und t_O gewählt und im o. a. Diagramm die sich jetzt einstellende relative Luftfeuchtigkeit geprüft.

In der linken Hälfte des Bildes 4.14 bei einem gewählten $\Delta T = 8$ K senkrecht nach oben fahren zu $t_O = -8$ °C, rechts herüber zur Kurve „unverpacktes Kühlgut" und abschließend auf der Abszisse rechts unten eine relative Luftfeuchtigkeit von 83 % ablesen.

Die jetzt festgestellte Unterschreitung der Feuchtigkeit ist vernachlässigbar, weil das Kühlgut nur sehr kurz im Kühlraum gelagert wird, da es sich um einen Produktionsbetrieb mit täglichem Kühlgutumschlag handelt. Die Festlegung der Temperaturdifferenz ist deshalb so wichtig, weil die Verdampferleistung bei einem Überhitzungsgrad von 0,65 genau 100 % beträgt. Nach EN 328 „Prüfverfahren zur Bestimmung der Leistungskriterien von Ventilatorluftkühlern" ist der Überhitzungsgrad $\Delta t_{sup}/Dt_1$ als Quotient aus Überhitzung Δt_{sup} (Differenz zwischen Überhitzungstemperatur Δt_{sup} und Verdampfungstemperatur t_O) und der Eintrittstemperaturdifferenz Dt_1 (Differenz zwischen der Lufteintrittstemperatur t_{L1} und der Verdampfungstemperatur t_O) definiert.

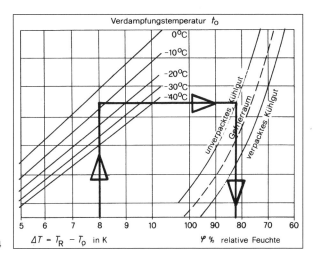

Bild 4.14

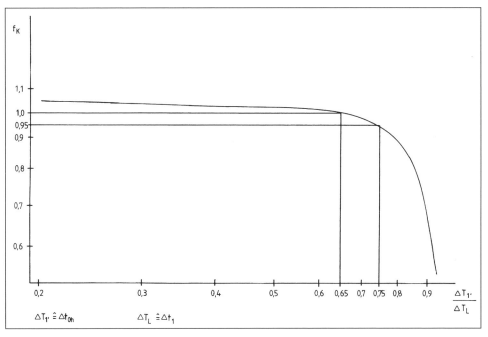

Bild 4.15

Datenvorgabe: $t_R = t_{L1} = 0\ °C$
$t_O = -8\ °C$
$t'_1 = t_{sup} = -2\ °C$
$\Delta T'_1 = \Delta T'_1 - T_O$ mit 271 K − 265 K = 6 K
$\Delta T_L = \Delta T_{L1} - T_O$ mit 273 K − 265 K = 8 K

Überhitzungsgrad $= \dfrac{\Delta T'_1}{\Delta T_L} = \dfrac{6\ \text{K}}{8\ \text{K}} = 0{,}75$

Resultat: Mit größer werdender Überhitzung steigt der Überhitzungsgrad und die Verdampferleistung fällt auf 95 %. Der Überhitzungsgrad ist somit ein Maß für die Ausnutzung des Verdampfers und seiner Leistungsübertragung.

Pos. 41 Auswahl des Verdampfers nach dem Katalog des Herstellers Küba:
Von der Vielzahl der möglichen Ausführungsvarianten fällt die Wahl auf einen
Hochleistungsluftkühler der Baureihe SG. Innerhalb der Baureihe SG ergeben
sich drei Typen, nämlich:

SGA mit   4,5 mm Lamellenabstand
SGB mit   7,0 mm Lamellenabstand
SGL mit 12,0 mm Lamellenabstand

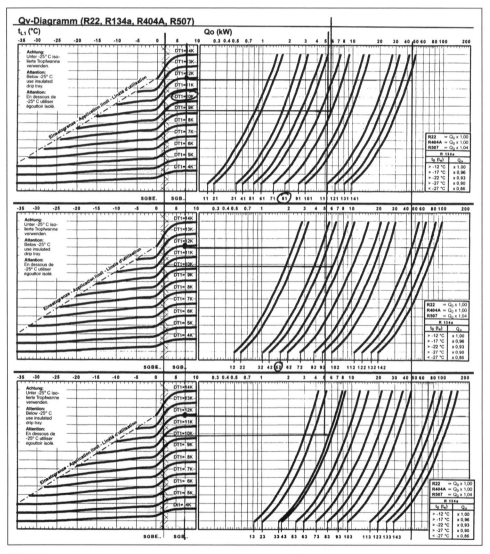

Bild 4.16

Wie in Pos. 39 berechnet, liegt die vorläufige Verdampferleistung bei 8 714,45 Watt ohne Ventilator und Heizungswärmestrom, weil der Verdampfertyp noch nicht bekannt ist.

Praktisch beaufschlagt man die vorläufige Verdampferleistung mit einem 20%igen Zuschlag für unbekannte Ventilator- und Heizleistung.

Daraus folgt: $\dot{Q}_{vorläufig}$ + 20 % = 8 714,45 W + 20 % = 10 457,34 W

Zur besseren Durchspülung des Kühlraumes wird die „Grobverdampferleistung" auf zwei Ventilatorluftkühler aufgeteilt. Jeder Verdampfer muss zunächst 5 228,67 W erbringen.

Die Leistungsangaben für Ventilatorluftkühler werden nach EN 328 auf die Eintrittstemperaturdifferenz (Differenz zwischen Eintrittstemperatur der Luft und der Verdampfungstemperatur) bezogen.

Aus dem QV-Diagramm der Typenreihe SGB (Bild 4.16) ergibt sich folgendes:

Lufteintrittstemperatur t_{L1} = + 2 °C
DT_1 = Temperaturdifferenz: 10 K
Leistung: 5,22 kW

	Lüfteranzahl
1. ein Verdampfer SGB 81 oder	1
2. ein Verdampfer SGB 52 oder	2
3. ein Verdampfer SGB 33 oder	3

Da wir in allen drei Fällen im Bereich der **Reifgrenze** liegen, wird der Verdampfer mit einer elektrischen Abtauheizung vorzusehen sein. Dadurch ändert sich die Bezeichnung in SGBE.

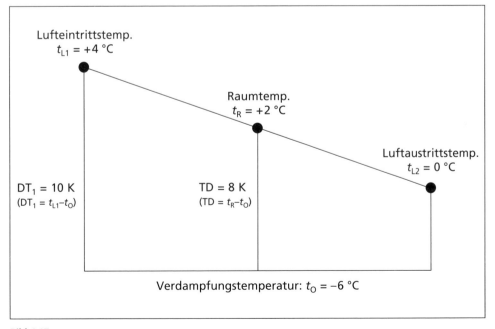

Lufteintrittstemp.
t_{L1} = +4 °C

Raumtemp.
t_R = +2 °C

Luftaustrittstemp.
t_{L2} = 0 °C

DT_1 = 10 K
($DT_1 = t_{L1} - t_O$)

TD = 8 K
(TD = $t_R - t_O$)

Verdampfungstemperatur: t_O = −6 °C

Bild 4.17

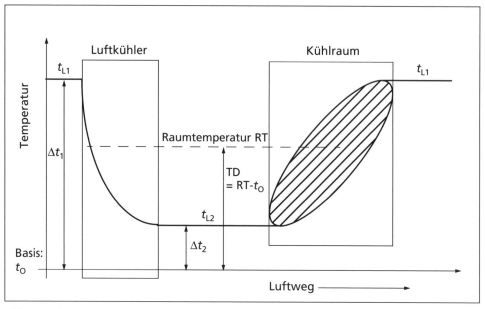

Bild 4.18 Schematische Darstellung der Lufttemperaturen im Luftkühler und im Kühlraum

Gewählt: 2 Verdampfer **SGBE 81** mit einer tatsächlichen Leistung von jeweils 5,64 kW bei $t_{L1} = + 2\ °C$ und $DT_1 = 10$ K.

Anmerkung: Liegt der Schnittpunkt zwischen zwei Verdampfertypenkurven im QV-Diagramm, so fällt die Wahl lediglich dann auf den kleineren Verdampfer, wenn eine niedrigere Verdampfungstemperatur und eine Verlängerung der Anlagenbetriebszeit in Kauf genommen werden können. Da dies nicht gewünscht ist, wird der größere Typ gewählt.

Pos. 42 Leistung der Lüfter: jeweils 300 W

Pos. 43 Betriebszeit der Lüfter je Tag: 16 h/d
Die technischen Daten des Verdampfers sind den folgenden Datenblättern zu entnehmen.

Wichtigste Werte:

1. Luftstrom: 2 900 m³/h
2. Blasweite: 20 m
*3. Mehrfacheinspritzung über Küba-Cal-Verteiler
4. Ventilatorleistung: 300 W
5. Heizleistung: 2 530 W

*zu 3.: Dies bedeutet: Auswahl eines thermostatischen Expansionsventiles mit äußerem Druckausgleich.

Da der Verdampferventilator und die Kältemaschine parallel in Betrieb sind (16 h/d siehe Pos. 42), wird die angegebene Leistung von 300 W vollständig in den Kältebedarf mit aufgenommen. Die Heizleistung des Verdampfers beträgt 2 530 Watt. Eine Ablaufheizung ist nicht erforderlich, weil die Gefahr des Einfrierens des Tauwasserabflusses nicht besteht.

Anmerkung:

Ablaufheizungen (l = 1,30 m bis l = 5,0 m) werden nur in Abflüssen von Tief-kühlraumverdampfern eingesetzt. Abfluss dann in Cu-Rohr, ∅ 28 × 1,5 mm, de-montierbar, isoliert mit Armaflexschlauch H28 und ohne Syphon im Tiefkühl-raum verlegen.

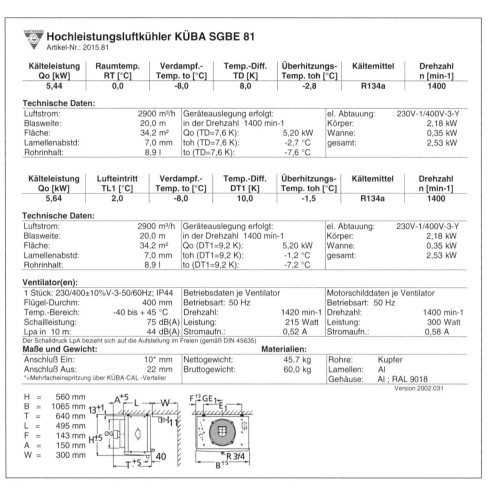

Hochleistungsluftkühler KÜBA SGBE 81
Artikel-Nr.: 2015.81

Kälteleistung Qo [kW]	Raumtemp. RT [°C]	Verdampf.- Temp. to [°C]	Temp.-Diff. TD [K]	Überhitzungs- Temp. toh [°C]	Kältemittel	Drehzahl n [min-1]
5,44	0,0	-8,0	8,0	-2,8	R134a	1400

Technische Daten:

Luftstrom:	2900 m³/h	Geräteauslegung erfolgt:		el. Abtauung:	230V-1/400V-3-Y
Blasweite:	20,0 m	in der Drehzahl 1400 min-1		Körper:	2,18 kW
Fläche:	34,2 m²	Qo (TD=7,6 K):	5,20 kW	Wanne:	0,35 kW
Lamellenabstd:	7,0 mm	toh (TD=7,6 K):	-2,7 °C	gesamt:	2,53 kW
Rohrinhalt:	8,9 l	to (TD=7,6 K):	-7,6 °C		

Kälteleistung Qo [kW]	Lufteintritt TL1 [°C]	Verdampf.- Temp. to [°C]	Temp.-Diff. DT1 [K]	Überhitzungs- Temp. toh [°C]	Kältemittel	Drehzahl n [min-1]
5,64	2,0	-8,0	10,0	-1,5	R134a	1400

Technische Daten:

Luftstrom:	2900 m³/h	Geräteauslegung erfolgt:		el. Abtauung:	230V-1/400V-3-Y
Blasweite:	20,0 m	in der Drehzahl 1400 min-1		Körper:	2,18 kW
Fläche:	34,2 m²	Qo (DT1=9,2 K):	5,20 kW	Wanne:	0,35 kW
Lamellenabstd:	7,0 mm	toh (DT1=9,2 K):	-1,2 °C	gesamt:	2,53 kW
Rohrinhalt:	8,9 l	to (DT1=9,2 K):	-7,2 °C		

Ventilator(en):

1 Stück: 230/400±10%V-3-50/60Hz; IP44		Betriebsdaten je Ventilator		Motorschilddaten je Ventilator	
Flügel-Durchm:	400 mm	Betriebsart: 50 Hz		Betriebsart: 50 Hz	
Temp.-Bereich:	-40 bis + 45 °C	Drehzahl:	1420 min-1	Drehzahl:	1400 min-1
Schallleistung:	75 dB(A)	Leistung:	215 Watt	Leistung:	300 Watt
Lpa in 10 m:	44 dB(A)	Stromaufn.:	0,52 A	Stromaufn.:	0,58 A

Der Schalldruck LpA bezieht sich auf die Aufstellung im Freien (gemäß DIN 45635)

Maße und Gewicht:			**Materialien:**		
Anschluß Ein:	10* mm	Nettogewicht:	45,7 kg	Rohre:	Kupfer
Anschluß Aus:	22 mm	Bruttogewicht:	60,0 kg	Lamellen:	Al
*=Mehrfacheinspritzung über KÜBA-CAL -Verteiler				Gehäuse:	Al ; RAL 9018

Version 2002.031

H	=	560 mm
B	=	1065 mm
T	=	640 mm
L	=	495 mm
F	=	143 mm
A	=	150 mm
W	=	300 mm

Bild 4.19 Auszüge aus Datenblättern für Hochleistungsluftkühler

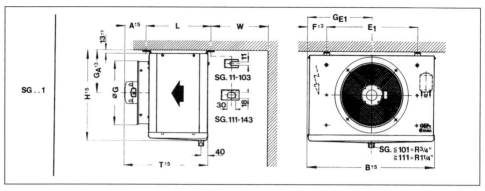

Bild 4.20 Hochleistungs-Luftkühler (Maßzeichnungen)

Pos. 44 Berechnungsbogen: Ventilatorwärmestrom – Verdampfer –

$$\dot{Q}_{\text{Ventilator}} = \frac{i \cdot P \cdot \tau_{\text{Ventilator}}}{\tau_{\text{Anlage}}}$$

mit:

i = Anzahl der Ventilatoren
P = Ventilatorleistung in W
$\tau_{\text{Ventilator}}$ = Ventilatorbetriebszeit in h/d
τ_{Anlage} = Anlagenbetriebszeit in h/d

$$\dot{Q}_{\text{Ventilator}} = \frac{2 \cdot 300 \cdot 16}{16} = \underline{600} \text{ in W}$$

Pos. 45 siehe Eintragung Berechnungsbogen:
2 × 2 530 W gemäß technischen Unterlagen

Pos. 46 siehe Eintragung Berechnungsbogen:
4 × 20 Minuten/Tag (empfohlener Wert, Breidert/Schittenhelm, S. 73, 3. Auflage)

Pos. 47 Heizwärmestrom – Verdampfer –

$$\dot{Q}_{\text{Heizung}} = \frac{i \cdot P \cdot \tau_{\text{Abtauung}}}{\tau_{\text{Anlage}}}$$

mit:

i = Anzahl der Heizungen
P = Heizleistung in W
τ_{Abtauung} = Abtauzeit in h/d
τ_{Anlage} = Anlagenbetriebszeit in h/d

$$\dot{Q}_{\text{Heizung}} = \frac{2 \cdot 2\,530 \cdot 1,3}{16} = \underline{411,13} \text{ in W}$$

Pos. 48 Ermittlung der effektiven Verdampfungsleistung:

$$\dot{Q}_{\text{O effektiv}} = \dot{Q}_{\text{vorläufig}} + \dot{Q}_{\text{Ventilator}} + \dot{Q}_{\text{Heizung}} = \text{in Watt}$$

$$\dot{Q}_{\text{O effektiv}} = 8\,714,45 \text{ W} + 600 \text{ W} + 411,13 \text{ W} = 9\,725,58 \text{ Watt}$$

$$\dot{Q}_{\text{O effektiv}} = 9\,725,58 \text{ Watt}$$

Tabelle **4.6** Hochleistungs-Luftkühler: Maße, el. Abtauung, Gewichte

Größe	Maße															El. Abtauung			Gewichte		
	H**	B**	T**	L	E₁	E₂	E₃	F	A	W	⌀G	GA	GE₁	GE₂	GE₃	Körper	Wanne	Gesamt	SGA	SGB	SGL
																kW	kW	kW/*	kg	kg	kg
11	360	565	420	345	380	–	–	93	80	200	265	160	283	–	–	0,77	0,35	1,12/1	12	11	–
21	360	565	420	345	380	–	–	93	80	200	265	160	283	–	–	0,77	0,35	1,12/1	13	12	–
31	460	665	440	345	480	–	–	93	100	200	321	210	333	–	–	0,96	0,42	1,38/1	18	17	–
41	460	665	440	345	480	–	–	93	100	200	321	210	333	–	–	0,96	0,42	1,38/1	21	19	–
51	560	815	570	415	530	–	–	143	160	300	419	260	408	–	–	1,44	0,24	1,68/1	30	26	24
61	560	815	570	415	530	–	–	143	160	300	419	260	408	–	–	1,61	0,24	1,85/1	33	29	27
71	560	915	640	495	630	–	–	143	150	300	419	260	458	–	–	1,73	0,29	2,02/1	41	35	33
81	560	1 065	640	495	780	–	–	143	150	300	419	260	533	–	–	2,18	0,35	2,53/1	53	45	41
91	660	1 065	650	495	780	–	–	143	160	400	525	320	533	–	–	2,90	0,35	3,25/1	62	53	49
101	660	1 065	650	495	1030	–	–	143	160	400	525	320	658	–	–	3,68	0,44	4,12/1	71	65	58

* aufgeteilt in /. Heizkreise!
** Maßabweichungen für Zubehör beachten!
Die Abmessungen gelten nur für Standardausführungen!
Bei Einbau anderer als in den unter „Technischen Daten" aufgeführten Ventilatoren vergrößert sich das Maß T und A.

Tabelle 4.7 BFS Berechnungsbogen für Kühlräume

		Einheit			Summen-spalte
Kunde					
Datum:					
1. Art der Kühlräume	Fleischkühlraum	Lage:	EG		
2. Wärmedämmung	Styropor	Dicke	k-Wert	cm $\frac{W}{m^2 K}$	10 0,38
3. Innenmaße Wärmedämmung und Putz oder Fliesen	L×B×H	m	9×8×3,4		
4. Außenmaße	L×B×H	m			
5. Raumvolum		m³	244,80		
6. Außenluftzustände	t_a φ_a	°C %	+ 15 65		
7. Innenluftzustände	t_i φ_i	°C %	0 85		
8. Art des Kühlgutes		——	Rindfleisch, Schweinefleisch		
9. eingebrachte Kühlgutmassen je Tag		$\frac{kg}{d}$	10 900		
10. Einbringtemperatur des Kühlgutes		°C	+ 10		
11. Gesamtmasse im Kühlraum		kg	10 900		
12. Begehung – Personen je Tag	Begehungszeit	$\frac{h}{d}$	6 8		
13. Beleuchtung	Einschaltzeit	W $\frac{h}{d}$	400 8		
14. sonstige Wärmeströme	Zeit	W $\frac{h}{d}$			
15. Wärmeeinströmung der Wand	$\dot{Q}_E$ Bauteil 1	W	⟶		228,28
16. Wärmeeinströmung der Wand	$\dot{Q}_E$ Bauteil 2	W	⟶		202,91
17. Wärmeeinströmung der Wand	$\dot{Q}_E$ Bauteil 3	W	⟶		149,34
18. Wärmeeinströmung der Wand	$\dot{Q}_E$ Bauteil 4	W	⟶		129,96
19. Wärmeeinströmung der Tür $\dot{Q}_E$		W	⟶		25,08
20. Wärmeeinströmung der Decke $\dot{Q}_E$	$\Delta T = 25$ K	W	⟶		342,00
21. Wärmeeinströmung des Fußbodens $\dot{Q}_E$	$\Delta T = 10$ K	W	⟶		280,80
22. Luftwechsel je Tag		$\frac{i}{d}$	4,47		⟶
23. Enthalpie aus h, x-Diagramm, Δh		$\frac{kJ}{kg}$	24,25		⟶
24. Lufterneuerung $\dot{Q}_V$		W	⟶		396,00
25. eingebrachte Kühlgutmassen je Tag		$\frac{kg}{d}$	10 900		
26. spez. Wärmekapazität vor dem Erstarren c Rind, Schwein		$\frac{kJ}{kg\,K}$	3,2 2,12		⟶
27. spez. Wärmekapazität nach dem Erstarren c entfällt		$\frac{kJ}{kg\,K}$			
28. Erstarrungsenthalpie q entfällt		$\frac{kJ}{kg}$			
29. Atmungsenthalpie C_A entfällt		$\frac{kJ}{kg\,K}$			
30. Temperaturdifferenz ΔT		K	10		
31. Kühlgutwärmestrom – gesamt – $\dot{Q}_A$		W	⟶		3 230,00
32. Atmungswärmestrom $\dot{Q}_A$		W	⟶		entfällt
33. Wärmestrom je Person – Tabelle –		W	270		
34. Wärmestrom durch Person $\dot{Q}_V$		W	⟶		540,00
35. Beleuchtungswärmestrom $\dot{Q}_V$		W	⟶		133,33
36. sonstige Wärmeströme $\dot{Q}_V$	Verluste durch Türöffnen	W	⟶		151,93
37. Gesamtwärmestrom $\dot{Q}$ (Addition)		W	+ ⟶		5 809,63
38. Betriebszeit der Kälteanlage		$\frac{h}{d}$	⑯ 18		
39. Verdampfungsleistung vorläufig $\dot{Q}_O$		W	⟶		8 714,45
40. Verdampfungstemperatur – Kurve –		°C	–8		
41. Verdampfertype – nach Katalog –		——	2 × SGBE 81		
42. Leistung der Lüfter – gesamt –		W	2 × 300		
43. Betriebszeit der Lüfter je Tag		$\frac{h}{d}$	16		
44. Ventilationswärmestrom – Verdampfer – $\dot{Q}_H$		W	⟶		600
45. Heizleistung des Verdampfers – gesamt –		W	2 × 2530		
46. Abtauzeit je Tag		$\frac{h}{d}$	1,3		

Tabelle 4.7 (Fortsetzung)

	Einheit		Summen-spalte
47. Heizwärmestrom – Verdampfer – $\dot{Q}_V$	W	⟶	411,13
48. Verdampferleistung $\dot{Q}_O$ – effektiv –	W	+ ⟶	9 725,58
49. Kältemaschinentype – nach Katalog –	—	⟶	—
50. eff. Verdampfungs- und Verflüssungstemperatur	°C	–10/+45	—
51. Kältemittel	R	134a	—
52. sonstiges		⟶	—

$\dot{Q}_{O\,eff.} : 2 = $ effektive Verdampferleistung pro Verdampfer

$\dot{Q}_{O\,eff.} = 4\,863$ W pro Verdampfer

Eine Kontrolle im QV-Diagramm einerseits und per Computerausdruck andererseits ergibt, dass diese Leistung vom Modell SGBE81 erbracht wird.

Pos. 49 **Auswahl eines luftgekühlten R 134a-Verflüssigungssatzes mit halbhermetischem Verdichter der 2. Generation Fabrikat: Bitzer**

Die fachgerechte Auslegung der Kälteanlage erfordert die richtige Abstimmung von Verdampfungsleistung und Verdichterleistung. Die Anlage arbeitet ausgeglichen, wenn die Kältemaschine unter Berücksichtigung der entstehenden Druckverluste in der Saugleitung die berechnete Kälteleistung erbringt, ohne dass eine Verschiebung des Betriebspunktes auftritt.

Der luftgekühlte Verflüssigungssatz wird für eine Umgebungstemperatur von +32 °C ausgelegt. Die Verdampfungstemperatur beträgt $t_O = -8$ °C, für die saugseitigen Druckverluste werden 2 K angenommen, so dass der Verflüssigungssatz für eine Verdampfungstemperatur von $t_O = -10$ °C projektiert wird.

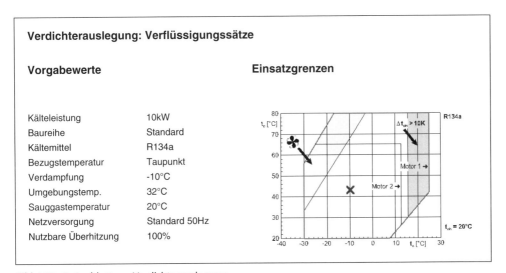

Bild 4.21 Datenblatt zur Verdichterauslegung

Ergebnis

Verdichtertyp	LH104/4DC-7.2Y	LH104/4Z-8.2Y	LH84/4CC-6.2Y	LH114/4V-10.2Y
Kälteleistung	8,73 kW	8,86 kW	10.00 kW	10.87 kW
Verdampferleist.	8,73 kW	8,86 kW	10.00 kW	10.87 kW
Leist.aufnahme*	3,22 kW	3,24 kW	3.93 kW	4.07 kW
Strom (400V)	8,69 A	6,67 A	9.34 A	8.73 A
Massenstrom	188,9 kg/h	192,0 kg/h	224 kg/h	237 kg/h
Verflüssigung	39,6 °C	39,7 °C	43.2 °C	40.3 °C
Flüss.unterkühlung	3,00 K	3,00 K	3.00 K	3.00 K
Betriebsart	Standard	Standard	Standard	Standard

* Verdichterleistung (Leistungsaufnahme Lüfter siehe T. Daten)

Bild 4.21 Fortsetzung

Die Wahl fällt auf einen Verflüssigungssatz Typ LH 84/4CC-6.2Y mit folgenden technischen Daten:

t_a = +32 °C; Kältemittel R 134a;

t_O = −10 °C, Kälteleistung 10 000 W bei t_1 = +20 °C

Standard-Verflüssigungssatz
LH64/4FC-3.2(Y) ..
LH84/4DC-5.2(Y) / LH84/4CC-6.2(Y)

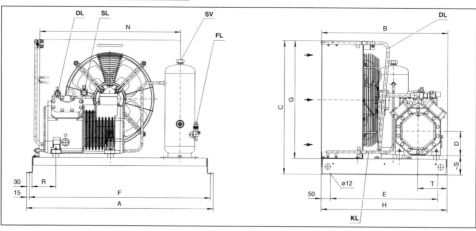

Bild 4.22

Tabelle 4.8 Technische Daten Verflüssigungssätze

Verflüssigungssatz Typ	Verdichter max. Betr.-Strom 3-Ph A	Verdichter max. Betr.-Strom 1-Ph „E" A	Lüfter ② Stromaufnahme A	Lüfter ② Leistungsaufnahme Watt	Luftdurchsatz Verflüssiger m³/h	Sammler Standard Typ	Sammler Max. Kältemittel-Füllung ③ R 134 a kg	Sammler Max. Kältemittel-Füllung ③ R 404A R 507A kg	Sammler Max. Kältemittel-Füllung ③ R 22 kg	Option größerer Sammler	Gewicht (Stand.)
LH32/2KC-05.2(Y)	4,6/ 2,7	–	0,54	120	1750	FS35	3,1	2,6	3,1	FS55	70
LH32/2JC-07.2 (Y)	6,0/ 3,5	–	0,54	120	1750	FS35	3,1	2,6	3,1	FS55	70
LH33/2HC-1.2(E)(Y)	6,1/ 3,5	12,5	0,55	120	1710	FS35	3,1	2,6	3,1	FS55	71
LH33/2HC-2.2(Y)	7,4/ 4,3	④	0,55	120	1710	FS35	3,1	2,6	3,1	FS55	73
LH33/2GC-2.2(E)(Y)	8,1/ 4,7	15,0	0,55	120	1710	FS35	3,1	2,6	3,1	FS55	73
LH44/2GC-2.2(E)(Y)	8,1/ 4,7	15,0	0,56	125	1840	FS35	5,9	4,8	5,8	FS75	81
LH44/2FC-2.2(E)(Y)	8,5/ 4,9	15,0	0,56	125	1840	FS55	5,9	4,8	5,8	FS75	80
LH44/2FC-3.2(Y)	10,0/ 5,8	–	0,56	125	1840	FS55	5,9	4,8	5,8	FS75	81
LH44/2EC-2.2(E)(Y)	9,9/ 5,7	–	0,56	125	1840	FS55	5,9	4,8	5,8	FS75	98
LH64/2EC-3.2(E)(Y)	12,0/ 6,9	④	1,41	301	3884	FS75	8,2	6,7	8,0	FS125	129
LH53/2DC-2.2(Y)	11,9/ 6,9	–	0,86	194	2528	FS55	5,9	4,8	5,8	FS75	114
LH64/2DC-3.2(E)(Y)	13,5/ 7,8	④	1,41	301	3884	FS75	8,2	6,7	8,0	FS125	129
LH64/2CC-3.2(E)(Y)	14,8/ 8,5	④	1,41	301	3884	FS75	8,2	6,7	8,0	FS125	128
LH84/2CC-4.2(Y)	16,4/ 9,4		3,08	485	4577	FS125	13,6	11,1	13,4	FS202	134
LH64/4FC-3.2(Y)	15,9/ 9,2		1,41	301	3884	FS75	8,2	6,7	8,0	FS125	140
LH84/4FC-5.2(Y)	18,7/10,8		3,08	485	4577	FS125	13,6	11,1	13,4	FS202	151
LH64/4EC-4.2(Y)	18,5/10,7		1,41	301	3884	FS75	8,2	6,7	8,0	FS125	142
LH84/4EC-6.2(Y)	22,9/13,2		3,08	485	4577	FS125	13,6	11,1	13,4	FS202	151
LH84/4DC-5.2(Y)	23,4/13,5		3,08	485	4577	FS125	13,6	11,1	13,4	FS202	153
LH104/4DC-7.2(Y)	27,5/15,9		2 × 1,47	2 × 316	7248	FS152H	15,7	12,8	15,5	FS302H	200
LH84/4CC-6.2(Y)	27,5/15,9		3,08	485	4577	FS125	13,6	11,1	13,4	FS202	177

Stromart ① (Verdichter):
- 1-Ph „E": 230 V ± 10 % / 1 / 60 Hz; 230 V ± 10 % / 1 / 50 Hz
- 3-Ph: 265 ... 290 V / ∆ / 440 ... 480 V Y / 3 / 60 Hz; 220 ... 240 V / ∆ / 380 ... 420 V Y / 3 / 50 Hz

Tabelle 4.9 Abmessungen

Verflüssigungssatz Typ	Abmessungen in mm																Anschlüsse			
																	Saugleitung		Flüssigkeitsleitung	
	A	A₁	B	B₁	C	C₁	D	E	F	G	H	L	N	R	S	T	SL Ø mm	Zoll	FL Ø mm	Zoll
LH32/2KC-05.2(Y)	650	630	607	645	466	574	102	505	620	406	605	62	440	82	66	133	12	$^1/_2$	10	$^3/_8$
LH32/2JC-07.2 (Y)	650	630	607	645	466	574	102	505	620	406	605	62	440	82	66	133	12	$^1/_2$	10	$^3/_8$
LH33/2HC-1.2(Y)	650	630	607	645	466	574	102	505	620	406	605	62	440	82	66	133	16	$^5/_8$	10	$^3/_8$
LH33/2HC-2.2(Y)	650	630	607	645	466	574	102	505	620	406	605	62	440	82	66	133	16	$^5/_8$	10	$^3/_8$
LH33/2GC-2.2(Y)	650	630	607	645	466	574	102	505	620	406	605	62	440	82	66	133	16	$^5/_8$	10	$^3/_8$
LH44/2GC-2.2(Y)	650	630	607	645	516	574	102	505	620	456	605	62	490	82	66	133	16	$^5/_8$	10	$^3/_8$
LH44/2FC-2.2(Y)	650	630	607	645	516	574	102	505	620	456	605	62	490	82	66	133	16	$^5/_8$	10	$^3/_8$
LH44/2FC-3.2(Y)	650	630	607	645	516	574	102	505	620	456	605	62	490	82	66	133	16	$^5/_8$	10	$^3/_8$
LH44/2EC-2.2(Y)	650	630	702	740	516	574	121	600	620	456	700	62	490	146	82	174	22	$^7/_8$	10	$^1/_2$
LH64/2EC-3.2(Y)	1000	982	672	645	687	915	121	570	970	607	670	72	750	160	99	157	22	$^7/_8$	12	$^3/_8$
LH53/2DC-2.2(Y)	1000	982	671	693	536	915	121	570	970	456	670	72	750	160	99	157	22	$^7/_8$	10	$^3/_8$
LH64/2DC-3.2(Y)	1000	982	672	693	687	915	121	570	970	607	670	72	750	160	99	157	22	$^7/_8$	12	$^1/_2$
LH64/2CC-3.2(Y)	1000	982	672	693	687	915	121	570	970	607	670	72	750	160	99	157	22	$^7/_8$	12	$^1/_2$
LH84/2CC-4.2(Y)	1000	982	672	693	837	915	121	570	970	757	670	72	850	160	99	157	22	$^7/_8$	12	$^1/_2$
LH64/4FC-3.2(Y)	1000	982	672	693	687	915	125	570	970	607	670	72	750	129	99	157	22	$^7/_8$	12	$^1/_2$
LH84/4FC-5.2(Y)	1000	982	672	693	837	915	125	570	970	757	670	72	850	129	99	157	22	$^7/_8$	12	$^1/_2$
LH64/4EC-4.2(Y)	1000	982	672	693	687	915	125	570	970	607	670	72	750	129	99	157	28	$1^1/_8$	12	$^1/_2$
LH84/4EC-6.2(Y)	1000	982	672	693	837	915	125	570	970	757	670	72	850	129	99	157	28	$1^1/_8$	12	$^1/_2$
LH84/4DC-5.2(Y)	1000	982	672	693	837	915	125	570	970	757	670	72	850	129	99	157	28	$1^1/_8$	12	$^1/_2$
LH84/4CC-6.2(Y)	1000	982	672	693	837	915	125	570	970	757	670	72	850	129	99	157	28	$1^1/_8$	12	$^1/_2$

Alternative zum Kältemittel R 134a

Verdichterauslegung: Verflüssigungssätze

Vorgabewerte   **Einsatzgrenzen**

Kälteleistung	10kW
Baureihe	Standard
Kältemittel	R507A
Bezugstemperatur	Taupunkt
Verdampfung	-10°C
Umgebungstemp.	32°C
Sauggastemperatur	20°C
Netzversorgung	Standard 50Hz
Nutzbare Überhitzung	100%

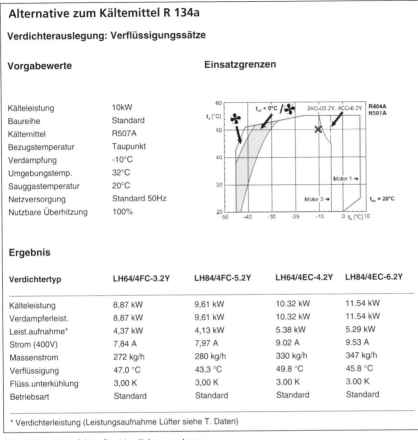

Ergebnis

Verdichtertyp	LH64/4FC-3.2Y	LH84/4FC-5.2Y	LH64/4EC-4.2Y	LH84/4EC-6.2Y
Kälteleistung	8,87 kW	9,61 kW	10.32 kW	11.54 kW
Verdampferleist.	8,87 kW	9,61 kW	10.32 kW	11.54 kW
Leist.aufnahme*	4,37 kW	4,13 kW	5.38 kW	5.29 kW
Strom (400V)	7,84 A	7,97 A	9.02 A	9.53 A
Massenstrom	272 kg/h	280 kg/h	330 kg/h	347 kg/h
Verflüssigung	47,0 °C	43,3 °C	49.8 °C	45.8 °C
Flüss.unterkühlung	3,00 K	3,00 K	3.00 K	3.00 K
Betriebsart	Standard	Standard	Standard	Standard

* Verdichterleistung (Leistungsaufnahme Lüfter siehe T. Daten)

Bild 4.23 Datenblatt für Verdichterauslegung

4.2.4 Dimensionierung der kältemittelführenden Rohrleitungen nach den Tabellen von Breidenbach

4.2.4.1 Saugleitung

siehe Bild 4.24

- Die geometrische Rohrlänge der Saugleitung beträgt vom Knotenpunkt (1) zum Saugstutzen des Kälteverdichters: l_{geo} = **24,80 m**
- Die geometrische Rohrlänge der Saugleitung vom Anschlussstutzen Verdampfer (1) zum Knoten (1) beträgt: l_{geo} = **4,0 m**
- Die geometrische Rohrlänge der Saugleitung vom Anschlussstutzen Verdampfer (2) zum Knoten (1) beträgt: l_{geo} = **4,0 m**
- Überprüfung der Verflüssigungstemperatur zur Rohrleitungsbestimmung. Da die Kälteanlage den sogenannten Normal-Kühlbereich abdeckt, wird eine Verflüssigungstemperatur für die Rohrleitungsdimensionierung von t_c = +45 °C festgelegt. Der Korrekturfaktor für eine abweichende Verflüssigungstemperatur t_c von der Basistemperatur t_c = +40,6 °C nach Tabelle (Breidert/Schittenhelm, Seite 82) beträgt f = 0,97 für t_c = +45 °C.

- Saugleitung Verdampfer (1) zum Knoten (1). Die der Verdampfungstemperatur $t_O =$ −8 °C nächstgelegene Verdampfungsleistung wird in der Tabelle (Breidert/Schittenhelm, Seite 82)gesucht. Durch Interpolation wird die Verdampfungsleistung für $t_O =$ −8 °C ermittelt.

$$\dot{Q}_O = 5{,}64 \text{ kW}$$

A1 = +5 °C   B1 = 9,90 kW

X = −8 °C   Y = ?

A2 = −10 °C   B2 = 6,15 kW

$$\frac{X-A1}{A2-A1} = \frac{Y-B1}{B2-B1}$$

$$Y = \frac{(X-A1)\cdot(B2-B1)}{A2-A1} + B1 = \frac{[-8-(+5)]\cdot(6{,}15-9{,}9)}{-10-(+5)} + 9{,}9 = 6{,}65$$

$$Y = 6{,}65 \text{ kW}$$

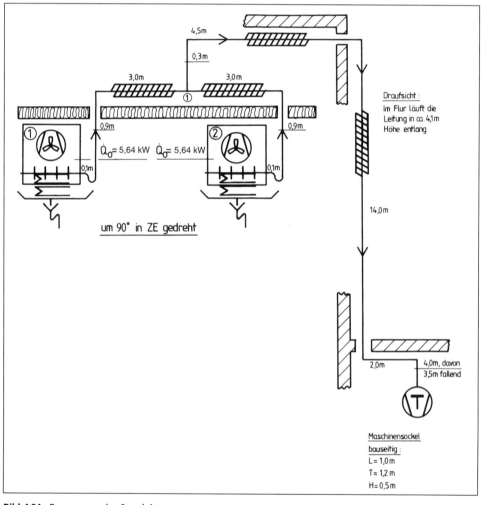

Bild 4.24 Bemessung der Saugleitung

Die Tabellenleistung für eine Verdampfungstemperatur von

$t_O = -8\,°C$ beträgt: $\dot{Q}_O = 6{,}65$ kW

$\dot{Q}_{OTe} = \dot{Q}_{OT} \cdot f = 6{,}65$ kW $\cdot$ 0,97 = 6,45 kW

$\dot{Q}_{OTe} = 6{,}45$ kW

mit : $\dot{Q}_{OT}$ = interpolierte Tabellenleistung

  f = Korrekturfaktor für abweichende Verflüssigungstemperatur

Saugleitung: Vda 1 zum Knoten (1): $d_a = 28 \times 1{,}5$ mm; damit ist gleichzeitig der Durchmesser der Fittings bekannt.

Zur Ermittlung der äquivalenten Rohrlänge der Fittings werden die entsprechenden Tabellen herangezogen.

1. Anschluss Saugleitung Verdampferausgang: $d_a = 22$ mm, Einsatz eines Fittings als Nippel 22 $\times$ 28 mm, $l_{äq} = 0{,}40$ m (Annahme!)

2. 2 Stück 90° Bögen, 28 mm: 2 $\times$ 0,45 m $l_{äq}$

3. 1 Stück 180° Bogen, 28 mm: 0,75 m $l_{äq}$

Die gesamte äquivalente Rohrlänge vom Verdampferausgang zum T-Stück beträgt:
0,40 m + 0,45 m + 0,45 m + 0,75 m + 4,0 m = 6,05 m

- Berechnung der tatsächlichen Temperaturdifferenz in dem o. a. Leitungsabschnitt in Kelvin:

$$\Delta T_e = 1{,}1 \cdot \frac{6{,}5}{30{,}5} \cdot \left(\frac{5{,}64}{6{,}45}\right)^{1{,}8} = 0{,}17$$

$\Delta T_e = 0{,}17$ K

- Für den Abschnitt der Saugleitung vom Verdampfer 2 zum Knoten (1) ergibt sich hier die gleiche Vorgehensweise.

Resultate:

Saugleitung: $d_a = 28 \times 1{,}5$ mm; $\Delta T_e = 0{,}17$ K

- Saugleitung vom Knoten (1) zum Saugstutzen des Kälteverdichters im Maschinenraum.

$$\dot{Q}_{O,\,ges.} = \dot{Q}_{O,1} + \dot{Q}_{O,2} = 5{,}64\text{ kW} + 5{,}64\text{ kW} = 11{,}28\text{ kW}$$

Die der projektierten Verdampfungstemperatur von $t_O = -8\,°C$ nächstgelegene Verdampfungsleistung wird in der Tabelle gesucht.

Durch Interpolation wird die Verdampfungsleistung für $t_O = -8\,°C$ ermittelt.

A1 = +5 °C   B1 = 18,85 kW

X = -8 °C   Y = ?

A2 = -10 °C   B2 = 11,30 kW

$$\frac{X - A1}{A2 - A1} = \frac{Y - B1}{B2 - B1}$$

$$Y = \frac{(X - A1)\cdot(B2 - B1)}{A2 - A1} + B1 = \frac{[-8 - (+5)]\cdot(11{,}30 - 18{,}85)}{-10 - (+5)} + 18{,}85 = 12{,}31$$

Y = 12,31 kW

Die Tabellenleistung für eine Verdampfungstemperatur von

$t_O = -8\,°C$ beträgt: $\dot{Q}_{OT} = 12{,}31\ kW$

$\dot{Q}_{OTe} = \dot{Q}_{OT} \cdot f = 12{,}31\ kW \cdot 0{,}97$

$\dot{Q}_{OTe} = 11{,}94\ kW$

mit : $\dot{Q}_{OT}$ = interpolierte Tabellenleistung

f = Korrekturfaktor für abweichende Verflüssigungstemperatur

Saugleitung: Knoten (1) zum Saugstutzen des Verdichters: $d_a = 35 \times 1{,}5$ mm; damit ist gleichzeitig der Durchmesser der Fittings bekannt.

Zur Festlegung der äquivalenten Rohrlänge der Fittings werden die entsprechenden Tabellen herangezogen.

1. T-Stück $28\overset{35}{\underset{\ }{\rule{0pt}{0pt}\llap{\ }}}\!\!-\!\!28$: 5,75 m $l_{äq}$

2. 6 Stück 90° Bögen, 35 mm: $6 \times 0{,}60$ m $l_{äq}$

Die gesamte äquivalente Rohrlänge vom T-Stück bis zum saugseitigen Verdichteranschluss beträgt: 5,75 m + 3,60 m + 24,80 m = 34,15 m

- Berechnung der tatsächlichen Temperaturdifferenz in dem o. a. Leitungsabschnitt in Kelvin:

$$\Delta T_e = \Delta T_T \cdot \frac{l_{äq}}{l_{äqT}} \cdot \left(\frac{\dot{Q}_O}{\dot{Q}_{OTe}}\right)^{1,8}$$

$$\Delta T_e = 1{,}1 \cdot \frac{34{,}15}{30{,}5} \cdot \left(\frac{11{,}28}{11{,}94}\right)^{1,8} = 1{,}11$$

$$\Delta T_e = 1{,}11\ K$$

- Ermittlung der saugseitigen Gesamtdruckdifferenz

Verdampfer 1 zum Knoten 1:	ΔT_e = 0,17 K
Knoten 1 zum Saugstutzen des Kälteverdichters:	ΔT_e = 1,11 K
	$\Delta T_{e,\ gesamt}$ = 1,28 K

Fazit: Der bei der Projektierung des Verflüssigungssatzes angenommene Druckverlust von $\Delta T = 2$ K wird unterschritten.

4.2.4.2 Flüssigkeitsleitung

Bei der Projektierung der Flssigkeitsleitung beginnen wir am Ausgang des Flüssigkeitssammelbehälters. Die Kälteleistung des Verflüssigungssatzes legt bei $\dot{Q}_O = 10\,000$ Watt; Verdampfungstemperatur: −10 °C; Umgebungstemperatur: +32 °C; Verflüssigungstemperatur: +45 °C; Sauggastemperatur: +20 °C; Kältemittel R 134a.

- Die geometrische Rohrlänge beträgt vom Sammelbehälter zum Knotenpunkt 1: l_{geo} = 24,80 m

- Prüfung der Verflüssigungstemperatur! Die rechnerische Basistemperatur zur Aufstellung der Tabellenwerte beträgt $t_c = 40{,}6$ °C. Wir rechnen mit einem Wert $t_c = +45$ °C. Der Korrekturfaktor zur Berücksichtigung dieser Abweichung ergibt sich aus der Tabelle mit $f = 0{,}97$, s. o.

- Die der projektierenden Kälteleistung von $\dot{Q}_O = 10$ kW nächstgelegene Leistung wird in der Tabelle aus der fünften Spalte von links mit $\dot{Q}_{OT} = 12{,}60$ kW ermittelt.

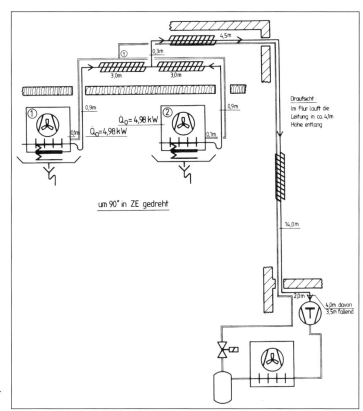

Bild 4.25 Berechnung der Flüssigkeitsleitung

Die Tabellenleistung wird mit Hilfe des Korrekturfaktors umgerechnet.

$\dot{Q}_{OTe} = \dot{Q}_{OT} \cdot f = 12{,}60 \text{ kW} \cdot 0{,}97 = 12{,}22 \text{ kW}$

$\dot{Q}_{OTe} = 12{,}22 \text{ kW}$

Ausgehend vom gefundenen Wert $\dot{Q}_{OT} = 12{,}60$ kW, umgerechnet auf $\dot{Q}_{OTe} = 12{,}22$ kW fährt man aus der fünften Spalte der Tabelle senkrecht nach oben in die fünfte Spalte der oberen Tabelle und liest den Rohrdurchmesser von $d_a = 15 \times 1$ mm ab. Damit ist auch der Durchmesser der Fittings bekannt. Zur Bestimmung der äquivalenten Rohrlängen der Fittings werden wieder die entsprechenden Tabellen herangezogen.

1. 6 Stück 90° Bögen: $6 \times 0{,}25$ m $l_{äq}$
2. Kältemitteltrockner (Auslegung wird später gezeigt!) Type Alco ADK-Plus 305 S, Löt 16 mm: 1,80 m $l_{äq}$
3. 1 T-Stück, Gegenlauf trennend: 1,0 m $l_{äq}$
4. Leitung vom Behälterausgang bis zum T-Stück: 24,80 m

Ermittlung der äquivalenten Rohrlänge gesamt:
1,50 m + 1,80 m + 1,0 m + 24,80 m = <u>29,10 m</u>

● Berechnung der tatsächlichen Temperaturdifferenz im o. a. Rohrleitungsabschnitt in Kelvin:

$$\Delta T_e = \frac{0,6 \cdot 29,10}{30,50} \cdot \left(\frac{10}{12,22}\right)^{1,8}$$

$\Delta T_e = 0,40$ K

- Die Flüssigkeitsleitung teilt sich nach dem T-Stück in zwei gleichlange, symmetrische Teilstücke. Jedes Teilstück ist für die dort jeweils anstehende Kälteleistung zu bemessen. Aus der Tabelle wird die entsprechend nächstgelegene Leistung aus der vierten Spalte von links mit $\dot{Q}_{OT} = 6,55$ kW ermittelt.

$\dot{Q}_{OTe} = \dot{Q}_{OT} \cdot f = 6,55$ kW $\cdot$ 0,97 $= 6,35$ kW

mit: $\dot{Q}_{OT}$ = Tabellenleistung

f = Korrekturfaktor für abweichende Verflüssigungstemperatur

$\dot{Q}_{OTe}$ = effektive Tabellenleistung

Senkrecht in die obere Tabelle gefahren finden wir den Rohrleitungsdurchmesser von $d_a = 12 \times 1$ mm. Damit ist auch wieder der Durchmesser der Fittings bekannt. Zur Bestimmung der äquivalenten Rohrlänge der Fittings werden die Tabellen herangezogen.

1. ein 90° Bogen: 0,20 m $l_{äq}$
2. Rohrlänge: 4,00 m $l_{äq}$
                      _____
                       4,20 m $l_{äq}$ gesamt

- Berechnung der tatsächlichen Temperaturdifferenz im o. a. Rohrleitungsabschnitt in Kelvin:

$$\Delta T_e = \frac{0,6 \cdot 4,20}{30,50} \cdot \left(\frac{5,0}{6,35}\right)^{1,8}$$

$\Delta T_e = 0,054$ K

- Die Temperaturdifferenz im zweiten Teilstück der Flüssigkeitsleitung wird auf die gleiche Art und Weise wie in den vorangegangenen Abschnitten ermittelt.

4.2.4.3   Druckleitung

Die Bemessung der Druckleitung entfällt beim luftgekühlten Verflüssigungssatz, weil sie bereits werkseitig montiert ist.

4.2.4.4   Verflüssigerleitung

Die Dimensionierung der Verflüssigerleitung entfällt aus den o. g. Gründen ebenso.

4.2.4.5   Zusammenstellung der Rohrleitungslängen und Fittings für die Kalkulation

Tabelle 4.10 Rohrleitungslängen

Rohraußendurchmesser in mm	Länge in m	Fittings		
		90° Bogen	180° Bogen	T-Stücke
12 × 1	8	2		16 12——12
15 × 1	24,8	6		
28 × 1,5	8	4	2	35 28——28
35 × 1,5	24,8	6		

Exkurs: Kupferrohr in „Kühlschrankqualität" ist u. a. als Stangenrohr in 5 Meter-Längen lieferbar. Beispiel für eine Norm-Bestellbezeichnung nach DIN 8905:

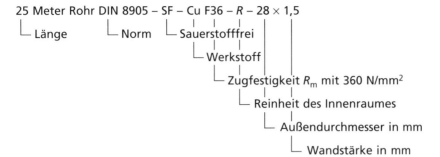

25 Meter Rohr DIN 8905 – SF – Cu F36 – R – 28 × 1,5

- Länge
- Norm
- Sauerstofffrei
- Werkstoff
- Zugfestigkeit R_m mit 360 N/mm²
- Reinheit des Innenraumes
- Außendurchmesser in mm
- Wandstärke in mm

4.2.4.6 Sauggasgeschwindigkeit

Berechung der Sauggasgeschwindigkeit im geraden Rohrleitungsabschnitt:

Kältemittelvolumenstrom:

① $\dot{V} = A \cdot w$ mit $\dot{V}$ in $\dfrac{m^3}{s}$

A in m²

w in $\dfrac{m}{s}$

② $\dot{V} = \dfrac{\dot{m}_R}{\varrho_R}$ und $A = \dfrac{d^2 \cdot \pi}{4}$; ② in ① einsetzen ergibt:

③ $\dfrac{\dot{m}_R}{\varrho_R} = \dfrac{d^2 \cdot \pi}{4} \cdot w$ mit $\dfrac{\frac{kg}{s}}{\frac{kg}{m^3}} = m^2 \cdot \dfrac{m}{s}$

④ $\dot{m}_R = \dfrac{\dot{Q}_O}{q_{ON}}$ einsetzen in ③

$\dfrac{\dot{Q}_O}{\varrho_R \cdot q_{ON}} = \dfrac{d^2 \cdot \pi \cdot w}{4}$; Gleichung nach w umstellen ergibt:

$w = \dfrac{\dot{Q}_O \cdot 4}{\varrho_R \cdot q_{ON} \cdot d^2 \cdot \pi}$ in $\dfrac{\frac{kJ}{s}}{\frac{kg}{m^3} \cdot \frac{kJ}{kg} \cdot m^2} = \dfrac{kJ \cdot m^3 \cdot kg}{s \cdot kg \cdot kJ \cdot m^2} = \dfrac{m}{s}$

Berechnung: $w = \dfrac{10 \cdot 4}{10,53 \cdot 135,90 \cdot (0,032)^2 \cdot \pi} = 8,69 \dfrac{m}{s}$

mit:

Kältemittel: R 134a

$h_3 = h4 = 261,1$ kJ/kg bei $t_3 = +43$ °C mit 2 K Unterkühlung

$h'_1 = 397$ kJ/kg bei 6 K verdampferseitiger Überhitzung aus $\log p, h$-Diagramm für das überhitzte Gebiet bei Sättigungstemperatur: $t_O = -8$ °C

$q_{ON} = h'_1 - h_4$ in kJ/kg

$q_{ON} = 397 - 261,1$

$q_{ON} = 135,90$ kJ/kg

$\varrho_R \ = 10,53$ kg/m³ Dampfdichte bei $-8\ °C$

$\dot{Q}_O \ = 10$ kJ/s

Wirtschaftliche Sauggas-Strömungsgeschwindigkeiten werden in der Literatur für Saugleitungen mit 8–12 m/s bzw. mit 6–30 m/s, oder mit 7–12 m/s angegeben (s. Breidert/ Schittenhelm, Seite 67).

4.2.5   Bemessung des Kältemittelfiltertrockners

Für R 134a und $\dot{Q}_O = 10$ kW wird folgender Filter-Trockner gewählt: ADK-Plus 305 S, Löt 16 mm

Durchflussleistung:	48,4 kW bei 0,07 bar Druckverlust (korrigierte Leistung $\dot{Q}_N = \dot{Q}_O \cdot K_t = 10$ kW $\cdot$ 1,15 = 11,5 kW)
Wasseraufnahmefähigkeit:	(siehe Tabelle 4.13)
Rohranschluss:	Löt 16 mm

4.2.6   Projektierung des Magnetventils zum Einbau in die Flüssigkeitsleitung

Zur Auslegung wird wieder der Hersteller-Katalog (Tabelle 4.14, 4.15) herangezogen. Hier finden wir die notwendigen technischen Daten. Die im Katalog angegebenen Nennleistungen beziehen sich auf eine Verdampfungstemperatur von $t_O = +4\ °C$, eine Verflüssigungstemperatur von $t_c = +38\ °C$ und einen Druckabfall im Ventil von 0,15 bar.

Die Nennleistungen sind mit Hilfe der Gleichung:

$\dot{Q}_N = \dot{Q}_O \cdot K_{tFl} \cdot K_{\Delta pFl}$ auf die Anlagenbedingungen umzurechnen.

mit: $\dot{Q}_O$ = Kälteleistung; K_{tFl} = Korrekturfaktor für unterschiedliche Betriebstemperaturen;

$K_{\Delta pFl}$ = Korrekturfaktor für die durch unterschiedlichen Druckabfall im Ventil bedingte Leistungsänderung.

Aus Tabelle 4.15 Flüssigkeitsanwendung wird mit

$t_O = -8\ °C$ und $t_3 = +43\ °C$: $K_{tFl} = 1,13$ und

$K_{\Delta pFl} = 0,87$ bei einem gewählten $\Delta_p = 0,20$ bar ermittelt

$\dot{Q}_N = \dot{Q}_O \times K_{tFl} \times K_{\Delta pFl}$

$\dot{Q}_N = 10$ kW $\cdot$ 1,13 $\cdot$ 0,87 = 9,83 kW

Tabelle 4.11 Filter-Trockner Baureihe ADK-PLUS für **flüssige** Kältemittel geschlossene Ausführung, mit abriebfreien, hochfilteraktiven Trocknerblocks mit hoher Säure- und Wasser-Aufnahmefähigkeit

Typ ADK	Bestell-Nr.	Durchflussleistung in kW bei 0,14 bar Druckverlust					Durchflussleistung in kW bei 0,07 bar Druckverlust				
		R 22	R 134a	R 404A/R 507	R 407C	R 410A	R 22	R 134a	R 404A/R 507	R 407C	R 410A
032	003 595	10,6	9,7	6,9	10,1	10,5	7,3	6,7	4,8	7,0	7,2
036MMS	003 597	12,0	11,0	7,8	11,4	11,8	8,0	7,3	5,2	7,6	7,9
032S	003 596	12,9	11,8	8,4	12,3	12,7	8,8	8,1	5,7	8,4	8,7
052	003 598	11,0	10,1	7,2	10,5	10,9	7,6	6,9	4,9	7,2	7,5
056MMS	003 600	15,0	13,7	9,8	14,3	14,8	10,0	9,2	6,5	9,5	9,9
052S	003 599	17,1	15,6	11,1	16,3	16,9	10,8	9,9	7,0	10,3	10,7
053	003 601	21,3	19,5	13,9	20,3	21,0	14,2	13,0	9,2	13,5	14,0
0510MMS	003 603	24,1	22,1	15,7	23,0	23,8	16,4	15,0	10,7	15,6	16,1
053S	003 602	24,1	22,1	15,7	23,0	23,8	16,4	15,0	10,7	15,6	16,1
082	003 604	11,3	10,4	7,4	10,8	11,2	7,8	7,1	5,1	7,4	7,7
086MMS	003 606	16,0	14,7	10,4	15,3	15,8	10,7	9,8	7,0	10,2	10,5
082S	003 605	17,3	15,9	11,3	16,5	17,1	11,9	10,9	7,8	11,4	11,8
083	003 607	23,9	21,9	15,6	22,8	23,6	16,4	15,0	10,7	15,6	16,2
0810MMS	003 609	24,1	22,1	15,7	23,0	23,8	16,4	15,0	10,7	15,6	16,2
083S	003 608	24,1	22,1	15,7	23,0	23,8	16,4	15,0	10,7	15,7	16,2
084	003 610	39,1	35,8	25,5	37,3	38,6	25,7	23,5	16,7	24,5	25,3
0812MMS	003 612	39,5	36,2	25,8	37,7	39,0	26,3	24,1	17,2	25,1	26,0
084S	003 611	40,4	37,0	26,3	38,5	39,8	26,8	24,5	17,5	25,6	26,4
162	003 613	11,5	10,5	7,5	10,9	11,3	8,0	7,3	5,2	7,6	7,8
163	003 614	24,1	22,1	15,7	23,0	23,8	16,8	15,4	10,9	16,0	16,5
1610MMS	003 616	26,8	24,5	17,5	25,6	26,5	18,7	17,1	12,2	17,8	18,5
163S	003 615	26,8	24,5	17,5	25,6	26,5	18,7	17,2	12,2	17,9	18,5
164	003 617	47,1	43,2	30,7	45,0	46,5	31,3	28,7	20,4	29,9	30,9
1612MMS	003 619	48,5	44,4	31,6	46,3	47,9	32,3	29,6	21,1	30,8	31,9
164S	003 618	49,9	45,7	32,6	47,6	49,3	36,0	33,0	23,5	34,3	35,5
165	003 620	66,5	60,9	43,4	63,5	65,7	44,8	41,1	29,2	42,8	44,3
165S	003 621	74,4	66,3	47,2	69,1	71,5	49,7	45,6	32,4	47,4	49,1
303	003 622	25,4	23,2	16,5	24,2	25,0	17,7	16,2	11,5	16,9	17,5
304	003 623	47,1	43,2	30,7	45,0	46,5	31,3	28,7	20,4	29,9	30,9
3012MMS	003 625	49,4	45,3	32,2	47,1	48,8	32,9	30,2	21,5	31,4	32,5
304S	003 624	51,6	47,2	33,6	49,2	50,9	36,0	33,0	23,5	34,4	35,6
305	003 626	72,1	66,0	47,0	68,7	71,1	52,6	48,2	34,3	50,2	52,0
305S	003 627	72,9	66,8	47,6	69,6	72,0	52,8	48,4	34,4	50,4	52,1
3075	003 628	104,6	95,8	68,2	99,8	103,2	66,3	60,7	43,2	63,2	65,4

Tabelle 4.12 Korrekturfaktoren für Flüssigkeits-Filter-Trockner der Baureihen ADK, FDB, FDS und ADKS

Filter-Trockner Auswahl von −15 °C/+30 °C abweichende Betriebsbedingungen:

$$Q_n = Q_O \times K_t$$

Q_n: Nennleistung
Q_O: Erforderliche Kälteleistung
K_t: Korrekturfaktor für Verdampfer- und Flüssigkeitstemperatur

Kältemittel	Flüssigkeitstemperatur °C	Korrekturfaktor K^t Verdampfertemperatur °C													
		20	15	10	5	0	−5	−10	−15	−20	−25	−30	−35	−40	−45
R 134 a	60	1,29	1,32	1,35	1,39	1,42	1,46	1,50	1,55	1,59	1,65	1,70			
	55	1,20	1,22	1,25	1,28	1,31	1,34	1,38	1,41	1,45	1,50	1,54			
	50	1,11	1,14	1,16	1,19	1,21	1,24	1,27	1,30	1,34	1,38	1,42			
	45	1,04	1,06	1,09	1,11	1,13	1,16	1,18	1,21	1,24	1,27	1,31			
	40	0,98	1,00	1,02	1,04	1,06	1,08	1,11	1,13	1,16	1,19	1,22			
	35	0,93	0,94	0,96	0,98	1,00	1,02	1,04	1,06	1,08	1,11	1,14			
	30	0,88	0,90	0,91	0,93	0,94	0,96	0,98	1,00	1,02	1,04	1,07			
	25	0,84	0,85	0,86	0,88	0,89	0,91	0,93	0,95	0,96	0,98	1,01			
	20		0,81	0,82	0,84	0,85	0,87	0,88	0,90	0,92	0,93	0,95			
	15			0,79	0,80	0,81	0,83	0,84	0,85	0,87	0,89	0,90			
	10				0,76	0,78	0,79	0,80	0,82	0,83	0,84	0,86			
	5					0,74	0,76	0,77	0,78	0,79	0,81	0,82			
	0						0,73	0,74	0,75	0,76	0,77	0,79			
	−5							0,71	0,72	0,73	0,74	0,75			
	−10								0,69	0,70	0,71	0,72			
R 404A	60	1,77	1,83	1,90	1,97	2,06	2,16	2,27	2,39	2,54	2,70	2,89	3,12	3,39	3,70
	55	1,48	1,52	1,56	1,62	1,67	1,74	1,81	1,90	1,99	2,09	2,21	2,34	2,50	2,67
	50	1,28	1,31	1,34	1,38	1,43	1,47	1,53	1,59	1,65	1,73	1,81	1,90	2,00	2,11
	45	1,13	1,16	1,18	1,21	1,25	1,29	1,33	1,38	1,43	1,48	1,54	1,61	1,68	1,76
	40	1,02	1,04	1,06	1,09	1,12	1,15	1,18	1,22	1,26	1,30	1,35	1,40	1,46	1,52
	35	0,93	0,95	0,97	0,99	1,01	1,04	1,07	1,10	1,13	1,17	1,20	1,25	1,29	1,34
	30	0,86	0,87	0,89	0,91	0,93	0,95	0,97	1,00	1,03	1,06	1,09	1,12	1,16	1,20
	25	0,80	0,81	0,83	0,84	0,86	0,88	0,90	0,92	0,94	0,97	1,00	1,03	1,06	1,09
	20		0,76	0,77	0,79	0,80	0,82	0,84	0,85	0,87	0,90	0,92	0,95	0,97	1,00
	15			0,72	0,74	0,75	0,77	0,78	0,80	0,82	0,84	0,86	0,88	0,90	0,93
	10				0,69	0,71	0,72	0,73	0,75	0,77	0,78	0,80	0,82	0,84	0,86
	5					0,67	0,68	0,69	0,71	0,72	0,74	0,75	0,77	0,79	0,81
	0						0,65	0,66	0,67	0,68	0,70	0,71	0,73	0,74	0,76
	−5							0,63	0,64	0,65	0,66	0,67	0,69	0,70	0,72
	−10								0,61	0,62	0,63	0,64	0,65	0,67	0,68
	−15									0,59	0,60	0,61	0,62	0,64	0,65
	−20										0,56	0,57	0,58	0,59	0,61
R 507	60	1,68	1,73	1,78	1,84	1,91	1,99	2,07	2,17	2,27	2,39	2,53	2,69	2,87	3,08
	55	1,43	1,46	1,50	1,54	1,59	1,65	1,71	1,77	1,85	1,93	2,02	2,12	2,24	2,36
	50	1,25	1,28	1,31	1,34	1,38	1,42	1,47	1,52	1,57	1,63	1,70	1,77	1,85	1,94
	45	1,12	1,14	1,17	1,20	1,23	1,26	1,30	1,34	1,38	1,42	1,48	1,53	1,59	1,66
	40	1,02	1,04	1,06	1,08	1,11	1,13	1,16	1,20	1,23	1,27	1,31	1,36	1,40	1,46
	35	0,94	0,95	0,97	0,99	1,01	1,04	1,06	1,09	1,12	1,15	1,18	1,22	1,26	1,30
	30	0,87	0,88	0,90	0,92	0,94	0,96	0,98	1,00	1,02	1,05	1,08	1,11	1,14	1,18
	25	0,81	0,83	0,84	0,85	0,87	0,89	0,91	0,93	0,95	0,97	1,00	1,02	1,05	1,08
	20		0,77	0,79	0,80	0,81	0,83	0,85	0,86	0,88	0,90	0,92	0,95	0,97	1,00
	15			0,74	0,75	0,77	0,78	0,79	0,81	0,83	0,84	0,86	0,88	0,91	0,93
	10				0,71	0,72	0,74	0,75	0,76	0,78	0,79	0,81	0,83	0,85	0,87
	5					0,68	0,70	0,71	0,72	0,73	0,75	0,76	0,78	0,80	0,81

Tabelle 4.12 (Fortsetzung)

Kälte-mittel	Flüssigkeits-temperatur °C	Korrekturfaktor K^t Verdampfertemperatur °C													
		20	15	10	5	0	−5	−10	−15	−20	−25	−30	−35	−40	−45
R 507	0						0,66	0,67	0,68	0,70	0,71	0,72	0,74	0,75	0,77
	−5							0,64	0,65	0,66	0,67	0,68	0,70	0,71	0,73
	−10								0,62	0,63	0,64	0,65	0,66	0,68	0,69
	−15									0,60	0,61	0,62	0,63	0,64	0,65
	−20										0,58	0,59	0,60	0,61	0,62
R 407 C	60	1,40	1,42	1,45	1,49	1,52	1,56	1,61	1,65	1,70	1,76	1,82			
	55	1,27	1,29	1,32	1,35	1,38	1,41	1,44	1,48	1,52	1,57	1,61			
	50	1,17	1,19	1,21	1,23	1,26	1,28	1,31	1,35	1,38	1,42	1,46			
	45	1,08	1,10	1,12	1,14	1,16	1,18	1,21	1,24	1,26	1,30	1,33			
	40	1,01	1,02	1,04	1,06	1,08	1,10	1,12	1,14	1,17	1,20	1,22			
	35	0,95	0,96	0,98	0,99	1,01	1,03	1,05	1,07	1,09	1,11	1,14			
	30	0,89	0,91	0,92	0,93	0,95	0,96	0,98	1,00	1,02	1,04	1,06			
	25	0,85	0,86	0,87	0,88	0,90	0,91	0,93	0,94	0,96	0,98	1,00			
	20		0,81	0,82	0,84	0,85	0,86	0,88	0,89	0,91	0,92	0,94			
	15			0,79	0,80	0,81	0,82	0,83	0,85	0,86	0,88	0,89			
	10				0,76	0,77	0,78	0,79	0,81	0,82	0,83	0,85			
	5					0,74	0,75	0,76	0,77	0,78	0,79	0,81			
	0						0,82	0,73	0,74	0,75	0,76	0,77			
	−5							0,70	0,71	0,72	0,73	0,74			
	−10								0,68	0,69	0,70	0,71			

Tabelle 4.13 Wasser- und Säureaufnahme

Größe	Wasseraufnahme in Gramm Flüssigkeitstemperatur								Säure-aufnahme
	24 °C				52 °C				
	R 134a	R 22	R 404A/R 507	R 407C	R 134a	R22	R 404A/R 507	R 407C	Gramm
ADK03	4,9	4,5	4,9	3,47	4,4	4,0	4,6	2,9	0,8
ADK05	11,8	10,8	11,8	8,2	10,6	9,6	10,9	7,0	2,3
ADK08	17,9	16,4	18,0	12,4	16,2	14,6	16,6	10,7	3,3
ADK16	23,0	21,0	23,1	16,0	20,8	18,8	21,3	13,8	4,5
ADK30	51,8	48,6	53,5	36,9	47,4	43,3	49,3	31,8	11,3
ADK41	81,7	76,6	84,3	58,2	74,8	68,3	77,8	50,2	16,8
ADK75	143,5	134,5	148,1	102,1	131,4	148,1	136,6	88,1	29,9

Es wird ein servogesteuertes Zweiwegemagnetventil vom Typ 200RB4T4 mit einer Nennleistung von 15,5 kW gewählt. Diese Leistung ist höher als benötigt, ergo wird die tatsächliche Druckdifferenz kleiner werden.

Berechnung: $\Delta p_B = \Delta p_N \cdot \left(\dfrac{\dot{Q}_N}{\dot{Q}_{NK}}\right)^2$ in bar

$$\Delta p_B = 0,20 \cdot \left(\frac{9,83}{15,5}\right)^2 = \underline{0,080\ bar}$$

Δp_B = Druckdifferenz unter Betriebsbedingungen
Δp_N = gewählt Tabelle 4.15
$\dot{Q}_N$ = Nennleistung, gerechnet
$\dot{Q}_{NK}$ = Nennleistung, Katalogangabe

Diese berechnete tatsächliche Druckdifferenz ist größer als die zur Öffnung des Ventils erforderliche Mindestdruckdifferenz von 0,05 bar.

Tabelle 4.14

Baureihe	Typ	Bestell-Nr.	Löt/ODF mm	Löt/ODF Zoll	Bördel/SAE mm	Bördel/SAE Zoll	Flüssigkeit R 134a	R 22	R 507 / R 404A	R 407C	Heißgas R 134a	R 22	R 507 / R 404A	R 407C	Sauggas R 134a	R 22	R 507	R 404A / R 407C	k$_v$-Wert m³/h	Δp min. bar
110 RB 2	T2	801 217	6				3,5	3,8	2,5	3,6	1,6	2,0	1,7	2,1					0,2	0
	T2	801 210		1/4																
	T3	801 209	10	3/8																
	F2	801 213			6	1/4														
	F3	801 212			10	3/8														
200 RB 3	T3	801 239	10	3/8			6,6	7,1	4,6	6,8		3,7	3,2	3,9					0,4	0,05
	F3	801 240			10	1/4														
200 RB 4	T3	801 176	10				15,5	16,8	10,9	16,1	7,1	8,8	7,5	9,2					0,9	
	T3	801 190		3/8																
	T4	801 178	12	1/2																
	T4	801 179		1/2																
	F3	801 177			10	3/8														
	T4	801 182	12	1/2																
	T4	801 183		1/2																
200 RB 6	T5	801 186	16	5/8			27,3	29,5	18,9	28,0	12,5	15,4	13,1	16,1					1,6	
	F4	801 187			12	1/2														
	F5	801 189			16	5/8														
240 RA 8	T5	801 160		5/8			36,3	39,3	25,2	37,3	16,7	20,5	17,4	21,4	4,2	5,6	4,6	5,2	2,3	0,05
	T7	801 143	22	7/8																
240 RA 9	T5	801 161	16	5/8			76,2	82,5	52,9	78,4	35,1	43,1	36,5	44,9	8,8	11,7	9,7	10,9	4,8	
	T7	801 162	22	7/8																
	T9	801 142		1-1/8																
240 RA 12	T7	801 163	22	7/8			85,7	92,8	59,5	88,1	39,4	48,4	41,1	50,5	9,9	13,1	10,9	12,3	5,4	
	T9	801 144		1-1/8																
240 RA 18	T9	801 164		1-1/8			139,1	150,5	96,5	142,9	64,0	78,5	66,6	81,9	16,0	21,3	17,7	19,9	8,8	
	T11	801 166	35	1-3/8																
240 RA 20	T11-M	801 172	35	1-3/8			202,6	219,3	140,7	208,3	93,2	114,4	97,1	119,3	23,3	31,0	25,7	29,0	12,8	
	T13-M	801 224	42																	
	T13-M	801 173		1-5/8																
	T17-M	801 174	54	2-1/8																

200 RB

Tabelle 4.15 Flüssigkeitsanwendung – Korrekturfaktoren

Temperatur der Flüssigkeit vor dem Ventil °C	R 134a						Korrekturfaktor K_t Verdampfungstemperatur °C					R 134a	Temperatur der Flüssigkeit vor dem Ventil °C
	+10	0	-10	-20	-30	-40	+10	0	-10	-20	-30	-40	
+60	1,33	1,40	1,48	1,56	1,67	1,79	1,26	1,30	1,38	1,38	1,44	1,50	+60
+55	1,23	1,29	1,36	1,43	1,52	1,62	1,19	1,22	1,29	1,29	1,34	1,39	+55
+50	1,15	1,20	1,26	1,32	1,39	1,48	1,12	1,15	1,21	1,22	1,26	1,30	+50
+45	1,08	1,12	1,17	1,22	1,29	1,37	1,06	1,08	1,15	1,15	1,18	1,23	+45
+40	1,01	1,05	1,10	1,14	1,20	1,27	1,01	1,03	1,09	1,09	1,12	1,16	+40
+35	0,96	0,99	1,03	1,07	1,12	1,18	0,96	0,98	1,03	1,03	1,06	1,10	+35
+30	0,91	0,94	0,98	1,01	1,06	1,11	0,92	0,94	0,99	0,98	1,01	1,04	+30
+25	0,86	0,89	0,92	0,95	1,00	1,04	0,88	0,89	0,94	0,94	0,96	0,99	+25
+20	0,82	0,85	0,88	0,91	0,94	0,98	0,84	0,86	0,90	0,90	0,92	0,95	+20
+15	0,78	0,81	0,84	0,86	0,89	0,93	0,81	0,82	0,87	0,86	0,88	0,91	+15
+10	0,75	0,77	0,80	0,82	0,85	0,89	0,78	0,79	0,83	0,83	0,85	0,87	+10
+ 5		0,74	0,76	0,78	0,81	0,84		0,76	0,80	0,79	0,81	0,83	+ 5
0		0,71	0,73	0,75	0,78	0,81		0,73	0,77	0,77	0,78	0,80	0
- 5			0,70	0,72	0,74	0,77			0,74	0,74	0,75	0,77	- 5
-10			0,68	0,69	0,71	0,74			0,72	0,71	0,73	0,74	-10

Korrekturfaktor $K_{\Delta p}$																
Δp (bar)	0,05	0,10	0,15	0,20	0,25	0,30	0,35	0,40	0,45	0,50	0,55	0,60	0,65	0,70	0,75	Δp (bar)
$K_{\Delta p}$	1,73	1,22	1,00	0,87	0,77	0,71	0,65	0,61	0,58	0,55	0,52	0,50	0,48	0,46	0,45	$K_{\Delta p}$

4.2.6.1 Berechnung des k_v-Wertes

Kontrollrechnung zur Bemessung des Magnetventils durch k_v-Wert-Ermittlung und die daraus resultierende Druckdifferenz.
Für flüssiges Kältemittel ergibt sich die k_v-Wert-Gleichung zu:

$$k_v = \frac{\dot{m}_R}{\sqrt{\varrho_R \cdot \Delta p} \cdot 10^3} \text{ in } \frac{m^3}{h} \text{ mit: } \dot{m}_R = \frac{\dot{Q}_O}{q_{ON}}$$

wird:

$$k_v = \frac{\dot{Q}_O \cdot 3\,600}{q_{ON} \cdot \sqrt{\varrho_R \cdot \Delta p} \cdot 10^3} \text{ da } \dot{Q}_O \text{ in } \frac{kJ}{s} \text{ eingeht wird der Zähler noch mit } 3\,600 \text{ s/h berücksichtigt}$$

$$k_v = \frac{10 \cdot 3\,600}{135,90 \cdot \sqrt{1,135 \cdot 0,2} \cdot 10^3} = \underline{0,556} \frac{m^3}{h}$$

mit

$$\dot{Q}_O = 10 \frac{kJ}{s} \cdot 3\,600 \text{ s/h}$$

$$q_{ON} = h'_1 - h_4 = 135,90 \frac{kJ}{kg}$$

$\varrho_R = 1,135 \frac{kg}{l}$, Dichte der Flüssigkeit bei $t_3 = +43\,°C$ aus Dampftafel;

$\Delta p = 0,2$ bar gewählt.

Das Verhältnis der k_v-Werte ist der Quadratwurzel aus den Druckdifferenzen umgekehrt proportional mit:

$$\frac{k_{v1}}{k_{v2}} = \sqrt{\frac{\Delta p_2}{\Delta p_1}} \text{ nach } \Delta p_2 \text{ aufgelöst ergibt sich:}$$

$$\Delta p_2 = \Delta p_1 \cdot \left(\frac{k_{v1}}{k_{v2}}\right)^2 \text{ in bar} \quad \text{mit:} \quad \Delta p_1 = 0,2 \text{ bar gewählt}$$

$$k_{v1} = 0,556 \ \frac{m^3}{h} \text{ gerechnet}$$

$$k_{v2} = 0,9 \ \frac{m^3}{h} \text{ ; Katalogwert}$$

$$\Delta p_2 = 0,2 \cdot \left(\frac{0,556}{0,9}\right)^2 = \underline{0,0763 \text{ bar}}$$

$\Delta p_2 = 0,076$ bar bestätigt die richtige Berechnung!

4.2.6.2   Gesamttemperaturdifferenz in der Flüssigkeitsleitung

Berechnung der Gesamttemperaturdifferenz in der Flüssigkeitsleitung

$t_c = +45 \ °C \ \hat{=} \ p_c = 11,592$ bar
$t_3 = +44 \ °C \ \hat{=} \ p = 11,294$ bar

$\Delta T = 1$ K $\Delta p = 0,298$ bar $\Rightarrow \underline{\Delta p = 0,298 \text{ bar/K}}$

Zusammenstellung der einzelnen Teilstücke:

$\Delta p_1 = 0,07$ bar   = Teildruckdifferenz Filtertrockner
$\Delta p_2 = 0,08$ bar   = Teildruckdifferenz Magnetventil
$\Delta p_3 = 0,389$ bar   = Teildruckdifferenz der Steigleitung vom Flüssigkeitssammelbehälter
hoch zur Decke im Maschinenraum $\Delta p = h \cdot \rho \cdot g$

mit $h = 3,5$ m
$g = 9,81$ m/s^2
$\varrho_R = 1,135$ kg/dm^3 bei
$t_3 = +43 \ °C; 10^3$ zur Einheitenumrechnung auf kg/m^3
$\Delta p = 3,5 \cdot 1,135 \cdot 9,81 \cdot 1\,000$ in N/m^2 = Pa

$\underline{\Delta p = 38\,970 \text{ Pa}}$

$\underline{\Delta p = 0,3897 \text{ bar}}$

$\Delta p_4 = 0,0843$ bar = Teildruckdifferenz in gerader Rohrleitung bis zum T-Stück (Berechnung folgt später!).

$\Delta p_{gesamt} = \Delta p_1 + \Delta p_2 + \Delta p_3 + \Delta p_4$

$\Delta p_{gesamt} = 0,07$ bar $+ 0,08$ bar $+ 0,389$ bar $+ 0,0843$ bar $= 0,623$ bar

$\underline{\underline{\Delta p_{gesamt} = 0,623 \text{ bar}}}$

Exkurs zur Ermittlung der Strömungsgeschwindigkeit und des Druckabfalls in der Flüssigkeitsleitung vom Flüssigkeitssammelbehälter zum T-Stück.

Strömungsgeschwindigkeit w:

$$w = \frac{\dot{Q}_0 \cdot 4}{\rho_R \cdot q_{ON} \cdot d^2 \cdot \pi} \text{ in } = \frac{kJ \cdot m^3 \cdot kg}{s \cdot kg \cdot kJ \cdot m^2} = \frac{m}{s}$$

$$w = \frac{10 \cdot 4}{1,135 \cdot 1\,000 \cdot 135,90 \cdot (0,013)^2 \cdot \pi} = 0,49 \; \frac{m}{s}$$

Wirtschaftliche Geschwindigkeiten in Flüssigkeitsleitungen werden in der Literatur mit 0,3–1 m/s und 0,4–0,8 m/s angegeben (s. Breidert/Schittenhelm, Seite 67).
Druckabfall Δp:

$$\Delta p = \frac{\lambda \cdot l \cdot \varrho_R \cdot w^2}{d_i \cdot 2} \quad \text{in} \quad \frac{m \cdot kg \cdot m^2}{m \cdot m^{32} \cdot s^2} = \frac{N}{m^2} = Pa$$

mit:

λ = Rohrreibungszahl, dimensionslos
l = $l_{äq}$ in m
ϱ_R = Dichte des flüssigen R 134a
w = Strömungsgeschwindigkeit in m/s
d_i = Rohrinnendurchmesser in m

Die Rohrreibungszahl λ, als dimensionslose Kennzahl ist eine Funktion der Reynolds-Zahl $Re = \frac{w \cdot d}{v}$; $\lambda = f(w, d, v)$; λ wird in der kältetechnischen Praxis mit dem Wert **0,03** für Kupferrohr nach DIN 8905 angesetzt.

$$\Delta p = \frac{0,03 \cdot 26,8 \cdot 1,135 \cdot 1\,000 \cdot (0,49)^2}{0,013 \cdot 2} \quad \text{in Pa}$$

$$\underline{\Delta p = 8.427 \; Pa}$$

$$\underline{\Delta p = 0,0843 \; bar}$$

Damit wird die Gesamt-Temperaturdifferenz in der Flüssigkeitsleitung: $\Delta T = \frac{0,623 \; bar}{0,298 \; bar/K}$ = 2,09 K
Dieses Ergebnis besagt, dass die Unterkühlung 2 K betragen sollte.

Eine Unterkühlung von 2 K ist bei einem luftgekühlten Verflüssigungssatz der vorliegenden Bauart durchaus zu erwarten, so dass der rechnerische Ansatz von 2 K berechtigt erscheint und weitere Maßnahmen zusätzlicher Unterkühlung entfallen können.

4.2.7 Auslegung der thermostatischen Expansionsventile

Um der Forderung des VDMA-Einheitsblattes 24243 Teil 1 bis 5 nach „Hermetisierung von Kälteanlagen" gerecht zu werden, kommen nur Ventiltypen in Frage, die einzulöten sind.

Zur Dimensionierung wird wieder die Hersteller-Unterlage hinzugezogen. In Tabelle 4.16 finden wir die Thermo-Expansionsventile der Baureihe T. Die benötigte Kälteleistung $\dot{Q}_O$ ist mit den Korrektur-Faktoren K_t für die entsprechenden Betriebstemperaturen und $K_{\Delta p}$ für das am Ventil wirksame Druckgefälle zu multiplizieren.

Das Ergebnis ist die erforderliche Nennleistung $\dot{Q}_N$ für die das Ventil aus der entsprechenden Nennleistungstabelle auszuwählen ist.

Anlagedaten: $\dot{Q}_O$ = 5,6 kW pro Verdampfer
t_O = −8 °C
t_c = +45 °C
t_3 = +43 °C
Kältemittel: R 134 a
$\dot{Q}_N = \dot{Q}_O \cdot K_{tFl} \cdot K_{\Delta pFl}$ mit K_{tFl} = 1,13 durch Interpolation ermittelt

Um $K_{\Delta p}$ bestimmen zu können, benötigen wir zuerst die Gesamt-Druckdifferenz über dem Ventil.

$$(p_c - p_O) = \Delta p_1 + \Delta p_{\text{Leitung}} + \Delta p_{\text{Trockner}} + \Delta p_{\text{Magnetventil}} + \Delta p_{\text{Steigleitung}} \text{ in bar}$$

Nach Umstellen auf Δp_1 wird:

$$\Delta p_1 = p_c - (p_O + \Delta p_{\text{Leitung}} + \Delta p_{\text{Trockner}} + \Delta p_{\text{Magnetventil}} + \Delta p_{\text{Steigleitung}})$$

$$\Delta p_1 = 11{,}592 - (2{,}171 + 0{,}0843 + 0{,}07 + 0{,}08 + 0{,}389) \text{ in bar}$$

$$\Delta p_1 = 11{,}592 - 3{,}553 = 8{,}039$$

$$\Delta p_1 = \underline{8{,}04 \text{ bar}}$$

Damit wird der Korrekturfaktor $K_{\Delta pFl}$ gewählt. $K_{\Delta pFl} = 0{,}88$

$$\dot{Q}_N = 5{,}6 \text{ kW} \cdot 1{,}13 \cdot 0{,}88 = 5{,}57 \text{ kW}$$

Da die Verdampfer SGBE81 eine Flüssigkeitsverteilung über den CAL-Verteiler haben (Δp Verteiler wird deshalb in der vorhergegangenen Berechnung vernachlässigt!), benötigen wir ein TEV mit äußerem Druckausgleich.

Ventile der Baureihe *T* verfügen grundsätzlich über einen äußeren Druckausgleichsanschluss.

Es werden zwei Ventile des Typs **TCLE150MW 10 × 16** gewählt (siehe Typenschlüssel Tabelle 4.16).

Berechnung der tatsächlichen Druckdifferenz über dem Ventil:

$$\Delta p_2 = \Delta p_1 \cdot (\dot{Q}_N / \dot{Q}_{NK})^2 \text{ in bar} \quad \text{mit} \quad \Delta p_1 \text{ aus vorangegangener Berechnung}$$

$$\Delta p_2 = 8{,}04 \cdot (5{,}57/6{,}1)^2 = 6{,}70 \text{ bar} \qquad \dot{Q}_N = \text{aus Berechnung mit:}$$

$$\Delta p_2 = 6{,}70 \text{ bar} \qquad\qquad\qquad \dot{Q}_N = \dot{Q}_O \cdot K_t \cdot K_{\Delta p}$$

$$\dot{Q}_{NK} = \text{Katalognennleistung}$$

Berechnung der Mindestverflüssigungstemperatur bei welcher das TEV noch einwandfrei arbeitet:

$$p_{c \text{ Min}} = \Delta p_2 + p_O + \Delta p_{\text{Leitung}} + \Delta p_{\text{Trockner}} + \Delta p_{\text{Magnetventil}} + \Delta p_{\text{Steigleitung}} \text{ in bar}$$

$$p_{c \text{ Min}} = 6{,}70 + 2{,}171 + 0{,}0843 + 0{,}07 + 0{,}08 + 0{,}389$$

$$p_{c \text{ Min}} = 9{,}49 \text{ bar} \approx t_{c \text{ Min}} = +37{,}5 \text{ °C} \quad \text{laut Dampftafel, Nassdampfgebiet R 134a}$$

Tabelle 4.16 Daten für thermostatische Expansionsventile

Expansionsventile, Baureihe

Verdampfungstemperaturbereich −45 %/+30 °C   **T**

Bau-reihe	R 134a		R 22		R 404A/R 507		R 407C		Ventileinsatz
	Typ	Nenn-leistung kW	Typ	Nenn-leistung kW	Typ	Nenn-leistung kW	Typ	Nenn-leistung kW	
	25 MW	1,5	50 HW	1,9	25 SW	1,3	50 NW	2,1	X 22440-B1B
	75 MW	2,9	100 HW	3,7	75 SW	2,6	100 NW	4,0	X 22440-B2B
	150 MW	6,1	200 HW	7,9	150 SW	5,6	200 NW	8,5	X 22440-B3B
	200 MW	9,3	250 HW	11,9	200 SW	8,4	300 NW	12,9	X 22440-B3,5B
TCLE	250 MW	13,5	300 HW	17,3	250 SW	12,2	400 NW	18,7	X 22440-B4B
	350 MW	17,3	500 HW	22,2	400 SW	15,7	550 NW	24,0	X 22440-B5B
	550 MW	23,6	750 HW	30,4	600 SW	21,5	750 NW	32,9	X 22440-B6B
	750 MW	32,0	1 000 HW	41,1	850 SW	29,0	1 000 NW	44,4	X 22440-B7B
	900 MW	37,2	1 200 HW	47,8	1 000 SW	33,8	1 150 NW	51,7	X 22440-B8B

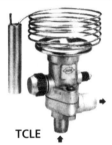

TCLE

Typenschlüssel

TCL E 100 H W 35 WL 10×16

Ventil-Typ
Äußerer Druckausgleich
Ventil-Leistungs-Kennzahl
Kältemittel-Symbol
Kennbuchstaben der Fühlerfüllung
(„W" für Allzweckbereich +30 bis −45 °C)
Druckbegrenzung (MOP-Kennzahl)
Art derFlanschausführung
(hier: WL = Winkel-Lötflansch)
Durchmesser der Anschlüsse für Ein- und Austritt

Tabelle 4.17 Flüssigkeitsanwendung – Korrekturfaktoren

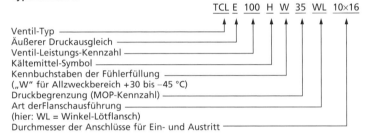

Temperatur der Flüssig-keit vor dem Ventil °C	R 404a						Korrekturfaktor K$_t$ Verdampfungstemperatur °C					R 404a					Temperatur der Flüssig-keit vor dem Ventil °C
	+30	+25	+20	+15	+10	+5	0	−5	−10	−15	−20	−25	−30	−35	−40	−45	
+60	1,56	1,59	1,64	1,69	1,74	1,81	1,88	1,96	2,06	2,43	2,95	3,56	4,37	5,38	6,71	8,47	+60
+55	1,32	1,35	1,38	1,42	1,46	1,50	1,55	1,61	1,68	1,96	2,36	2,83	3,43	4,16	5,12	6,34	+55
+50	1,16	1,18	1,20	1,23	1,26	1,30	1,34	1,38	1,43	1,67	1,99	2,37	2,85	3,43	4,18	5,14	+50
+45	1,04	1,05	1,07	1,10	1,12	1,15	1,18	1,22	1,26	1,46	1,74	2,05	2,46	2,95	3,57	4,35	+45
+40	0,94	0,96	0,97	0,99	1,02	1,04	1,07	1,09	1,13	1,30	1,55	1,82	2,17	2,59	3,13	3,80	+40
+35	0,87	0,88	0,90	0,91	0,93	0,95	0,97	1,00	1,02	1,18	1,40	1,64	1,96	2,33	2,80	3,38	+35
+30	0,81	0,82	0,83	0,84	0,86	0,88	0,90	0,92	0,94	1,08	1,28	1,50	1,78	2,11	2,53	3,05	+30
+25		0,76	0,77	0,79	0,80	0,82	0,83	0,85	0,87	1,00	1,18	1,39	1,64	1,94	2,32	2,79	+25
+20			0,73	0,74	0,75	0,77	0,78	0,80	0,81	0,94	1,10	1,29	1,52	1,80	2,15	2,58	+20
+15				0,70	0,71	0,72	0,73	0,75	0,76	0,88	1,03	1,21	1,42	1,68	2,00	2,40	+15
+10					0,67	0,68	0,69	0,71	0,72	0,73	0,97	1,13	1,34	1,58	1,88	2,25	+10
+ 5						0,65	0,66	0,67	0,68	0,78	0,92	1,07	1,26	1,49	1,77	2,11	+ 5
0							0,63	0,64	0,65	0,75	0,88	1,02	1,20	1,41	1,67	2,00	0
− 5								0,61	0,62	0,71	0,83	0,97	1,14	1,34	1,59	1,90	− 5
−10									0,60	0,68	0,80	0,93	1,09	1,28	1,52	1,81	−10

Korrekturfaktor K$_{\Delta p}$																
Δp (bar)	0,5	1,0	1,5	2,0	2,5	3,0	3,5	4,0	4,5	5,0	5,5	6,0	6,5	7,0	8,0	9,0	Δp (bar)
K$_{\Delta p}$	4,55	3,21	2,62	2,27	2,03	1,86	1,72	1,61	1,52	1,44	1,37	1,31	1,26	1,21	1,14	1,07	K$_{\Delta p}$
Δp (bar)	10,0	11,0	12,0	13,0	14,0	15,0	16,0	17,0	18,0	19,0	20,0	21,0	22,0	23,0	24,0	25,0	Δp (bar)
K$_{\Delta p}$	1,02	0,97	0,93	0,89	0,86	0,83	0,80	0,78	0,76	0,74	0,72	0,70	0,69	0,67	0,66	0,64	K$_{\Delta p}$

Tabelle 4.17 (Fortsetzung)

Temperatur der Flüssigkeit vor dem Ventil °C	R 407C				Korrekturfaktor K_t Verdampfungstemperatur °C						R 407C		Temperatur der Flüssigkeit vor dem Ventil °C
	+30	+25	+20	+15	+10	+5	0	−5	−10	−15	−20	−25	
+55	1,20	1,21	1,23	1,26	1,28	1,31	1,34	1,37	1,40	1,63	1,98	2,42	+55
+50	1,10	1,11	1,13	1,15	1,17	1,19	1,22	1,24	1,27	1,48	1,79	2,18	+50
+45	1,02	1,03	1,05	1,06	1,08	1,10	1,12	1,14	1,17	1,35	1,64	2,00	+45
+40	0,95	0,96	0,98	0,99	1,01	1,02	1,04	1,06	1,08	1,25	1,52	1,84	+40
+35	0,89	0,90	0,92	0,93	0,94	0,96	0,98	0,99	1,01	1,17	1,41	1,71	+35
+30	0,85	0,85	0,87	0,88	0,89	0,90	0,92	0,93	0,95	1,10	1,32	1,60	+30
+25		0,81	0,82	0,83	0,84	0,85	0,87	0,88	0,90	1,03	1,25	1,51	+25
+20			0,78	0,79	0,80	0,81	0,82	0,84	0,85	0,98	1,18	1,43	+20
+15				0,75	0,76	0,77	0,78	0,80	0,81	0,93	1,12	1,35	+15
+10					0,73	0,74	0,75	0,76	0,77	0,89	1,07	1,29	+10
+ 5						0,71	0,72	0,73	0,74	0,85	1,02	1,23	+ 5
0							0,69	0,70	0,71	0,81	0,98	1,18	0
− 5								0,67	0,68	0,78	0,94	1,13	− 5
−10									0,65	0,75	0,90	1,08	−10

Korrekturfaktor $K_{\Delta p}$																
Δp (bar)	0,5	1,0	1,5	2,0	2,5	3,0	3,5	4,0	4,5	5,0	5,5	6,0	6,5	7,0	8,0	9,0
$K_{\Delta p}$	4,78	3,33	2,72	2,36	2,11	1,92	1,78	1,67	1,57	1,49	1,42	1,36	1,31	1,26	1,18	1,11
Δp (bar)	10,0	11,0	12,0	13,0	14,0	15,0	16,0	17,0	18,0	19,0	20,0	21,0	22,0	23,0	24,0	25,0
$K_{\Delta p}$	1,05	1,01	0,96	0,92	0,89	0,86	0,83	0,81	0,79	0,76	0,75	0,73	0,71	0,70	0,68	0,67

Temperatur der Flüssigkeit vor dem Ventil °C	R 134a					Korrekturfaktor K_t Verdampfungstemperatur °C						R 134a				Temperatur der Flüssigkeit vor dem Ventil °C
	+30	+25	+20	+15	+10	+5	0	−5	−10	−15	−20	−25	−30	−35	−40	−45	
+60	1,22	1,25	1,27	1,30	1,33	1,36	1,40	1,44	1,48	1,75	2,08	2,46	2,94	3,50	4,12	4,83	+60
+55	1,14	1,16	1,18	1,21	1,23	1,26	1,29	1,33	1,36	1,60	1,90	2,25	2,68	3,18	3,74	4,36	+55
+50	1,07	1,08	1,10	1,13	1,15	1,17	1,20	1,23	1,26	1,48	1,76	2,07	2,46	2,92	3,42	3,98	+50
+45	1,00	1,02	1,04	1,06	1,08	1,10	1,12	1,15	1,17	1,38	1,63	1,92	2,28	2,70	3,15	3,65	+45
+40	0,93	0,96	0,98	0,99	1,01	1,03	1,05	1,08	1,10	1,29	1,52	1,79	2,12	2,50	2,92	3,38	+40
+35	0,90	0,91	0,92	0,94	0,96	0,97	0,99	1,01	1,03	1,21	1,43	1,68	1,99	2,34	2,73	3,15	+35
+30	0,85	0,86	0,88	0,89	0,91	0,92	0,94	0,96	0,98	1,14	1,35	1,58	1,87	2,20	2,55	2,95	+30
+25		0,82	0,83	0,85	0,86	0,87	0,89	0,91	0,92	1,08	1,27	1,49	1,76	2,07	2,40	2,77	+25
+20			0,80	0,81	0,82	0,83	0,85	0,89	0,88	1,02	1,21	1,41	1,67	1,96	2,27	2,61	+20
+15				0,77	0,78	0,79	0,81	0,82	0,84	0,97	1,15	1,34	1,58	1,85	2,15	2,47	+15
+10					0,75	0,76	0,77	0,78	0,80	0,93	1,09	1,25	1,51	1,76	2,04	2,35	+10
+ 5						0,73	0,74	0,75	0,76	0,89	1,04	1,22	1,44	1,68	1,94	2,23	+ 5
0							0,71	0,72	0,73	0,85	1,00	1,17	1,37	1,61	1,86	2,13	0
− 5								0,69	0,70	0,82	0,96	1,12	1,31	1,54	1,78	2,04	− 5
−10									0,68	0,79	0,92	1,07	1,26	1,48	1,70	1,95	−10

Korrekturfaktor $K_{\Delta p}$																
Δp (bar)	0,5	1,0	1,5	2,0	2,5	3,0	3,5	4,0	4,5	5,0	5,5	6,0	6,5	7,0	7,5	8,0
$K_{\Delta p}$	3,50	2,48	2,02	1,75	1,57	1,43	1,32	1,24	1,17	1,11	1,06	1,01	0,97	0,94	0,90	0,88
Δp (bar)	8,5	9,0	9,5	10,0	10,5	11,0	11,5	12,0	13,0	14,0	15,0	16,0	17,0	18,0	19,0	20,0
$K_{\Delta p}$	0,85	0,83	0,80	0,78	0,76	0,75	0,73	0,72	0,69	0,66	0,64	0,62	0,60	0,58	0,57	0,55

Tabelle 4.17 (Fortsetzung)

Temperatur der Flüssigkeit vor dem Ventil °C	R 507						Korrekturfaktor K_t Verdampfungstemperatur °C							R 507			Temperatur der Flüssigkeit vor dem Ventil °C
	+30	+25	+20	+15	+10	+5	0	−5	−10	−15	−20	−25	−30	−35	−40	−45	
+60	1,54	1,57	1,61	1,65	1,71	1,76	1,83	1,90	1,98	2,36	2,84	3,44	4,23	5,25	6,61	8,45	+60
+55	1,30	1,33	1,36	1,39	1,43	1,47	1,52	1,57	1,62	1,92	2,29	2,75	3,35	4,11	5,11	6,44	+55
+50	1,15	1,17	1,19	1,22	1,24	1,28	1,31	1,35	1,40	1,64	1,95	2,33	2,81	3,43	4,23	5,29	+50
+45	1,03	1,05	1,07	1,09	1,11	1,14	1,17	1,20	1,23	1,45	1,71	2,04	2,45	2,97	6,64	4,53	+45
+40	0,94	0,96	0,97	0,99	1,01	1,03	1,06	1,08	1,11	1,30	1,53	1,82	2,18	2,63	3,22	3,98	+40
+35	0,87	0,88	0,90	0,91	0,93	0,95	0,97	0,99	1,01	1,18	1,39	1,65	1,97	2,37	2,89	3,56	+35
+30	0,81	0,82	0,83	0,85	0,86	0,88	0,89	0,91	0,93	1,09	1,28	1,51	1,80	2,17	2,63	3,23	+30
+25		0,77	0,78	0,79	0,80	0,82	0,83	0,85	0,87	1,01	1,18	1,40	1,66	1,99	2,42	2,97	+25
+20			0,73	0,74	0,75	0,77	0,78	0,79	0,81	0,94	1,10	1,30	1,54	1,85	2,24	2,74	+20
+15				0,70	0,71	0,72	0,73	0,75	0,76	0,88	1,03	1,21	1,44	1,73	2,09	2,55	+15
+10					0,67	0,68	0,69	0,70	0,72	0,83	0,97	1,14	1,35	1,62	1,95	2,38	+10
+ 5						0,64	0,65	0,67	0,68	0,78	0,92	1,07	1,27	1,52	1,83	2,23	+ 5
0							0,62	0,63	0,64	0,74	0,87	1,02	1,20	1,43	1,73	2,10	0
− 5								0,60	0,61	0,70	0,82	0,96	1,14	1,35	1,63	1,98	− 5
−10									0,58	0,67	0,78	0,91	1,08	1,28	1,54	1,87	−10

Korrekturfaktor $K_{\Delta p}$																	
Δp (bar)	0,5	1,0	1,5	2,0	2,5	3,0	3,5	4,0	4,5	5,0	5,5	6,0	6,5	7,0	8,0	9,0	Δp (bar)
$K_{\Delta p}$	4,63	3,27	2,67	2,31	2,07	1,89	1,75	1,64	1,54	1,46	1,40	1,34	1,28	1,24	1,16	1,09	$K_{\Delta p}$
Δp (bar)	10,0	11,0	12,0	13,0	14,0	15,0	16,0	17,0	18,0	19,0	20,0	21,0	22,0	23,0	24,0	25,0	Δp (bar)
$K_{\Delta p}$	1,03	0,99	0,94	0,91	0,87	0,85	0,82	0,79	0,77	0,75	0,73	0,71	0,70	0,68	0,67	0,65	$K_{\Delta p}$

4.2.8 Auswahl des Schauglases mit Feuchtigkeitsindikator

Aus Tabelle 4.18 gewählt:
Typ: AMI-1 TT5, Rohranschluss 16 mm Löt

Tabelle 4.18 Schaugläser mit Feuchtigkeitsindikator Baureihe AMI-1

AMI-1 TT

Typ	Rohranschluss		Anschlussart
	mm	Zoll	
AMI-1 TT2	6	1/4	Innenlötung x Innenlötung (mit eingelöteten Kupferrohrenden)
TT3	10	3/8	
TT4	12	1/2	
→ TT5	16	5/8	
TT7	22	7/8	
TT9	28	1 1/8	

4.2.9 Diagrammatische Ermittlung der Armaflex Dämmschichtdicke für die Saugleitung

Anlagedaten:

Innentemperatur: −10 °C (sichere Annahme)
Außentemperatur (Umgebungstemperatur): +30 °C (sichere Annahme)
φ_a: 0,60 (rel. Feuchte Umgebungsluft)

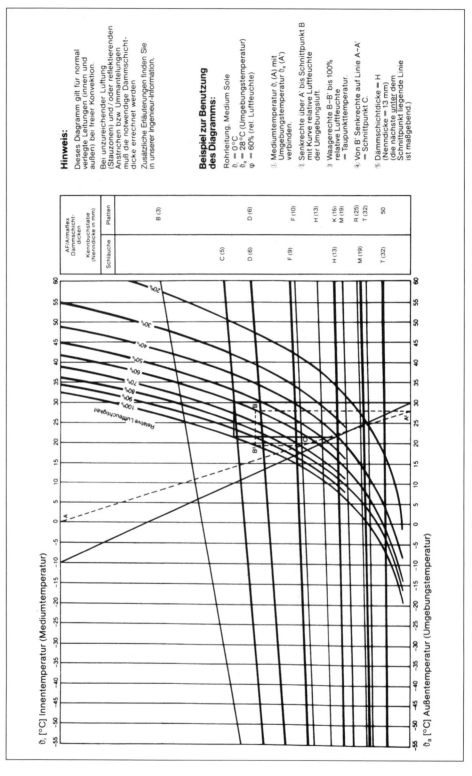

Hinweis:

Dieses Diagramm gilt für normal verlegte Leitungen (innen und außen) bei freier Konvektion.

Bei unzureichender Lüftung (Stauzonen) und / oder reflektierenden Anstrichen bzw. Ummantelungen muß die notwendige Dämmschichtdicke errechnet werden

Zusätzliche Erläuterungen finden Sie in unserer Ingenieur-Information.

Beispiel zur Benutzung des Diagramms:

Rohrleitung, Medium Sole
$\vartheta_i = 0°C$
$\vartheta_a = 28°C$ (Umgebungstemperatur)
$\varphi = 60\%$ (rel. Luftfeuchte)

① Mediumtemperatur ϑ_i (A) mit Umgebungstemperatur ϑ_a (A') verbinden.

② Senkrechte über A' bis Schnittpunkt B mit Kurve relative Luftfeuchte der Umgebungsluft.

③ Waagerechte B–B' bis 100% relative Luftfeuchte = Taupunkttemperatur.

④ Von B' Senkrechte auf Linie A–A' = Schnittpunkt C.

⑤ Dämmschichtdicke = H (Nenndicke = 13 mm) (die nächste unter dem Schnittpunkt liegende Linie ist maßgebend)

AF/Armaflex Dämmschichtdicken		
Kennbuchstabe (Nenndicke in mm)	Schlauche	Platten
		B (3)
	C (5)	
	D (6)	D (6)
	F (9)	F (10)
	H (13)	H (13)
	M (19)	K (16) M (19)
	T (32)	R (25) T (32)
		50

ϑ_i [°C] Innentemperatur (Mediumtemperatur)

ϑ_a [°C] Außentemperatur (Umgebungstemperatur)

Relative Luftfeuchtigkeit

Bild 4.26 Diagramm zur Ermittlung der AF/Armaflex Dämmschichtdicken zur Vermeidung von Tauwasser in Kälte- und Klimatechnik

Armaflex Schlauch Typ H mit 13 mm Wandstärke wird für die Saugleitung gewählt! (siehe auch Herstellerhinweis zur Benutzung des Auswahldiagrammes, s. Bild 4.26)
Zusammenstellung der Schlauchlängen Armaflex H für die Kalkulation:

Standardlänge: 2 Meter
Erforderlich: 8 Meter H 28; 26 Meter H 35

4.2.10 Berechnung der Kältemittelfüllung für die Anlage

Rohrinhalt Verdampfer Küba SGBE 81:8,9 dm^3 × 2 Stück = 17,8 dm^3

Maximaler Behälterinhalt des luftgekühlten Verflüssigungssatzes Bitzer LH84/4CC-6.2Y im R 134a-Betrieb 13,6 kg bei +50 °C Flüssigkeitstemperatur und 95 % Behälterinhalt

24,8 m Flüssigkeitsleitung 15 × 1 mm: 0,15 Liter/Meter Leitung
8 m Flüssigkeitsleitung 12 × 1: 0,08 Liter/Meter Leitung

Berechnung:

$$m_{Vda} = \frac{V_{Vda} \cdot \varrho_O}{3} \text{ in } \frac{dm^3 \cdot kg}{dm^3} = kg; \quad \text{mit} \quad \varrho_R = 1,321 \frac{kg}{dm^3}$$

$$\text{bei} \quad t_O = -8 \text{ °C}$$

$$m_{Vda} = \frac{17,8 \cdot 1,321}{3} = 7,84 \text{ kg}$$

$$m_{Beh.} = \frac{11,98 \cdot 1,135}{3} = 4,53 \text{ kg} \quad \text{mit} \quad \varrho_R = 1,135 \frac{kg}{dm^3}$$

$$\text{bei} \quad t_3 = +43 \text{ °C berechnet ergibt sich } V \text{ mit:}$$
$$11,98 \text{ dm}^3$$

0,15 Liter/Meter · 24,8 m   = 3,72 Liter
0,08 Liter/Meter · 8 m   = 0,64 Liter
                             4,36 Liter

$V = 4,36$ dm^3

$\varrho = 1\,135$ kg/m^3 (t_3 = + 43 °C)

$m = V \cdot \varrho$ in kg   mit: V in m^3
                              ϱ in kg/m^3

$m = 0,0044$ m^3 · $1\,135$ kg/m· = 4,95 kg

$m = 4,95$ kg $\approx$ 5 kg

$m_{ges} = 8$ kg + 4,5 kg + 5 kg = 17,5 kg

In der Kalkulation werden 18 kg R 134a berücksichtigt!

Anmerkung:
Optional ist der Verflüssigungssatz LH84/4CC-6.2Y auch mit dem größeren Sammelbehälter Typ FS 202 (V = 20 dm^3) anstatt Typ FS 125 zu haben.

Wegen der berechneten Kältefüllmenge von ca. 18 kg wird der Verflüssigungssatz mit dem größeren Behälter ausgestattet.

4.2.11 Sicherheitsventil

Als Sicherheitsventil kommt ein gegendruckunabhängiges Überström-
ventil, Fabrikat Hansa, Typ ÜSV 30 bar zum Einsatz.

Der Lieferumfang wird nachfolgend aufgezeigt:

- ÜSV, 30 bar, Nr.: 2446300050
  Ventilanschluss Amit Adapter Bitzer Nr.: 366005-02
  zur Behältermontage.

Bild 4.27

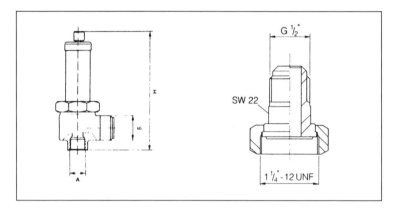

Bild 4.28

- ÜSV-Anschluss B mit Lötadapter Hansa, Typ LA 22 mm × 1 1/4'' UNF

- 2 m Abblaseleitung 22 × 1 mm Cu vom Anschluss B zur Saugleitung der Kälteanlage;
  T-Stück 35-22-35 mm, 2 Stück 90° Bögen 22 mm

- 2 m Armaflex-Isolierung H22

4.2.12 Ermittlung der Montagezeit

	Stunden
Verflüssungssatz 186 kg, Behälter FS202 eingerechnet	3,5
Schauglas	0,5
Trockner	0,5
Verdampfer je 45,7 kg (netto); Befestigungshöhe 3,4 m; 6 h/ Apparat × 1,2 = 7,2 h/Apparat	14,4
20,8 m Cu-Rohr 35 × 1,5 mm; Höhe 4,10 m davon 4,8 m an der Decke und 16 m an der Wand	13,2
2 × 4 m von der Decke zum Verdampfer Cu-Rohr 28 x 1,5 mm	6
20,8 m Cu-Rohr 16 × 1 mm, Höhe 4,10 m davon 4,8 m an der Decke und 16 m an der Wand	13,2
2 × 4 m Cu-Rohr 12 × 1 mm	3
im Maschinenraum 4 m, davon 3,5 m fallend an der Wand zum Saugstutzen des Verdichters, 35 × 1,5 mm	2
im Maschinenraum 4 m, davon 3,5 m steigend an der Wand vom Behälterausgang 15 × 1 mm	2
im Maschinenraum 2 m vom Ausgang ÜSV zur Saugleitung an der Wand	1,5

	Stunden
Magnetventil	0,5

Wärmedämmung durch Armaflex-Schlauch in der Dimension H

für Saugleitung:	24,8 m H35, Saugleitung	3
	8,0 m H28, Saugleitung	1
	2,0 m H22, Abblaseleitung ÜSV	0,5

	Stunden
Montage HD-Pressostat Danfoss KP5 für Verflüssigerlüftersteuerung mit Konsole	0,75
Montage Heizungsbegrenzungsthermostat Verdampfer 2, Fabrikat Danfoss, Typ KP 71 mit Fühlertyp E2 $\varnothing$ 9,5 × 115 mm, Adsorptionsfüllung	1
* Montage Regelfühler 1; 5adrig als Körperfühler im Verdampfer 1 nach Positionsschildchen Küba für Kühlstellenregler Kübatron QKL 2B	1
Montage Regelfühler 2; 3adrig als Raumluftfühler am Verdampfer 1 mit Fühlerhalterung Küba für Kübatron QKL 2B (Verdampfer 2 ist sog. Schleppluftkühler, lediglich mit Sicherheitsthermostat versehen, s. o.)	0,75
Dichtheitsprüfung, evakuieren, füllen und einregulieren aller Steuer-, Sicherheits- und Regelorgane, Montage und Inbetriebnahme des Schaltschrankes	10
	Σ 78,3 h

Zwei Kälteanlagenbauer führen die Montage aus, d. h. 40 h/Mann.

*Anmerkung:
Da ein elektronischer Kühlstellenregler Kübatron QKL 2B mit 2 Regelfühlern eingesetzt wird, ist geschirmtes Kabel zu verlegen. In diesem Fall: 2 Kabel vom Schaltschrank zur Henseldose am Verdampfer 1.
Kabel: Lappkabel Ölflex-Classic-110CY 4 × 0,75 mm².

4.2.13 Kalkulation der Kälteanlage

Zur Kalkulation der in den vorangegangenen Kapiteln dargestellten Auslegung der Kälteanlage wird das Verfahren der Zuschlagskalkulation angewandt. Im ersten Schritt werden die festgelegten Bauteile der Anlage in einer Mengenübersichtsstückliste zusammengestellt. Auch hier wird eine systematische Vorgehensweise empfohlen. Zunächst wird der/die Verdampfer aufgelistet, der Kupferteuerungszuschlag berücksichtigt, dann Ventile, Schaltgeräte usw. aufgeführt, sowie das Kupferrohr und die Wärmedämmung notiert. Abschließend werden der luftgekühlte Verflüssigungssatz, das Kältemittel, der Elektroschaltkasten, sowie die Kleinteile der Liste beigefügt (Tabelle 4.19).

Zur Preisermittlung wird der Reiss-Kälte-Klima-Katalog sowie die entsprechende Preisliste herangezogen und alle Produkte mit einem gewählten Standardrabattsatz von 35 % rabattiert. Auf die so ermittelte Nettomaterialsumme wird ein realistischer Materialgemeinkostenzuschlag von 40 % „zugeschlagen" – nach der Regel:

Bruttomaterialpreis – Rabatt = Nettomaterialpreis (Lieferungen frei Haus)
Nettomaterialpreis × 1,4 = Bruttoangebotspreis ohne Lohnanteil.

Nettomaterialpreis × Kalkulationsfaktor	=	Bruttomaterialpreis
9 001,74 × 1,4	=	12 602,44
reine Montagezeit	≈	12 603,00 €

reine Montagezeit vor Ort: 80 h
Lohn: 41 €/h
Auslösung: 0,85 €/h
Fahrtkosten: 0,46 €/km
Entfernung zum Kunden 15 km, einfache Fahrt, Lage am Stadtrand
Grundlage 37 Stunden-Woche

Tabelle 4.19

Basis Preisliste – 35 % Rabatt	Stück/m/kg Stückpreis	€ Gesamtpreis	€ Nettopreis
2 Küba Verdampfer SGBE81	1 539,00	3 078,00	2 000,70
2 TEV Alco TCLE 150 MW	156,90	318,80	207,22
1 MV Alco 200 RB4T4	72,20	72,20	46,93
1 TR Alco ADK-Plus 305 S	29,70	29,70	19,31
1 SG Alco AMI-1TT5	31,80	31,80	20,67
1 Heizungsbegrenzungsthermostat Danfoss KP71	53,00	53,00	34,45
1 Hochdruckpressostat Danfoss KP5	42,80	42,80	27,82
1 Befestigungskonsole – Winkel –	3,00	3,00	1,95
25 m Cu-Rohr 35 × 1,5 mm	20,86	521,50	338,98
8 m Cu-Rohr 28 × 1,5 mm	16,10	128,80	83,72
25 m Cu-Rohr 15 × 1,0 mm	6,25	156,25	101,56
8 m Cu-Rohr 10 × 1,0 mm	4,25	34,00	22,10
2 m Cu-Rohr 22 × 1,0 mm	8,87	17,74	11,53
26 m Armaflexschlauch H35	7,26	188,76	122,69
8 m Armaflexschlauch H28	6,00	48,00	31,20
2 m Armaflexschlauch H22	5,54	11,08	7,20
1 Rolle Armaflexband selbstklebend	29,28	29,28	19,03
1 0,2 l-Pinseldose Armaflexkleber 520	6,95	6,95	4,52
8 Stück Armaflex Rohrträger PH-H-35	5,99	47,29	31,15
4 Stück Armaflex Rohrträger PH-H-28	5,56	22,24	14,46
4 Stück Bögen 90° 28 mm	2,15	8,60	5,59
2 Stück Bögen 180° 28 mm	22,55	45,10	29,32
2 Stück Nippel 22–28 mm	2,07	4,14	2,69
6 Stück Bögen 90° 35 mm	7,52	45,12	29,33
T-Stück 28–35–28 mm	27,18	27,18	17,67
6 Stück Bögen 90° 15 mm	0,49	2,94	1,91
2 Stück Bögen 90° 12 mm	0,51	1,02	0,66
T-Stück 12–15–12 mm	5,70	5,70	3,71
2 Stück Bögen 90° 22 mm ÜSV	1,07	2,14	1,39
T-Stück 22–35–22 mm	16,54	16,54	10,75
1 Verflüssigungssatz Bitzer LH84/4CC-6.2Y	4 013,00	4 013,00	2 608,45
Ölsumpfheizung	49,00	49,00	31,85
Esterölfüllung	41,00	41,00	26,65
Anlaufentlastung mit Druckgassensor und Rückschlagventil	584,00	584,00	379,60
größerer Sammler Typ FS 202	123,00	123,00	79,95
Danfoss KP17W montiert	246,00	246,00	159,90
1 Schaltschrank als Wandschrank mit Beleuchtung/Steckdose incl. elektronischem Kühlstellenregler Kübatron OKL2B in der Tür eingebaut, Fabrikat Schick			1 585,00
1 Hansa Überströmventil ÜSV 30 bar	159,58	159,58	103,73
1 Adapter Bitzer G ½"/1 ¼"-12UNF	28,00	28,00	18,20
1 Hansa Lötadapter LA 22 mm × 1 ¼"	8,18	8,18	5,32
1 Schwingungsplatte GD für Verflüssigungssätze bis 350 kg	4,55	4,55	2,96
18 kg R 134a	37,60	676,80	439,92
Kleinteile: Gewindestäbe Nylon und verzinkt, Karrosseriescheiben, Muttern, Überwurfmuttern 6mm Bördel, Dose Bauschaum, 0,5 m Cu-Rohr 6 mm Hiltischellen, Schrauben, Dübel, Schienen, Silfos, Sauerstoff, Azetylen, Stickstoff			320,00
			9 001,74

2 Mann eine Woche à 37 h/Woche = 74 h
Fahrzeit pro Tag 1/2 h Hin, 1/2 h Rück = 1 h
Fahrzeit $\hat{=}$ Arbeitszeit: 1 h/d × 2 Mann × 5 Tage = 10 h
10 h × 1,25 Überstundenfaktor
Folgewoche: Montag 1/2 h Hin; 1/2 h Rück;
6 h restliche Inbetriebnahme

Kalkulation:

80 h × 41 €/h	=	3 280,00 €
10 h × 51,25 €/h	=	512,50 €
1 h × 41 €/h	=	41,00 €
84 h × 0,85 €/h	=	71,40 €
		3 904,90 €
	≈	3 905,00 €

Kfz-Kosten:

180 km × 0,46 €/km	=	82,80 €
	≈	83,00 €

Kundendienst-, Insgemein-
kosten und Frachtanteile
bei jedem Projekt
einkalkulieren: 8 %
von Nettomaterial: 721,00 €

Preiszusammenstellung:

	12 603,00 Euro
+	3 905,00 Euro
+	721,00 Euro
+	83,00 Euro
=	17 312,00 Euro

4.2.14 Angebot

Firma
Schulze-Fleischverarbeitung
Rudolf-Diesel-Str. 12a
56070 Koblenz

Bauvorhaben: Schulze Fleischverarbeitung
Erweiterung der Produktionsstätten
– Angebot über eine Kälteanlage –

Sehr geehrte Damen und Herren,

wir danken Ihnen für Ihre Anfrage vom 05.02.2002 und gestatten uns, Ihnen nachstehend
das gewünschte Angebot zu unterbreiten.

Unser Angebot umfasst im einzelnen die kältetechnische Anlage für einen Fleischkühlraum mit den Abmessungen:

Länge:	9,0 m	Raumfläche	72,0 m²
Breite:	8,0 m	Raumvolumen	244,8 m³
Höhe:	3,4 m		
geforderte Raumtemperatur:		$t_R = 0\ °C$	

tägliche Beschickungsmenge:	10 900 kg Fleisch
Einbringtemperatur:	$t_E = +10\ °C$

Lieferumfang

Pos. 1   2 Stück Hochleistungsluftkühler
Fabrikat: Küba
Type: SGBE 81

Beschreibung
Gehäuse aus gehämmertem Aluminium (Stucco-Dessin), weiß einbrennlackiert, mit Luftführungsring ausgerüstet, mit Luftgleichrichter aus ABS-Kunststoff, schwarz, Maschenweite 8 mm entsprechend DIN 31001 auch für Schutzgitterfunktion. Seitenteile und äußere Tropfwanne abnehmbar. Ventilatoren entsprechend VDE 0530 mit Typenschild. Einsatzbereich für Raumtemperaturen von −35 °C bis 25 °C; die Motoren sind mit eingebautem thermischen Wicklungsschutzschalter versehen; Schutzart IP44. Luftführung über Luftkühler saugend mit guter Motorbelüftung durch Gleichrichter.

Technische Daten:

Kälteleistung:	5,64 kW
Verdampfungstemperatur:	$t_0 = -8\ °C$
Temperaturdifferenz DT1:	10 K
Kühlfläche:	34,2 m²
Lamellenabstand:	7,0 mm
Luftvolumenstrom:	2900 m³/h
Blasweite:	20 m
Anschlüsse: Eintritt:	10 mm
(Mehrfacheinspritzung über Küba Cal-Verteiler)	
Austritt:	22 mm
Anzahl der Ventilatoren:	1 Stück
Stromart:	230/400 V-3, 50 Hz
Ventilatornennleistung:	300 W
Drehzahl:	1400 mm⁻¹
elektrische Abtauheizung:	2,53 kW, 1 Heizkreis

Abmessungen:

Breite:	1065 mm
Höhe:	560 mm
Tiefe:	640 mm
Wandabstand:	300 mm
Gewicht:	45,7 kg

Pos. 2   1 luftgekühlter Verflüssigungssatz

Fabrikat:	Bitzer
Type:	LH84/4CC-6.2y
Kältemittel:	R 134a
Kälteleistung:	10 kW
Umgebungstemperatur:	$t_{amb} = +32\ °C$
Verdampfungstemperatur:	$t_0 = -10\ °C$

Beschreibung:
Sauggasgekühlter, Vierzylinder-Motorverdichter der Octagon-Serie, Typ 4 CC-6.2Y schwingungsgedämpft auf Grundplatte montiert, mit Esterölfüllung versehen und eingebauter Ölsumpfheizung.
Verdichter ausgestattet mit Anlaufentlastung, Druckgassensor, Rückschlagventil sowie HD/ND-Duopressostat.

Zur Aufnahme der gesamten Anlagenfüllmenge ist der Verflüssigungssatz mit größerem Sammler Typ FS 202 bestückt.

Technische Daten:

Verdichtermotor:	5,5 kW; 400 V/3/50Hz
max. Betriebsstrom:	27,5 A
max. Leistungsaufnahme:	9,0 kW
Verflüssigerlüftermotor:	0,485 kW, 230 V/1/50Hz
Stromaufnahme:	3,08 A
Sammler:	22,1 kg max. Füllung mit R 134a
Luftvolumenstrom:	4577 m³/h

Abmessungen:

Breite:	1000 mm
Tiefe:	670 mm
Höhe:	837 mm
Anschlüsse:	SL: 28 mm
	FL: 12 mm
Gewicht:	177 kg

Verflüssigungssatz wird auf bauseitigem Betonsockel auf Schwingungsplatte gesetzt.

Pos. 3   Kältetechnische Komponenten liefern und montieren bestehend aus:
2 Stück thermostatische Expansionsventile, Fabrikat Alco, Typ TCLE 150 MW
1 Stück Magnetventil, Fabrikat Alco, Typ 200R4T4
1 Stück Kältemitteltrockner, Fabrikat Alco, Typ ADK-Plus 305 S
1 Stück Schauglas mit Feuchtigkeitsindikator, Fabrikat Alco, Typ Ami 1-TT5
1 Stück Heizungsbegrenzungsthermostat, Fabrikat Danfoss, Typ KP71
1 Stück Hochdruckpressostat, Fabrikat Danfoss, Typ KP5
1 Stück Überströmsicherheitsventil, Fabrikat Hansa, Typ ÜSV 30bar

Pos. 4   Schaltschrank, Fabrikat Schick
1 Stück Schaltschrank, als Wandschrank, Hersteller Rittal, aus Stahlblech mit Beleuchtung und Steckdose. Schaltschrank versehen mit Steuerschalter, Steuersicherungen, Hauptsicherungen sowie alle zum Betrieb der Kälteanlage erforderlichen Schalt- und Motorschütze, Kontrolllampen „Betrieb", grün; „Abtauen", gelb; „Störung" rot.

Selbstoptimierender, elektronischer Regler Kübatron, QKL2B, mit den serienmäßig integrierten Funktionen: Raumtemperaturregelung, Bedarfsabtauung, Latentwärmeprogramm, Ventilatorvorlauf und Abtauunterdrückung bedienungsfreundlich in der Schaltschranktür eingebaut.

Not-Aus-Schalter nach § 17, Abs. 4 BGB D4, Fabrikat Klöckner Moeller, Typ EK01C als lose Beipack zur bauseitigen Montage.

Pos. 5   Kältemittelführende Rohrleitungen
25 lfd. M. Cu-Rohr als Saugleitung in Kühlschrankqualität in der Dimension 35 × 1,5 mm liefern und verlegen, einschließlich Verbindungs- und Befestigungsmaterial sowie Armaflexisolierung H35.

8 lfd. M. Cu-Rohr als Saugleitung in Kühlschrankqualität in der Dimension 28 × 1,5 mm liefern und verlegen, einschließlich Verbindungs- und Befestigungsmaterial sowie Armaflexisolierung H28.

25 lfd. M. Cu-Rohr als Flüssigkeitsleitung in der Dimension 15 × 1 mm liefern und verlegen.

8 lfd. M. Cu-Rohr als Flüssigkeitsleitung in der Dimension 12 × 1 mm liefern und verlegen.

2 lfd. M. Cu-Rohr als Abblaseleitung vom Sicherheitsventil ÜSV zur Saugleitung Nähe Verdichter in der Dimension 22 × 1 mm liefern und verlegen.

Pos. 6   Füllung der Kälteanlage mit R 134a

Preis der vorbeschriebenen Lieferungen Positionen 1 bis 6 frei Haus einschließlich kälte-technischer Montage, Druckprobe, Evakuierung, Befüllung mit Kältemittel, Inbetrieb-nahme und Einweisung des Bedienungspersonals:

€ 17.312,-- + MwSt.

Lieferzeit: nach vorheriger Vereinbarung
Gültigkeit des Angebots: 3 Monate
Gewährleistung: 1 Jahr
Zahlungsbedingungen: nach vorheriger Vereinbarung

Bauseitige Leistungen:
Verlegen, Ablängen und Auflegen sämtlicher elektrischer Leitungen. Installation der Tauwasserabflussleitungen in Cu-Rohr 28 x 1,5 mm mit Siphon, lösbar.

Bau des Maschinensockels aus Beton, sämtliche Maurer- und Stemmarbeiten sowie die Gestellung von Rüst- und Hebezeug.

Wir haben uns bemüht Ihnen ein preisgünstiges Angebot vorzulegen bedanken uns im voraus für Ihre Aufmerksamkeit und verbleiben mit freundlichen Grüßen

Breidert

4.2.15   RI-Fließbild

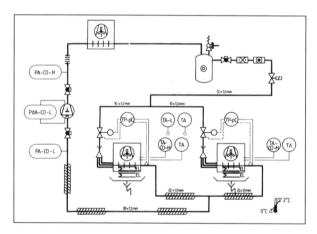

Bild 4.29 RI-Fließbild

4.2.16 Elektroschaltplan

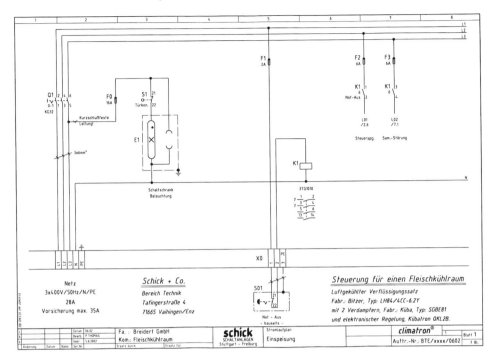

Bild 4.30

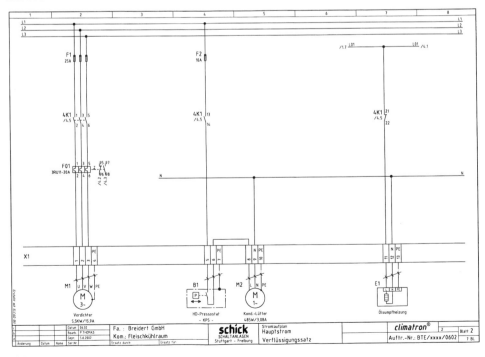

Bild 4.31

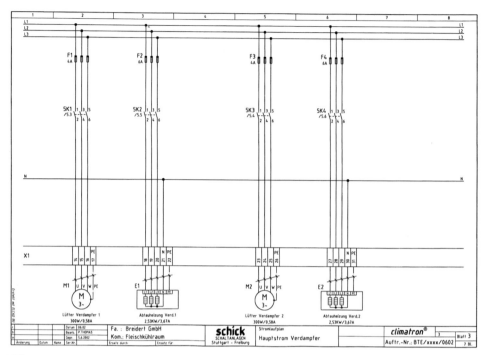

Bild 4.32

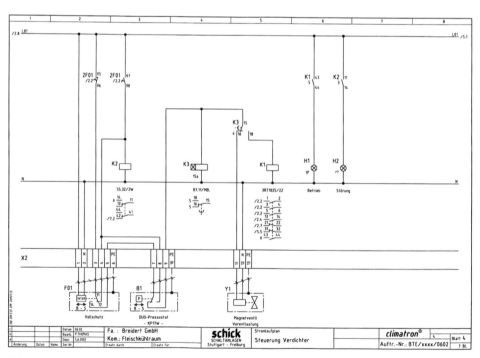

Bild 4.33

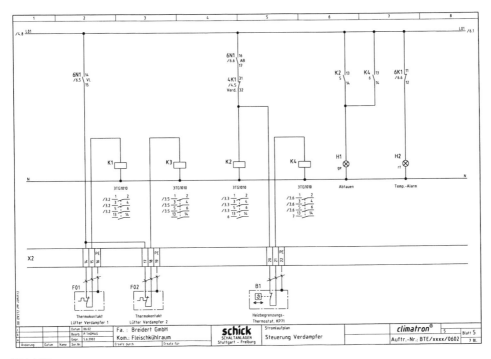

Bild 4.34

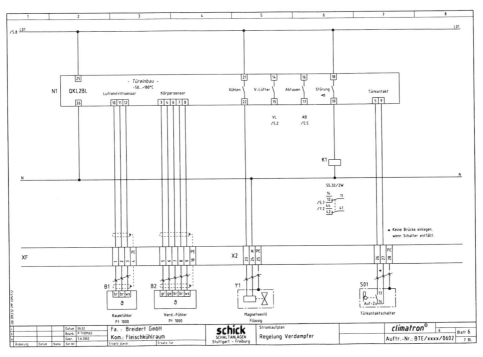

Bild 4.35

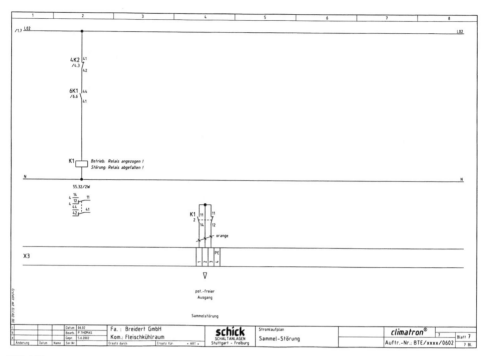

Bild 4.36

```
║ S T Ü C K L I S T E                    S C H I C K                        05.06.2002  ║
║ ==================                ====================                                ║
║                                      Bereich Technik                                  ║
║ Firma  : Breidert GmbH               SCHALTANLAGEN                                     ║
║ Kom.   : Fleischkühlraum                                                   Seite 1    ║
║ Auftr.-Nr.: BTE/xxxx/0602                                                             ║
║                                                                                       ║
║ BMK      ║ Art.-Nr. ║ Hersteller   ║ Bezeichnung  ║ Typ         ║ Bemerkung/Daten      ║ Text  ║
║                                                                                       ║
║ 1H1      ║ 27681006 ║ RITTAL       ║ LEUCHTEN     ║ SZ 4138180  ║ 18W/230V    630mm    ║       ║
║ 1F0      ║ 20220115 ║ MOELLER      ║ SICHERUNGEN  ║ D02-BLOCK   ║ E18/D02/16A  1POL.   ║       ║
║ 1F1      ║ 17220011 ║ LINDNER      ║ SICHERUNGEN  ║ D02-BLOCK   ║ D02/2A       1POL.   ║       ║
║ 1F2      ║ 17220013 ║ LINDNER      ║ SICHERUNGEN  ║ D02-BLOCK   ║ D02/6A       1POL.   ║       ║
║ 1F3      ║ 17220013 ║ LINDNER      ║ SICHERUNGEN  ║ D02-BLOCK   ║ D02/6A       1POL.   ║       ║
║ 1K1      ║ 25110410 ║ SIEMENS      ║ HAUPTSCHÜTZ  ║ 3TG1010-L2  ║ 4KW/8,4A  AC1/20A    ║ 3010  ║
║ 1Q1      ║ 06433110 ║ KRAUS+NAIMER ║ HAUPTSCHALTER║ KG32A T203  ║ 11KW/32A/FT 3POL.    ║ 35A   ║
║ 2F1      ║ 17220026 ║ LINDNER      ║ SICHERUNGEN  ║ D02-BLOCK   ║ D02/25A      3POL.   ║       ║
║ 2P2      ║ 17220014 ║ LINDNER      ║ SICHERUNGEN  ║ D02-BLOCK   ║ D02/10A      1POL.   ║       ║
║ 2F01     ║ 25140110 ║ SIEMENS      ║ AUSLÖSER     ║ 3RU1126-4B  ║ 14-20A               ║ 80    ║
║ 3F1      ║ 17220021 ║ LINDNER      ║ SICHERUNGEN  ║ D02-BLOCK   ║ D02/4A       3POL.   ║       ║
║ 3P2      ║ 17220022 ║ LINDNER      ║ SICHERUNGEN  ║ D02-BLOCK   ║ D02/6A       3POL.   ║       ║
║ 3F3      ║ 17220021 ║ LINDNER      ║ SICHERUNGEN  ║ D02-BLOCK   ║ D02/4A       3POL.   ║       ║
║ 3F4      ║ 17220022 ║ LINDNER      ║ SICHERUNGEN  ║ D02-BLOCK   ║ D02/6A       3POL.   ║       ║
║ 4H1      ║ 20403001 ║ MOELLER      ║ LEUCHTMELDER ║ RLF-GR/PR   ║ GRÜN      130/230V   ║ gr    ║
║ 4H2      ║ 20403000 ║ MOELLER      ║ LEUCHTMELDER ║ RLF-RT/PR   ║ ROT       130/230V   ║ rt    ║
║ 4K1      ║ 25100722 ║ SIEMENS      ║ HAUPTSCHÜTZ  ║ 3RT1025/22  ║ 7,5KW/17A AC1/35A    ║ 3022  ║
║ 4K2      ║ 11110002 ║ FINDER       ║ RELAIS       ║ 55.32       ║ 230V/10A AC          ║       ║
║ 4K3      ║ 11319711 ║ FINDER       ║ ZEITRELAIS   ║ 87.11       ║ ANZ. 0,05s-60h 1WE   ║       ║
║ 5H1      ║ 20403002 ║ MOELLER      ║ LEUCHTMELDER ║ RLF-GB/PR   ║ GELB      130/230V   ║ ge    ║
║ 5H2      ║ 20403000 ║ MOELLER      ║ LEUCHTMELDER ║ RLF-RT/PR   ║ ROT       130/230V   ║ rt    ║
║ 5K1      ║ 25110410 ║ SIEMENS      ║ HAUPTSCHÜTZ  ║ 3TG1010-L2  ║ 4KW/8,4A  AC1/20A    ║ 3010  ║
║ 5K2      ║ 25110410 ║ SIEMENS      ║ HAUPTSCHÜTZ  ║ 3TG1010-L2  ║ 4KW/8,4A  AC1/20A    ║ 3010  ║
║ 5K3      ║ 25110410 ║ SIEMENS      ║ HAUPTSCHÜTZ  ║ 3TG1010-L2  ║ 4KW/8,4A  AC1/20A    ║ 3010  ║
║ 5K4      ║ 25110410 ║ SIEMENS      ║ HAUPTSCHÜTZ  ║ 3TG1010-L2  ║ 4KW/8,4A  AC1/20A    ║ 3010  ║
║ 6K1      ║ 11110002 ║ FINDER       ║ RELAIS       ║ 55.32       ║ 230V/10A AC    2WE   ║       ║
║ 6N1      ║ 08602705 ║ KÜBA         ║ KÄLTE-REGLER ║ QKL2BL      ║ -50+180°C  PT1000    ║ KPL.  ║
║ 7K1      ║ 11110002 ║ FINDER       ║ RELAIS       ║ 55.32       ║ 230V/10A AC    2WE   ║       ║
║ 7X0      ║ 24503003 ║ PHÖNIX       ║ REIHENKLEMMEN║ UK5N/USLKG  ║ 3 STÜCK              ║       ║
║ 7X0-Netz ║ 24501100 ║ PHÖNIX       ║ NETZ-KLEMMEN ║ UK10N       ║ 5 POL./35A           ║       ║
║ 7X1      ║ 24503030 ║ PHÖNIX       ║ REIHENKLEMMEN║ UK5N/USLKG  ║ 30 STÜCK             ║       ║
║ 7X2      ║ 24503030 ║ PHÖNIX       ║ REIHENKLEMMEN║ UK5N/USLKG  ║ 30 STÜCK             ║       ║
║ 7X3      ║ 24503004 ║ PHÖNIX       ║ REIHENKLEMMEN║ UK5N/USLKG  ║ 4 STÜCK              ║       ║
║ 7XF      ║ 24507010 ║ PHÖNIX       ║ S-ANSCH-KLEMMEN║ QT1,5/PE  ║ 10STK./FÜHLERKL.     ║       ║
║ 7Z1      ║ 27011121 ║ RITTAL       ║ STAHL-GEHÄUSE║ AE 1077     ║ 760x760x210          ║       ║
```

Bild 4.37

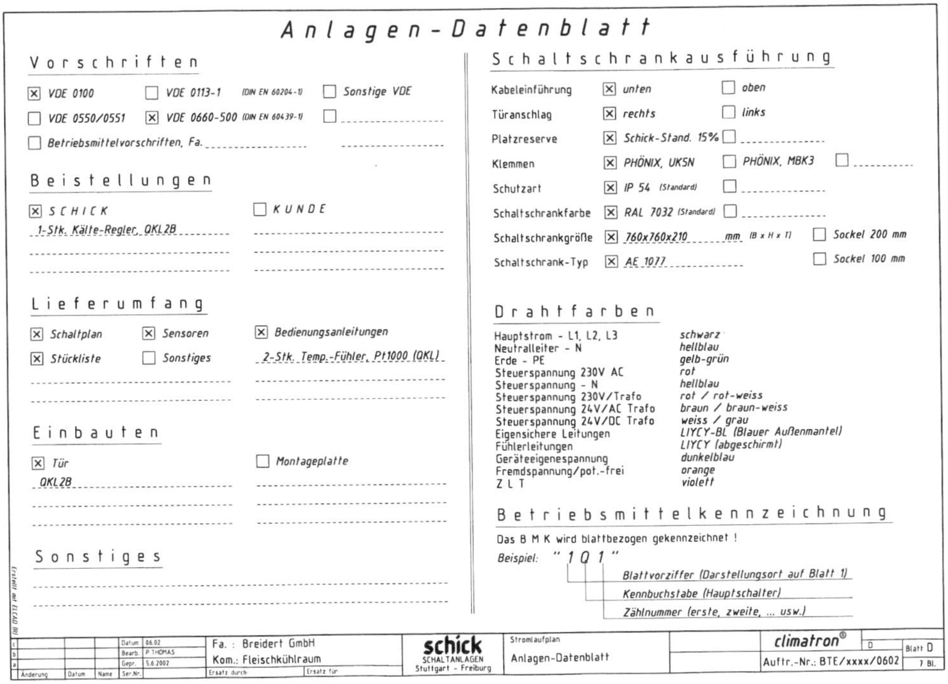

Bild 4.38

Anlagen-Datenblatt

Vorschriften

[x] VDE 0100   [ ] VDE 0113-1 (DIN EN 60204-1)   [ ] Sonstige VDE

[ ] VDE 0550/0551 [x] VDE 0660-500 (DIN EN 60439-1) [ ] _____

[ ] Betriebsmittelvorschriften, Fa. _____   _____

Beistellungen

[x] S C H I C K   [ ] K U N D E

1-Stk. Kälte-Regler, QKL2B   _____

_____   _____

_____   _____

Lieferumfang

[x] Schaltplan   [x] Sensoren   [x] Bedienungsanleitungen

[x] Stückliste   [ ] Sonstiges   _2-Stk. Temp.-Fühler, Pt1000 (QKL)_

_____

Einbauten

[x] Tür   [ ] Montageplatte

_QKL2B_____

_____

_____

Sonstiges

_____

_____

_____

Schaltschrankausführung

Kabeleinführung   [x] unten   [ ] oben

Türanschlag   [x] rechts   [ ] links

Platzreserve   [x] Schick-Stand. 15% [ ] _____

Klemmen   [x] PHÖNIX, UK5N   [ ] PHÖNIX, MBK3   [ ] _____

Schutzart   [x] IP 54 (Standard) [ ] _____

Schaltschrankfarbe [x] RAL 7032 (Standard) [ ] _____

Schaltschrankgröße [x] 760x760x210 ___mm_ (B x H x T)   [ ] Sockel 200 mm

Schaltschrank-Typ [x] AE 1077 _____   [ ] Sockel 100 mm

Drahtfarben

Hauptstrom - L1, L2, L3	schwarz
Neutralleiter - N	hellblau
Erde - PE	gelb-grün
Steuerspannung 230V AC	rot
Steuerspannung - N	hellblau
Steuerspannung 230V/Trafo	rot / rot-weiss
Steuerspannung 24V/AC Trafo	braun / braun-weiss
Steuerspannung 24V/DC Trafo	weiss / grau
Eigensichere Leitungen	LIYCY-BL (Blauer Außenmantel)
Fühlerleitungen	LIYCY (abgeschirmt)
Geräteeigenspannung	dunkelblau
Fremdspannung/pot.-frei	orange
Z L T	violett

Betriebsmittelkennzeichnung

Das B M K wird blattbezogen gekennzeichnet !

Beispiel: " 1 0 1 "

└─ Blattvorziffer (Darstellungsort auf Blatt 1)

└── Kennbuchstabe (Hauptschalter)

└─── Zählnummer (erste, zweite, ... usw.)

		Datum 06.02	Fa. : Breidert GmbH	**schick** SCHALTANLAGEN Stuttgart - Freiburg	Stromlaufplan Anlagen-Datenblatt	*climatron*®	D	Blatt D
		Bearb. P. THOMAS	Kom.: Fleischkühlraum					
		Gepr. 5.6.2002				Auftr.-Nr.: BTE/xxxx/0602		7 Bl.
Änderung	Datum	Name Ser.-Nr.	Ersatz durch	Ersatz für				

Bild 4.38

4.2.17 Übungsaufgaben

1. Projektieren Sie die Verdampfer, das Magnetventil, die thermostatischen Expansionsventile, den Kältemittelfiltertrockner und den luftgekühlten Verflüssigungssatz für den Betrieb mit dem Kältemittel R 507!

2. Projektieren Sie die Verdampfer, das Magnetventil, die thermostatischen Expansionsventil, den Kältemittelfiltertrockner und den luftgekühlten Verflüssigungssatz für den Betrieb mit dem zeotropen Kältemittelgemisch R 404A!

3. Stellen Sie verschiedene Verflüssigungssätze (R 134a; R 404A; R 507; R 407C) unterschiedlicher Bauart von unterschiedlichen Herstellern zusammen!

4. Legen Sie für die Kältemittel R 134a und R 507 einen halbhermetischen Verdichter und einen luftgekühlten Verflüssiger aus!

4.2.18 Lösungsvorschläge

zu 1.   Für den R 507-Betrieb ergibt sich:
   – 2 Verdampfer Küba SGBE81
   – 1 Magnetventil Typ 200RB4T4
   – 2 thermostatische Expansionsventile Typ TCLE150SW
   – 1 Kältemittelfiltertrockner Typ ADK 1612MMS
   – 1 luftgekühlter Verflüssigungssatz Bitzer LH64/4EC-4.2Y

zu 2. Für den R 404A-Betrieb ergibt sich:
- – 2 Verdampfer Küba SGBE81
- – 1 Magnetentil Typ 200RB4T4
- – 2 thermostatische Expansionsventile Typ TCLE150SW
- – 1 Kältemittelfiltertrockner Typ ADK-Plus 1612MMS
- – 1 luftgekühlter Verflüssigungssatz Bitzer LH64/4EC-4.2Y

zu 3. **R 404A/R 507**
- – Maneurop, Typ MGZ 080S00E, –10 °C/+32 °C/$\dot{Q}_0$ = 18,83 kW
- – Copeland, Typ MC-M8-ZB45KE, –10 °C/+32 °C/$\dot{Q}_0$ = 9,60 kW
- – l'Unité, Typ TAN 4590 ZHR, –10 °C/+32 °C/$\dot{Q}_0$ = 11,27 kW
- – Copeland, Typ WRK8LL-40X, –10 °C/+40 °C/$\dot{Q}_0$ = 10, 65 kW , wassergekühlt
- – Copeland, Typ R7-2DD-50X, –10 °C/+32 °C/$\dot{Q}_0$ = 9,60 kW
- – Bock, Typ SHAX3/235-4L; –10 °C/+32 °C/$\dot{Q}_0$ = 9,90 kW

   R 134a
- – Maneurop, Typ MGZ 125S00D, –10 °C/+32 °C/$\dot{Q}_0$ = 9,73 kW
- – Copeland, Typ MC-V9-ZR12ME, –10 °C/+27 °C/$\dot{Q}_0$ = 11,66 kW
- – Copeland, Typ WRK10-3DA-50X, –10 °C/+40 °C/$\dot{Q}_0$ = 10,33 kW, wassergekühlt
- – Copeland, Typ P8-3DA-50X, –10 °C/+32 °C/$\dot{Q}_0$ = 9,35 kW
- – Bock, Typ SHGX4/385-4L, –10 °C/+32 °C/$\dot{Q}_0$ = 10,37 kW
- – Bock, Typ SAMX4/306-4L, –10 °C/+32 °C/$\dot{Q}_0$ = 9,82 kW

   R 407C
- – Maneurop, Typ MGZ 100S00D, –10 °C/+32 °C/$\dot{Q}_0$ = 10,81 kW
- – Copeland, Typ MC-R7-ZR81KE, –10 °C/+27 °C/$\dot{Q}_0$ = 10,95 kW

Zu 4. Verdichter Bitzer, Typ 4V-6.2Y
–10 °C/+45 °C/R 134a/$\dot{Q}_0$ = 10,04 kW; P_{Kl} = 4,17 kW

Verflüssiger Güntner, Typ GVM 042C/2-N
+32 °C/+45 °C/R 134a/$\dot{Q}_c$ = 16,4 kW/52 dB(A) → 5 m Abstand oder:

Verflüssiger Güntner, Typ GVH052A/2-E(S)
+32 °°C/+45 °C/ R 134a/$\dot{Q}_c$ = 14,5 kW/24 dB(A) → 5 m Abstand

Verdichter Bitzer, Typ 4EC-4.2Y
–10 °C/+45 °C/R 507/$\dot{Q}_0$ = 11,35 kW; P_{Kl} = 5,26 kW

Verflüssiger Güntner, Typ GVM 042C/2-N
+32 °C/+45 °C/R 507/$\dot{Q}_c$ = 17,6 kW/ 52 dB(A) → 5 m Abstand oder:

Verflüssiger Güntner, Typ GVH052C/2-E(S)
–32 °C/+45 °C/R 507/$\dot{Q}_c$ = 18,4 kW/24 dB(A) → 5 m Abstand.

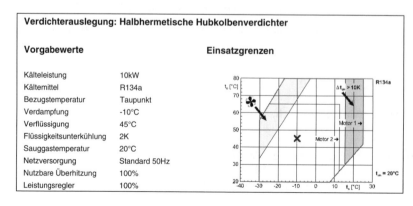

Verdichterauslegung: Halbhermetische Hubkolbenverdichter

Vorgabewerte   **Einsatzgrenzen**

Kälteleistung	10kW
Kältemittel	R134a
Bezugstemperatur	Taupunkt
Verdampfung	-10°C
Verflüssigung	45°C
Flüssigkeitsunterkühlung	2K
Sauggastemperatur	20°C
Netzversorgung	Standard 50Hz
Nutzbare Überhitzung	100%
Leistungsregler	100%

Bild 4.39
Datenblatt
zur Verdichter-
auslegung

Ergebnis

Verdichtertyp	4CC-6.2Y	4V-6.2Y
Kälteleistung	9,64 kW	10,04 kW
Kälteleistung *	9,45 kW	9,94 kW
Verdampferleist.	9,64 kW	10,04 kW
Leist.aufnahme	3,99 kW	4,17 kW
Strom (400V)	9,41 A	7,45 A
Verflüssigungsleistung	13,45 kW	14,91 kW
Leistungszahl	2,41	2,41
Leistungszahl *	2,37	2,38
Massenstrom	221 kg/h	230 kg/h
Betriebsart	Standard	Standard

*bei 2KC-05.2 bis 4CC-6.2: nach EN12900 (20°C Sauggastemp., 0K Flüssigkeitsunterkühlung)

alle anderen Verdichter: nach ISO-DIS 9309/DIN 8928 (25°C Sauggastemp., 0K Flüssigkeitsunterkühlung)

Bild 4.39
Fortsetzung

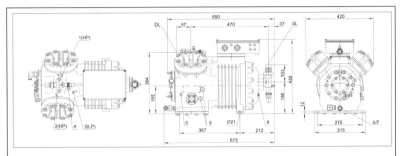

Technische Daten

Fördervolumen (1450/min 50Hz)	33,07 m³/h
Fördervolumen (1750/min 60Hz)	39,91 m³/h
Zylinderzahl x Bohrung x Hub	4 x 55 mm x 40 mm
Motorspannung (weitere auf Anfrage)	380..420V PW-3-50Hz
Max. Betriebsstrom	14.0 A
Anlaufstrom (Rotor blockiert)	39.0 A Y / 68.0 A YY
Gewicht	135 kg
Max. Überdruck (ND/HD)	19 / 28 bar
Anschluss Saugleitung	28 mm - 1 1/8"
Anschluss Druckleitung	22 mm - 7/8"
Anschluss Kühlwasser	R 1/2"
Ölfüllung R134a/R404A/R507A/R407C	tc<55°C: BSE32 / tc>55°C: BSE55 (Option)
Ölfüllung R22 (R12/R502)	B5.2 (Standard)
Ölfüllmenge	3,00 dm³
Ölsumpfheizung	100 W (Option)
Öldrucküberwachung	MP54 (Option)
Ölserviceventil	Option
Druckgasüberhitzungsschutz	Option
Motorschutz	INT69VS (Standard), INT389 (Option)
Schutzklasse	IP54 (Standard), IP66 (Option)
Anlaufentlastung	Option
Leistungsregelung	100-50% (Option)
Zusatzlüfter	Option
Wassergekühlte Zylinderköpfe	Option
CIC-System	Option
Dämpfungselemente	Standard

Bild 4.40
Technische Daten
für Verdichter
4V-6.2Y

Verflüssiger	GVH 052A/2-E(S)		
Leistung:	14.5 kW	**Kältemittel:**	R134a[1]
		Heißgastemperatur:	77.0 °C
Luftvolumenstrom:	3540 m/h	Verflüssigungstemp.:	45.0 °C
Luft Eintritt:	32.0 °C	Kondensataustritt:	44.0 °C
Geodätische Höhe:	0 m	Heißgasvolumenstr.:	5.07 m/h
Ventilatoren:	2 Stück 3~400V 50Hz	Schalldruckpegel:	24 dB(A)[2]
Daten je Motor:		im Abstand:	5.0 m
Drehzahl:	340 min-1	Schallleistung:	50 dB(A)
Leistung:	0.05 kW		
Stromaufnahme:	0.09 A		
Gehäuse:	Stahl verzinkt, RAL 7032	WT-Rohre:	Kupfer
Austauschfläche:	103.6 m	Lamellen:	Aluminium
Rohrinhalt:	21 l	Anschlüsse je Gerät:	
Lam. Teilung:	2.20 mm	Eintrittsstutzen:	28.0 * 1.50 mm
Pässe:	6	Austrittsstutzen:	22.0 * 1.00 mm
Leergewicht:	152 kg	Stränge:	20

Abmessungen:

L   = 1850 mm
B   = 895 mm
H   = 950 mm
R   = 100 mm
L1 = 1775 mm
H1 = 400 mm
S   = 50 mm

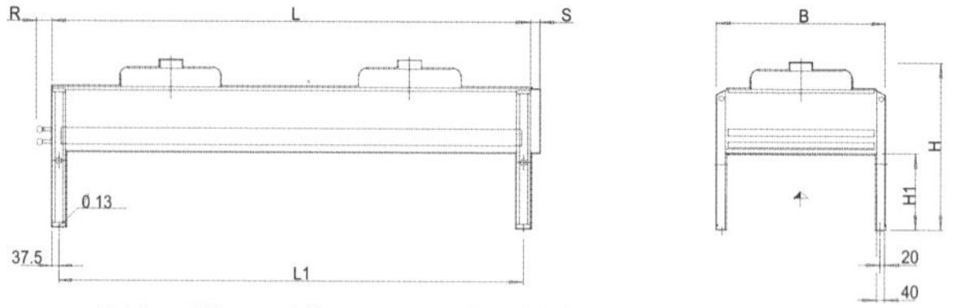

Achtung: Skizze und Abmessungen gelten nicht für alle Zubehörsvarianten!

[1] Fluidgruppe 2 nach Richtlinie 67/548/EWG
[2] nach Hüllflächenverfahren gemäß EN 13487

Bild 4.41
Datenblatt für
Verflüssiger

Verflüssiger	GVM 042C/2-N		
Leistung:	16.4 kW	**Kältemittel:**	R134a[1]
		Heißgastemperatur:	77.0 °C
Luftvolumenstrom:	5170 m/h	Verflüssigungstemp.:	45.0 °C
Luft Eintritt:	32.0 °C	Kondensataustritt:	42.4 °C
Geodätische Höhe:	0 m	Heißgasvolumenstr.:	5.66 m/h
Ventilatoren:	2 Stück 1~230V 50Hz	Schalldruckpegel:	52 dB(A)[2]
Daten je Motor:		im Abstand:	5.0 m
Drehzahl:	1390 min-1	Schallleistung:	77 dB(A)
Leistung:	0.23 kW		
Stromaufnahme:	1.05 A		
Gehäuse:	Stahl verzinkt, RAL 7032	WT-Rohre:	Kupfer
Austauschfläche:	39.6 m	Lamellen:	Aluminium
Rohrinhalt:	7 l	Anschlüsse je Gerät:	
Lam. Teilung:	2.20 mm	Eintrittsstutzen:	22.0 * 1.00 mm
Pässe:	22	Austrittsstutzen:	22.0 * 1.00 mm
Leergewicht:	38 kg	Stränge:	4

Abmessungen:

L   = 1160 mm
B   = 330 mm
H   = 560 mm
L1 = 1030 mm

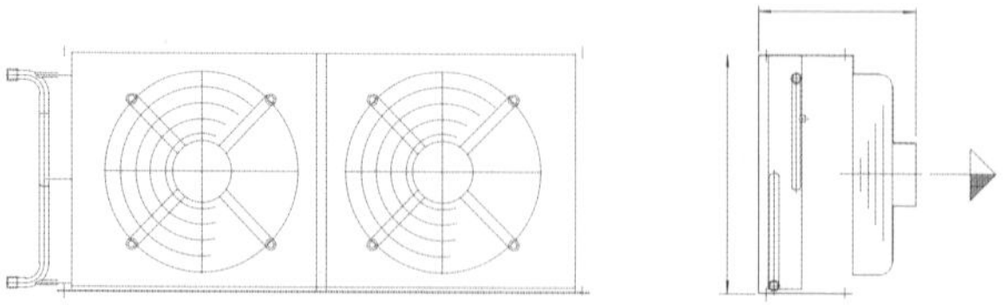

Bild 4.42
Datenblatt für
Verflüssiger

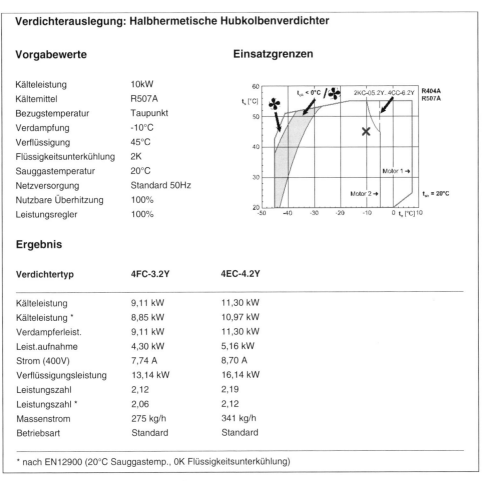

Bild 4.43 Datenblatt zur Verdichterauslegung

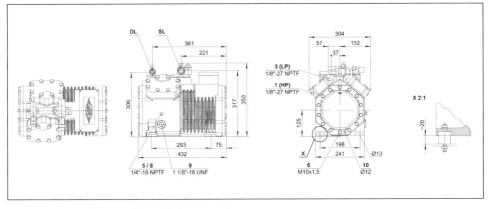

Bild 4.44 Techische Daten für Verdichter 4EC-4.2Y

Technische Daten

Fördervolumen (1450/min 50Hz)	22,72 m3/h
Fördervolumen (1750/min 60Hz)	27,42 m3/h
Zylinderzahl x Bohrung x Hub	4 x 46 mm x 39,3 mm
Motorspannung (weitere auf Anfrage)	380..420V Y-3-50Hz
Max. Betriebsstrom	10.7 A
Anlaufstrom (Rotor blockiert)	53.5 A
Gewicht	84 kg
Max. Überdruck (ND/HD)	19 / 28 bar
Anschluss Saugleitung	28 mm - 1 1/8"
Anschluss Druckleitung	16 mm - 5/8"
Anschluss Kühlwasser	--
Ölfüllung R134a/R404A/R507A/R407C	tc<55°C: BSE32 / tc>55°C: BSE55 (Option)
Ölfüllung R22 (R12/R502)	B5.2 (Standard)
Ölfüllmenge	2,00 dm3
Ölsumpfheizung	0..120 W PTC (Option)
Öldrucküberwachung	--
Ölserviceventil	--
Druckgasüberhitzungsschutz	Option
Motorschutz	INT69V/7-II
Schutzklasse	IP65
Anlaufentlastung	Option
Leistungsregelung	100-50% (Option)
Zusatzlüfter	Option
Wassergekühlte Zylinderköpfe	--
CIC-System	--
Dämpfungselemente	Standard

Bild 4.44
Fortsetzung

Verflüssiger	GVM 042C/2-N		
Leistung:	17.6 kW	Kältemittel:	R507[1]
		Heißgastemperatur:	74.0 °C
Luftvolumenstrom:	5170 m/h	Verflüssigungstemp.:	45.0 °C
Luft Eintritt:	32.0 °C	Kondensataustritt:	43.3 °C
Geodätische Höhe:	0 m	Heißgasvolumenstr.:	3.55 m/h
Ventilatoren:	2 Stück 1~230V 50Hz	Schalldruckpegel:	52 dB(A)[2]
Daten je Motor:		im Abstand:	5.0 m
Drehzahl:	1390 min-1	Schallleistung:	77 dB(A)
Leistung:	0.23 kW		
Stromaufnahme:	1.05 A		
Gehäuse:	Stahl verzinkt, RAL 7032	WT-Rohre:	Kupfer
Austauschfläche:	39.6 m	Lamellen:	Aluminium
Rohrinhalt:	7 l	Anschlüsse je Gerät:	
Lam. Teilung:	2.20 mm	Eintrittsstutzen:	22.0 * 1.00 mm
Pässe:	22	Austrittsstutzen:	22.0 * 1.00 mm
Leergewicht:	38 kg	Stränge:	4

Abmessungen:

L = 1160 mm
B = 330 mm
H = 560 mm
L1 = 1030 mm

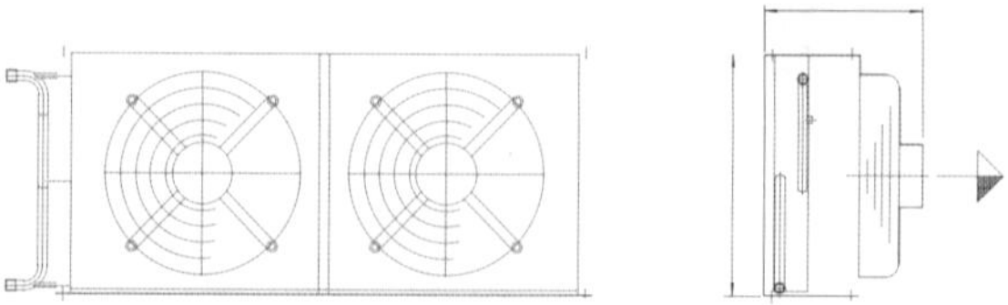

Bild 4.45
Datenblatt für
Verflüssiger

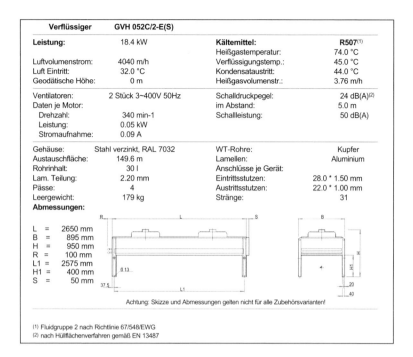

Verflüssiger	GVH 052C/2-E(S)		
Leistung:	18.4 kW	**Kältemittel:**	R507[1]
		Heißgastemperatur:	74.0 °C
Luftvolumenstrom:	4040 m/h	Verflüssigungstemp.:	45.0 °C
Luft Eintritt:	32.0 °C	Kondensataustritt:	44.0 °C
Geodätische Höhe:	0 m	Heißgasvolumenstr.:	3.76 m/h
Ventilatoren:	2 Stück 3~400V 50Hz	Schalldruckpegel:	24 dB(A)[2]
Daten je Motor:		im Abstand:	5.0 m
Drehzahl:	340 min-1	Schallleistung:	50 dB(A)
Leistung:	0.05 kW		
Stromaufnahme:	0.09 A		
Gehäuse:	Stahl verzinkt, RAL 7032	WT-Rohre:	Kupfer
Austauschfläche:	149.6 m	Lamellen:	Aluminium
Rohrinhalt:	30 l	Anschlüsse je Gerät:	
Lam. Teilung:	2.20 mm	Eintrittsstutzen:	28.0 * 1.50 mm
Pässe:	4	Austrittsstutzen:	22.0 * 1.00 mm
Leergewicht:	179 kg	Stränge:	31
Abmessungen:			

L = 2650 mm
B = 895 mm
H = 950 mm
R = 100 mm
L1 = 2575 mm
H1 = 400 mm
S = 50 mm

Achtung: Skizze und Abmessungen gelten nicht für alle Zubehörvarianten!

(1) Fluidgruppe 2 nach Richtlinie 67/548/EWG
(2) nach Hüllflächenverfahren gemäß EN 13487

Bild 4.46
Datenblatt für
Verflüssiger

4.3 Projekt: Tiefkühllagerhaus

4.3.1 Ausgangssituation

Ein großes Lebensmittelfilial-Unternehmen beabsichtigt sein Sortiment in einem bestehenden Logistikzentrum um den Artikelstamm Tiefkühlkost zu erweitern. Aus diesem Grund wird der Anbau eines Tiefkühlhauses an der Südseite des bestehenden Gebäudes geplant. Im Erdgeschoss des neuen Tiefkühlhauses erfolgt der Warenumschlag, dessen Organisation nachfolgend noch beschrieben wird.

Auf einer Zwischenbühne an der Ostfassade befindet sich der Aufstellungsraum für die Kälteanlage, im unmittelbaren Anschluss an diesen Raum ist der nicht überdachte Aufstellungsbereich für die luftgekühlten Verflüssiger vorgesehen.

Der Wareneingang erfolgt, wie für alle übrigen Lagerbereiche des Zentrallagers auch, von der Ostseite des Gebäudes aus über Ladetore mit einer vorgesetzten, überdachten LKW-Rampe für Schrägaufstellung (Sägezahnrampe). Die Ware wird dann über die Rampe in den auf 0 °C heruntergekühlten „Wareneingangsbereich" gefahren. Über eine Schleuse wird anschließend der eigentliche Tiefkühllagerbereich erschlossen.

In diesem „Vorkühlraum", der auf –27 °C abgekühlt ist, werden die Transportbehälter vorgekühlt, bevor sie für die Warenkommissionierung vom Personal aufgenommen werden, außerdem wird in diesem Bereich auch Ware gelagert.

Im Anschluss an den Vorkühlbereich befindet sich das Tiefkühllagerhaus (–27 °C), in welchem die Tk-Ware in insgesamt 6 Palettenregalreihen eingebracht wird.

Die Palettenregalreihen sind über die Längsachse des Raumes angeordnet und folgendermaßen aufgeteilt:

An den Wänden jeweils vom Boden bis unter die Decke und zweimal gleichgesetzt, Rücken an Rücken in der Breite des Raumes angeordnet ebenfalls vom Boden bis unter die Decke – durch insgesamt drei gleichbreite Fahrwege voneinander getrennt (siehe Bild 4.47).

Die Bereitstellung der kommissionierten Ware für den Abtransport zu den Kunden erfolgt auf der gegenüberliegenden Seite des Tiefkühlhauses, nämlich an der Westfront

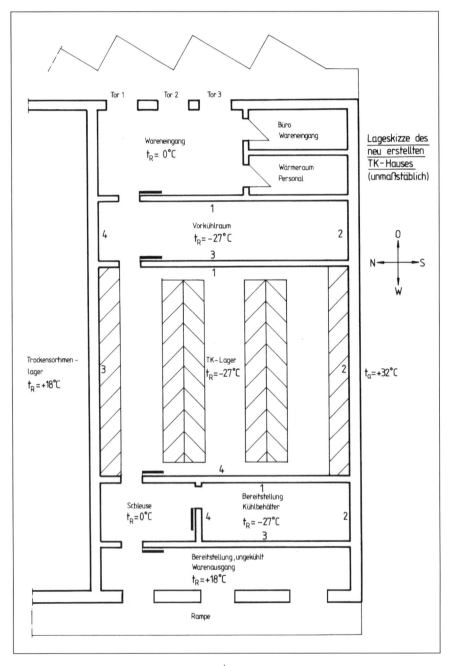

Bild 4.47

des Gebäudes. Die Tiefkühlware wird hier in einem eigens als Bereitstellungsraum (−27 °C) vorgesehenen Bereich vorgehalten und verlässt das Lagerhaus in den Transport-kühlbehältern wiederum über einen gekühlten Schleusenraum (0 °C) in den nicht mehr temperierten Warenbereitstellungsbereich (+18 °C) fertig zur LKW-Verladung.

Als Kälteanlagen sollen zwei voneinander getrennt arbeitende Systeme angeboten wer-den; und zwar für den Tiefkühlbereich eine R507-Kolbenverdichter-Verbundanlage und alternativ eine R507-Schraubenverdichter-Verbundanlage. Für den Normalkühlbereich ist eine R404A-Kolbenverdichter-Verbundanlage vorzusehen. Beide Anlagen haben ihren eigenen luftgekühlten Verflüssiger.

Als Abtauverfahren wird die Heißdampfabtauung vorgeschrieben. Darüberhinaus ist eine Maschinenraumentlüftung und eine Kältemittelwarnanlage mit Sonden in allen Kühlräumen zu projektieren.

4.3.2 Ermittlung der für die Projektierung der Kälteanlage erforderlichen Basisdaten

– Der Anbau wird als Stahlbeton-Skelettkonstruktion ausgeführt.
– Die Dacheindeckung erfolgt mittels Trapezblechen und die aufgebrachte Wärmedäm-mung aus Steinwolle befindet sich unter einer Folienabdichtung.
– Die Dachneigung beträgt 1,5 % als flach geneigtes Satteldach mit horizontalem At-tikaverlauf.
– Die Fassadenverkleidung besteht aus isolierten Blechelementen als vorgehängte Fas-sade.
– Die Kühlräume erhalten einen Ausbau mit für den Kühlraumbau üblichen PUR-Däm-melementen.
– Im Tiefkühlbereich PUR-Elemente mit δ = 160 mm; k = 0,12 W/m^2 K.
– Im Normalkühlbereich PUR-Elemente mit δ = 80 mm; k = 0,23 W/m^2 K.
– Mitarbeiterzahl: 12 Personen.
– Beleuchtungsdaten: 5 W/m^2.
– Flurförderzeuge: 8 Kommissioniergeräte (Schnellläufer) 1 Gabelstapler mit Elektroan-trieb.
– Eingangstemperatur Lagergut: −18 °C.
– Warenumschlag: 80 Paletten/Tag zu je 1 Tonne.

4.3.3 Ermittlung des Kältebedarfs (Rechenwerte gerundet)

4.3.3.1 TK-Lagerraum

PUR, δ = 160 mm   Wärmedämmung
Länge: 56 Meter k = 0,12 W/m^2 K
Breite: 17 Meter t_R = −27 °C
Höhe: 9 Meter t_a = +32 °C
(Innenmaße nach Isolierung)   Zuschlag für Flachdach +10 K
A = 952 m^2 ergibt: t_a = +42 °C
V_R = 8568 m^3

4.3.3.1.1 Transmissionswärme durch Wände, Decken, Boden

$\dot{Q}_{E, \text{Wand 1}}$ $= A \cdot k \cdot \Delta T$ mit m² $\cdot$ W/m² K $\cdot$ K in W
$\dot{Q}_{E, \text{Wand 1}}$ $= (17 + 9) \cdot 0,12 \cdot 0 = 0$
$\dot{Q}_{E, \text{Wand 2}}$ $= A \cdot k \cdot \Delta T$ mit m² $\cdot$ W/m² K $\cdot$ K in W
$\dot{Q}_{E, \text{Wand 2}}$ $= (56 \cdot 9) \cdot 0,12 \cdot 59 = 3\,568$
$\dot{Q}_{E, \text{Wand 2}}$ $= 3\,568$ W
$\dot{Q}_{E, \text{Wand 3}}$ $= A \cdot k \cdot \Delta T$ mit m² $\cdot$ W/m² K $\cdot$ K in W
$\dot{Q}_{E, \text{Wand 3}}$ $= (56 \cdot 9) \cdot 0,12 \cdot 45 = 2\,722$
$\dot{Q}_{E, \text{Wand 3}}$ $= 2\,722$ W
$\dot{Q}_{E, \text{Wand 4}}$ $= (11 \cdot 9) \cdot 0,12 \cdot 0 = 0$
(Anteil der Wandfläche, die an den gleichtemperierten Raum grenzt!)
$\dot{Q}_{E, \text{Wand 4}}$ $= 175$ W

Transmissionswärmelast durch die vier Wände des TK-Lagerraumes
$\dot{Q}_{E, \text{Wände}}$ $= 3\,568$ W $+ 2\,722$ W $+ 175$ W $= 6\,465$ W
$\dot{Q}_{E, \text{Dach}}$ $= A \cdot k \cdot \Delta T$ mit m² $\cdot$ W/m² K $\cdot$ K in W
$\dot{Q}_{E, \text{Dach}}$ $= (56 \cdot 17) \cdot 0,12 \cdot 70 = 7\,997$
$\dot{Q}_{E, \text{Dach}}$ $= 7\,997$ W
$\dot{Q}_{E, \text{Boden}}$ $= A \cdot k \cdot \Delta T$ mit m² $\cdot$ W/m² K $\cdot$ K in W

Bodenaufbau im gesamten Tiefkühlbereich (von unten nach oben):
1. Kies, lose $\delta = 0,20$ m
                           $\lambda = 0,64$ W/m K
1. Stahlbetonplatte $\delta = 0,20$ m
   bewehrt $\lambda = 1,15$ W/m K
3. Dampfsperre (bei k-Wert-Berechnung vernachlässigt)
4. Polystyrol-Hartschaumplatte $\delta = 0,20$ m
                                 $\lambda = 0,038$ W/m K
5. Trennschicht aus PE-Folie (bei k-Wert-Berechnung vernachlässigt)
6. Bodenplatte in Industrie-Estrich ausgeführt: $\delta = 0,20$ m
                                                  $\lambda = 1,9$ W/m K

k-Wert-Berechnung für den Boden im TK-Bereich:

$$k = \frac{1}{0 + \sum\limits_{i=1}^{n} \dfrac{\delta_n}{\lambda_n} + \dfrac{1}{\alpha_i}} \text{ in } \frac{W}{m^2\,K} \qquad \alpha_a = 0$$

$$\alpha_i = 18 \ \frac{W}{m^2\,K}$$

$$k = \frac{1}{0 + \dfrac{0,2}{0,64} + \dfrac{0,2}{1,5} + \dfrac{0,2}{0,038} + \dfrac{0,2}{1,9} + \dfrac{1}{18}} = 0,17$$

$$k = 0,17 \ \frac{W}{m^2\,K}$$

$\dot{Q}_{E, \text{Boden, TK-Haus}}$ $= (56 \cdot 17) \cdot 0,17 \cdot 37 = 5\,988$;   Erdreich: +10 °C
$\dot{Q}_{E, \text{Boden, TK-Haus}}$ $= 5\,988$ W
$\dot{Q}_{E, \text{gesamt, TK-Haus}}$ $= 6\,465$ W $+ 7\,997$ W $+ 5\,988$ W $= 20\,450$ W
$\dot{Q}_{E, \text{gesamt, TK-Haus}}$ $= 20\,450$ W

4.3.3.1.2 Personenwärmestrom

$$\dot{Q}_{Personen} = \frac{i \cdot P \cdot \tau_{Aufenthalt}}{24} \text{ in W,}$$

mit: i = Anzahl der Personen; gegeben
P = Wärmeäquivalent in W; Annahme
τ_A = Aufenthaltszeit in h/d
24 h/d

$$\dot{Q}_{Personen} = \frac{12 \cdot 450 \cdot 10}{24} = 2\,250$$

$$\dot{Q}_{Personen} = 2\,250 \text{ W}$$

4.3.3.1.3 Beleuchtungswärmestrom

$$\dot{Q}_{Beleuchtung} = 5 \text{ W/m}^2 \cdot 952 \text{ m}^2 = 4\,760 \text{ W}$$

4.3.3.1.4 Kühlgutwärmestrom

$$\dot{Q}_{Unterkühlung, Kühlgut} = \frac{\dot{m} \cdot c \cdot \Delta T}{86\,400} \text{ in kW,}$$

mit: $\dot{m}$ = Kühlgutmasse in kg pro d
c = spez. Wärmekapazität nach dem Gefrieren
ΔT = Temperaturdifferenz in K
86 400 s/d
$$\frac{kg \cdot kJ \cdot K \cdot d}{d \cdot kg \cdot K \cdot s} = \frac{kJ}{s} \triangleq kW$$
$\Delta T = 9 \text{ K}$
$$c = 1,85 \frac{kJ}{kg\,K}$$

$$\dot{Q}_{Unterkühlung, Kühlgut} = \frac{80\,000 \cdot 1,85 \cdot 9}{86\,400} = 15,42$$

$$\dot{Q}_{Unterkühlung, Kühlgut} = 15,42 \text{ kW} \triangleq 15\,420 \text{ W}$$

4.3.3.1.5 Wärmestrom durch Gabelstaplerbefahrung

$$\dot{Q}_{Gabelstapler\,1} = \frac{i \cdot P \cdot \tau_{Betrieb}}{24} \text{ in kW,}$$

$$\dot{Q}_{Gabelstapler\,1} = \frac{1 \cdot (5 + 1,75) \cdot 10}{24} = 2,812$$

$$\dot{Q}_{Gabelstapler\,1} = 2,812 \text{ kW} \triangleq 2\,812 \text{ W}$$

mit: Fabrikat Junheinrich 2 to
Fahrmotorleistung: 5 kW
Hubmotorleistung: 7 kW
Einschaltdauer: 25 % von 7 kW
(VDI-Richtlinie 2198)
$\tau_{Betrieb}$ in h/d
24 h/d

$\dot{Q}_{\text{Gabelstapler 2}} = \dfrac{i \cdot P \cdot \tau_{\text{Betrieb}}}{24}$ in kW,

$\dot{Q}_{\text{Gabelstapler 2}} = \dfrac{8 \cdot 2 \cdot 10}{24} = 6,6\overline{6}$

$\dot{Q}_{\text{Gabelstapler 2}} = 6,6\overline{6}$ kW $\triangleq 6\,666$ W

mit: Fabrikat Wagner 1,5 to
Fahrmotorleistung: 2 kW
τ_{Betrieb} in h/d
24 h/d

$\dot{Q}_{\text{Gabelstapler gesamt}} = 2\,810$ W $+ 6\,666$ W $= 9\,476$ W

4.3.3.1.6 Wärmestrom durch Luftwechsel

$\dot{Q}_{\text{Luftwechsel}} = \dot{m}_{\text{L}} \cdot \Delta h$ in $\dfrac{\text{kJ}}{\text{s}} \triangleq$ kW mit: $\dot{V}_{\text{L}} = V_{\text{R}} \cdot n$ in $\dfrac{\text{m}^3}{\text{d}}$

$\dot{V}_{\text{L}} = 8\,568 \cdot 0,76 = 6\,512 \dfrac{\text{m}^3}{\text{d}}$ $n = \dfrac{70}{\sqrt{V_{\text{R}}}}$ in $\dfrac{1}{\text{d}}$

mit: $n = \dfrac{70}{\sqrt{8\,568}} = 0,76$ d^{-1}; V_{R} = Raumvolumen in m³

$V_{\text{R}} = 8\,568$ m³

$\dot{m}_{\text{L}} = \dfrac{6\,512 \cdot 1,43}{86\,400 \text{ s/d}} = 0,1078 \dfrac{\text{kg}}{\text{s}}$ $\dot{m}_{\text{L}} = \dfrac{\dot{V}_{\text{L}} \cdot \varrho_{\text{L}}}{86\,400 \text{ s/d}}$ in $\dfrac{\text{kg}}{\text{s}}$

ϱ_{L} = Dichte der Luft im Abkühlpunkt in $\dfrac{\text{kg}}{\text{m}^3}$

Δh = Enthalpiedifferenz in $\dfrac{\text{kJ}}{\text{kg}}$ ermittelt

Berechnung der Dichte von Luft bei $t_{\text{R}} = -27$ °C: $\varrho = \dfrac{1,2930}{1 + \dfrac{-27}{273,15}} = 1,43 \dfrac{\text{kg}}{\text{m}^3}$

mit: 1,2930 kg/m³ Dichte der Luft bei 0 °C

$t_{\text{R}} = -27$ °C

273,15 K

$\dot{Q}_{\text{Luftwechsel}} = 0,1078 \dfrac{\text{kg}}{\text{s}} \cdot 30 \dfrac{\text{kJ}}{\text{kg}}$

$= 3,233 \dfrac{\text{kJ}}{\text{s}} \triangleq$ kW

$\dot{Q}_{\text{Luftwechsel}} = 3\,233$ W

Zusammenstellung der Rechenwerte:

$\dot{Q}_{\text{E}}$	$= 20\,450$ W
$\dot{Q}_{\text{Personen}}$	$= 2\,250$ W
$\dot{Q}_{\text{Beleuchtung}}$	$= 4\,760$ W
$\dot{Q}_{\text{Kühlgut}}$	$= 15\,420$ W
$\dot{Q}_{\text{Gabelstapler}}$	$= 9\,478$ W
$\dot{Q}_{\text{Luftwechsel}}$	$= 3\,233$ W
$\dot{Q}_{\text{gesamt}}$	$= 55\,591$ W

Auf eine tägliche Betriebszeit der Kälteanlage von 18 Stunden umgerechnet ergibt sich

eine Kälteleistung von $\dot{Q}_0 = \dfrac{55\,591\ \text{W} \cdot 24\ \cancel{h} \cdot \cancel{d}}{18\ \cancel{h} \cdot \cancel{d}} = 74\,121\ \text{W}$

$\underline{\underline{\dot{Q}_0 = 74\,121\ \text{W}}}$

4.3.3.2   Bereitstellungsraum Kühlbehälter

Länge: 11 m   Wärmedämmung PUR; $\delta = 160$ mm

Breite: 6,5 m $k = 0,12\ \dfrac{\text{W}}{\text{m}^2\text{K}}$

Höhe: 9 m $t_R = +32\ °C$

(Innenmaße nach Isolierung) $t_a = +32\ °C$

$A\ = 71,5\ \text{m}^2$ Zuschlag für Flachdach + 10 K ergibt:

$V_R = 643,5\ \text{m}^3$ $t_a = +42\ °C$

4.3.3.2.1 Transmissionswärme durch Wände, Decke, Boden

$\dot{Q}_{E,\ \text{Wand 1}} = (11 \cdot 9)\ \text{m}^2 \cdot 0,12\ \dfrac{\text{W}}{\text{m}^2\text{K}} \cdot 0 = 0$

$\dot{Q}_{E,\ \text{Wand 2}} = (6,5 \cdot 9)\ \text{m}^2 \cdot 0,12\ \dfrac{\text{W}}{\text{m}^2\text{K}} \cdot 59\ \text{K} = 414\ \text{W}$

$\dot{Q}_{E,\ \text{Wand 3}} = (11 \cdot 9)\ \text{m}^2 \cdot 0,12\ \dfrac{\text{W}}{\text{m}^2\text{K}} \cdot 45\ \text{K} = 535\ \text{W}$

$\dot{Q}_{E,\ \text{Wand 4}} = (6,5 \cdot 9)\ \text{m}^2 \cdot 0,12\ \dfrac{\text{W}}{\text{m}^2\text{K}} \cdot 27\ \text{K} = 190\ \text{W}$

$\dot{Q}_{E,\ \text{Boden}} = (11 \cdot 6,5)\ \text{m}^2 \cdot 0,17\ \dfrac{\text{W}}{\text{m}^2\text{K}} \cdot 37\ \text{K} = 450\ \text{W}$

$\dot{Q}_{E,\ \text{Dach}}\ = (11 \cdot 6,5)\ \text{m}^2 \cdot 0,12 \cdot 70\ \text{K} = 600\ \text{W}$

$\underline{\underline{\dot{Q}_{E,\ \text{Bereitstellungsraum, gesamt}} : 2\,189\ \text{W}}}$

4.3.3.2.2 Personenwärmestrom

$\dot{Q}_{\text{Personen}}\ = 1\,125\ \text{W}$

Berechnung wie unter 4.3.3.1.2.

Annahme jedoch lediglich 6 Personen

4.3.3.2.3 Beleuchtungswärmestrom

$\dot{Q}_{\text{Beleuchtung}}\ = 360\ \text{W}$

Berechnung wie unter 4.3.3.1.3.

4.3.3.2.4 Wärmestrom durch Gabelstaplerbefahrung

$\dot{Q}_{Gabelstapler}$ entfällt

4.3.3.2.5 Wärmestrom durch Luftwechsel

$\dot{Q}_{Luftwechsel}$ = 882 W

Berechnung wie unter 4.3.3.1.6.

4.3.3.2.6 Kühlgutwärmestrom

Anmerkung:

Das Kühlgut kommt normalerweise bereits mit einer Temperatur von –27 °C aus dem Tk-Lagerhaus in den Bereitstellungsraum. Aus Sicherheitsgründen wird eine zusätzliche Berechnung durchgeführt. Ein Tk-Rollcontainer hat eine Standgrundfläche von ca. 0,50 m² und fasst ca. 80 kg Tiefkühlgut.

Annahme:

2 Tk-Rollcontainer pro m²
Kühlgut: 160 kg/m²
$\Delta T_{Kühlgut}$ = 5 K
c = 1,85 kgK

$$\dot{Q}_{Kühlgut} = \frac{160 \text{ kg} \cdot 71,5 \text{ m}^2 \cdot 1,85 \text{ kJ} \cdot 5 \text{ K}}{\text{m}^2 \cdot 86\,400 \text{ s} \cdot \text{kg K}} = 1,225 \frac{\text{kJ}}{\text{s}} \triangleq \text{kW}$$

$\dot{Q}_{Kühlgut}$ = 1 225 W

Zusammenstellung der Rechenwerte:

$\dot{Q}_E$ = 2 189 W

$\dot{Q}_{Personen}$ = 1 125 W

$\dot{Q}_{Beleuchtung}$ =   360 W

$\dot{Q}_{Luftwechsel}$ =   882 W

$\dot{Q}_{Kühlgut}$ = 1 225 W

$\dot{Q}_{gesamt}$ = 5 781 W

Auf eine tägliche Betriebszeit der Kälteanlage von 18 Stunden umgerechnet ergibt sich

eine Kälteleistung $\dot{Q}_0 = \dfrac{5\,781 \text{ W} \cdot 24 \text{ h} \cdot \text{d}}{18 \text{ h} \cdot \text{d}} = 7\,708$ W

$\dot{Q}_0$ = 7 708 W

4.3.3.3   Vorkühlraum Kühlbehälter

Länge: 17 m	Wärmedämmung PUR; $\delta = 160$ mm
Breite: 8 m	$k = 0,12 \dfrac{W}{m^2 K}$
Höhe: 4,5 m	$t_R = -27\ °C$
(Innenmaße nach Isolierung)	$t_a = +32\ °C$
$A = 136\ m^2$	Zuschlag für Flachdach + 10 K ergibt: $t_a = +42\ °C$
$V_R = 612\ m^3$	

4.3.3.3.1   Transmissionswärme durch Wände, Decken, Boden

$\dot{Q}_{E,\,Wand\,1,\,1.\,Teil} = (4,5 \cdot 4,5)\ m^2 \cdot 0,12 \dfrac{W}{m^2 K} \cdot 47\ K = 114\ W$

$\dot{Q}_{E,\,Wand\,2,\,2.\,Teil} = (12,5 \cdot 4,5)\ m^2 \cdot 0,12 \dfrac{W}{m^2 K} \cdot 27\ K = 182\ W$

$\dot{Q}_{E,\,Wand\,2} \quad = (8 \cdot 4,5)\ m^2 \cdot 0,12 \dfrac{W}{m^2 K} \cdot 59\ K = 255\ W$

$\dot{Q}_{E,\,Wand\,3} \quad = 0$

$\dot{Q}_{E,\,Wand\,4} \quad = (8 \cdot 4,5)\ m^2 \cdot 0,12 \dfrac{W}{m^2 K} \cdot 45\ K = 194\ W$

$\dot{Q}_{E,\,Boden} \quad = (17 \cdot 8)\ m^2 \cdot 0,17 \dfrac{W}{m^2 K} \cdot 37\ K = 855\ W$

$\dot{Q}_{E,\,Decke} \quad = (17 \cdot 8)\ m^2 \cdot 0,12 \dfrac{W}{m^2 K} \cdot 62\ K = 1\,012\ W$

$\dot{Q}_{E,\,Vorkühlrraum,\,gesamt} : 2\,612\ W$

4.3.3.3.2   Personenwärmestrom

$\dot{Q}_{Personen} \quad = 1\,125\ W$ \qquad siehe unter 4.3.3.2.2

4.3.3.3.3   Beleuchtungswärmestrom

$\dot{Q}_{Beleuchtung} = 680\ W$ \qquad siehe unter 4.3.3.2.3

4.3.3.3.4   Wärmestrom durch Gabelstaplerbefahrung

$\dot{Q}_{Gabelstapler} = 3\,159\ W$ \qquad rechnerischer Ansatz: $\frac{1}{3}$ der Leistung aus 4.3.3.1.5 genügt, weil dort die gesamte Maschinenzahl eingesetzt wurde.

4.3.3.3.5   Wärmestrom durch Luftwechsel

$\dot{Q}_{Luftwechsel} = 860\ W$ \qquad Berechnung wie unter 4.3.3.1.6 gezeigt

4.3.3.3.6   Kühlgutwärmestrom

$\dot{Q}_{Kühlgut} \quad = 9\,435\ W$ \qquad Berechnung wie unter 4.3.3.2.6, Annahme $\frac{3}{4}$ des Raumes wurde zur Kommissionierung genutzt. ($A = 102\ m^2$); $\Delta T = 27\ K$ aus Sicherheitsgründen hoch angesetzt

Zusammenstellung der Rechenwerte:

$\dot{Q}_E$ = 2 612 W

$\dot{Q}_{Personen}$ = 1 125 W

$\dot{Q}_{Beleuchtung}$ =   680 W

$\dot{Q}_{Gabelstapler}$ = 3 159 W

$\dot{Q}_{Luftwechsel}$ =   860 W

$\dot{Q}_{Kühlgut}$ = 9 435 W

$\dot{Q}_{gesamt}$ = 17 871 W

Auf eine tägliche Betriebszeit der Kälteanlage von 18 Stunden umgerechnet ergibt sich

eine Kälteleistung $\dot{Q}_0 = \dfrac{17\,871\ \text{W} \cdot 24\ \cancel{\text{h}} \cdot \cancel{\text{d}}}{18\ \cancel{\text{h}} \cdot \cancel{\text{d}}} = 23\,828\ \text{W}$

$\dot{Q}_0 = 23\,828\ \text{W}$

Erforderliche Gesamtkälteleistung:

$\dot{Q}_{0\ gesamt} = 74\,121 + 7\,708\ \text{W} + 23\,828\ \text{W}$

$\dot{Q}_{0\ gesamt} = 105\,657\ \text{W}$

4.3.3.3.7 Tabellarische Zusammenfassung der Projektdaten

Tabelle 4.20

$t_R = -27\ °C$	Tk-Lagerraum	Bereitstellungsraum Kühlbehälter	Vorkühlraum
Transmissionswärme	20 450 W	2 189 W	2 612 W
Personenwärme	2 250 W	1 125 W	1 125 W
Beleuchtungswärme	4 760 W	360 W	680 W
Gabelstapler	9 478 W	–	3 159 W
Luftwechsel	3 233 W	882 W	860 W
Kühlgut	15 420 W	1 225 W	9 435 W
Gesamtwärmestrom	55 591 W	5 781 W	17 871 W
Kälteleistung	74 121 W	7 708 W	23 828 W

4.3.4   Verdampferauswahl

4.3.4.1   Verdampferauswahl Tk-Lagerhaus

Im Lagerhaus wird das Kühlgut bis unter die Decke in den bereits beschriebenen Hochregallagern gestapelt. Bedingt durch die Regalanordnung ergeben sich insgesamt drei befahrbare Gänge. Am Ende eines jeden Ganges werden an der Decke jeweils gegenüberliegend zwei Verdampfer angeordnet.

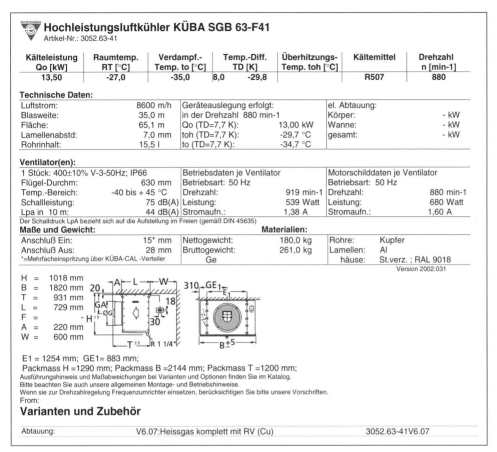

Bild 4.48

$\dot{Q}_{0\,gesamt}$ = 74,121 kW

$\dot{Q}_{0\,Vda}$ = 74 121 kW : 6 = 12,35 kW pro Verdampfer

Die Auswahl fällt auf den saugenden Hochleistungsluftkühler, Fabrikat KÜBA, Industrieserie Typ SGB63-F41 mit 7 mm Lamellenabstand (siehe auch Empfehlung für die Einsatzbereiche der einzelnen zur Verfügung stehenden Lamellenabstände).

Auswahlergebnis: siehe Ausdruck Küba Software Version 2001/03

Der Verdampfer SGB63-F41 hat einen Lüftermotor mit einer Leistung von P = 680 W.

Die Leistung muss bei der nachfolgenden Überprüfung berücksichtigt werden.

$P_{Lüfter}$ = 0,68 kW · 6 Lüfter = 4,08 kW

$\dot{Q}_{0,\,ges.}$ = 74,121 kW + 4,08 kW = 78,20 kW

Leistung pro Verdampfer: 78,20 kW : 6 Verdampfer = 13,03 kW/Verdampfer

SGB63-F41 leistet unter Anlagenbedingungen $\dot{Q}_0$ = 13,50 kW. Die Auswahl ist also in Ordnung!

4.3.4.2 Verdampferauswahl Vorkühlraum Kühlbehälter

$\dot{Q}_{0 \text{ gesamt}}$ = 23,828 kW

$\dot{Q}_{0 \text{ Vda}}$ = 23,828 : 2 = 11,91 kW

Gemäß Auslegungsprogramm fällt bei den gleichen Projektrahmendaten die Wahl wieder auf den Verdampfer Küba SGB63-F41.

Der Verdampfer SGB63-F41 hat einen Lüftermotor mit einer Leistung von P = 680 W. Die Leistung muss bei der Überprüfung berücksichtigt werden.

$P_{\text{Lüfter}}$ = 0,68 kW · 2 Lüfter = 1,36 kW

$\dot{Q}_{0, \text{ ges.}}$ = 23,828 kW + 1,36 kW = 25,19 kW

Leistung pro Verdampfer: 25,19 kW: 2 Verdampfer = 12,60 kW/Verdampfer.

SGB63-F41 leistet unter Anlagenbedingungen $\dot{Q}_0$ = 13,50 kW. Die Auswahl ist also auch hier in Ordnung!

Hochleistungsluftkühler KÜBA SGB 56-F41
Artikel-Nr.: 3052.56-41

Kälteleistung Q_0 [kW]	Raumtemp. RT [°C]	Verdampf.-Temp. t_0 [°C]	Temp.-Diff. TD [K]	Überhitzungs-Temp. toh [°C]	Kältemittel	Drehzahl n [min-1]
10,97	−27,0	−35,0	8,0	−29,8	R507	1 350

Technische Daten:

Luftstrom:	7 900 m³	Geräteauslegung erfolgt:		el. Abtauung:	
Blasweite:	30,0 m	in der Drehzahl 1 350 min-1		Körper:	– kW
Fläche:	48,2 m²	Qo (TD = 7,3 K):	10.00 kW	Wanne:	– kW
Lamellenabst.:	7,0 mm	toh (TD = 7,3 K):	−29,6 °C	gesamt:	– kW
Rohrinhalt:	11,6 l	to (TD = 7,3 K):	−34,3 °C		

Ventilator(en):

1 Stück: 400 ± 10 % V-3-50 Hz; IP 66		Betriebsdaten je Ventilator		Motorschilddaten je Ventilator	
Flügel-Durchm.:	560 mm	Betriebsart: 50 Hz		Betriebsart: 50 Hz	
Temp.-Bereich:	−40 bis +45 °C	Drehzahl:	1 338 min-1	Drehzahl:	1 350 min-1
Schallleistung:	85 dB(A)	Leistung:	813 Watt	Leistung:	1 400 Watt
Lpa in 10 m:	54 dB(A)	Stromaufn.:	1,78 A	Stromaufn.:	2,50 A

Der Schalldruck LpA bezieht sich auf die Aufstellung im Freien (gemäß DIN 45635)

Maße und Gewicht: **Materialien:**

Anschluss Ein:	10* mm	Nettogewicht:	142,0 kg	Rohre:	Kupfer
Anschluss Aus:	28 mm	Bruttogewicht:	197,0 kw	Lamellen:	Al
* = Mehrfacheinspritzung über KÜBA-CAL-Verteiler				Gehäuse:	St. verz.; RAL 9018

```
H = 918 mm
B = 1620 mm
T = 906 mm
L = 704 mm
F = –
A = 220 mm
W = 550 mm
```

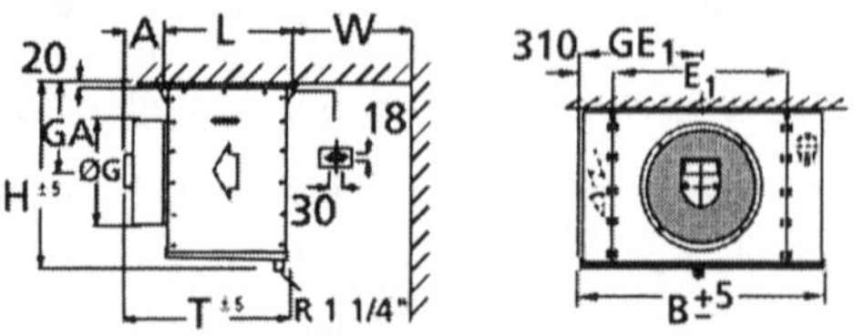

Version 2002.031

E1 = 1 054 mm; GE1 = 783 mm; Packmass H = 1 170 mm; Packmass B = 1 944 mm; Packmass T = 1 150 mm
Ausführungshinweis und Maßabweichungen bei Varianten und Optionen finden Sie im Katalog.
Bitte beachten Sie auch unsere allgemeinen Montage- und Betriebshinweise.
Wenn Sie zur Drehzahlregelung Frequenzumrichter einsetzen, berücksichtigen Sie bitte unsere Vorschriften.

Varianten und Zubehör

Abtauung:	V6.07: Heißgas komplett mit RV (Cu)	3052.56-41V6.07

Bild 4.49

4.3.4.3 Verdampferauswahl Bereitstellungsraum Kühlbehälter

$\dot{Q}_{0\,gesamt}$ = 7,708 kW werden von einem Verdampfer erbracht. Die Auswahl fällt auf das Modell SGB56-F41.

Der Verdampfer SGB56-F41 hat einen Lüftermotor mit einer Leistung von P = 1400 W. Die Leistung muss bei der Überprüfung berücksichtigt werden.

$P_{\text{Lüfter}}$ = 1,40 kW

$\dot{Q}_{0,\,ges.}$ = 7,71 kW + 1,4 kW = 9,11 kW

SGB56-F41 leistet unter Anlagenbedingungen $\dot{Q}_0$ = 10,97 kW. Die Auswahl ist in Ordnung!

4.3.4.4 Zusammenfassung

8 Stück Verdampfer, Fabrikat Küba Industrieserie, Typ SGB63-F41

1 Stück Verdampfer, Fabrikat Küba Industrieserie, Typ SGB56-F41

Alle 9 Verdampfer sind mit der Heißgasabtauschaltung inkl. Rückschlagventil ausgestattet. Gesamtverdampferkälteleistung bei Anlagenbedingungen:

$\dot{Q}_{0,\,Verdampfer\,ges.}$ = (8 · 13,50 kW) + (1 · 10,97 kW) = 118,97 kW ≈ 119 kW.

4.3.5 Auswahl einer einstufigen Hubkolbenverdichter-Verbundanlage

Aus den technischen Datenblättern des Herstellers wird aus dem Kapitel „Tiefkühlverbundkälteanlagen" eine Verbundanlage Typ VPM500-4090 mit saugseitiger Ölrückführung, Patent Linde, ausgewählt. (Tabelle 4.21, Tabelle 4.22)

Technische Daten:

5 Verdichter Fabrikat Bitzer, Typ 6F-40.2Y mit:

R507, t_0 = – 37 °C, t_c = 40 °C

$\dot{Q}_0$ = 122,70 kW

P_{KI} = 84,89 kW

(ΔT = 2 K für Druckabfall in der Saugleitung sind berücksichtigt)

4.3.6 Auswahl einer Schraubenverdichter-Verbundanlage

Der Hersteller dieser Verbundanlage, gibt folgende Technische Daten bekannt:

Schraubenverdichter-Verbundanlage, Typ TP-3-F-120.6-E mit 3 halbhermetischen Schraubenverdichtern, Fabrikat Bitzer, Typ HSN 6461-50; jeder Schraubenverdichter besitzt einen separaten, luftgekühlten Ölkühler und eine individuelle Economizerschaltung; (siehe Bild 4.50).

Bei dieser Betriebsart wird mittels eines Unterkühlungskreislaufes sowohl die Kälteleistung als auch der Systemwirkungsgrad verbessert. Im Gegensatz zur reziproken Arbeitsweise des Hubkolbenverdichters erfolgt der Verdichtungsvorgang beim Schraubenverdichter nur in einer Strömungsrichtung.

Tabelle 4.21 Kälteleistung, TK-Verbundanlagen ohne Flüssigkeitsunterkühlung, Bitzer-Verdichter, R404

| Lfd. Nr. | Typ | Verdichter | | | | Kälteleistung in kW bei einer Verflüssigungstemperatur von 40 °C | | | | | | | | | | | | | |
		Stck.	Typ	tvl	to	-25.	-27.	-29.	-30.	-32.	-34.	-35.	-36.	-37.	-39.	-40.	-41.	-43.	-45.
1	VPM 300-4641	3	4FC-3.2Y	20.		15,20	13,64	12,20	11,52	10,30	9,14	8,59	8,05	7,53	6,53	6,05	5,60	4,73	3,92
2	VPM 300-4661	3	4EC-4.2Y	20.		19,25	17,36	15,60	14,77	13,23	11,76	11,06	10,38	9,71	8,45	7,85	7,26	6,16	5,13
3	VPM 300-4681	3	4DC-5.2Y	20.		23,27	20,99	18,83	17,80	15,77	13,90	13,04	12,21	11,43	9,99	9,33	8,71	7,61	6,67
4	VPM 300-4701	3	4CC-6.2Y	20.		27,90	25,34	22,88	21,69	19,69	17,18	16,13	15,11	14,13	12,26	11,37	10,51	8,90	7,41
5	VPM 300-4210	3	4T-8.2Y	25.		36,40	32,94	29,68	28,12	25,15	22,36	21,04	19,76	18,53	16,20	15,11	14,06	12,10	10,32
6	VPM 300-4230	3	4P-10.2Y	25.		42,86	38,68	34,75	32,88	29,33	25,99	24,41	22,88	21,40	18,61	17,30	16,04	13,69	11,55
7	VPM 300-4250	3	4H-12.2Y	25.		50,89	46,06	41,51	39,33	35,21	31,35	29,51	27,73	26,02	22,78	21,26	19,80	17,06	14,58
8	VPM 300-4270	3	4J-13.2Y	25.		58,49	53,06	47,93	45,48	40,83	36,45	34,36	32,33	30,38	26,66	24,90	23,21	20,06	17,12
9	VPM 300-4010	3	4H-15.2Y	25.		68,29	62,00	56,07	53,24	47,86	42,80	40,38	38,05	35,79	31,50	29,48	27,53	23,87	20,52
10	VPM 300-4030	3	4G-20.2Y	25.		78,79	71,62	64,85	61,61	55,48	49,69	46,93	44,26	41,68	36,77	34,45	32,22	28,01	24,16
11	VPM 300-4290	3	6J-22.2Y	25.		87,75	79,64	71,96	68,29	61,30	54,71	51,57	48,53	45,59	40,02	37,39	34,86	30,09	25,74
12	VPM 300-4050	3	6H-25.2Y	25.		102,40	93,01	84,12	79,87	71,83	64,24	60,62	57,12	53,74	47,31	44,28	41,36	35,86	30,84
13	VPM 300-4070	3	6G-30.2Y	25.		118,30	107,50	97,26	92,39	83,23	74,58	70,45	66,44	62,57	55,19	51,69	48,32	41,97	36,12
14	VPM 300-4090	3	6F-40.2Y	25.		140,60	127,70	115,50	109,70	98,56	88,10	83,12	78,30	73,66	64,86	60,72	56,74	49,28	42,48
15	VPM 400-4070	4	6G-30.2Y	25.		157,80	143,30	129,70	123,20	111,00	99,44	93,93	88,59	83,42	73,59	68,93	64,43	55,96	48,16
16	VPM 400-4090	4	6F-40.2Y	25.		187,40	170,30	154,00	146,20	131,40	117,40	110,80	104,40	98,21	86,48	80,96	75,65	65,70	56,65
17	**VPM 500-4090**	**5**	**6F-40.2Y**	25.		234,30	212,80	192,50	182,80	164,20	146,80	138,50	130,50	**122,70**	108,10	101,20	94,56	82,13	70,81
18	VPM 600-4090	6	6F-40.2Y	25.		281,20	255,40	231,10	219,40	197,10	176,20	166,20	156,60	147,30	129,70	121,40	113,50	98,56	84,97

Hinweis: In den aufgeführten Daten ist eine Leistungssteigerung von 3 % durch natürliche Flüssigkeitsunterkühlung enthalten.
tvl = Sauggastemperatur am Verdichter

Tabelle 4.22 Leistungaufnahme, TK-Verbundanlagen <u>ohne</u> Flüssigkeitsunterkühlung, Bitzer-Verdichter, R404A

Lfd. Nr.	Typ	Verdichter			t$_o$	Klemmenleistung in kW bei einer Verflüssigungstemperatur von 40 °C													
		Stck.	Typ	tvl		−25.	−27.	−29.	−30.	−32.	−34.	−35.	−36.	−37.	−39.	−40.	−41.	−43.	−45.
1	VPM 300-4641	3	4FC-3.2Y	20.		9,00	8,46	7,93	7,68	7,20	6,70	6,45	6,19	5,93	5,40	5,13	4,85	4,29	3,72
2	VPM 300-4661	3	4EC-4.2Y	20.		11,07	10,51	9,94	9,66	9,10	8,52	8,22	7,91	7,59	6,94	6,60	6,25	5,54	4,80
3	VPM 300-4681	3	4DC-5.2Y	20.		13,47	12,73	11,99	11,61	10,81	10,04	9,56	9,29	8,92	8,21	7,86	7,52	6,85	6,21
4	VPM 300-4701	3	4CC-6.2Y	20.		15,96	15,18	14,38	13,98	13,16	12,31	11,88	11,44	10,99	10,07	9,60	9,12	8,14	7,14
5	VPM 300-4210	3	4T-8.2Y	25.		19,35	18,39	17,41	16,92	15,91	14,90	14,40	13,89	13,38	12,36	11,85	11,33	10,30	9,27
6	VPM 300-4230	3	4P-10.2Y	25.		22,59	21,35	20,10	19,47	18,18	16,88	16,23	15,57	14,91	13,59	2,93	12,26	10,92	9,57
7	VPM 300-4250	3	4H-12.2Y	25.		26,82	25,42	24,00	23,28	21,82	20,36	19,62	18,87	16,13	16,62	5,87	15,11	13,57	12,03
8	VPM 300-4270	3	4J-13.2Y	25.		30,54	28,94	27,33	26,52	24,88	23,22	22,38	21,53	20,68	18,96	18,09	17,21	15,44	13,65
9	VPM 300-4010	3	4H-15.2Y	25.		35,67	33,83	31,98	31,98	31,05	29,17	27,27	26,31	25,34	24,37	22,42	20,42	18,41	16,38
10	VPM 300-4030	3	4G-20.2Y	25.		41,79	39,68	37,55	36,48	34,31	32,12	31,02	29,91	28,79	26,54	25,41	24,27	21,97	19,65
11	VPM 300-4290	3	6J-22.2Y	25.		45,84	43,43	41,00	39,78	37,32	34,82	33,57	32,30	31,03	28,47	27,18	25,88	23,26	20,61
12	VPM 300-4050	3	6H-25.2Y	25.		53,55	50,80	48,02	46,62	43,80	40,95	39,51	38,06	36,60	33,65	32,16	30,66	27,63	24,57
13	VPM 300-4070	3	6G-30.2Y	25.		62,73	59,56	56,36	54,75	51,50	48,21	46,56	44,89	43,21	39,83	38,13	36,41	32,95	29,46
14	VPM 300-4090	3	6F-40.2Y	25.		74,67	70,79	66,88	64,92	60,95	56,96	54,96	52,95	50,93	46,88	44,85	42,81	38,71	34,59
15	VPM 400-4070	4	6G-30.2Y	25.		83,64	79,42	75,15	73,00	68,67	64,29	62,08	59,86	57,62	53,11	50,84	48,55	43,94	39,28
16	VPM 400-4090	4	6F-40.2Y	25.		99,56	94,39	89,18	86,56	81,27	75,95	73,28	70,60	67,91	62,51	59,80	57,08	51,61	46,12
17	**VPM 500-4090**	**5**	**6F-40.2Y**	**25.**		**124,40**	**118,00**	**111,50**	**108,20**	**101,60**	**94,94**	**91,60**	**88,25**	**84,89**	**78,14**	**74,75**	**71,35**	**64,52**	**57,65**
18	VPM 600-4090	6	6F-40.2Y	25.		149,30	141,60	133,70	129,80	121,90	113,90	109,90	105,90	101,80	93,77	89,70	85,62	77,42	69,18

+ Zusatzlüfter für Zylinderkopf, bei
  Pos. 1– 7 ist erforderlich, je Verdichter 32. W
  Pos. 8–18 ist erforderlich, je Verdichter 239. W
  Pos. 1–18 nicht erforderlich, wenn VS2000 und tvl ≤ 0 °C

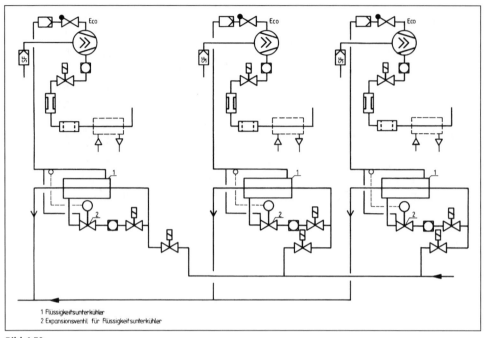

Bild 4.50

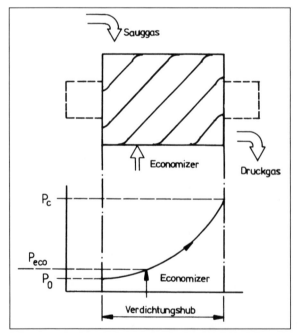

Bild 4.51

Beim Drehen der Rotoren wird Kältemitteldampf von den Zahnkämmen in die Zahnlücken gedrückt und zur Stirnwand des jeweiligen Arbeitsraumes gefördert. In dieser Phase wird das Volumen ständig verkleinert und der Dampf dabei von Saug- auf Verflüssigungsdruck komprimiert. Diese Besonderheit beim Verdichtungsvorgang ermöglicht einen zusätzlichen Sauganschluss am Rotorgehäuse. Die Position wird so gewählt, dass der Ansaugvorgang abgeschlossen und bereits ein geringer Druckanstieg erfolgt ist. Somit lässt sich eine zusätzliche Dampfmenge fördern, ohne den Volumenstrom der Saugseite wesentlich zu beeinflussen (siehe Bild 4.51).

Die Unterkühlung wird bewirkt, indem ein Teilstrom des aus dem Verflüssiger kommenden Kältemittels über ein Expansionsorgan im Gegenstrom in den Unterkühler eingespeist und unter Wärmeaufnahme verdampft wird.

Der überhitzte Dampf wird am ECONOMIZER-Anschluss des Verdichters abgesaugt und mit dem vom Verdampfer kommenden – bereits vorkomprimierten – Dampf vermischt.

Die unterkühlte Flüssigkeit steht bei dieser Betriebsart unter Verflüssigungsdruck, die Rohrleitungsführung zum Verdampfer erfordert deshalb – abgesehen von einer Isolierung – keine Besonderheiten; das System ist dadurch universell einsetzbar.

Leistungsdaten:

Kälteleistung: 120,60 kW

$t_0 = -37\ °C$

$t_c = +40\ °C$

Leistungsaufnahme: 100,50 kW
Kältemittel: R 507

Datenblatt: HSN6461-50

Maße und Anschlüsse

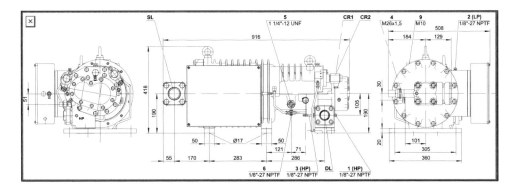

Technische Daten

Fördervolumen (2900/min 50Hz)	165 m³/h
Fördervolumen (3500/min 60Hz)	198 m³/h
Motorspannung (weitere auf Anfrage)	400V-3-50Hz
Max. Betriebsstrom	79.0 A
Anlaufstrom (Rotor blockiert)	206.0 A Y / 355.0 A YY
Gewicht	238 kg

Max. Überdruck (ND/HD)	19 / 28 bar
Anschluss Saugleitung	54 mm - 2 1/8"
Anschluss Druckleitung	42 mm - 1 5/8"
Adapter/Absperrventil für ECO	22 mm - 7/8" (Option)
Adapter für Flüssigk.einspritzung	16 mm - 5/8" (Option)
Ölfüllung R22	B150SH, B100 (Option)
Ölfüllung R134a/R404A/R507A	BSE170 (Option)
Öldurchflusskontrolle OFC	Option
Druckgasüberhitzungsschutz	Standard
Anlaufentlastung	Standard
Leistungsregelung	100-75-50% (Standard)
Druckabsperrventil	Option
ECO-Anschluss mit Absperrventil	Option
Motorschutz	INT389R (Standard)
Schutzklasse	IP54

Verdichterauslegung: Halbhermetische Schraubenverdichter

Vorgabewerte   **Einsatzgrenzen**

Kälteleistung [kW]	35
Kältemittel	R507A
Verdampfung [°C]	-37
Verflüssigung [°C]	40
Betriebsart	ECO
Flüss.temperatur [°C]	Auto
Max. Druckgastemp. [°C]	80
Saugg.überhitzung [K]	10
Netzversorgung	400V-3-50Hz
Nutzbare Überhitzung [K]	100%

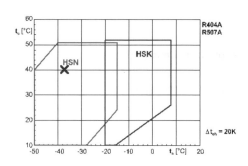

Ergebnis

Verdichtertyp	HSN6451-40	HSN6461-50
Kälteleistung	32.7 kW	40,2 kW
Kälteleistung *	33.2 kW	40,8 kW
Verdampferleist.	32.7 kW	40,2 kW
Leist.aufnahme	28.5 kW	33,5 kW
Strom	48.5 A	54,6 A
Leistungszahl	1.15	1,20
Leistungszahl *	1.17	1,22
Massenstrom ND	750 kg/h	922 kg/h
Massenstrom HD	1208 kg/h	1485 kg/h
Betriebsart	ECO	ECO

* bei Sauggasüberhitzung 20 K und Flüssigkeitstemperatur tcu=tm+10 K

4.3.7   Dimensionierung der kältemittelführenden Rohrleitungen

4.3.7.1   Saugleitung R 507

Tk-Lagerhaus von den Verdampfern 1 bis 3 und 4 bis 6 an die Knotenpunkte A und B (siehe Bild 4.52). Zur Bestimmung des Rohrquerschnitts wird ein in der Praxis bewährtes Nomogramm verwendet; dabei werden folgende Parameter festgelegt:

$l_{äq}$ $= l_{geo} + 50\ \%$ (eventuell gerundet!) Beispiel:

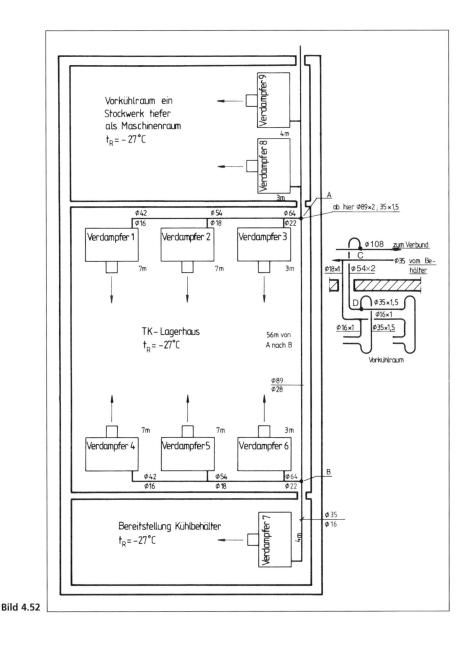

Bild 4.52

l_{geo} = 7,0 m

$l_{äq}$ = 7,0 m + 50 % für unbekannte Fittings = 10,5 m

Eintrag im Diagramm 10 m.

1. Abschnitt

Für die Rohrleitung (SL) vom Vda1 zum Knoten Vda2 ergibt sich folgendes:

l_{geo} = 7,0 m

$l_{äq}$ = 10,5 m

Diagramm = 10 m

Lösung:

1. Vom Punkt „Rohrlänge 10 m" nach links zum Schnittpunkt mit der Linie „Verdampfungstemperatur –35 °C".

2. Vom o. a. Schnittpunkt senkrecht nach oben zum Schnittpunkt mit der Linie „äquivalenter Druckabfall 1,0 K".

3. Vom o. a. Schnittpunkt wieder nach links zum Schnittpunkt mit der senkrecht von oben laufenden Linie. In Anlehnung an das auf dem Nomogramm befindliche Auslegungsbeispiel wurde der gerade genannte Schnittpunkt ebenfalls mit dem Buchstaben G gekennzeichnet.

4. Vom Punkt „Verflüssigungstemperatur +40 °C" senkrecht nach oben zum Schnittpunkt mit der Linie „Verdampfungstemperatur –35 °C".

5. Vom o. a. Schnittpunkt nach rechts fahren zum Schnittpunkt mit der gekennzeichneten Kurve die bei der Kälteleistungsangabe, in diesem Fall $\dot{Q}_0$ = 13,5 kW auf der oberen Abszisse beginnt.

6. Von diesem Schnittpunkt senkrecht nach unten zum Punkt G; wie unter 3. beschrieben.

7. Der nächstliegende größere, bzw. wenn die „Rückwärtskontrolle" keinen signifikant größeren „Druckabfall in K" ergibt auch der nächstliegende kleinere Rohrdurchmesser wird gewählt.

8. Ergebnis: d_a = 42 × 1,5 mm

2. Abschnitt

SL vom Knoten Vda2 zum Knoten Vda3

Vorgehensweise wie unter 4.3.7.1 beschrieben, außer: $\dot{Q}_0$ = 27 kW (Leistung Vda1 und Vda2 addiert!)

l_{geo} = 7,0 m

$l_{äq}$ = 7,0 + 50 % = 10,5 m   Nomogramm: 10 m;

Ergebnis: d_a = 54 × 2 mm

3. Abschnitt

SL vom Knoten Vda3 zum Knoten A

l_{geo} = 3 m; $\dot{Q}_0$ = 40,5 kW

$l_{äq}$ = 4,5 m

Lösung: d_a = 64 × 2 mm

4. Abschnitt

Da die Anordnung der Verdampfer und deren Leistung auf der gegenüberliegenden Seite der Halle die gleichen sind, ergibt sich folgendes Bild:

Vda4 zum Knoten Vda5: SL $d_a = 42 \times 1,5$ mm

Vda5 zum Knoten Vda6: SL $d_a = 54 \times 2$ mm

Vda6 zum Knoten B: SL $d_a = 64 \times 2$ mm

5. Abschnitt

SL vom Anschluss Vda7 im Raum Bereitstellung Kühlbehälter zum Knoten B (siehe Bild 4.52).

l_{geo} = 4 m; $\dot{Q}_0$ = 11 kW

$l_{äq}$ = 6 m

Lösung: $d_a = 35 \times 1,5$ mm

6. Abschnitt

SL vom Knoten B zum Knoten A

l_{geo} = 56 m

$l_{äq}$ = 84 m   (bei 80 m im Nomogramm eingetragen!)

$\dot{Q}_0$ = 51,5 kW

Lösung: $d_a = 89 \times 2$ mm

7. Abschnitt

SL vom Knoten A zum Knoten C im Maschinenraum (siehe Bild 4.53)

l_{geo} = 5 m   (Abschätzung)

$l_{äq}$ = 7,5 m

$\dot{Q}_0$ = 92 kW

Lösung: $d_a = 89 \times 2$ mm (tabellarische Lösung)

8. Abschnitt:

SL vom Anschluss Vda9 zum Knoten D

Igeo = 4 m   (Abschätzung)

Iäq = 6 m

$\dot{Q}_0$ = 13,5 kW

Lösung: $d_a = 35 \times 1,5$ mm

9. Abschnitt:

SL vom Anschluss Vda8 zum Knoten D, l_{geo} = 2 m

Lösung: $d_a = 35 \times 1,5$ mm

10. Abschnitt

SL vom Knoten D zum Knoten C im Maschinenraum

l_{geo} = 5,5 m

$l_{äq}$ = 8,25 m   (im Nomogramm bei 8 m eintragen)

$\dot{Q}_0$ = 27 kW

Lösung: d_a = 54 × 2 mm

11. Abschnitt

SL vom Knoten C zum Anschluss an den Saugverteiler der Verbundkälteanlage

l_{geo} = 8,0 m

$l_{äq}$ = 12 m

$\dot{Q}_0$ = 119 kW

Lösung: d_a = 108 × 2,5 mm

12. Abschnitt

Tabellarische Zusammenfassung der ermittelten Rohrdimensionen für die Saugleitung

Tabelle 4.23 Dimension

d_a	35 × 1,5 mm	42 × 1,5 mm	54 × 2 mm	64 × 2 mm	89 × 2 mm	108 × 2 mm
Länge in Metern	4	7	7	3	56	8
	4	7	7	3	5	
	2		5,5			
Summe in Metern	10	14	19,5	6	61	8

4.3.7.2   Flüssigkeitsleitung

Vom Sammelbehälter zum Knoten C

l_{geo} = 8 m

$l_{äq}$ = 12

$\dot{Q}_0$ = 120 kW

Anmerkung: Zur Ermittlung der Rohrdimension für die Flüssigkeitsleitung wird das entsprechende Nomogramm verwendet. Die Arbeitsweise mit diesem Nomogramm ist ähnlich der bei der Bestimmung der Saugleitung; lediglich der Druckabfall wird, wie praxisüblich mit 0,5 K angesetzt.

Lösung: $d_{abgewählt}$: 35 × 1,5 mm

1. Abschnitt

Fl vom Knoten C zum Knoten D

l_{geo} = 5,5 m

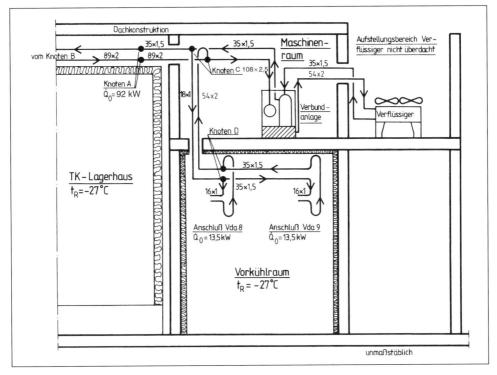

Bild 4.53

$l_{äq}$ = 8,25   (im Nomogramm bei 8 m eingetragen)

$\dot{Q}_0$ = 27 kW

Lösung: d_a = 18 × 1 mm

2. Abschnitt

FL vom Knoten D zu Vda8 gewählt: d_a = 16 1 mm; l_{geo} = 1,5 m

3. Abschnitt

FL vom Knoten D zu Vda9

l_{geo} = 4 m   (Abschätzung)

$l_{äq}$ = 6 m

Q_0 = 13,5 kW

Lösung: d_a = 16 × 1 mm

4. Abschnitt

FL vom Knoten C zum Knoten A

l_{geo} = 5 m

$l_{äq}$ = 7,50 m

$\dot{Q}_0$ = 92 kW

Lösung: d_a = 35 × 1,5 mm

5. Abschnitt

FL vom Knoten A zum Vda3

l_{geo} = 7 m

$l_{äq}$ = 10,50 m

$\dot{Q}_0$ = 40,5 kW

Lösung: d_a = 22 × 1 mm

6. Abschnitt

FL von Vda3 zum Vda2

l_{geo} = 7 m

$l_{äq}$ = 10,50 m

$\dot{Q}_0$ = 27 kW

Lösung: d_a = 18 × 1 mm

7. Abschnitt

FL von Vda2 zu Vda1

l_{geo} = 7 m

$l_{äq}$ = 10,50 m

$\dot{Q}_0$ = 13,5 kW

Lösung: d_a = 16 × 1 mm

8. Abschnitt

FL vom Knoten A zum Knoten B

l_{geo} = 56 m

$l_{äq}$ = 84 m

$\dot{Q}_0$ = 48,5 kW

Lösung: d_a = 28 × 1 mm

9. Abschnitt

FL vom Knoten B zu Vda6

Lösung: d_a = 22 × 1 mm

10. Abschnitt

FL von Vda6 zu Vda5

Lösung: d_a = 18 × 1 mm

11. Abschnitt

FL von Vda5 zu Vda4

Lösung: d_a = 16 × 1 mm

12. Abschnitt

FL vom Knoten B zu Vda7

Lösung: d_a = 16 × 1 mm

Tabellarische Zusammenfassung der ermittelten Rohrdimensionen für die Flüssigkeitsleitung

Tabelle 4.24

d_a	16 × 1 mm	18 × 1 mm	22 × 1 mm	28 × 1,5 mm	35 × 1,5 mm
Länge in m	7,0		7,0	56,0	5,0
	7,0	7,0	7,0		
					8,0
	1,5	7,0			
	4,0	5,5			
	4,0				
Summe	23,5	19,5	14,0	56,0	13,0

4.3.7.3 Druckleitung

Druckleitung von der Schraubenverdichter-Verbundanlage zum luftgekühlten Axiallüfterverflüssiger

l_{geo} = 15,0 m

$l_{äq}$ = 22 m

$\dot{Q}_0$ = 120,6 kW

Lösung: d_a = 54 × 2,0 mm   (gewählt)

4.3.7.4 Verflüssigerleitung

Verflüssigerleitung vom luftgekühlten Axiallüfterverflüssiger zum Sammelbehälter der Verbundanlage

l_{geo} = 15,0 m

$l_{äq}$ = 22 m

$\dot{Q}_0$ = 120,6 kW

Lösung: d_a = 35 × 1,5 mm   (gewählt)

4.3.8 Zusammenstellung der Armaflex-Wärmedämmung für die Saug- und die Flüssigkeitsleitung

- Die Saugleitung wird mit den für den Tiefkühlbereich in der Praxis üblichen Schläuchen in „M", entspricht 19 mm Nenndicke ausgeführt.

- Die Flüssigkeitsleitung wird wegen der integrierten Flüssigkeitsunterkühlung am Verbund mit den dabei notwendigen Schläuchen in „H", entspricht 13 mm Nenndicke ausgeführt.

4.3.8.1 Tabelle der erforderlichen Längen in Metern

Tabelle 4.25

10 m	M 35	23,5 m	H 15
14 m	M 42	19,5 m	H 18
19,5 m	M 54	14 m	H 22
6 m	M 64	56 m	H 28
61 m	M 89	13 m	H 35
8 m	M 108		

4.3.9 Projektierung der regel- und steuerungstechnischen Komponenten

4.3.9.1 Thermostatische Expansionsventile, Fabrikat Alco

Auslegung für Verdampfer SGB 63-F41 V6.07

$\dot{Q}_0$ = 13,5 kW effektive Verdampferleistung bei

t_R = −27 °C

t_0 = −35 °C

ΔT = 8 K

t_3 = 0 °C

Δp = $p_c - p_0$ – sonstige Widerstände

Praktikerformel:

Δp = $p_c - p_0$ − 1,5 bar (Flüssigkeitsverteiler, Verteilerrohre) − 1,5 bar (sonstige Widerstände)

$\dot{Q}_N$ = $\dot{Q}_0 \cdot K_{tFl} \cdot K_{\Delta pFl}$

Δp = 18,61 bar − 2,36 bar − 1 bar − 1,5 bar

Δp = 13,75 bar

$\dot{Q}_N$ = 13,5 · kW 1,092 · 0,88

$\dot{Q}_N$ = 12,97 kW

gewählt: Alco TCLE 400 SW WL 12 × 16 mm mit

$\dot{Q}_{\text{N Katalog}}$ = 15,7 kW

Wichtig für die Kalkulation: 8 Stück TCLE 400 SW WL 12 × 16 mm

Anmerkung:
Es wird auf den Einsatz von druckbegrenzten Expansionsventilen (MOP-Ventile), die vom Hersteller mit einer sog. MOP-Kennzahl gekennzeichnet sind, wegen der Gefahr der Füllungsverlagerung durch den Heißgasabtaubetrieb verzichtet!

Auslegung für Verdampfer SGB56-F41V6.07

$\dot{Q}_0$ = 11 kW effektive Verdampferleistung bei

t_R = −27 °C

t_0 = −35 °C

ΔT = 8 K

t_3 = 0 °C

Δp = 18,61 bar − 2,36 bar − 1 bar − 1,5 bar

$\dot{Q}_N$ = $\dot{Q}_0 \cdot K_{\text{tFl}} \cdot K_{\Delta \text{pKl}}$

$\dot{Q}_N$ = 11 kW · 1,092 · 0,88

$\dot{Q}_N$ = 10,57 kW

gewählt: Alco TCLE 250SW WL 10 × 16 mm mit $\dot{Q}_{\text{N Katalog}}$ = 12,2 kW

4.3.9.2 Magnetventile Flüssigkeitsanwendung, Fabrikat Alco

Auslegung für Verdampfer SGB 63-F41V6.07

$\dot{Q}_0$ = 13,5 kW effektive Verdampferleistung

$\dot{Q}_N$ = $\dot{Q}_0 \cdot K_{\text{tFl}} \cdot K\Delta_{\text{pFl}}$

Δp_{ventil} = 0,10 bar gewählt

$\dot{Q}_N$ = 13,5 kW · 0,681 ·1,22 = 11,22 kW

gewählt: Alco 200RB4T4 Löt 12 mm mit $\dot{Q}_{\text{N Katalog}}$ = 16,8 kW

Wichtig für die Kalkulation: 8 Stück Alco 200RB6T5, Löt 16 mm.

Auslegung für Verdampfer SGB56-F41V6.07

$\dot{Q}_0$ = 11 kW effektive Verdampferleistung

$\dot{Q}_N$ = $\dot{Q}_0 \cdot K_{\text{tFl}} \cdot K\Delta_{\text{pFl}}$

Δp_{ventil} = 0,10 bar gewählt

$\dot{Q}_N$ = 11 kW · 0,681 · 1,22 = 9,14 kW

gewählt: Alco 200RB4T4, Löt 12 mm mit $\dot{Q}_{\text{N Katalog}}$ = 10,9 kW

4.3.9.3 Magnetventile Sauggasanwendung, Fabrikat Alco

Auslegung für Verdampfer SGB63 − F41V6.07

$\dot{Q}_0$ = 13,5 kW effektive Verdampferleistung

$\dot{Q}_N = \dot{Q}_0 \cdot K_{tSG} \cdot K\Delta_{pSG}$

$\Delta p_{ventil} = 0{,}20$ bar gewählt

$\dot{Q}_N = 13{,}5$ kW $\cdot$ 2,13 $\cdot$ 0,87 = 25,02 kW

gewählt: Alco 240RA20T11–M, Löt 35 mm, mit Handöffnungsspindel (Typenzusatz M) und $\dot{Q}_N = 25{,}70$ kW

Auslegung für Verdampfer SGB56–F41V6.07

$\dot{Q}_0 = 11$ kW effektive Verdampferleistung

$\dot{Q}_N = \dot{Q}_0 \cdot K_{tSG} \cdot K\Delta_{pSG}$

$\Delta p_{ventil} = 0{,}20$ bar gewählt

$\dot{Q}_N = 11$ kW $\cdot$ 2,13 $\cdot$ 0,87 = 20,38 kW

gewählt: Alco 240RA20T11–M, Löt 35 mm, siehe oben!

4.3.9.4 Magnetventile Heißgasanwendung, Fabrikat Alco

Auslegung für Verdampfer SGB63–F41V6.07

$\dot{Q}_0 = 13{,}5$ kW effektive Verdampferleistung

$\dot{Q}_N = \dot{Q}_0 \cdot K_{tHG} \cdot K\Delta_{pHG}$

$\Delta p_{ventil} = 0{,}7$ bar gewählt

$\dot{Q}_N = 13{,}5$ kW $\cdot$ 1,216 $\cdot$ 1,22 = 20,03 kW

gewählt: Alco 240RA8T7T Löt 22 mm mit $\dot{Q}_{N\,Katalog} = 27{,}7$ kW Alco 240RA9T5, Löt 16 mm, $\dot{Q}_N = 36{,}5$ kW

Wichtig für die Kalkulation: 8 Stück Alco 240RA9T5, Löt 16 mm

Auslegung für Verdampfer SGB 56–F41V6.07

$\dot{Q}_0 = 11$ kW effektive Verdampferleistung

$\dot{Q}_N = \dot{Q}_0 \cdot K_{tHG} \cdot K\Delta_{pHG}$

$\Delta p_{ventil} = 0{,}7$ bar gewählt

$\dot{Q}_N = 11$ kW $\cdot$ 1,216 $\cdot$ 1,22 = 16,32 kW

gewählt: Alco 240RA8T7, Löt 22 mm, $\dot{Q}_N = 17{,}4$ kW

4.3.9.5 Kugelabsperrventile für jeden Verdampfer

Verdampfertyp SGB63-F41 V6.07:

Eintrittsanschluss: 15 mm, gewählt: Hansa KAV 16 mm, 8 Stück

Austrittsanschluss: 28 mm, gewählt: Hansa KAV 28 mm, 8 Stück

Verdampfertyp SGB56-F41 V6.07:

Eintrittsanschluss: 10 mm, gewählt: Hansa KAV 16 mm, 1 Stück

Austrittsanschluss: 28 mm, gewählt: Hansa KAV 28 mm, 1 Stück

Hansa-Kugelabsperrventile in „Bi-flow"-Ausführung sind einsetzbar in Flüssigkeits-, Saug- und Heißdampfleitungen. Sie sind mit einer plombierten Ventilkappe ausgestattet und in den Größen KAV 6 mm bis KAV 108 mm erhältlich.

4.3.9.6 Schaugläser mit Feuchtigkeitsindikator für jeden Verdampfer, Fabrikat Alco

gewählt: 9 Stück AMI-1TT5 Löt 16 mm

4.3.9.7 Kältemittel-Filtertrockner für jeden Verdampfer

gewählt: 9 Stück Danfoss DU 165s, Löt 16 mm, Flüssigkeitsleistung: 30 kW bei Δp = 0,07 bar.

4.3.9.8 Rückschlagventile zum Einbau in die Kondensatleitung am Ausgang der Verdampfer

gewählt: 9 Stück Rückschlagventile, Fabrikat Danfoss, Typ NRV 16s, Löt 16 mm

4.3.9.9 Zusammenfassende Darstellung der Verdampferausrüstung (s. Bild 4.54)

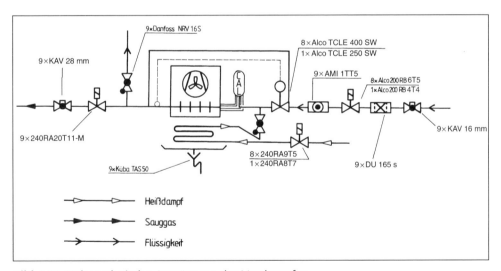

Bild 4.54 Kältetechnische Ausrüstung der Verdampfer

4.3.10 Aufteilung der Kälteanlage in Abtauregelkreise und Erstellung eines Schaltschemas für die Magnetventile im Abtau- und/oder Kühlbetrieb

Wie eingangs festgestellt wurde, ist als Abtauverfahren die Heißgasabtauung vorgeschrieben. Aus diesem Grunde wurden bereits die speziellen Verdampfer und auch die entsprechende Verdampferbestückung projektiert. Als empfehlenswert bei Heißgasabtauung ist eine Verdampferschaltung anzusehen, bei der sich mindestens 2/3 der Wärmetauscher im Kühlbetrieb befinden und das restliche 1/3 oder weniger abgetaut wird.

Die Abtauphase wird pro Regelkreis über die Danfoss-Regelelektronik eingeleitet und der überhitzte Kältemitteldampf wird über eine separate wärmegedämmte „Abtaudruckleitung" dem bzw. den entsprechenden Verdampfer(n) zugeführt. Das kondensierende Kältemittel gelangt über eine mit Gefälle zum Kältemittelsammelbehälter verlegte „Kondensatrückführungsleitung" vom Ausgang des Verdampfers zum Sammler. Die gesamte Tiefkühlanlage wird in 4 Abtauregelkreise eingeteilt. Das Schaltschema für die Magnetventile ist der nachfolgenden Abbildung zu entnehmen (s. Anlage 1).

4.3.11 Planung und Auswahl der Komponenten für die elektronische Regelung der Kälteanlage, Fabrikat Danfoss, System ADAP-Kool®

Im vorangegangenen Abschnitt wurde eine Einteilung der Kälteanlage in Regelkreise, unter Berücksichtigung der Erfordernisse für den Heißdampfabtaubetrieb vorgenommen. Das Danfoss ADAP-Kool®-Regelsystem für Kälteanlagen ist ein umfassendes Produktprogramm zur Regelung, Überwachung und Alarmbehandlung für industrielle und gewerbliche Kälteanlagen.

Es besteht aus den Komponenten:

- elektronische Regler Typ AKC
- pulsbreitenmoduliertes Expansionsventil Typ AKV
- Pt 1000 Temperaturfühler Typ AKS11 und AKS21
- Druckmessumformer Typ AKS32
- Messdatenaufnehmer Typ AKL
- Gateway Typ AKA
- PC-Softwarepaket Typ AKM

4.3.11.1 Schraubenverdichter-Verbundsatz

Zur Regelung der Anlage wird ein Verbundregler Typ AKC25H5 geplant. Er enthält u. a. folgende *Funktionen*:

Neutralzonenregelung des Saugdrucks und des Verflüssigungsdrucks, Verschiebung des Saugdrucksollwertes, Zeitverzögerungen bei Ein- und Ausschaltung, Betriebsstundenzähler, Überwachung von Drücken und Temperaturen, Datenkommunikation, variable Drehzahlregelung des Verdichters oder Verflüssigerlüfters, Regelung des Saugdrucks nach der Raum- bzw. des Verflüssigungsdrucks nach der Umgebungstemperatur, Spitzenlastbegrenzung, Nachtanhebung des Saugdrucks durch interne Uhr.

In der Hochdrucksammelleitung wird ein HD-Transmitter, Typ AKS und in der Saugsammelleitung ein ND-Transmitter, Typ AKS installiert.

Die Regelung der Verflüssigerlüftermotoren wird stufenlos über einen Frequenzumrichter Fabrikat Danfoss, Typ VLT6022 mit Sinusfilter vorgenommen. Die Anhebung des Saugdruckes über die Raumtemperatur sowie die Anpassung des Verflüssigungsdrucks in Abhängigkeit von der Umgebungstemperatur wird von jeweils einem Pt 1000-Filter, Typ AKS21 eingeleitet. Darüberhinaus werden zwei Fühler AKS21 zur Sauggas- bzw. Druckgasüberwachung angeschlossen. Zwei Alarmmodule AKC 22H für je zwei Verdichter (Übertrom, Vollschutz usw.) kommen dazu.

Der Messdatenaufnehmer AKL 111 A bietet die Möglichkeit 8 weitere Temperaturen an verschiedenen Stellen in der Kälteanlage zu registrieren und in Verbindung mit einem kWh-Zähler den Verbrauch zu ermitteln.

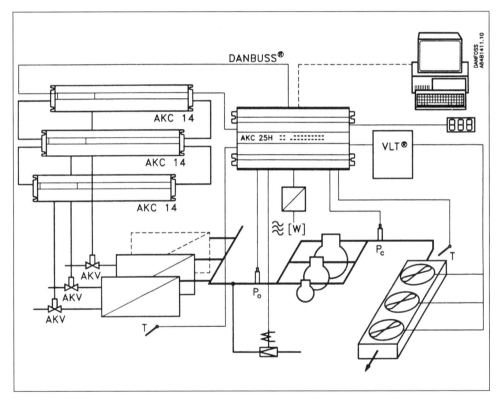

Bild 4.55

4.3.11.2 Regelkreise und Regler

Die Kühlstellen, d. h. die drei Tiefkühlräume sind in insgesamt 4 Regelkreise eingeteilt worden (s. Abschnitt 4.3.10).

Regelkreis 1: Verdampfer 8 und 9 im Vorkühlraum

Regelkreis 2: Verdampfer 1, 2 und 3 im Tk-Lagerraum

Regelkreis 3: Verdampfer 4, 5 und 6 im Tk-Lagerraum

Regelkreis 4: Verdampfer 7 im Bereitstellungsraum Kühlbehälter

Die Kühlstellenregler AKC 114, AKC 115 und AKC 116 können die Regelung von einem, zwei oder drei Verdampfern übernehmen; hier erforderlich: 1 × AKC 114, 1 × AKC 115 und 2 × AKC 116. Sie verfügen über die Funktion „Gas-Abtauung" und alternativ zur Expansionsventilfunktion „AKV-Epansionsventil" noch über die konventionelle „TEV-Expansionsventilfunktion".

An einem AKC 114 wird 1 Expansionsventil, an einen AKC 115 werden 2 Expansionsventile und an einen AKC 116 werden 3 Expansionsventile angeschlossen. Der Typ ist AKV 10-n oder AKV 20-n. Der Leistungsbedarf bestimmt, welches Ventil zu wählen ist. Alle Ventile regeln die Flüssigkeitseinspritzung individuell.

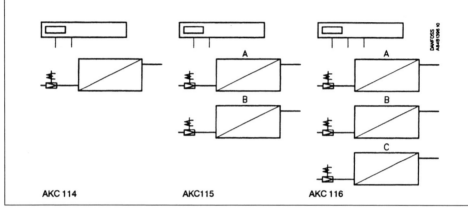

AKC 114   AKC115   AKC 116

Bild 4.56

TEV-Funktion
(Nicht Serie „A")

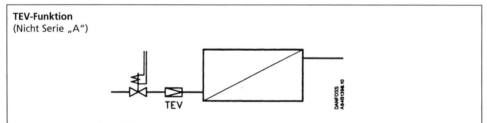

Die elektronische Einspritzfunktion kann abgeschaltet werden. Die Einspritzfunktion kann dann mit einem thermostatischen Expansionsventil (z. B. Typ TE) vorgenommen werden. Bei dieser Anwendung muss ein Magnetventil an den AKV-Ausgang des Reglers angeschlossen werden. Danach steuert die Thermostatfunktion das Magnetventil ON/OFF, sodass die gewünschte Medientemperatur eingehalten wird.

Bild 4.57

4.3.11.3 Fühler, Typ AKS 11

Platzierung der Fühler, Typ AKS11 an *jedem* Verdampfer bei Einsatz der Regler AKC 114, 115 und 116. Die dargestellte Fühleranzahl bezieht sich auf den Einsatz von pulsbreitenmodulierten Expansionsventilen, Typ AKV. In der konventionellen „TEV-Funktion" ent-

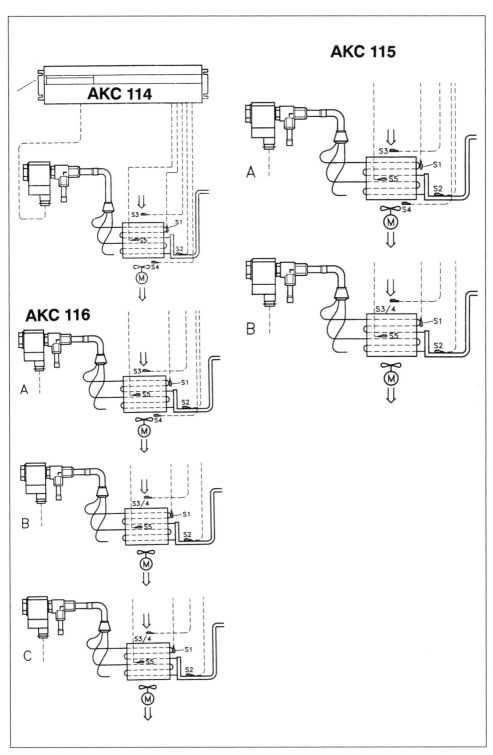

Bild 4.58

fallen die Fühler S1 und S2 (Messung von Kältemittel „Ein" und „Aus", d. h. Überhitzung). Die Fühler brauchen nicht mit geschirmtem Kabel zum Regler im Schaltschrank geführt zu werden, es genügt konventionelles Kabel, Typ NYM.

4.3.11.4 Pulsbreitenmoduliertes Expansionsventil, Typ AKV

Für jeden Verdampfer wurden konventionelle, thermostatische Expansionsventile, Fabrikat Alco ausgelegt.

Alternativ können die zum Danfoss ADAP-KOOL®-System gehörenden Expansionsventile AKV projektiert werden. Allerdings sind dann einige planerische Überlegungen mehr anzustellen.

Für die Verdampfer, Typ SGB63-F41 mit den Nummern 1 bis 6 und 8, 9 ergibt die Auslegung den Ventiltyp: AKV 15-1, siehe Tabelle 4.26.

Tabelle 4.26

DANFOSS ADAP-KOOL®-Elektron. E.-Ventile	
Kältemittel	R 507
Min. Verflüssigungstemperatur	40,0 (°C)
Min. Verflüssigungsdruck (absolut)	18,3 (bar)
Verdampfungstemperatur	−35,0 (°C)
Verdampfungsdruck	1,7 (bar)
Druckdifferenz in Verteiler und Leitungen	1,0 (bar)
Druckdifferenz über Ventil	15,6 (bar)
Flüssigkeitstemperatur vor Ventil	36,0 (°C)
Verdampferleistung	13,5 (kW)
Erforderliche Ventilleistung	17,5 (kW)
Empfohlenes Ventil	AKV 15-1
Ventilleistung (kW)	19,6
Kalk. Ventilöffnungsgrad (%)	69,0

Für den Verdampfer, Typ SGB56-F41 mit der Nummer 7 ergibt die Auslegung den Ventiltyp: AKV 15-1, siehe Tabelle 4.27.

Tabelle 4.27

Kältemittel	R 507
Min. Verflüssigungstemperatur	40,0 (°C)
Min. Verflüssigungsdruck (absolut)	18,3 (bar)
Verdampfungstemperatur	−35,0 (°C)
Verdampfungsdruck	1,7 (bar)
Druckdifferenz in Verteiler und Leitungen	1,0 (bar)
Druckdifferenz über Ventil	15,6 (bar)
Flüssigkeitstemperatur vor Ventil	36,0 (°C)
Verdampferleistung	11,0 (kW)

Tabelle 4.27 (Fortsetzung)

Erforderliche Ventilleistung	14,3 (kW)
Empfohlenes Ventil	AKV 15-1
Ventilleistung (kW)	19,6
Kalk. Ventilöffnungsgrad (%)	56,2

Die Funktion des Ventiltyps AKV 15 ist der nachfolgend aufgeführten Zeichnung zu entnehmen.

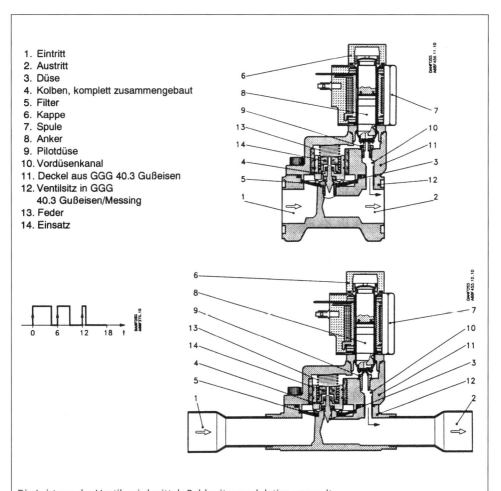

1. Eintritt
2. Austritt
3. Düse
4. Kolben, komplett zusammengebaut
5. Filter
6. Kappe
7. Spule
8. Anker
9. Pilotdüse
10. Vordüsenkanal
11. Deckel aus GGG 40.3 Gußeisen
12. Ventilsitz in GGG
     40.3 Gußeisen/Messing
13. Feder
14. Einsatz

Die Leistung des Ventils wird mittels Pulsbreitenmodulation geregelt.
Innerhalb einer Periodendauer von 6 Sekunden wird der Ventilspule ein Spannungssignal vom Regler zugeführt und entfernt. Dadurch öffnet oder sperrt das Ventil den Durchfluss von Kältemittel.
Das Verhältnis zwischen dieser Öffnungs- und Schließzeit ergibt die jeweilige Leistung. Wenn ein großer Bedarf an Kühlung besteht, ist das Ventil fast die ganzen 6 Sekunden der Periodendauer geöffnet. Bei geringem Kühlbedarf ist das Ventil nur einen Bruchteil der Periodendauer geöffnet. Der Kühlbedarf wird vom Regler bestimmt.
Wenn kein Bedarf an Kühlung besteht, ist das Ventil geschlossen und hat damit Magnetventilfunktion.

Bild 4.59

Anmerkungen:

1. Beim Einsatz von AKV-Ventilen werden 5 Fühler pro Verdampfer montiert.

2. Es entfällt das Flüssigkeitsmagnetventil.

3. Um Flash-Gas-Bildung zu verhindern ist am Verflüssiger zusätzlich ein luftseitiger Unterkühlerkreislauf vorzusehen um eine Unterkühlung von ca. 5 K zu gewährleisten. Hat die Anlage bereits eine kältemittelseitige Unterkühlung entfällt o. a. Version.

4. Die Flüssigkeitsleitung wird aufgrund des spezifischen Öffnungsverhaltens des Ventils (Auf: 100 % Durchfluss, Zu: 0 % Durchfluss) nach der maximalen Leistung durch das Ventil ausgelegt. Zur Vermeidung von Druckschlägen beim Öffnen bzw. Schließen des Ventils muss die maximale Geschwindigkeit in der Flüssigkeitsleitung zwischen 0,5 m/s und $\leq 1,0$ m/s betragen. Die gesamte Leitung ist daraufhin bezüglich ihres Durchmessers zu prüfen!

4.3.11.5 Datenfernübertragung

Die Kälteanlage wird hinsichtlich der Datenübertragung konfiguriert als Anlage mit PC-Bedienung durch den Betreiber vor Ort und Datenfernübertragung (DFÜ) zum Anlagenbauer mit der Möglichkeit des externen Eingriffs in die Anlage.

Folgende Komponenten werden dazu benötigt:

Aufgeschaltet auf den DANBUSS® ein Modem-Gateway, Typ AKA 244 als Interface zwischen der Steuerung der Anlage und dem PC. An der RS232-Schnittstelle sitzt das Modem Typ LASAT Web Set Go und stellt die Verbindung zum Anlagenbauer via Telefonleitung her. Er verfügt mit der Anlagensoftware, Typ AKM über ein Programm mit Zugang zu allen Funktionen in den verschiedenen Reglern.

Ebenfalls auf den DANBUSS® aufgeschaltet ist ein PC-Gateway, Typ AKA 241 für den Anlagenbetreiber. Über ein 9/9poliges PC-Kabel wird die Verbindung zum Betreiber-Notebook hergestellt. Er verfügt über das AK-Mimic-Softwarepaket für Anlagenbetreiber.

4.3.12 Modulierende Druckregelung zur Heißdampfabtauung

Für die Heißgasabtauung wird während der Abtauphase ein höherer Heißgasdruck vor dem Verdampfer benötigt, um das entstehende Kondensat zum Sammler zurückdrücken zu können. Dies wird mit einem pilotgesteuerten Druckregler (Danfoss PM3) realisiert. Zu der Reglereinheit gehören noch zwei CVP-Regler (HD) und ein Pilot-Magnetventil EVM. Während des Kühlbetriebes ist das Magnetventil, das einem der beiden CVP-Regler vorgeschaltet ist, geöffnet. Damit wird beispielsweise ein Druck von 12 bar in der Druckleitung gehalten. Während des Abtaubetriebes schließt dieses Magnetventil und setzt somit den nachfolgenden CVP-Regler wirksam, mit dem ein Druck beispielsweise von 14 bar in der Druckleitung gehalten wird. Somit ist gesichert, dass vor den abzutauenden Verdampfern das Heißgas mit einem höheren Druck, als im Behälter vorhanden ansteht. Falls durch irgendwelche Umstände der Sammlerdruck unzulässig absinken sollte und damit die Kältemittelzufuhr zu den noch kühlenden Verdampfern gefährdet wäre, ist zwischen der Druckleitung und dem Sammler eine Rohrleitung mit einem KVD-Sammler-Druckregler montiert. Dieser hält den Sammlerdruck auf einem Mindestwert.

Die Druckregelung besteht aus folgenden Komponenten:

1 Hauptventil PM 3-50 mit Lötflanschen 54 mm, Flanschtyp 12

2 Pilotventile, Type CVP 4-28 bar (HD)

1 Pilotmagnetventil, Type EVM + Spule 230 V

1 Manometeranschluss und zusätzlich noch

1 Sammlerdruckregler KVD 15

1 Magnetventil, Abtaudruckleitung (siehe Schaltschema – Magnetventile , dort mit *
gekennzeichnet), Fabrikat Danfoss, Typ EVR25, Löt 35 mm

4.3.12.1 RI-Fließbild „Pilotservogesteuerte Druckregelung"

Siehe Bild 4.59

4.3.12.2 Auslegung der pilotservogesteuerten Reglereinheit, Fabrikat Danfoss

Technische Daten:

Schraubenverdichterverbundkälteanlage:

$\dot{Q}_0$ = 120,6 kW

P_{KI} = 100,5 kW

t_R = – 27 °C

R507

t_0 = –35 °C; p_0 = 1,71 bar

$t_{0, Vdi}$ = –37 °C; p_0 = 1,57 bar

ΔT_{SL} = 2 K

$t_{1'}$ = –28 °C

t_c = + 40 °C; pc = 18,61 bar

t_3 = 0 °C

– Enthalphiedifferenz: $q_{on} = h_{1'} - h_4$ in kJ/kg

h_3 = h_4 = 200 kJ/kg

$h_{1'}$ = 349,83 kJ/kg

q_{0N} = 349,83 kJ/kg – 200 kJ/kg = 149,83 kJ/kg

q_{0N} = 149,83 kJ/kg

– Kältemittelmassenstrom: $\dot{m}_R = \dfrac{\dot{Q}_0}{q_{0N}}$ in kg/s mit: $\dot{Q}_0$ in $\dfrac{kJ}{s}$

q_{0N} in $\dfrac{kJ}{kg}$

$\dot{m}_R = \dfrac{120,60}{149,83} = 0,8049 \dfrac{kg}{s}$

$\dot{m}_R$ = 0,8049 kg/s oder $\dot{m}_R$ = 2897,64 kg/h

4.3.12.2.1 k_v-Wertberechnung und Auslegung des Danfoss PM-Reglers

$k_v = \dfrac{\dot{m}_R}{514} \cdot \sqrt{\dfrac{T_1}{\Delta p \cdot \varrho_N \cdot p_2}}$ in m³/h

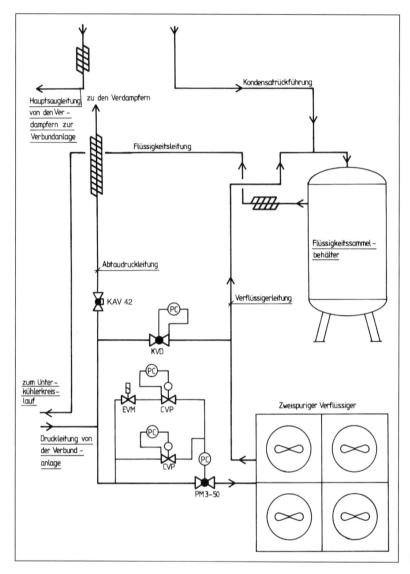

Bild 4.60

mit:

$\dot{m}_R$ in kg/h

T_1 in K; Temperatur vor dem Ventil

Δp in bar; Druckabfall im Ventil; hier: 0,10 bar gewünscht

ϱ_N Dichte von Gasen/Dämpfen im Normzustand (Normdichte ϱ_N)

bei 0 °C und p = 1,01325 bar; R507: ϱ_N = 1,30 $\cdot$ $\dfrac{\text{Molekularmasse Kältemittel in kg/kmol}}{\text{Molekularmasse Luft mit 28,8 kg/kmol}}$

$\varrho_{N,\,R507}$ = 4,46 kg/m³

p_1 Druck vor dem Ventil; p_c = 18,61 bar

p_2 Druck nach dem Ventil; $p_1 - \Delta p$ = 18,61 bar

$$= 18,51 \text{ bar}$$

Kältemittel	Molekularmasse kg/kmol
R134a	102
R 407C	86,2
R404A	97,6
R507	98,8

Exkurs:

Berechnung der Temperatur vor dem Ventil: $T_2 = T_1 \left(\dfrac{p_c}{p_0}\right)^{\frac{n-1}{n}}$

mit

$T_1 = 273,15 + t_0 + 10$

$T_1 = 273,15 + (-35) + 10 = 248,15$ K

$\dfrac{p_c}{p_0} = \dfrac{18,61}{1,71} = 10,88$

$n = 1,2$ (geschätzt)

$T_2 = 248,15 \cdot (10,88)^{\frac{1,2-1}{1,2}}$

$T_2 = 369,42$ K

$t_2 = 96,27\ °C$

$k_v = \dfrac{2\,897,64}{514} \cdot \sqrt{\dfrac{369,42}{0,1 \cdot 4,46 \cdot 18,51}} = 37,71$

$k_v = 37,71\ \text{m}^3/\text{h}$

Gewählt:

Druckgesteuerter Regler Typ PM 3-50 als Hauptventil mit einem k_v-Wert: k_v-Katalog = 43 m³/h.

Zubehör:

1 Stück Pilotmagnetventil EVM + Spule 230 V
2 Stück Verflüssigungsdruckregler CVP (HD), 4–28 bar
1 Lötflanschsatz Löt 54 mm für PM 50, Flanschtyp 12
1 Manometeranschluss 1/4 in.Bördel (selbstschließend)

Tabelle 4.28

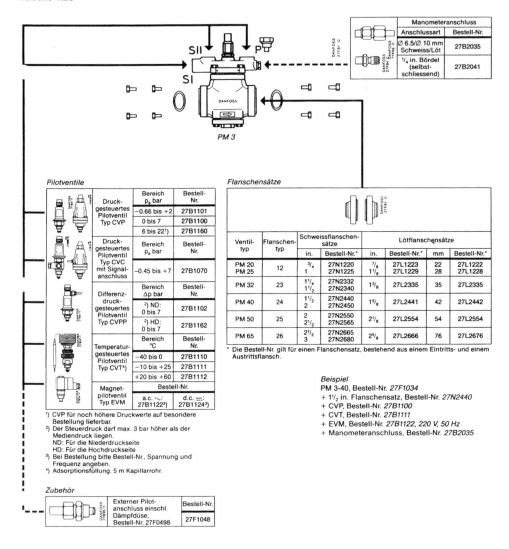

Manometeranschluss		
	Anschlussart	Bestell-Nr.
	∅ 6.5/∅ 10 mm Schweiss/Löt	27B2035
	¹/₄ in. Bördel (selbst- schliessend)	27B2041

PM 3

Pilotventile

		Bereich p_e bar	Bestell-Nr.
	Druck- gesteuertes Pilotventil Typ CVP	−0.66 bis +2	27B1101
		0 bis 7	27B1100
		6 bis 22[1])	27B1160
	Druck- gesteuertes Pilotventil Typ CVC mit Signal- anschluss	Bereich p_e bar	Bestell-Nr.
		−0.45 bis +7	27B1070
	Differenz- druck- gesteuertes Pilotventil Typ CVPP	Bereich Δp bar	Bestell-Nr.
		[2]) ND: 0 bis 7	27B1102
		[2]) HD: 0 bis 7	27B1162
	Temperatur- gesteuertes Pilotventil Typ CVT[4])	Bereich °C	Bestell-Nr.
		−40 bis 0	27B1110
		−10 bis +25	27B1111
		+20 bis +60	27B1112
	Magnet- pilotventil Typ EVM	Bestell-Nr.	
		a.c. ∿: 27B1122[3])	d.c. ⎓: 27B1124[3])

[1]) CVP für noch höhere Druckwerte auf besondere Bestellung lieferbar.
[2]) Der Steuerdruck darf max. 3 bar höher als der Mediendruck liegen.
 ND: Für die Niederdruckseite
 HD: Für die Hochdruckseite
[3]) Bei Bestellung bitte Bestell-Nr., Spannung und Frequenz angeben.
[4]) Adsorptionsfüllung. 5 m Kapillarrohr.

Zubehör

	Externer Pilot- anschluss einschl. Dämpfdüse, Bestell-Nr. 27F0498	Bestell-Nr.
		27F1048

Flanschensätze

Ventil- typ	Flanschen- typ	Schweissflanschen- sätze		Lötflanschensätze				
		in.	Bestell-Nr.*	in.	Bestell-Nr.*	mm	Bestell-Nr.*
PM 20 PM 25	12	³/₄ 1	27N1220 27N1225	⁷/₈ 1¹/₈	27L1223 27L1229	22 28	27L1222 27L1228
PM 32	23	1¹/₄ 1¹/₂	27N2332 27N2340	1³/₈	27L2335	35	27L2335
PM 40	24	1¹/₂ 2	27N2440 27N2450	1⁵/₈	27L2441	42	27L2442
PM 50	25	2 2¹/₂	27N2550 27N2565	2¹/₈	27L2554	54	27L2554
PM 65	26	2¹/₂ 3	27N2665 27N2680	2⁵/₈	27L2666	76	27L2676

* Die Bestell-Nr. gilt für einen Flanschsatz, bestehend aus einem Eintritts- und einem Austrittsflansch.

Beispiel
PM 3-40, Bestell-Nr. *27F1034*
+ 1¹/₂ in. Flanschensatz, Bestell-Nr. *27N2440*
+ CVP, Bestell-Nr. *27B1100*
+ CVT, Bestell-Nr. *27B1111*
+ EVM, Bestell-Nr. *27B1122, 220 V, 50 Hz*
+ Manometeranschluss, Bestell-Nr. *27B2035*

Anmerkung:

In den erweiterten Leistungstabellen für PM-Hauptventile wurde für PM 3-50 die Heißgasleistung in kW, bei korrigierter Heißgastemperatur, $t_0 = −35\,°C$ und $\Delta p = 0{,}20$ bar kontrolliert. Ebenso wurde der Heißgasmassenstrom in kg/s bei korrigierter Heißgastemperatur, $t_0 = −35\,°C$ und $\Delta p = 0{,}20$ bar kontrolliert. PM 3-50 erbringt in allen Fällen die Leistung.

4.3.12.2.2 Auswahl des Sammlerdruckreglers, Fabrikat Danfoss

Der Sammlerdruckregler KVD wird zur Sicherheit zusätzlich eingesetzt und dient der Aufrechterhaltung eines genügend großen Behälterdruckes u. a. zur Verhinderung von zusätzlicher Flashgasbildung in der Flüssigkeitsleitung. Gewählt wird der Regler KVD15

Löt 16 mm. KVD15 wird zwischen Druckleitung und Verflüssigerleitung an der Verbundanlage mit 3 Metern 16 x 1 mm montiert.

4.3.13 Projektierung der Abtaudruckleitung

Zur Dimensionierung der Abtaudruckleitung wird als Leistungsparameter das Äquivalent der elektrischen Heizleistung der Verdampfer herangezogen. Aus dem Küba-Katalog finden wir für den Verdampfer des Typs SGBE 63-F41 eine Gesamtabtauleistung von 11,76 kW (Gesamtabtauleistung bedeutet die Leistung zur Abtauung des Verdampferkörpers plus der Tropfschale) und für den Verdampfer des Typs SGBE F56-F41eine Gesamtabtauleistung von 8,98 kW.

1. Abschnitt

Die Abtaudruckleitung von der Verbundanlage zu Knoten C und weiter zu Knoten A wird bemessen für die maximale Abtauleistung von $\dot{Q}$ = 35,28 kW weil, bedingt durch die Einteilung in Abtauregelkreise, jeweils maximal 3 Verdampfer (3 × 11,76 kW) gleichzeitig abgetaut werden.

Die Anwendung des Nomogramms Cu-Druckleitung R507 ergibt bei einem eingesetzten Druckabfall von ΔT = 1 K; t_0 = −35 °C; t_c = +40 °C einen Rohrdurchmesser von d_a = 42 × 1,5 mm. Die Abtaudruckleitung wird mit Armaflex H isoliert.

Erforderliche Rohrlänge: 15 m Cu-Rohr 42 × 1,5 mm
                             15 m Armaflex H42

Abtaudruckleitung von Knoten C zu Verdampfer Nr. 8 + 9 (Regelkreis 1) im Vorkühlraum ein Stockwerk tiefer!

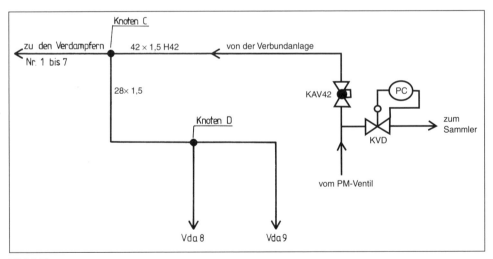

Bild 4.61

l_{geo} = 10 m; $l_{äq}$ = 15 m; Leistung: 2 · 11,76 kW = 23,52 kW

Die Anwendung des Nomogramms Cu-Druckleitung R507 ergibt bei einem eingesetzten Druckabfall von ΔT = 1 K; t_0 = −35 °C; t_c = +40 °C einen Rohrdurchmesser von d_a = 28 × 1,5 mm. Zur Beibehaltung des Temperaturniveaus wird die Abtaudruckleitung mit Armaflexschlauch Typ H (13 mm Nenndicke) gedämmt.

Erforderliche Rohrlänge: ca. 12 m Cu-Rohr 28 × 1,5 mm
Erforderliche Länge: ca. 12 m Armaflex H 28

2. Abschnitt

Abtaudruckleitung von Knoten A zu Abtauregelkreis 2, das sind die Verdampfer Nr. 1,
2 und 3.

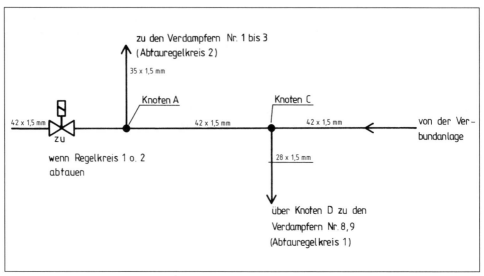

Bild 4.62

l_{geo} = 17 m; $l_{äq}$ = 25 m (abgerundet); Leistung: 3 × 11,76 kW = 35,28 kW

Die Nutzung des Nomogramms Cu-Druckleitung R507 ergibt wiederum bei einem ΔT =
1 K und t_0 = −35 °C sowie t_c = +40 °C einen Rohrdurchmesser d_a = 35 × 1,5 mm.

Erforderliche Rohrlänge: ca. 17 m Cu-Rohr 35 × 1,5 mm
Erforderliche Länge: ca. 17 m Armaflex H 35

3. Abschnitt

Abtaudruckleitung vom Knoten A zu Regelkreis 3 (Verdampfer 4, 5 und 6) (s. Bild 4.63)

l_{geo} = 75 m; $l_{äq}$ = 100 m (abgerundet); Leistung: 3 × 11,76 kW = 35,28 kW

Nomogramm bei o. a. Basisdaten: d_a = 42 × 1,5 mm

Erforderliche Rohrlänge: 75 m Cu-Rohr 42 × 1,5 mm
Erforderliche Länge: 75 m Armaflex H 42

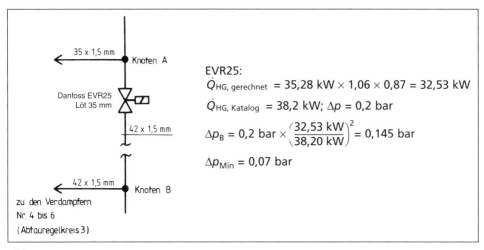

Bild 4.63

4. Abschnitt

Abtaudruckleitung vom Knoten B zu Regelkreis 4 (Verdampfer 7) (s. Bild 4.64).

l_{geo} = 6 m; $l_{äq}$ = 9 m; Leistung: 8,98 kW
gewählt 16 × 1 mm
ab Knoten B reduziert auf: 22 × 1 mm

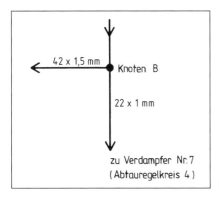

Bild 4.64

Erforderliche Rohrlänge: ca. 6 m Cu-Rohr 22 × 1 mm
Erforderliche Länge: ca. 6 m Armaflex H 22

Tabellarische Zusammenfassung der ermittelten Rohrdurchmesser für die Abtaudruck-leitung und die Armaflex-Wärmedämmung:

Tabelle 4.29

Rohrdurchmesser	22 × 1 mm	28 × 1,5 mm	35 × 1,5 mm	42 × 1,5 mm
Länge (m):	6	12	17	90
Armaflex H (m):	6	12	17	90

4.3.14 Projektierung der Kondensat- und Abblaseleitung

Kondensatleitung vom Ausgang Vda7 zum Knoten B gewählt:

$l_{geo} = 4$ m; $d_a = 18 \times 1$ mm

1. Abschnitt

Kondensatleitung von den Verdampferausgängen Vda 4, 5 und 6 zum Knoten B gewählt:

$l_{geo} = 17$ m; $d_a = 22 \times 1$ mm

2. Abschnitt

Kondensatleitung von Knoten B zu Knoten A gewählt:

$l_{geo} = 56$ m; $d_a = 22 \times 1$ mm

3. Abschnitt

Kondensatleitung von den Verdampferausgängen Vda 1, 2 und 3 zum Knoten A gewählt:

$l_{geo} = 17$ m; $d_a = 22 \times 1$ mm

4. Abschnitt

Kondensatleitung von Knoten A zum Sammelbehälter am Tk-Verbund gewählt:

$l_{geo} = 10$ m; $d_a = 22 \times 1$ mm

5. Abschnitt

Kondensatleitung von den Verdampferausgängen Vda 8 und 9 zum Knoten C gewählt:

$l_{geo} = 10$ m; $d_a = 18 \times 1$ mm

6. Abschnitt

Abblaseleitung vom Sicherheitsventil KSV am Behälter ins Freie, gewählt:

$l_{geo} = 6,0$ m; $d_a = 22 \times 1$ mm

Abblaseleitung vom Sicherheitsventil ÜSV am Behälter zur Saugseite, gewählt:

$l_{geo} = 3$ m; $d_a = 22 \times 1$ mm + 3 m Armaflex H 22

4.3.15 Gesamttabelle aller erforderlichen Rohrquerschnitte und Armaflexschläuche

Tabelle 4.30

Cu-Rohr in m

16 × 1	18 × 1	22 × 1	28 × 1,5	35 × 1,5	42 × 1,5	54 × 2	64 × 2	89 × 2	108 × 2,5
3 23,5	4 19,5	6 100 9 14	12 56	17 10 13	90 14	19,5	6	6,1	8
26,5	23,5	124	68	40	104	19,5	6	61	8

Armaflex-Schlauch H in mm

H 15	H 18	H 22	H 28	H 35	H 42
23,5	19,5	3 6 14	56 12	17 13	90
23,5	19,5	23	68	30	90

Armaflex-Schlauch M in mm

M 35	M 42	M 54	M 64	M 89	M 108
10	14	19,5	6	61	8

4.3.16 Projektierung eines Flüssigkeitsabscheiders zum Einbau in die Saugleitung im Maschinenraum

Bedingt durch den Heißdampfabtaubetrieb wird ein Flüssigkeitsabscheider in die Saugleitung d_a: 108 × 2,5 mm im Maschinenraum eingebaut.

Flüssigkeitsabscheider: Fabrikat ESK, Typ FA-104-80T

Auslegungsdaten:

$\dot{V}_{geo}$ HSN6461-50 = 165 m³/h; R 507; $t_0 = -37$ °C; $p_0 = 1,57$ bar; $t_C = +40$ °C; $p_C = 18,61$ bar; Druckverhältnis

$$\frac{p_c}{p_0} = \frac{18,61 \text{ bar}}{1,57 \text{ bar}} = 11,85 \approx 12; \text{ Liefergrad } \lambda = 0,5;$$

$$\dot{V}_{tat} = \lambda \cdot \dot{V}_{ges} = 0,5 \cdot 165 \text{ m}^3/\text{h} = 82,50 \text{ m}^3/\text{h}$$

Auswahl gemäß Tabelle 4.31.

Aus der Tabelle 4.31 ergibt sich Folgendes:

Tabelle 4.31

Auslegungsdaten				Selection Data													
Flüssigkeits-abscheider Anschlußgröße Suction Line-Accumulator Connection Size			**Kälteleistung Q₀ [kW]** bei 40 °C Verflüssigungstemperatur und 25 °C Sauggastemperatur Verdampfungstemperatur [°C], einstufiger Betrieb **Ref. Capacity Q₀ [kW]** at 40 °C Condensing Temperature and 25°C Suctiongas Temperature Evaporating Temperature [°C], single stage operation														Effektives Förder-volumen Effective Displace-ment
ØSL mm	ØSL inch	Typ / Type		R404A, R407A, R407C, R507, R22									R134a				V₀ m³/h
				+5	0	-5	-10	-15	-20	-25	-30	-35	-40	+5	-10	-20	-30	
12	–	FA-12/15	Opt.	4,3	3,8	3,2	2,6	2,1	1,7	1,4	1,2	1,0	0,7	2,8	1,6	1,0	0,6	4,0
			Min.	2,2	1,9	1,6	1,3	1,1	0,9	0,7	0,6	0,5	0,4	1,4	0,8	0,5	0,3	2,0
15	–	FA-12/15	Opt.	7,1	6,2	5,4	4,6	3,5	2,9	2,4	1,9	1,6	1,2	4,7	2,6	1,8	1,1	6,6
			Min.	3,6	3,1	2,7	2,3	1,8	1,5	1,2	1,0	0,8	0,6	2,4	1,3	0,9	0,5	3,3
16	5/8	FA-16...	Opt.	8,4	7,6	6,4	5,2	4,1	3,3	2,8	2,3	2,0	1,4	5,5	3,0	2,0	1,2	7,8
			Min.	4,2	3,8	3,2	2,6	2,1	1,7	1,4	1,2	1,0	0,7	2,8	1,5	1,0	0,6	3,9
22	7/8	FA-22...	Opt.	17	15,0	12,6	10,6	8,3	7,0	5,5	4,6	3,8	2,9	10,2	5,6	3,6	2,4	15,8
			Min.	8,5	7,5	6,3	5,3	4,2	3,6	3,0	2,3	1,9	1,5	5,1	2,8	1,8	1,2	7,9
28	1-1/8	FA-28...	Opt.	26,7	23,0	19,0	16	13	11	8,8	7,2	5,8	4,5	17,5	9,8	6,4	4,0	24,8
			Min.	13,4	11,5	9,5	8	6,5	5,5	4,5	3,6	2,9	2,3	8,7	4,9	3,2	2,0	12,4
35	1-3/8	FA-35...	Opt.	44	36	32	26	22	18	1,4	12	10	8	26,8	15	9,8	6,2	40,6
			Min.	22	18	16	13	11	9	7,0	6,0	5	4	13,4	7,5	4,9	3,1	20,3
42	1-5/8	FA-42...	Opt.	62	52	46	36	30	25	20	16	14	10	40	22	14	9,0	57,2
			Min.	31	26	23	18	15	13	10	8,0	7	5	20	11	7	4,5	28,6
54	2-1/8	FA-54...	Opt.	107	92	76	64	52	43	35	28	24	18	70	40	26	16	99
			Min.	53	46	38	32	26	22	18	14	12	9	35	20	13	8	49,5
64	2-1/2	FA-67/64...	Opt.	153	128	108	90	75	62	50	42	34	26	100	56	36	24	142
			Min.	77	64	54	45	38	31	25	21	17	13	50	28	18	12	71
67	2-5/8	FA-67...	Opt.	168	142	122	100	84	72	58	48	38	30	108	62	40	26	148
			Min.	84	71	61	50	42	36	29	24	19	15	54	31	20	13	74
70	2-3/4	FA-67/70...	Opt.	180	154	132	108	90	76	62	50	40	32	114	66	44	28	163
			Min.	90	77	66	54	45	38	31	25	20	16	57	33	22	14	81,5
80	3-1/8	FA-80...	Opt.	240	208	176	146	124	104	84	70	56	44	158	89	58	36	218
			Min.	120	104	89	73	62	52	42	35	28	22	79	45	29	18	109
89	3-1/2	FA-80/89...	Opt.	310	266	226	188	158	132	108	88	72	56	202	114	74	48	270
			Min.	155	133	113	94	79	66	54	44	36	28	101	57	37	24	135
104	4-1/8	FA-104...	Opt.	430	360	304	256	210	172	140	116	92	73	270	152	98	62	400
			Min.	215	180	152	128	105	86	70	58	46	37	135	76	49	31	200

Ø SL = Saugleitungs-Außendurchmesser
Suction Line Outside Diameter

☐ **Einsatz nur mit Wärmetauscher oder Heizelementen**
Application with heat exchanger or heater elements only

Auslegungsbeispiele   **Examples of Selection**

Beispiel Example No.	Verdichter Compressor VH m3/h	Verdichter Anschluß Compressor Connection		Leistungs-regelung Capacity-Control auf/to %	Verd.-temp. Evap.-temp. to °C	Auswahlkriterien Selection, Information	ESK-Produkt ESK-Product
		Ø SL mm	Ø SL inch				
1	13	22	7/8	–	-20	R407A; Kälteleistung Qo = 4,7 kW; R407A; Capacity Qo = 4.7 kW	**FA-22W**
2	50	35	1-3/8	66	+ 5	Pc/Po = 2,6; λ = 0,9; Vo = 0,9 x 50 = 45 m³/h, Vo min = 30 m³/h	**FA-42**
3	126	54	2-1/8	–	– 5	90 kg R22; Kälteleistung Qo = 83 kW 90 kg R22; Capacity Qo = 83 kW	**FA-67-40**
4	105*	35	1-3/8	–	-40	VHL = 71 m³/h; Vo = VHL x 0,85 = 60 m³/h	**FA-54WT** oder/or **FA-54-7W**

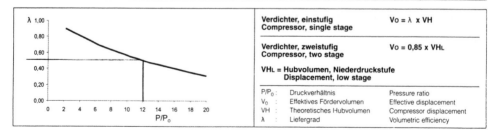

Verdichter, einstufig Compressor, single stage		**Vo = λ x VH**
Verdichter, zweistufig Compressor, two stage		**Vo = 0,85 x VHL**
VHL = Hubvolumen, Niederdruckstufe Displacement, low stage		
P/P₀ : Druckverhältnis		Pressure ratio
V₀ : Effektives Fördervolumen		Effective displacement
VH : Theoretisches Hubvolumen		Compressor displacement
λ : Liefergrad		Volumetric efficiency

Tabelle 4.31 (Fortsetzung)

Maßskizze

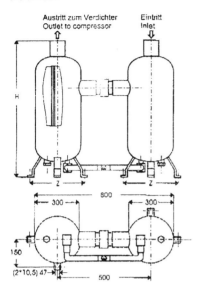

Austritt zum Verdichter
Outlet to compressor

Eintritt
Inlet

Datenblatt
Flüssigkeitsabscheider Basis Typ

FA-104-80T

Technische Daten

Inhalt	2 × 40 Liter
Max. zul. Betriebsüberdruck	28 bar
Prüfdruck	31 bar
Max. zul. Betriebstemperatur	100 °C/–10 °C
Min. zul. Betriebstemperatur	–50 °C/–10 °C
Max. zul. Betriebsüberdruck	10 bar

Flüssigkeitsabscheider Typ Suction Line Accumulator Type	H	Z	Anschluss Rohr-Außen ⌀ Connection ODS	
	mm	mm	mm	inch
FA-54-80T	860	300	54	2–1/8″
FA-67-80T	860	300	67	2–5/8″
FA-80-80T	840	300	80	3–1/8″
FA-89-80T	840	300	89	3–1/2″
FA-104-80T	810	300	104	4–1/8″

4.3.17 Auswahl eines luftgekühlten Axiallüfterverflüssigers, Fabrikat Güntner für die Schraubenverdichter-Verbundkälteanlage

4.3.17.1 Ermittlung der Verflüssigungsleistung der Verbundanlage

$\dot{Q}_0$ = 120,60 kW
P_{kl} = 100,50 kW

$\dot{Q}_c$ = 221,10 kW

Lufteintrittstemperatur: t_{LE} = +32 °C (praxisüblicher Auslegungswert)
Verflüssigungstemperatur: t_c = +40 °C (praxisüblicher Auslegungswert) $\Big\}$ ΔT = 8 K

Bevor der Flüssigkeitsabscheider mit Armaflex-Plattenmaterial isoliert wird, werden um jeden Behälter noch 3 Heizbänder Fabrikat ESK, Typ HB-65/300 mit jeweils 230 V/1 Ph/ 50 Hz/65 W montiert.

Aufgrund seines Leergewichtes von 96 kg werden auf dem Verbundmaschinenrahmen entsprechende Profile eingeschweißt zur Aufnahme des Abscheiders.

4.3.17.2 Auswahl des Verflüssigers

Der Aufstellungsort des Axiallüfterverflüssigers liegt im 1. Stock des Gebäudekomplexes direkt neben dem Maschinenraum. Der Aufstellungsort ist nicht überdacht. Da das gesamte Objekt in einem Industriegebiet liegt, ist auf besondere akustische Vorgaben nicht zu achten, so dass ein Verflüssiger in N-Ausführung projektiert werden kann.

Die Wahl fällt auf einen zweispurigen Verflüssiger vom Typ **GVH092C/2** × **2-N(D)** mit folgenden technischen Daten:

Für Ihre Vorgaben:

Anzahl der Kreise:	1
Leistung:	222.0 kW
Kältemittel:	R507
Verflüssigungstemp.:	40.0 °C
Lufteintrittstemp.:	32.0 °C
Luftfeuchtigkeit:	40.0 %

eignen sich folgende Geräte:

	Geräteschlüssel	Leistung	Fläche	Luft	Schalldr.	Motordaten		
		kW	m	m/h	dB(A)	kW	A	U/min
1	GVH 092B/4-N(D)	206.565	863.4	103600	68	3.60	7,2	890
2	GVH 092B/2x2-N(D)	207.799	889.1	105200	68	3.60	7,2	890
3	GVH 102B/2x2-N(D)	207.964	1050.8	93800	64	2.20	4,2	670
4	GVH 092C/2x2-N(D)	235.272	1050.8	113300	68	3.60	7,2	890
5	GVHC 092C/2x2-N(D)	217.923	959.4	109100	68	3.60	7,2	890
6	GVH 102C/3-N(D)	211.690	1274.5	86300	63	2.20	4,2	670
7	GVH 067B/2x4-N(D)	222.253	672.3	114340	72	2.20	4,3	1340
8	GVH 082A/2x3-N(D)	224.110	1104.7	105400	63	2.00	4,0	880
9	GVHC 082A/2x3-N(D)	210.621	1008.6	100300	63	2.00	4,0	880
10	GVH 102C/2x2-N(D)	227.151	1212.5	101300	64	2.20	4,2	670
11	GVH 102A/4-N(D)	239.947	1255.8	103000	64	2.20	4,2	670
12	GVH 082B/2x3-L(D)	211.371	1347.2	86900	57	1.05	2,4	680
13	GVH 082B/2x3-N(S)	207.770	1347.2	84700	57	1.25	2,3	660
14	GVH 082B/2x3-N(D)	259.558	1347.2	115500	63	2.00	4,0	880
15	GVHC 082B/2x3-N(D)	245.974	1230.0	111100	63	2.00	4,0	880
16	GVH 102B/5-S(D)-F4	206.218	1237.1	99500	53	0.86	2,0	420
17	GVH 092A/2x3-L(D)	220.398	1104.7	102900	63	1.75	3,6	680
18	GVH 102B/4-L(D)	217.519	1480.7	87400	60	1.20	2,7	520
19	GVH 092A/2x3-N(S)	228.825	1104.7	108600	63	2.50	4,3	700
20	GVH 092A/2x3-N(D)	271.106	1104.7	140600	69	3.60	7,2	890

Bild 4.65

Verflüssiger   GVH 092C/2X2-N(D)

Leistung:	235.3 kW	**Kältemittel:**	**R507**[1]
		Heißgastemperatur:	69.0 °C
Luftvolumenstrom:	113300 m/h	Verflüssigungstemp.:	40.0 °C
Luft Eintritt:	32.0 °C	Kondensataustritt:	38.7 °C
Geodätische Höhe:	0 m	Heißgasvolumenstr.:	54.07 m/h

Ventilatoren:	4 Stück 3~400V 50Hz	Schalldruckpegel:	68 dB(A)[2]
Daten je Motor:		im Abstand:	5.0 m
Drehzahl:	890 min-1	Schallleistung:	95 dB(A)
Leistung:	3.60 kW		
Stromaufnahme:	7.2 A		

Gehäuse:	Stahl verzinkt, RAL 7032	WT-Rohre:	Kupfer
Austauschfläche:	1050.8 m	Lamellen:	Aluminium
Rohrinhalt:	143 l	Anschlüsse je Gerät:	
Lam. Teilung:	2.40 mm	Eintrittsstutzen:	2 x 64.0 * 2.50 mm
Pässe:	6	Austrittsstutzen:	64.0 * 2.50 mm
Leergewicht:	979 kg	Stränge:	46

Abmessungen:

L	=	4000 mm
B	=	2385 mm
H	=	1550 mm
R	=	110 mm
L1	=	3900 mm
H1	=	600 mm
S	=	50 mm

Achtung: Skizze und Abmessungen gelten nicht für alle Zubehörsvarianten!

Bild 4.65   (Fortsetzung)

4.3.17.3

Anschlussschema (Bild 4.66) der Druck- und der Verflüssigerleitung mit dazugehöriger Absperrgruppe

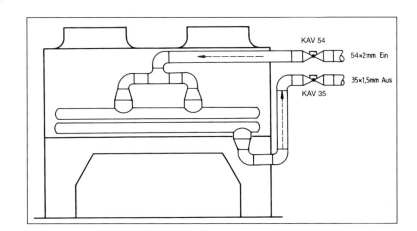

Bild 4.66

4.3.18 Kältemittelfüllmenge

8 Verdampfer SGB 63-F41V6.07: je V_R = 15,5 dm³
1 Verdampfer SGB 56-F41V6.07: V_R = 11,6 dm³

ϱ_{R507} = 1,26 kg/dm³

$$m_{R507} = \frac{V_R \cdot \varrho_R}{2} \text{ in kg} \quad \text{mit } \frac{dm^3 \cdot kg}{dm^3}$$

$$m_R = \frac{135,60 \cdot 1,26}{2} = 85,43$$

$\underline{\underline{m_R = 85,43 \text{ kg} \approx 86 \text{ kg}}}$

Verflüssigerfüllung

Verflüssiger GVH 092C/2 × 2-N

mit V_R = 143 dm³

ϱ_R = 0,992 kg/dm³

$$m_R = \frac{143 \cdot 0,992}{2} = 70,93$$

$\underline{\underline{m_R = 70,93 \text{ kg} \approx 71 \text{ kg}}}$

Flüssigkeitsleitung

Gemäß folgender Berechnung ergibt sich mit:

Tabelle 4.32   R507, t_3 = 0 °C, ϱ = 1,161 kg/dm³, $l \triangleq$ dm³

16 × 1	0,15 l/m · 23,5 m	= 3,53 dm³ · 1,161 kg/dm³ =	4,1 kg
18 × 1	0,20 l/m · 19,5 m	= 3,90 dm³ · 1,161 kg/dm³ =	4,53 kg
22 × 1	0,31 l/m · 14 m	= 4,34 dm³ · 1,161 kg/dm³ =	5,04 kg
28 × 1,5	0,49 l/m · 56 m	= 27,44 dm³ · 1,161 kg/dm³ =	31,86 kg
35 × 1,6	0,80 l/m · 13 m	= 10,40 dm³ · 1,161 kg/dm³ =	12,07 kg
		Σ 57,60 kg ≈ 58 kg	

Ergebnis: 58 kg R507

Sammlerfüllung

Für die Kälteanlage wurde ein Behälter in stehender Ausführung, Fabrikat Güntner, Typ GBV 250 mit folgenden Ausstattungsmerkmalen ausgelegt:

- jeweils ein Absperrventil EAV35 am Ein- bzw. Austritt
- ein Entlüftungsventil EAV6
- 3 Schaugläser Typ SG2 mit Sichtfenster ⌀ 47 mm

Technische Daten: ∅ Behälter 406 mm
                     H = 2 185 mm
                     G = 240 kg (leer)
                     V = 250 l

Der Behälter wird nach BGV D4 bzw. EN378, weil er beidseitig absperrbar ist, DN > 150 mm beträgt und V > 100 Liter ist, mit einer Sicherheits-Wechselventil-Kombination Fabrikat Hansa ausgerüstet.

Die Ventilkombination besteht aus folgender Baugruppe:

1. Wechselventilgrundkörper Typ WVN

2. Sicherheitsventil KSV 30 bar, gegendruckabhängig zum Einbau in WVN

3. Überströmsicherheitsventil ÜSV 28 bar, gegendruckunabhängig zum Einbau in WVN

4. Lötadapter LA zum Anschluss an Austrittsseite ÜSV 1 1/4″ UNF; Lötanschluss Abblaseleitung (22 × 1 mm) 22 mm zur Saugseite der Anlage isoliert mit H22

5. Lötadapter zum Anschluss an Austrittsseite KSV G 1″; Lötanschluss Abblaseleitung (22 × 1 mm) verlegt ins Freie

6. Manometer mit Schleppzeiger für ÜSV-Abblaseleitung 7/16″ UNF plus Rückschlagventil Danfoss Typ NRV22s

Sammlerfüllung:

$t_3 = +38\ °C$, $\varrho = 0{,}992\ kg/dm^3$, $m_R = \dfrac{250\ dm^3 \cdot 0{,}992\ kg/dm^3}{7} = 35{,}43\ kg$

$m_R = 35\ kg$

Zusammenfassung:

$m_{R\ ges.} = 86\ kg + 71\ kg + 35\ kg = 250\ kg\ R507$

Der Sammler nimmt die gesamte Kältemittelfüllmenge der Anlage auf!

Am Austritt des Sammelbehälters GBV250 ist ein Absperrventil EAV35 werkseitig montiert. In Fließrichtung dahinter wird eine Trocknerstation, bestehend aus dem Trockner Alco Typ ADKS-Plus 9611T, Löt 35 mm, mit 2 Trocknerblöcken H48, montiert.

Hinter dem Trockner sitzt ein T-Stück 35 mm mit eingelötetem Schauglas Alco AMI-2 S11 ODM, Löt 35 mm, mit Feuchtigkeitsindikator. Abschließend wird ein Kugelabsperrventil Löt 35 mm Danfoss GBC35s mit eingebautem Schraderventil gesetzt.

Trocknerauslegung über Formel: $\dot{Q}_N = \dot{Q}_0 \cdot Kt_{Fl}$ mit:

$t_3 = +38\ °C$; $Kt_{Fl} = 1{,}344$; $\dot{Q}_0 = 120\ kW$; $\dot{Q}_N = 161{,}28\ kW$

Durchflussleistung Trockner bei $\Delta p = 0{,}07\ bar$, $\dot{Q} = 199\ kW$

4.3.19 Kältemittelwarnanlage, Fabrikat Beutler

Für jeden der drei Tiefkühlräume und für den Maschinenraum wird ein Beutler Gasmeldegerät geplant.

Tiefkühlräume: jeweils ein Gasmeldegerät GM IV-230PS mit getrennt, d. h. im Tiefkühlraum montierbarem Sensor.
Der Sensor ist mit einem Klemmkasten versehen und kann bis 1 000 m vom Auswertegerät entfernt montiert werden (Kabel: 4-adrig 0,75 mm², geschirmt)

Maschinenraum: ein Gasmeldegerät Typ GM VI-230PS mit fest am Gehäuse montiertem Sensor.

4.3.20 Auslegung der Maschinenraumentlüftung

Für die Festlegung des Abluftvolumenstromes wird die übliche Praktikerformel: Abluftvolumenstrom in m³/h = Gesamtklemmenleistung der Kälteverdichter im Betriebspunkt multipliziert mit der Zahl 60 herangezogen.

3 Stück halbhermetische Schraubenverdichter Bitzer HSN 6461-50 Eco mit $t_0 = -37\ °C$; $t_c = +40\ °C$; $\Delta t_{sup} = 10$ K; R507 und

$P_{Klemme} = 33,5$ kW pro Maschine

$P_{Klemme,\ ges.} = 100,5$ kW

$\dot{V}_L = P_{Kl,\ ges.} \times 60 = 100,5 \times 60 = 6\,030$ m³/h

Aus den Unterlagen des Herstellers Maico-Ventilatoren werden 2 Stück Hochleistungs-Axial-Wandventilatoren Typ EZQ 50/8B, 230 V, $n = 715$ min^{-1}, $\dot{V}_L = 4\,200$ m³/h, $P_{Nenn} = 110$ W, $I_{Max} = 0,6$ A, m = 21,8 kg
Lüfter ausgestattet mit Alu-Flügelrad (Mehrpreis), selbsttätiger Verschlussklappe AS50 für Außenwandmontage, gemeinsamem elektronischen Temperaturregler EAT6G inkl. Raumfernfühler.

Der freie Ausblasquerschnitt eines Lüfters beträgt: 0,21 m². Als Zuluftgitter wird ein TROX- Lüftungsgitter Aluminium, Zuluft, Serie AT mit den Abmessungen 1 225 × 525 mm und einer Frontrahmenbreite von 27 mm für verdeckte Schraubbefestigung gewählt. Das Gitter hat eine effektive Luftdurchtrittsfläche $A_{eff} = 0,427$ m².

4.3.21 Netzunabhängige Personen-Notrufanlage

Nach § 14 Abs. 3 BGV D4 muss bei ortsfesten begehbaren Kühlräumen mit Temperaturen unter –10 °C und einer Grundfläche über 20 m² eine vom allgemeinen Stromversorgungsnetz unabhängige Notrufeinrichtung vorhanden und erkennbar sein.

Gemäß Bild 4.47 werden für die drei Tiefkühlräume jeweils eine Notrufanlage geplant. Die drei Alarmgeräte sind, entsprechend gekennzeichnet, an der Außenseite von Wand 1 im Wareneingangsbereich befestigt. An jeder Schiebetür wird ein beleuchteter Schlagtaster installiert. Geplant wird:

Fabrikat Elreha, Typ NA-401 mit integriertem Akku zur Wandmontage, mit abgesetztem Klemmkasten, eingebauter Warnhupe (Schalldruck 100 dB(A)) und Klarsichttür. Schlagtasterbeleuchtung wird durch Akku versorgt.

Lieferumfang: 3 Stück NA-401, Alarmgerät incl. Akku und einem Schlagtaster sowie ein Schlagtaster extra für zweite Schiebetür im großen Tiefkühlraum.

4.3.22 Papierloses Temperatur-Protokolliersystem

Nach der Veröffentlichung der „Ersten Verordnung zur Änderung der Verordnung über tiefgefrorene Lebensmittel vom 16.11.95" und der „Fleischhygiene-Verordnung vom 21.05.97" besteht eine Verpflichtung zum Nachweis von Temperaturverläufen in Tiefkühlräumen.

Geplant wird ein elektronisches Temperatur-Protokolliersystem Fabrikat Elreha Typ Mini MEP 424A zur Wandmontage (platziert an Wand 1 neben den drei Alarmgeräten), Speicherkapazität bei Aufzeichnung alle 15 Minuten ca. 6 Jahre, Protokollierbereich –110 °C bis +600 °C, 4 Fühlereingänge, zusätzlich: 3 Fühler TF501 12 M mit 12 m geschirmtem Kabel einer für jeden Raum, Montage: Deckenmitte (Verlängerung mit Kabel 4adrig, 0,75 mm², geschirmt)

4.3.23 RI-Fließbild der Tiefkühlverbundkälteanlage mit Schraubenverdichtern, luftgekühlten Ölkühlern, Economizerbetrieb, Flüssigkeitsunterkühlung, Heißdampfabtauung und Abtaudruckregelung

Siehe Anlage 2

4.3.24 Angebot

An
Ingenieur- und Planungsbüro Müller
Herrn Müller
Bockenheimer Landstr.
Frankfurt am Main

Bauvorhaben: Anbau eines Tiefkühlhauses an das bestehende Logistikzentrum

Angebot
Tiefkühlkälteanlage

Sehr geehrte Damen und Herren,

wir danken Ihnen für Ihre Anfrage vom 11.03.2002 und gestatten uns, Ihnen nachstehend das gewünschte Angebot zu unterbreiten.

Unser Angebot umfasst im einzelnen:

A.) **Große Halle**
Innenabmessungen (nach Isolierung)

Hallenlänge:	56 m
Hallenbreite:	17 m
Hallenhöhe:	9 m
Isolierung:	160 mm PUR
k-Wert:	0,12 W/m² K
Raumfläche:	952 m²
Rauminhalt:	8568 m³
Raumtemperatur:	–27 °C

Berechnungsdaten:

Umgebungstemperatur: +32 °C, Zuschlag für Flachdach 10 K ⇒
Umgebungstemperatur: +42 °C
Raumtemperatur: –27 °C

Benötigter Kältebedarf durch Wärmeeinströmung: 20 450 W
(wobei der *k*-Wert für den Boden nach Ihren Angaben separat berechnet wurde)

Benötigter Kältebedarf durch Personenbegehung (12): 2 250 W

Benötigter Kältebedarf durch Beleuchtung (5 W/m²): 4 760 W

Benötigter Kältebedarf durch Unterkühlung des Kühlgutes (ΔT = 9 K): 15 420 W

Benötigter Kältebedarf durch Gabelstaplerbefahrung: 9 478 W
(8 Gabelstapler als Schnellläufer und 1 Gabelstapler als Hebestapler)

Benötigter Kältebedarf durch Luftwechsel 3 233 W

Ergibt einen Gesamtkältebedarf von 55 591 W

Die Umrechnung des Gesamtkältebedarfs auf einen durchschnittlichen, täglichen Bedarf, bei einer Anlagenbetriebszeit von 18 Stunden ergibt: **74 121 W**

B.) **Bereitstellung Kühlbehälter**
   Innenabmessungen (nach Isolierung)
   Raumlänge: 11,0 m
   Raumbreite: 6,5 m
   Raumhöhe: 9,0 m
   Raumfläche: 71,5 m²
   Rauminhalt: 643,5 m³
   Raumtemperatur: −27 °C

Benötigter Kältebedarf durch Wärmeeinströmung: 2 189 W

Benötigter Kältebedarf durch Personenbegehung (6): 1 125 W

Benötigter Kältebedarf durch Beleuchtung (5 W/m²): 360 W

Benötigter Kältebedarf durch Unterkühlung des Kühlgutes: 1 225 W

(1 TK-Rolli hat 0,5 m² Standfläche und fasst ca. 80 kg, d. h.
2 Rollis/m² = 160 kg m²)

Benötigter Kältebedarf durch Luftwechsel: 882 W

Ergibt einen Gesamtkältebedarf von 5 781 W

Die Umrechnung des Gesamtkältebedarfs ergibt: **7 708 W**

C.) **Vorkühlraum Kühlbehälter**
   Innenabmessungen (nach Isolierung)
   Raumlänge: 17,0 m
   Raumbreite: 8,0 m
   Raumhöhe: 4,5 m
   Raumfläche: 136 m²
   Rauminhalt: 612 m³
   Raumtemperatur: −27 °C

Benötigter Kältebedarf durch Wärmeeinströmung: 2 612 W

Benötigter Kältebedarf durch Personenbegehung (6): 1 125 W

Benötigter Kältebedarf durch Unterkühlung des Kühlgutes: 9 435 W
(die Hälfte des Raumes, 68 m² steht voll mit TK-Rollbehältern)

Benötigter Kältebedarf durch Beleuchtung (5 W/m²) 680 W

Benötigter Kältebedarf durch Stapler 3 159 W
(1/3 Anteil von Staplerwärmestrom aus der großen Halle)

Benötigter Kältebedarf durch Luftwechsel 860 W

Ergibt einen Gesamtkältebedarf von 17 871 W

Die Umrechnung des Gesamtkältebedarfs ergibt: **23 828 W**

Zusammen ergibt sich eine benötigte Kälteleistung von:

große Halle	**74 121 W**
Bereitstellung Behälter	**7 708 W**
Vorkühlraum Behälter	**23 828 W**
	105 657 W

Wir bieten Ihnen an:

Für die große Halle:

Pos. 1   6 Verdampfer
Fabrikat: KÜBA
Type: SGB63-F41 V6.07

die Auslegung der Verdampfer erfolgt unter folgenden Betriebsbedingungen:

Raumtemperatur	−27 °C
Verdampfungstemperatur	−35 °C
Temperaturdifferenz	8 K
Verdampferleistung	je 13,5 kW

Ausführung

Die Gehäuseteile des Verdampfers sind standardmäßig einzeln pulverbeschichtet. Die verwendeten Beschichtungen sind lebensmittelecht. Die Tropfwanne ist klappbar und daher leicht zu reinigen.

Material: Stahl feuerverzinkt und pulverbeschichtet RAL 9018. Der Wärmetauscher ist von innen wie von außen gereinigt. Innere Reinheit nach DIN 8964. Rohrsystem ø 15 mm, Rohrteilung: 50 × 50 mm fluchtend. Der Verdampfer ist mit einer Heißgasabtaurohrschaltung (Ausführung V6.07) für Körper und Wanne mit Rückschlagventil ausgestattet.

Ventilatormotortyp MDA-T2065-N6V-N, Flügel KGLV/32°, iP66, 680 W, 880 min^{-1}, 1,6 A, 400 V

Technische Daten:

Kühlerfläche:	65,1 m^2
Lamellenabstand:	7 mm
Luftvolumenstrom:	8 600 m^3/h
Blasweite:	35 m
Anzahl der Ventilatoren:	1 Stück
Ventilator-Nennleistung:	680 W
Spannung:	400 V
Rohrinhalt:	15,5 dm^3
Anschluss Eintritt:	15 mm
Anschluss Austritt:	28 mm

Abmessungen:

Breite:	1820 mm
Höhe:	1018 mm
Tiefe:	931 mm
Wandabstand:	600 mm
Gewicht:	180 kg

Mehrfacheinspritzung über KÜBA-Cal-Verteiler

Für die Bereitstellung Kühlbehälter:

Pos. 1a   2 Verdampfer

Fabrikat KÜBA
Type: SGB63-F41 V6.07

Die Auslegung der Verdampfer erfolgte unter folgenden Betriebsbedingungen:

Raumtemperatur:	−27 °C
Verdampfungstemperatur:	−35 °C
Temperaturdifferenz:	8 K
Verdampferleistung:	je 13,5 kW

Ausführung und Technische Daten

wie unter Pos. 1 beschrieben, jedoch mit Ventilatormotortyp MDA-T2065-N4V-N, Flügel KGLV 560/32°, iP66, 1400 W, 1350 min⁻¹, 2,5 A, 400 V

Vorkühlraum Kühlbehälter

Pos. 1b   1 Verdampfer

Fabrikat: KÜBA
Type: SGB56-F41

Die Auslegung des Verdampfers erfolgt unter folgenden Betriebsbedingungen:

Raumtemperatur:	−27 °C
Verdampfungstemperatur:	−35 °C
Temperaturdifferenz:	8 K
Verdampfungsleistung:	10,97 kW

Ausführung:
siehe oben!

Technische Daten:

Kühlerfläche:	48,2 m²
Lamellenabstand:	7 mm
Luftvolumenstrom:	7900 m³/h
Blasweite:	30 m
Anzahl der Ventilatoren:	1 Stück
Ventilator-Nennleistung:	1400 W
Spannung:	400 V
Rohrinhalt:	11,6 dm³
Anschluss Eintritt:	10 mm
Anschluss Austritt:	28 mm

Abmessungen:

Breite:	1 620 mm
Höhe:	918 mm
Tiefe:	906 mm
Wandabstand:	550 mm
Gewicht:	142 kg

Mehrfacheinspritzung über KÜBA-Cal-Verteiler

Pos. 1c Kältetechnisches Zubehör für die Verdampfer der Pos. 1 – 1b, liefern und montieren: (siehe Bild 4.54)

Bestehend aus:
8 Thermostatische Expansionsventile
Fabrikat: Alco
Type: TCLE 400-SW

1 Thermostatisches Expansionsventil
Fabrikat: Alco
Type: TCLE 250 SW

8 Magnetventile (Flüssigkeitsleitung)
Fabrikat: Alco
Type 200RB6T5

1 Magnetventil (Flüssigkeitsleitung)
Fabrikat: Alco
Type 200RB4T4

9 Magnetventile (Sauggasleitung)
Fabrikat: Alco
Type: 240RA20T11-M

8 Magnetventile (Heißgas)
Fabrikat: Alco
Type: 240RA9T5

1 Magnetventil (Heißgas)
Fabrikat: Alco
Type 240RA8T7

9 Rückschlagventile
Fabrikat: Danfoss
Type: NRV16s

9 Schaugläser mit Feuchtigkeitsindikator
Fabrikat: Alco
Type: AMI1TT5

9 Kältemittelfiltertrockner
Fabrikat: Danfoss
Type: DU165s

9 Kugelabsperrventile
Fabrikat: Hansa KAV 16

9 Kugelabsperrventile
Fabrikat: Hansa KAV 28

Preis der vorbeschriebenen Lieferungen Pos. 1–1c einschließlich kältetechnischer Montage (Montagezeiten sind kalkuliert für Verdamperbefestigung mittels Hiltischienen und Kunststoffgewindestäben auf Zellendecke bei bauseitiger Gestellung von Flurförderzeugen bzw. Gerüsten).

€ _____

Pos. 2   Verdampferabflussheizung: KÜBA TAS mit Kupferabfluss

Jeder Verdampferabfluss wird mit einer elektrischen Ablaufheizung ausgerüstet, deren Länge der jeweiligen Verdampferposition angepasst ist. Der Abfluss wird in Cu-Rohr 28 × 1,5 mm, isoliert mit Armaflex H28, ohne Siphon im Tiefkühlraum und mit lösbarem Rotgussüberwurf 1 1/4″ an der Tropfwanne ausgeführt. Die Kupferleitungen werden außerhalb der Kühlräume an die bauseitige HT-Rohr-Sammelleitung DN70, ausgestattet mit einem Geberit Regenrohrsyphon, angeschlossen.

Preis einschl. Lieferung und Montage

€ _____

Pos. 3   Schraubenverdichter-Verbundanlage

Typ: TP-3-F-120.6-E mit 3 Stück halbhermetischen Schraubenverdichtern, Fabrikat Bitzer, Typ HSN6451-50.

Technische Daten:

Kältemittel:	R 507
Verdampfungstemperatur:	−37 °C
Verflüssigungstemperatur:	+40 °C
Kälteleistung:	120,60 kW
Leistungsaufnahme:	100,50 kW

Abmessungen:

Länge:	3 000 mm
Tiefe:	1 000 mm
Höhe:	1 800 mm
Gewicht:	1 400 kg

Jeder Schraubenverdichter besitzt einen separaten, luftgekühlten Ölkühler und eine individuelle Economizer-Schaltung. Die Ölabscheidung erfolgt druckseitig über einen gemeinsamen Ölabscheider. Die Ölrückführung verläuft über den jeweiligen Ölkühler, Ölfilter, Strömungswächter, Magnetventil und Ölschauglas zur Maschine.

Alle Schraubenverdichter werden im Economizer-Betrieb gefahren; die Flüssigkeit wird unterkühlt.

Saugseitig ist ein Saugsammelbehälter mit 3 Stück absperrbaren Ausgängen vorgesehen, zu jedem Verdichter ein Ausgang. Zwischen Saugsammelbehälter und dem jeweiligen Verdichter ist je ein Filter mit auswechselbarem Einsatz montiert. Das gesamte saugseitige Rohrsystem ist isoliert.

Schaltgeräte und Manometer
1 Stück Pressostat Hochdruck je Verdichter (DBK)
1 Stück Pressostat Hochdruck-Sicherheitsbegrenzer (SDBK) – je Verdichter

1 Stück Pressostat Niederdruckbegrenzer (DWFK)
1 Stück Hochdruckmanometer 80 mm Durchmesser
1 Stück Niederdruckmanometer 80 mm Durchmesser. Die Manometer sind mit Glyzerin
        gefüllt.

Alle Komponenten sind auf einem stabilen Rahmen montiert, der auf mitgelieferten Schwingungsdämpfern aufgestellt wird.

Preis der vorbeschriebenen Lieferung, frei Haus, einschl. Montage und Einbringung mit Teleskop-Kran

€ ⸺⸺⸺⸺⸺

Pos. 3.1   Kältemittelsammler, stehend, lose beigestellt Fabrikat Güntner, Typ GBV250
ausgestattet mit: Absperrventil EAV 35 am Sammlerein- bzw. -ausgang. Ein Entlüftungsventil EAV6. 3 Schaugläser Typ SG2 mit Sichtfenster ø 47 mm.

Technische Daten:
Behälterdurchmesser: 406 mm
Höhe: 2 185 mm
Gewicht: 240 kg (leer)
Behältervolumen: 250 Liter

Der Behälter ist ausgerüstet mit einer Wechselventilkombination Fabrikat Hansa, Typ WVN mit aufgebautem Sicherheitsventil KSV 30 bar und Überströmsicherheitsventil ÜSV 28 bar.

Der Kältemittelsammelbehälter fasst die gesamte berechnete Anlagenfüllmenge von 250 kg R 507!

Preis der vorbeschriebenen Lieferung, frei Haus, einschl. Einbringung mit Kran und Montage im Maschinenraum

€ ⸺⸺⸺⸺⸺

Pos. 4   Luftgekühlter Kondensator mit Axiallüftern für vorgenannte Verbundanlage
Fabrikat: Güntner
Type: GVH-092C/2 x 2N, 2-spurig

Technische Daten:
Verflüssigungsleistung: 235,30 kW
Lufteintrittstemperatur: −32 °C
Verflüssigungstemperatur: −40 °C
Luftvolumenstrom: 113 300 m³/h
Anzahl der Ventilatoren: 4 Stück
Leistungsaufnahme je Ventilator: 7,2 A
Spannung: 400 V
Schallpegel in 5 m Entfernung: 68 dB(A)

Abmessungen:
Länge: 4 000 mm
Breite: 2 385 mm
Höhe: 1 550 mm

Gewicht (leer):   979 kg
Rohrvolumen: 143 dm^3
Wärmetauscherfläche: 1 050,80 m^2

Preis der vorbeschriebenen Lieferung, frei Haus, einschl. Montage und Einbringung mit Teleskop-Kran

€ ════════════

Pos. 5   Modulierende Druckregelung zur Heißdampfabtauung

Für Heißgasabtauung wird während der Abtauphase ein höherer Heißgasdruck vor dem Verdampfer benötigt, um das entstehende Kondensat zum Sammler zurückdrücken zu können. Dieses wird mit einem pilotgesteuerten Druckregler (Danfoss PM3) realisiert. Zu der Reglereinheit gehören noch zwei CVP-Regler(HD) und ein Pilot-Magnetventil EVM. Während des Kühlbetriebes ist das Magnetventil, das einem der beiden CVP-Regler vorgeschaltet ist, geöffnet. Damit wird beispielsweise ein Druck von 10 bar in der Druckleitung gehalten. Während des Abtaubetriebes schließt dieses Magnetventil und setzt somit den nachfolgenden CVP-Regler außer Funktion. Jetzt wird der zweite, parallel geschaltete CVP-Relger wirksam mit dem ein Druck, beispielsweise von 12 bar, in der Druckleitung gehalten wird. Somit ist gesichert, dass vor den abzutauenden Verdampfern das Heißgas mit einem höheren Druck als im Behälter vorhanden, ansteht. Falls durch irgendwelche Umstände der Sammlerdruck unzulässig absinken sollte, und damit eine Kältemittelzufuhr zu den noch kühlenden Verdampfern gefährdet wäre, ist zwischen der Druckleitung und dem Sammler eine Rohrleitung mit einem KVD-Sammler-Druckregler montiert. Dieser hält den Sammlerdruck auf einem Mindestwert.

Die Druckregelung besteht aus folgenden Komponenten:

1 Hauptventil PM3-50 mit Flanschtyp 12
2 Pilotventile, Type CVP – 4–28 bar
1 Pilotmagnetventil, Type EVM + Spule 230 V
1 Manometeranschluss und zusätzlich noch
1 Sammlerdruckregler KVD15
1 Magnetventil, Abtaudruckleitung

Fabrikat: Danfoss, Typ EVR 25

Preis der vorbeschriebenen Lieferung, einschließlich Montage

€ ════════════

Pos. 6   Kältemittelführende Rohrleitungen

liefern und verlegen

a. Saugleitungen lfdm. Cu-Rohr lfdm. Armaflexisolierung M

10 m 35 × 1,5 mm	10 m M35
14 m 42 × 1,5 mm	14 m M42
19,5 m 54 × 2,0 mm	19,5 m M54
6 m 64 × 2,0 mm	6 m M64
61 m 89 × 2,0 mm	61 m M89
8 m 108 × 2,5 mm	8 m M108

b. Flüssigkeitsleitungen lfdm. Armaflexisolierung H

23,5 m 16 × 1,5 mm	23,5 m H15
19,5 m 18 × 1,0 mm	19,5 m H18
14 m 22 × 1,0 mm	14 m H22
56 m 28 × 1,5 mm	56 m H28
13 m 35 × 1,5 mm	13 m H35

c. Druckleitung TK-Verbund

15 m 54 × 2,0 mm

d. Verflüssigerleitung

15 m 35 × 1,5 mm

e. Leitung für KVD 15

3 m 16 × 1,0 mm

f. Abtaudruckleitungen lfdm.

6 m 22 × 1,0 mm	6 m H22
12 m 28 × 1,5 mm	12 m H28
17 m 35 × 1,5 mm	17 m H35
90 m 42 × 1,5 mm	90 m H42

g. Kondensatleitungen lfdm.

14 m 18 × 1,0 mm
100 m 22 × 1,0 mm

h. Abblaseleitungen Sicherheitsventile lfdm.

9 m 22 × 1,0 mm   3 m H22

Pos. 7   Verbundanlage mit halbhermetischen Hubkolbenverdichtern, einstufig, alternativ

Type: VPM500-4090 mit Ölrückführungssystem (Patent Linde). Lackierung enzianblau (RAL5010) und niederdruckseitiger Armaflexwärmedämmung Verbundsatz bestückt mit 5 halbhermetischen, einstufigen Verdichtern Fabrikat: Bitzer Type: 6F-40.2Y

Technische Daten:

Kälteleistung:	122,70 kW
Verdampfungstemperatur:	−37 °C
Kondensationstemperatur:	+40 °C
Leistungsaufnahme:	84,89 kW

Abmessungen:

Länge:	2 600 mm
Tiefe:	790 mm
Höhe:	1 400 mm
Gewicht:	1 545 kg

Zubehör:
1 Satz Schwingmetallelemente
1 Kurbelgehäuseheizung für jeden Verdichter
1 Saugsammelbehälter
5 Pulsationsdämpfer eingebaut in der jeweiligen Verdichterdruckleitung
1 Sicherheitsdruckbegrenzer (SDBK)
1 Sicherheitsdruckbegrenzer (DBK)
1 Sicherheitsdruckwächter (DWK)
1 Hochdruckmanometer mit Glyzerinfüllung
1 Niederdruckmanometer mit Glyzerinfüllung
2 Saugleitungsfilter
1 Sicherheitsdruckwächter für fallenden Druck (DWFK)
5 Öldruckdifferenzschalter
  Filterwechsel nach 200 Std. Betriebsdauer
  Kältemaschinenölfüllung

Preis der vorbeschriebenen Verbundanlage frei Haus, einschl. Montage und Einbringung
mit Teleskop-Kran

€ _____

Pos. 8   Verbundsteuerung mit Heißgasabtauung

Die Kälteanlage wird vollelektronisch geregelt und mit einer Datenübertragungsanlage
versehen. Zum Einsatz kommt das System Danfoss ADAP-KOOL®. Die Verflüssigerlüfter
werden stufenlos drehzahlgeregelt mittels Frequenzumrichter.

Schaltschrankmaße: 2 × 1200 × 1 800 × 400 mm plus Sockel (200 mm)

Schaltschrankfabrikat Rittal, Typ PS4204, Farbe RAL 7032 mit Beleuchtung, Steckdose und
Lüfter.

Kabeleinführung von unten, Türanschlag 2 × rechts, 2 × links mit 180 Scharnieren.

Preis der vorbeschriebenen Lieferung, frei Haus, einschl. Einbringung mit Teleskop-Kran

€ _____

Pos. 9   Kältemittelwarneinrichtung, Fabrikat Beutler

Tiefkühlräume: jeweils ein Gasmeldegerät GMIV-230PS mit getrennt, d. h. im Tief-
                    kühlraum montierbarem Sensor.

                    Der Sensor ist mit einem Klemmkasten versehen und kann bis 1 000
                    m vom Auswertegerät entfernt montiert werden.

Maschinenraum: ein Gasmeldegerät Typ GM-VI 230PS mit fest am Gehäuse montier-
                    tem Sensor.

Preis einschl. Montage und Verlegung abgeschirmter Leitungen, bis zum Schaltschrank

€ _____

Pos. 10 Maschinenraumentlüftung

bestehend aus.
2 Maico Lüfter, Type EZQ 50/8 B mit jeweils
Fördervolumen, frei blasend:4200 m³/h
Leistungsaufnahme:110 W

Drehzahl: 715 U/min
1 Drehzahlsteuerung, Type EAT 6 G* für beide Lüfter
1 Zuluftgitter, Fabrikat Trox, Typ AT 1225 × 525 mm

* Elektronischer Temperaturregler

Maico Aeromat Typenreihe EAT temperaturabhängige, elektronische und vollautomatische Drehzahlregelung, stufenlos, Temperaturbereich von +5 bis +35 °C durch Drehknopf stufenlos einstellbar. Betriebs- und Störanzeige durch Meldeleuchten. Mit getrenntem Temperaturfühler für Wandmontage, Aufputz.

Preis der vorbeschriebenen Lieferung, frei Haus, einschl. Montage

€ _____

Pos. 11 Netzunabhängige Personen-Notrufanlage

3 Stück Notrufeinrichtung Fabrikat Elreha, Typ NA-401 mit integriertem Akku; zur Wandmontage mit abgesetztem Klemmkasten, eingebauter Warnhupe und Klarsichttür. An jeder Tiefkühlraum-Schiebetür wird ein beleuchteter Schlagtaster (insgesamt 4 Stück) montiert.

Preis der vorbeschriebenen Lieferung, frei Haus, einschl. Montage

€ _____

Pos. 12 Papierloses Temperatur-Protokolliersystem

1 Stück Protokolliersystem Fabrikat Elreha, Typ MiniMep 424A zur Wandmontage. Speicherkapazität bei Aufzeichnung alle 15 Minuten ca. 6 Jahre. Protokollierbereich –110 °C bis +600 °C. In jedem Tiefkühlraum wird ein Temperaturfühler, Typ TF501 12M montiert.

Preis der vorbeschriebenen Lieferung, frei Haus, einschl. Montage

€ _____

Preiszusammenstellung der Tiefkühl-Kälteanlage

Pos.	1	9 Verdampfer einschl. kältetechn. Zubehör	€
Pos.	2	9 Verdampferabflussheizungen	€
Pos.	3	Schraubendichter-Verbundanlage	€
Pos.	4	Luftgekühlter Kondensator mit Axiallüftern	€
Pos.	5	Modulierende Druckregelung zur Heißdampfabtauung	€
Pos.	6	Kältemittelführende Rohrleitungen	€
Pos.	7	Verbundanlage mit halbhermetischen Hubkolbenverdichtern	alternativ
Pos.	8	Verbundsteuerung mit Heißgasabtauung	€
Pos.	9	Kältemittelwarneinrichtung	€
Pos.	10	Maschinenraumlüfung	€

Pos. 11   Personen-Notrufanlage   €
Pos. 12   Temperatur-Protokolliersystem   €

Gesamtpreis für Tiefkühlung   € _____

Alternative I
Pos. 3 + 4   entfällt, sonst wie oben beschrieben
Pos. 3a   Verbundsystem VPH 500-4090
Pos. 4a   Verflüssiger GVH 102B/2x2-N(D)

Gesamt für Alternative I   € _____

Lieferzeit: nach vorheriger Vereinbarung
Gültigkeitsdauer des Angebotes: 3 Monate
Nicht zur Lieferung gehören: alle nicht genannten Lieferungen und Leistungen
Gewährleistung: 1 Jahr
Zahlungsbedingungen: nach vorheriger Vereinbarung

Wir haben uns bemüht, Ihnen ein preisgünstiges Angebot zu unterbreiten und würden uns freuen, Ihren Auftrag zu erhalten. Prompte und fachgerechte Ausführung sichern wir Ihnen im voraus zu.

Mit freundlichen Grüßen

4.3.25 Übungsaufgaben

a) Führen Sie die Kältebedarfsrechnung für die Normalkühlverbundanlage durch. Es handelt sich dabei um die Kühlhallen „Wareneingang" und „Schleuse" mit jeweils $t_R = 0$ °C.

Technische Daten

Wareneingang: H = 4,50 m
L = 12,50 m
B = 9,0 m
Wärmedämmung: δ = 0,08 m;   k = 0,23 W/m² K
3 Rolltore: B = 2,40 m
              H = 2,60 m
Öffnungszeit pro Tor: palettisierte Ware 0,8 Min/Tonne
t_{amb} = +32 °C

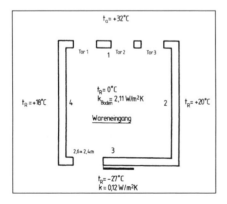

Bild 4.67

Kühlgutwechsel pro d = 80 000 kg; ca. 27 Tonnen pro Tor
Die Türöffnungsverluste sind nach der erweiterten Formel von Tamm zu berechnen.

Beleuchtung: 5 W/m²
$\dot{Q}_{Stapler}$ = 3 200 W

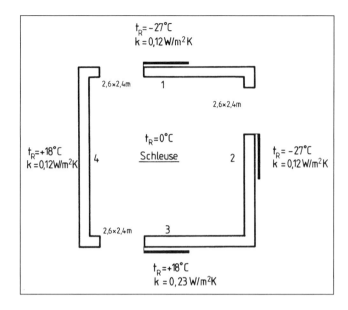

Bild 4.68

Schleuse: H = 9 m
         L = 6 m
         B = 6 m

$\dot{Q}_{Stapler}$ = 3 200 W
Beleuchtung: 5 W/m²
Betriebszeit der Normalkühlanlage: 18 h/d
Kältemittel: R 404A

b) Dimensionieren Sie die entsprechenden Küba-Verdampfer Typ SGBE

c) Projektieren Sie sämtliche Ventile, Absperrorgane, Trockner usw.

d) Legen Sie die kältemittelführenden Rohrleitungen (siehe Bild 4.69) unter Zuhilfenahme der Auslegungsdiagramme, Tabellen und Tafeln aus der Formelsammlung aus.

e) Bestimmen Sie eine Verbundkälteanlage nach den Tabellen 4.31–4.34. Berücksichtigen Sie ein $\Delta T_{Saugleitung}$ = 2 K!

f) Projektieren Sie einen luftgekühlten Güntner-Verflüssiger mit t_{LE} = +32 °C; t_c = +45 °C; 2 Lüfter; Schalldruckpegel $\leq$ 55 dBA

g) Berechnen Sie die Kältemittelfüllmenge R 404A für die Normalkühlanlage.

h) Schreiben Sie ein übersichtliches strukturiertes Angebot.

i) Zeichnen Sie das entsprechende RI-Fließbild.

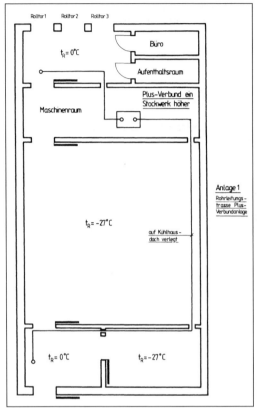

Bild 4.69

4.3.26 Lösungsvorschläge
(aus Platzgründen nicht für jede Aufgabe)

- **Zu Punkt a):**

Wareneingang $\dot{Q}_0$ = 26 kW
Schleuse $\dot{Q}_0$ = 16 kW
————————————————
                 $\dot{Q}_0$ = 42 kW

- **zu Punkt b):**

Wareneingang:

t_{L1} = +2 °C
DT1 = 10 K
t_0 = −8 °C
$t_{0Verbundanlage}$ = −10 °C
gewählt: 2 × SGBE 82
$\dot{Q}_0$ = 13,26 kW; n = 1 400 min^{-1}

Schleuse:

t_{L1} = +2 °C
D_{T1} = 10 K
t_0 = −8 °C
$t_{0\text{Verbundanlage}}$ = −10 °C
gewählt: 1 × SGBE 92
$\dot{Q}_0$ = 16,49 kW; n = 1 400 min^{-1}

- **zu Punkt c):**

Danfoss TES 5-5,0; R 404A; Düsengröße 02
Danfoss TES 5-3,7; R 404a; Düsengröße 01
Danfoss EVR 10; R 404A; Δp = 0,2 bar
Danfoss DU 165s
Danfoss DU 163s
Danfoss GBC 16s; 35s; 10s
Danfoss SGi 16s

- **zu Punkt d):**

siehe Bild 4.69

- **zu Punkt e):**

VPP 300-4681; t_0 = −10 °C; t_c = +45 °C; $\dot{Q}_0$ = 42,45 kW; P_{KI} = 19,54 kW
VPP 400-2150; t_0 = −10 °C; t_c = +45 °C; $\dot{Q}_0$ = 43,59 kW; P_{KI} = 18,64 kW

- **zu Punkt f):**

S-GVH 067B/2L(D); $\dot{Q}_c$ = 62 kW; Schalldruckpegel 55 dBA

- **zu den Punkten d) sowie g) bis i) hier kein Lösungsvorschlag.**

Tabelle 4.33

Lfd. Nr.	Typ	Verdichter					Kälteleistung in kW bei einer Verflüssigungstemperatur von 45 °C											
		Stck.	Typ	tvl	to	5.	0.	-2.	-4.	-5.	-6.	-8.	-10.	-12.	-14.	-15.	-16.	-18.	-20.
1	VPP 300-4641	3	4FC-3.2Y	20.						34,51	33,10	30,39	27,85	25,51	23,31	22,26	21,26	19,36	17,56
2	VPP 300-4661	3	4EC-4.2Y	20.						42,76	41,07	37,82	34,78	31,95	29,29	28,01	26,78	24,42	22,20
3	VPP 300-4681	3	4DC-5.2Y	20.						52,23	50,17	46,20	42,45	38,94	35,62	34,03	32,50	29,58	26,85
4	VPP 300-4701	3	4CC-6.2Y	20.						60,69	58,34	53,83	49,58	45,60	41,84	40,04	38,32	35,01	31,90
5	VPP 300-4211	3	4T-8.2Y	25.						78,72	75,64	69,76	64,27	59,25	54,49	52,20	50,00	45,76	41,76
6	VPP 300-4231	3	4P-10.2Y	25.						94,63	90,88	83,72	77,02	70,87	65,06	62,28	59,59	54,45	49,59
7	VPP 300-4251	3	4H-12.2Y	25.						110,40	106,00	97,69	89,92	82,91	76,27	73,08	69,98	64,05	58,46
8	VPP 300-4271	3	4J-13.2Y	25.						125,00	120,10	110,80	102,10	94,28	86,84	83,27	79,83	73,21	66,96
9	VPP 300-4011	3	4H-15.2Y	25.						145,10	139,40	128,60	118,60	109,60	101,00	96,87	92,89	85,24	78,02
10	VPP 300-4031	3	4G-20.2Y	25.						166,40	160,0	147,90	136,60	126,20	116,30	111,60	107,10	98,34	90,07
11	VPP 300-4291	3	6J-22.2Y	25.						187,40	180,10	166,20	153,20	141,40	130,20	124,90	119,70	109,80	100,50
12	VPP 300-4051	3	6H-25.2Y	25.						217,80	209,30	193,20	178,10	164,50	151,60	145,40	139,50	128,0	117,20
13	VPP 300-4071	3	6G-30.2Y	25.						250,30	240,60	222,10	204,80	189,20	174,50	167,40	160,60	147,50	135,10
14	VPP 300-4091	3	6F-40.2Y	25.						298,50	286,90	264,90	244,40	225,70	208,10	199,60	191,40	175,70	160,80
15	VPP 300-4071	4	6G-30.2Y	25.						333,70	320,70	296,10	273,10	252,30	232,60	223,20	214,10	196,60	180,10
16	VPP 300-4091	4	6F-40.2Y	25.						398,00	382,60	353,20	325,90	301,00	277,40	266,10	255,20	234,30	214,40
17	VPP 500-4091	5	6F-40.2Y	25.						297,50	478,20	441,50	407,30	376,30	346,80	332,70	319,00	292,80	268,00
18	VPP 600-4091	6	6F-40.2Y	25.						597,00	573,80	529,80	488,80	451,50	416,20	399,20	382,80	351,40	321,60

Tabelle 4.34

Lfd. Nr.	Typ	Verdichter				Klemmenleistung in kW bei einer Verflüssigungstemperatur von 45 °C													
		Stck.	Typ	tvl	to	5.	0.	-2.	-4.	-5.	-6.	-8.	-10.	-12.	-14.	-15.	-16.	-18.	-20.
1	VPP 300-4641	3	4FC-3.2Y	20.						14,28	14,04	13,56	13,06	12,55	12,04	11,79	11,53	11,02	10,50
2	VPP 300-4661	3	4EC-4.2Y	20.						17,10	16,84	16,32	15,78	15,21	14,64	14,35	14,07	13,49	12,90
3	VPP 300-4681	3	4DC-5.2Y	20.						21,07	20,78	20,17	19,54	18,89	18,20	17,85	17,47	16,70	15,93
4	VPP 300-4701	3	4CC-6.2Y	20.						24,78	24,41	23,64	22,84	22,00	21,14	20,71	20,27	19,39	18,51
5	VPP 300-4211	3	4T-8.2Y	25.						29,91	29,47	28,56	27,61	26,62	25,60	25,09	24,57	23,53	22,48
6	VPP 300-4231	3	4P-10.2Y	25.						35,65	35,15	34,09	32,97	31,74	30,50	29,86	29,22	27,92	26,61
7	VPP 300-4251	3	4H-12.2Y	25.						41,70	41,08	39,80	38,49	37,12	35,72	35,01	34,29	32,84	31,36
8	VPP 300-4271	3	4J-13.2Y	25.						48,40	47,55	45,86	44,19	42,55	40,89	40,06	39,23	37,54	35,85
9	VPP 300-4011	3	4H-15.2Y	25.						56,04	55,11	53,25	51,37	49,50	47,60	46,65	45,69	43,76	41,82
10	VPP 300-4031	3	4G-20.2Y	25.						65,23	64,16	62,01	59,85	57,68	55,50	54,40	53,30	51,09	48,85
11	VPP 300-4291	3	6J-22.2Y	25.						72,67	71,39	68,84	66,31	63,85	61,37	60,32	58,87	56,35	53,80
12	VPP 300-4051	3	6H-25.2Y	25.						84,15	82,75	79,94	77,13	74,31	71,46	70,03	68,60	65,71	62,79
13	VPP 300-4071	3	6G-30.2Y	25.						97,90	96,29	93,05	89,80	86,56	83,29	81,64	79,99	76,67	73,32
14	VPP 300-4091	3	6F-40.2Y	25.						117,00	115,20	111,50	107,80	103,80	99,83	97,81	95,78	91,69	87,55
15	VPP 300-4071	4	6G-30.2Y	25.						130,50	128,40	124,00	119,70	115,40	111,00	108,80	106,60	102,30	97,76
16	VPP 300-4091	4	6F-40.2Y	25.						156,00	153,60	148,70	143,70	138,40	133,10	130,40	127,70	122,2	116,70
17	VPP 500-4091	5	6F-40.2Y	25.						195,00	192,00	185,90	179,60	173,00	166,40	163,00	159,60	152,80	145,90
18	VPP 600-4091	6	6F-40.2Y	25.						234,10	230,40	223,10	215,60	207,60	199,60	195,60	191,60	183,40	175,10

Tabelle 4.35

Lfd. Nr.	Typ	Verdichter		tvl	to	Kälteleistung in kW bei einer Verflüssigungstemperatur von 45 °C													
		Stck.	Typ			5.	0.	-2.	-4.	-5.	-6.	-8.	-10.	-12.	-14.	-15.	-16.	-18.	-20.
1	VPP 200-2110	2	ZS 21 K4E	25.		16,97	14,44	13,51	12,62	12,19	11,77	10,96	10,19	9,49	8,81	8,48	8,17	7,56	6,98
2	VPP 200-2120	2	ZS 26 K4E	25.		21,17	17,98	16,81	15,70	15,16	14,64	13,64	12,69	11,80	10,95	10,54	10,15	9,40	8,69
3	VPP 200-2130	2	ZS 30 K4E	25.		24,66	21,05	19,70	18,40	17,78	17,17	15,99	14,87	13,80	12,78	12,30	11,82	10,92	10,07
4	VPP 200-2140	2	ZS 38 K4E	25.		30,49	25,85	24,16	22,55	21,77	21,02	19,56	18,19	16,89	15,67	15,08	14,51	13,41	12,38
5	VPP 200-2150	2	ZS 45 K4E	25.		36,67	31,02	28,96	27,01	26,08	25,17	23,44	21,79	20,25	18,79	18,08	17,41	16,11	14,87
6	VPP 300-2140	3	ZS 38 K4E	25.		45,73	38,78	36,24	33,82	32,66	31,53	29,35	27,28	25,34	23,50	22,62	21,76	20,12	18,57
7	VPP 300-2150	3	ZS 45 K4E	25.		55,00	46,53	43,45	40,52	39,12	37,76	35,16	32,69	30,38	28,18	27,13	26,11	24,16	22,31
8	VPP 400-2140	4	ZS 38 K4E	25.		60,97	51,70	48,32	45,10	43,55	42,04	39,13	36,38	33,79	31,33	30,16	29,01	26,82	24,76
9	VPP 400-2150	4	ZS 45 K4E	25.		73,33	62,04	57,93	54,03	52,16	50,35	46,88	43,59	40,50	37,58	36,17	34,82	32,22	29,74

Tabelle 4.36

Lfd. Nr.	Typ	Verdichter		tvl	to	Klemmenleistung in kW bei einer Verflüssigungstemperatur von 45 °C													
		Stck.	Typ			5.	0.	-2.	-4.	-5.	-6.	-8.	-10.	-12.	-14.	-15.	-16.	-18.	-20.
1	VPP 200-2110	2	ZS 21 K4E	25.		5,20	4,94	4,84	4,76	4,72	4,68	4,61	4,54	4,47	4,39	4,36	4,32	4,25	4,18
2	VPP 200-2120	2	ZS 26 K4E	25.		6,38	6,06	5,95	5,85	5,80	5,75	5,65	5,56	5,47	5,38	5,34	5,29	5,19	5,10
3	VPP 200-2130	2	ZS 30 K4E	25.		7,00	6,72	6,60	6,48	6,42	6,36	6,24	6,14	6,04	5,95	5,90	5,85	5,75	5,66
4	VPP 200-2140	2	ZS 38 K4E	25.		9,12	8,62	8,44	8,28	8,20	8,12	7,96	7,82	7,68	7,54	7,48	7,42	7,29	7,16
5	VPP 200-2150	2	ZS 45 K4E	25.		10,54	10,12	9,94	9,78	9,70	9,62	9,47	9,32	9,16	9,00	8,92	8,84	8,68	8,52
6	VPP 300-2140	3	ZS 38 K4E	25.		13,68	12,93	12,67	12,42	12,30	12,18	11,95	11,73	11,52	11,32	11,22	11,12	10,93	10,74
7	VPP 300-2150	3	ZS 45 K4E	25.		15,81	15,18	14,92	14,67	14,55	14,44	14,21	13,98	13,74	13,50	13,38	13,26	13,02	12,78
8	VPP 400-2140	4	ZS 38 K4E	25.		18,24	17,24	16,89	16,56	16,40	16,24	15,93	15,64	15,36	15,09	14,96	14,83	14,58	14,32
9	VPP 400-2150	4	ZS 45 K4E	25.		21,08	20,24	19,89	19,56	19,40	19,25	18,95	18,64	18,32	18,00	17,84	17,68	17,36	17,04

4.4   Projekt: Verbrauchermarkt

4.4.1   Ausgangssituation

Für einen Verbrauchermarkt mit einer Verkaufsfläche von 950 m² soll die kälte- und einrichtungstechnische Ausstattung angeboten werden.

Allen Anbietern liegt eine inhaltlich gleiche Ausschreibung vor, die den Leistungsumfang exakt umreißt. Grundsätzlich wird hierbei eine Einteilung in zwei Bereiche vorgenommen, nämlich den Normalkühlbereich mit Verdampfungstemperaturen $t_0 = -10$ °C bis $t_0 = -15$ °C und den Tiefkühlbereich mit Verdampfungstemperaturen $t_0 = -35$ °C bis $t_0 = -40$ °C, im folgenden Nk-Bereich und Tk-Bereich genannt.

Die Versorgung der Kühlstellen ließe sich auf drei verschiedene Arten bewerkstelligen; und zwar könnte jede Kühlstelle von einem eigenen Verflüssigungssatz versorgt werden, oder jede Kühlstelle erhielte einen Einzelverdichter und alle Einzelverdichter würden mit einem Radiallüfterverflüssiger arbeiten oder drittens eine Verbundkälteanlage übernähme die Kälteversorgung zentral.

In diesem Projekt wird die dritte Alternative betrachtet, das heißt die Versorgung der Kühlstellen wird sowohl für den Nk- als auch für den Tk-Bereich von jeweils einer Verbundkälteanlage mit mehreren gleich großen Motorverdichtern vorgenommen, die in Parallelschaltung die Kälteleistung automatisch durch Zu- oder Abschalten dem jeweiligen Bedarf anpassen.

Als Kältemittel kommt für beide Bereiche R 507 in Frage.

4.4.2   Ermittlung der für die Planung der Kälteanlage erforderlichen Basisdaten

4.4.2.1   Die Örtlichkeit

Der Verbrauchermarkt liegt ebenerdig in einem mehrstöckigen Wohn- und Geschäftshaus und ist zwischen zwei parallel verlaufenden Straßen gelegen.

Im Untergeschoss befindet sich eine Tiefgarage für die Kundschaft, Hausbewohner und Geschäftsleute die im Haus Büros betreiben. Weiterhin liegt ein Teil der Kühlräume, der Maschinenraum und der Aufstellungsbereich für die beiden luftgekühlten Verflüssiger im Untergeschoss.

4.4.2.2   Art und Umfang der Kühlmöbel für den Verbrauchermarkt

Die genaue Anzahl und die Platzierung der Kühlmöbel sowie ihre Abmessungen und ihr Einsatzbereich werden vom Betreiber vorgegeben und sind aus den beigefügten Zeichnungen zu entnehmen (s. Anlage 3). Für den Normalkühlbereich ergeben sich folgende Einzelpositionen:

1. Eine Bedienungstheke für Fleisch- und Wursterzeugnisse in Standardausführung mit geraden Scheiben, Preisschildschienen an der Frontseite und an der Bedienungsseite sowie glatten, neigungsverstellbaren Auslagen in CNS.
   Funktionszubehör, bedienungsseitig: 3 Tütenhalter und 4 Papiertaschen

Die Verkaufstheke besteht aus 4 Möbelstücken und zwar bedienungsseitig von links nach rechts betrachtet:

1. Bauteil: 2,50 m gerade (Standardlänge)
2. Bauteil: 1,875 m gerade (Standardlänge)
3. Bauteil: eine 45° Innenecke (siehe Bild 4.70)
4. Bauteil: 3,75 m gerade (Standardlänge)

Aus den Herstellerunterlagen (Tabelle 4.37) ergibt sich zusammengefasst die jeweilige Kälteleistung.

Es ist in jedem Fall auf den Temperaturbereich zu achten, in welchem die Thekenanlage insgesamt oder in Teilbereichen gefahren werden soll.

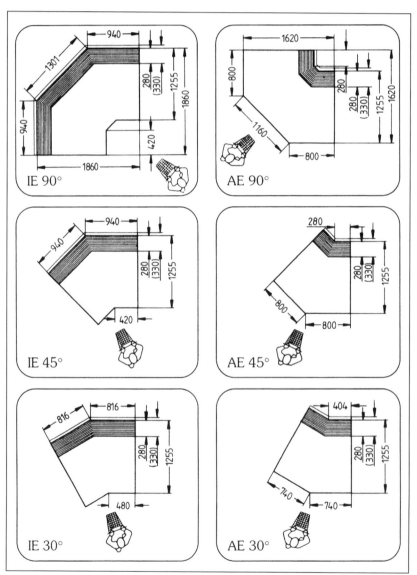

Bild 4.70

Drei Bereiche für die Innentemperatur werden zugelassen und zwar:

Bereich 1: t_R = 0 °C bis 2 °C für Fleisch
Bereich 2: t_R = 2 °C bis 4 °C für Wurst
Bereich 3: t_R = 4 °C bis 6 °C für Käse

Die Thekenanlage lässt sich beliebig lang zusammenstellen, lediglich der Temperaturbereich und die daran gekoppelte erforderliche Kälteleistung ist für jede Möbellänge zu beachten.

Im o. a. Projekt wird die Theke für Fleisch und Wursterzeugnisse genutzt, so dass die Kälteversorgung in zwei Regelkreise aufgeteilt werden muss, weil jeder Regelkreis für die Einhaltung der entsprechenden Raumtemperatur zuständig ist.

Temperaturbereich 1; t_R = 0 °C bis 2 °C; Regelkreis 1 Bauteil 1: Länge 2,50 m Kälteleistung: 0,58kW; t_0 = –10 °C

Bauteil 2: Länge 1,875 m Kälteleistung: 0,46 kW; t_0 = –10 °C

Bauteil 3: 45° Innenecke Kälteleistung: 0,20 kW; t_0 = –10 °C
Temperaturbereich 2: t_R = 2 °C bis 4 °C; Regelkreis 2

Bauteil 4: Länge: 3,75 m Kälteleistung: 0,83 kW; t_0 = –10 °C

Gesamtkälteleistung der Thekenanlage: 2,07 kW bei t_0 = –10 °C.

Zur Summe der Möbelbauteillängen müssen abschließend noch die beiden 40 mm starken Seitenwände addiert werden um die Gesamtlänge zu ermitteln.

Die elektrischen Anschlusswerte für die einzelnen Bauteil ergeben sich aus den Herstellerunterlagen für Abtauheizung, Rahmenheizung, Ventilatoren und Beleuchtung zu:

1. Bauteil: 2,50 m gerade: P_{el} = 0,28 kW
2. Bauteil: 1,875 m gerade: P_{el} = 0,22 kW
3. Bauteil: 45° Innenecke: P_{el} = 0,13 kW
4. Bauteil: 3,75 m gerade: P_{el} = 0,45 kW

Gesamtlänge der Thekenanlage kundenseitig: 9,045 m
Gesamtlänge der Thekenanlage bedienungsseitig: 10,085 m

2. Eine Verkaufstheke für Käse in Standardausführung verglast mit geraden Scheiben, Preisschildschienen an der Frontseite und an der Bedienungsseite sowie glatten, neigungsverstellbaren Auslagen in CNS.

   Funktionszubehör, bedienungsseitig: 2 Tütenhalter, 2 Papiertaschen, 1 Schneidbrett

   Die Käsetheke besteht aus 2 Möbelteilen und zwar bedienungsseitig von links nach rechts betrachtet:

   1. Bauteil: 2,50 m gerade, Kälteleistung: 0,48 kW
   2. Bauteil: 1,875 m gerade, Kälteleistung: 0,37 kW

   Die elektrischen Anschlusswerte für die einzelnen Bauteile ergeben sich zu:

   1. Bauteil: 2,50 m, P_{el} = 0,28 kW
   2. Bauteil: 1,875 m: P_{el} = 0,22 kW

   Gesamtkälteleistung: 0,85 kW bei t_0 = –10 °C
   Gesamtlänge der Theke: 4,455 m

3. Ein Kühlregal für Molkereiprodukte mit 4 Reihen Regalauslagen, Preisschildschienen, Auslagentiefe 0,5 m, Fronthöhe 0,45 m, Gesamthöhe 1,980 m, Gesamtbreite 1,115 m, Gesamtlänge 7,58 m, Beleuchtung im Regalkopf.

Weitere Ausrüstung: Energiesparpaket mit elektrisch angetriebenen Nachtrollos, mit Ansteuermöglichkeit zur externen Betätigung der Rollos in Verbindung mit der Lichtschaltung durch das Marktpersonal.

Drei Bereich für die Innentemperatur werden zugelassen und zwar:

Bereich 1: t_R = 2 °C bis 4 °C
Bereich 2: t_R = 4 °C bis 6 °C
Bereich 3: t_R = 5 °C bis 7 °C

Der Betreiber schreibt in diesem Fall Bereich 3 vor.

Das Molkereikühlregal ist 7,58 m lang, d. h. es setzt sich zusammen aus zwei 3,75 m Standardbauteilen und zwei Seitenteilen zu je 40 mm.

Für ein Bauteil mit 3,75 m Länge ergibt sich laut Herstellerangabe eine Kälteleistung von 3,65 kW bei einer Verdampfungstemperatur t_0 = –10 °C.

Gesamtkälteleistung:
7,30 kW bei t_0 = –10 °C.

4. Ein Kühlregal für Molkereiprodukte mit 4 Reihen Regalauslagen, Preisschildschienen, Auslagentiefe 0,5 m, Fronthöhe 0,45 m, Gesamthöhe 1,98 m, Gesamtbreite 1,115 m, Gesamtlänge 5,08 m, Beleuchtung im Regalkopf.

Weitere Ausrüstung: Energiesparpaket mit elektrisch angetriebenen Nachtrollos, mit Ansteuerungsmöglichkeit zur externen Betätigung der Rollos in Verbindung mit der Lichtschaltung durch das Marktpersonal. Die Bereiche für die Innentemperatur sind identisch mit denen aus Pos. 3, weil es sich um den gleichen Möbeltyp handelt.

Der Betreiber schreibt Bereich 3 vor.

Das Molkereikühlregal ist 5,08 m lang, d. h. es setzt sich zusammen aus zwei 2,50 m Standardbauteilen und zwei Seitenteilen zu je 40 mm.

Für ein Bauteil mit 2,50 m Länge ergibt sich laut Herstellerangabe eine Kälteleistung von 2,44 kW bei einer Verdampfungstemperatur t_0 = –10 °C.

5. Ein Kühlregal für verpackte Wurstwaren und Feinkost mit 4 Reihen Regalauslagen, Preisschildschienen, Auslagentiefe 0,5 m, Fronthöhe 0,45 m, Gesamthöhe 1,98 m, Gesamtbreite 1,115 m, Gesamtlänge 5,08 m, Beleuchtung im Regalkopf.

Weitere Ausrüstung s. Pos. 4

Die drei Bereiche für die Innentemperatur sind identisch mit denen aus Pos. 3, weil es sich um den gleichen Möbeltyp handelt. Der Betreiber schreibt in diesem Fall allerdings Bereich 1 vor. Das Feinkost- und Wurstregal ist 5,08 m lang, d. h. es setzt sich zusammen aus zwei 2,50 m Standardbauteilen und zwei Seitenteilen zu je 40 mm.

Für ein Bauteil mit 2,50 m Länge ergibt sich im Temperaturbereich 1 laut Herstellerdatenblatt eine Kälteleistung von 2,99 kW; bei einer Verdampfungstemperatur von t_0 = –10 °C.

Gesamtkälteleistung: 5,76 kW bei t_0 = –10 °C.

Für den Tiefkühlbereich ergeben sich folgende Einzelpositionen:

1. Eine Tiefkühlinsel in doppeltbreiter Ausführung mit Thermopane Rundum-Verglasung tiefgezogen bis zum Warenspiegel. Beheizter umlaufender Handlauf und Eckteile sandgrau. Wagenstoßleiste rundum basaltgrau, Sockelblende und Bodenleiste titangrau.

Gesamtlänge: 7,94 m; Breite: 1,985 m; Höhe: 0,88 m;
Weitere Ausrüstung: 26 Trenngitter für die beiden Warenkanäle zu je 800 mm Breite.

Offene Tiefkühlverkaufsmöbel werden in zwei Temperaturbereichen eingesetzt.

Der Temperaturbereich 1 für die Tiefkühlkost liegt bei
t_R = −18 °C bis −20 °C.

Der Temperaturbereich 2 für Eiscreme liegt bei
t_R = −22 °C bis −24 °C.

Die Tiefkühlinsel setzt sich aus zwei Standardbaulängen zu je 3,75 m Länge zusammen.

Der Betreiber schreibt den Temperaturbereich 1 vor. Aus den Herstellerunterlagen wird für ein Bauteil mit l = 3,75 m eine Kälteleistung von $\dot{Q}_0$ = 2,245 kW bei t_0 = −35 °C abgelesen.
Die Gesamtkälteleistung beträgt: $\dot{Q}_0$ = 4,49 kW, t_0 = −35 °C.

2. Zwei Tiefkühlinseln in doppeltbreiter Ausführung mit Thermopane Rundum-Verglasung tiefgezogen bis zum Warenspiegel. Beheizter umlaufender Handlauf und Eckteile sandgrau, Wagenstoßleiste rundum basaltgrau, Sockelblende und Bodenleiste titangrau.

Gesamtlänge: 3,96 m; Breite: 1,985 m; Höhe: 0,88 m
Weitere Ausrüstung: Für jede Truhe 12 Trenngitter zur Warenteilung.

Der Betreiber schreibt den Temperaturbereich 2 vor.

Jede der beiden Tiefkühltruhen besteht aus einem Standardbauteil mit l = 3,75 m. Die Kälteleistung für jede Truhe wird mit $\dot{Q}_0$ = 3,36 kW aus den Datenblättern bei t_0 = −35 °C abgelesen.

Anmerkung:
Die Kälteleistungsangaben in den Datenblättern der Hersteller wie z. B. Linde basieren auf den Vorgaben der EN441-4 Verkaufskühlmöbel, Teil 4, Allgemeine Prüfbedingungen, Tabelle 1, Klima-Klasse 3: Trockentemperatur +25 °C, relative Feuchte 60 %, Taupunkt 17 °C.

Das bedeutet, dass sich die Kälteleistungsangabe des Kühlmöbels auf eine Ladentemperatur von +25 °C und φ = 0,60 bezieht.

Dieser hoch angesetzte Wert gibt zusätzliche Sicherheit, weil die jahresdurchschnittliche Ladentemperatur erheblich unter +25 °C liegt.

4.4.2.3 Art und Umfang der Kühlräume für den Verbrauchermarkt

4.4.2.3.1 Normalkühlbereich

1. Ein Kühlraum für Molkereiprodukte mit den Maßen L = 6,45 m; B = 2,15 m und H = 2,80 m (Maße nach Isolierung) und folgenden technischen Daten:

   t_R = +4 °C bis +6 °C; ΔT_{ges} = 21 K; $t_{Einbring}$ = +20 °C; k-Wert = 0,35 W/m² K; Warenabkühlung 16 K; Beschickung: 100 kg/m² d; Betriebszeit 16 h/d; Kälteleistung: $\dot{Q}_0$ = 2,69 kW;
   ausgewählter Verdampfer: Küba SGBE 51 mit $\dot{Q}_0$ = 3,0 kW;
   t_{L1} = +7 °C; DT1 = 10 K

2. Ein Kühlraum für Fleisch und Wurst mit den Maßen L = 4,7 m; B = 1,7 m und H = 2,60 m (Maße nach Isolierung) und folgenden technischen Daten:

t_R = 0 °C bis +2 °C; ΔT_{ges} = 25 K; $t_{Einbring}$ = +10 °C; k-Wert = 0,35 W/m² K; Warenabküh-lung 8 K; Beschickung: 100 kg/m² d; Betriebszeit 16 h/d; Kälteleistung: $\dot{Q}_0$ = 1,79 kW; ausgewählter Verdampfer: Küba SGBE 41 mit $\dot{Q}_0$ = 2,10 kW;
t_{L1} = +2 °C; DT1 = 10 K

3. Ein Kühlraum für Obst und Gemüse mit den Maßen L = 6,45 m; B = 2,15 m und H = 2,80 m (Maße nach Isolierung) und folgenden technischen Daten:

   t_R = +4 °C bis +6 °C; ΔT_{ges} = 21 K; $t_{Einbring}$ = +20 °C; k-Wert = 0,35 W/m² K; Waren-abkühlung 16 K; Beschickung: 80 kg/m² d; Betriebszeit: 16 h/d; Kälteleistung: $\dot{Q}_0$ = 4.01 kW;
   ausgewählter Verdampfer: Küba SGBE 71 mit $\dot{Q}_0$ = 5,0 kW;
   t_{L1} = +7 °C; DT1 = 10 K

4. Temperieranlage für die Fleischvorbereitung mit den Raummaßen: L = 7,30 m; B = 3,50 m; H = 2,80 m; der Fleischvorbereitungsraum ist nicht isoliert; der Betreiber gibt die Leistung der im Raum betriebenen elektrischen Maschinen wie z. B. Grill, Spülma-schine und Verpackungsmaschine mit P_{ges} = 6 kW an. Die Raumtemperatur soll t_R = +15 °C betragen. Die Kältebedarfsrechnung liefert als Ergebnis:

   $\dot{Q}_0$ = 10,0 kW;
   ausgewählter Verdampfer: Küba DPB 043L mit $\dot{Q}_0$ = 10,61 kW
   t_{L1} = +17 °C; DT1 = 10 K.

4.4.2.3.2   Tiefkühlbereich

Ein Tiefkühlraum im Untergeschoss mit den Maßen L = 4,6 m; B = 2,65 m; H = 2,32 m (Maße nach Isolierung) und folgenden technischen Daten:

t_R = –21 °C bis –23 °C; ΔT_{ges} = 48 K; $t_{Einbring}$ = –12 °C; k-Wert = 0,35 W/m² K; Warenab-kühlung 11 K; Beschickung: 150 kg/m² d; Betriebszeit 18 h/d; spezifische Wärmekapazität für das Gefriergut, nach dem Erstarren:
c = 1,85 kJ/kg K; Kälteleistung: $\dot{Q}_0$ = 3,0 kW;
ausgewählter Verdampfer: Küba SGBE 71 mit $\dot{Q}_0$ = 3,88 kW;
t_{L1} = –20 °C; DT1 = 10 K

4.4.2.4   Zusammenstellung der Leistungsdaten für den Normal- und den Tiefkühlbereich

Tabelle 4.37

Nk-Kühlstellen	$\dot{Q}_0$ in kW	t_0 in °C
Pos. 1 Fleisch- und Wursttheke	2,07	–10
Pos. 2 Käsetheke	0,85	–10
Pos. 3 Mopro-Kühlregal I	7,30	–10
Pos. 4 Mopro-Kühlregal II	4,88	–10
Pos. 5 Feinkost- und Wurstkühlregal	5,76	–10
Pos. 6 Molkereiproduktekühlraum	3,0	– 3
Pos. 7 Fleisch- und Wurstkühlraum	2,10	– 8
Pos. 8 Obst- und Gemüsekühlraum	5,0	– 3
Pos. 9 Fleischvorbereitungsraum	10,61	+ 7
	Gesamtkälteleistung: 41,57 kW	Basisverdampfungs-temperatur: t_0 = –10 °C

Gleichzeitigkeitsfaktor gewählt: 0,90

Tabelle 4.38

Empfehlung zur Festlegung des Gleichzeitigkeitsfaktors: Nk-Bereich	
Anzahl der Kühlstellen	**Gleichzeitigkeitsfaktor**
0 bis 5 6 bis 10 mehr als 10	0 0,90 0,85

Im Tk-Bereich sollte aus Gründen der Sicherheit auf einen Gleichzeitigkeitsfaktor verzichtet werden. Nk-Gesamtkälteleistung: 41,57 kW · 0,90 = 37,41 kW mit t_0 = −10 °C.

Tk-Kühlstellen	$\dot{Q}_0$ **in kW**	t_0 **in °C**
Pos. 1 Tki I	4,49	−35
Pos. 2 TKi II, Eiscreme	3,36	−35
Pos. 3 TKi III, Eiscreme	3,36	−35
Pos. 4 TKr	<u>3,25</u>	<u>−31</u>
	Gesamtkälteleistung: 14,46 kW	Basisverdampfungs- temperatur: t_0 = −35 °C

Die Festlegung eines Gleichzeitigkeitsfaktors entfällt. Bei lediglich vier Kühlstellen im Tk-Bereich wird aus Sicherheitsgründen darauf verzichtet.

4.4.3 Auswahl der Tiefkühlverbundanlage mit Flüssigkeitsunterkühlung

Wie aus den Herstellerunterlagen (Auszug) zu ersehen ist, wird eine R 507-Tk-Verbundanlage mit Bitzer-Octagon-Verdichtern und Flüssigkeitsunterkühler wie folgt ausgewählt (Tabelle 4.39):

Für die Saugleitung wird von vornherein ein Druckverlust von ΔT_{SL} = 2 K eingerechnet, so dass die Tk-Verbundanlage für

t_0 = −37 °C Verdampfungstemperatur und t_c = +40 °C Verflüssigungstemperatur bemessen wird.

Gewählt: Celsior VPM 305-4681 mit 3 Verdichtern Bitzer 4DC-5.2Y mit Zusatzlüftern zur Zylinderkopfkühlung und einer Kälteleistung von $\dot{Q}_0$ = 16,53 kW sowie einer Unterkühlerleistung von $\dot{Q}_0$ = 5,44 kW.

Die Leistungsaufnahme an den Klemmen beträgt P_{Kl} = 8,92 kW im Betriebspunkt.

Lieferumfang:
Die Verbundsätze der Typenreihe VPP und VPM bestehen aus mehreren halbhermetischen Motorverdichtern, die in Parallel-Schaltung auf einen gemeinsamen Kältekreislauf arbeiten.

Sämtliche zum Verbundsatz gehörenden Apparate, Leitungen, Geräte, Armaturen und Schalter sind auf einem gemeinsamen, stabilen Maschinenrahmen zu einer Kompakteinheit anschlussfertig zusammengebaut, verrohrt, lackert in RAL5010 Enzianblau und saugseitig isoliert.

Jeder Verbundsatz ist mit Kältemaschinenöl und Schutzgas vorgefüllt.

Ausführung und Ausrüstung entsprechen den gültigen Sicherheitsvorschriften nach BGV D4, den einschlägigen TÜV-Bestimmungen, der Druckbehälterverordnung, den Technischen Regeln Druckbehälter (TRB) und den AD-Merkblättern.

Tabelle 4.39

Kälteleistung in kW bei einer Verflüssigungstemperatur von 40 °C

Lfd. Nr.	Typ	Verdichter Stck.	Typ	tvl	to	-25.	-27.	-29.	-30.	-32.	-34.	-35.	-36.	-37.	-39.	-40.	-41.	-43.	-45.
1	VPM 305-4641	3	4FC-3.2Y	20.	A	7,23	6,49	5,80	5,48	4,90	4,35	4,08	3,83	3,58	3,10	2,88	2,66	2,25	1,86
					B	21,99	19,73	17,65	16,67	14,90	13,23	12,42	11,64	10,89	9,45	8,76	8,10	6,84	5,67
2	VPM 305-4661	3	4EC-3.2Y	20.	A	9,16	8,26	7,42	7,02	6,29	5,59	5,26	4,94	4,62	4,02	3,73	3,45	2,93	2,44
					B	27,85	25,12	22,57	21,57	19,13	17,02	16,00	15,01	14,05	12,22	11,35	10,51	8,91	7,42
3	VPM 305-4681	3	4DC-5.2Y	20.	A	11,07	9,99	8,96	8,46	7,50	6,61	6,20	5,81	5,44	4,75	4,44	4,14	3,62	3,17
					B	33,66	30,37	27,24	25,74	22,81	20,12	18,86	17,67	16,53	14,45	13,50	12,61	11,01	9,65

Klemmenleistung in kW bei einer Verflüssigungstemperatur von 40 °C

Lfd. Nr.	Typ	Verdichter Stck.	Typ	tvl	to	-25.	-27.	-29.	-30.	-32.	-34.	-35.	-36.	-37.	-39.	-40.	-41.	-43.	-45.
1	VPM 305-4641	3	4FC-3.2Y	20.		9,00	8,46	7,93	7,68	7,20	6,70	6,45	6,19	5,93	5,40	5,13	4,85	4,29	3,72
2	VPM 305-4661	3	4EC-3.2Y	20.		11,07	10,51	9,94	9,66	9,10	8,52	8,22	7,91	7,59	6,94	6,60	6,25	5,54	4,80
3	VPM 305-4681	3	4DC-5.2Y	20.		13,47	12,73	11,99	11,61	10,81	10,04	9,66	9,29	8,92	8,21	7,86	7,52	6,85	6,21

Ein Verbundsatz der oben aufgeführten Typenreihe besteht im einzelnen aus 3 bis 6 gleichgroßen einstufigen, halbhermetischen, Motorverdichtern des Fabrikats Bitzer für den Normalkühl- bzw. Tiefkühlbereich.

Die Motorverdichter sind mit Zusatzlüfter, Öldruckdifferenzschalter (bei Verwendung von Octagon-Verdichtern entfällt der Öldrucksicherheitsschalter), Kurbelgehäuseheizung und elektronischem Motorvollschutz ausgestattet.

Der Maschinenrahmen ist ebenso konzipiert, dass ohne Zusatzaufbau Wärmetauscher für eine Wärmerückgewinnungsanlage (Heizwasser oder Brauchwasser), oder eine Kältemittelunterkühler-Baugruppe mit Zubehör aufgebaut werden können.

Die Rohrleitungsanschlüsse sind an die Aggregatgrenze herangeführt. Zur einwandfreien Funktion gehören ferner:

- 1 Saugsammelbehälter zur saugseitigen Ölrückführung und Flüssigkeitsabscheidung
- 1 bis 4 saugseitige Filtertrockner
- 1 gemeinsame Druckleitung
- 1 Steuertableau mit:

- 1 Hochdruckmanometer mit Glyzerinfüllung
- 1 Saugdruckmanometer mit Glyzerinfüllung
- 1 Sicherheitsdruckwächter (DWFK)
- 1 Sicherheitsdruckwächter (DWK)
- 1 Sicherheitsdruckbegrenzer (DBK)
- 1 Sicherheitsdruckbegrenzer (SDBK)
- 1 Saugdruckregelschalter zur saugdruckabhängigen Verdichtersteuerung oder wahlweise ein ND-Transmitter
  wahlweise: Druckwächter HD zur Verflüssigerlüftersteuerung oder ein HD-Transmitter

- 1 Kältemittelsammelbehälter mit zwei Schaugläsern, elektronischer Niveaukontrolle, Sicherheitsventil, beidseitig absperrbarem Filtertrockner, Schauglas mit Feuchtigkeitsindikator und Füllventil.
- Schwingmetallelemente 4 bzw. 6 Stück, je nach Gewicht und Anlagenlänge

4.4.4 Auswahl der Normalkühlverbundanlage

Die Tiefkühlverbundanlage ist mit einer Kältemittel-Flüssigkeitsunterkühler-Baugruppe ausgerüstet. Die Kälteleistung dieses Wärmetauschers beträgt: $\dot{Q}_{0,U}$ = 5,44 kW.

Die Unterkühlung des flüssigen Kältemittels der Tiefkühlverbundkälteanlage erfolgt durch die Normalkühlverbundkälteanlage (Fremdunterkühlung). Der R 507-Flüssigkeitsunterkühler/R 507-Verdampfer ist als Platten-Wärmetauscher ausgeführt und mit TEV, MV, Absperrventil, Verrohrung und kompletter Isolierung versehen.

Dieser Wärmeaustauscher ist als weitere Kühlstelle der Normalkühlverbundanlage zu betrachten.

Aus diesem Grund erhöht sich die Kälteleistung der noch auszuwählenden Kälteanlage wie folgt:

$\dot{Q}_0$ = 37,41 kW bei t_0 = −12 °C (ΔT_{SL} = 2 K bereits berücksichtigt)
+ $\dot{Q}_{0,U}$ = 5,44 kW
$\dot{Q}_{0,gesamt}$ = 42,85 kW bei t_0 = −12 °C

Wie aus den Herstellerunterlagen (Tabelle 4.40) zu ersehen ist, wird eine R 507-Nk-Verbundanlage mit Bitzer Verdichtern ausgewählt:

Tabelle 4.40

Lfd. Nr.	Typ	Verdichter		tvl	to	5.	0.	-2.	-4.	-5.	-6.	-8.	-10.	-12.	-14.	-15.	-16.
		Stck.	Typ							Kälteleistung in kW bei einer Verflüssigungstemperatur von 45 °C							
1	VPP 300-4641	3	4FC-3.2Y	20.						34,51	33,10	30,39	27,85	25,51	23,31	22,26	21,26
2	VPP 300-4661	3	4EC-4.2Y	20.						42,76	41,07	37,82	34,78	31,95	29,29	28,01	26,78
3	VPP 300-4681	3	4DC-5.2Y	20.						52,23	50,17	46,20	42,45	38,94	35,62	34,03	32,50
4	VPP 300-4701	3	4CC-6.2Y	20						60,69	58,34	53,83	49,58	45,60	41,84	40,04	38,32

Lfd. Nr.	Typ	Verdichter		tvl	to	5.	0.	-2.	-4.	-5.	-6.	-8.	-10.	-12.	-14.	-15.	-16.
		Stck.	Typ							Klemmenleistung in kW bei einer Verflüssigungstemperatur von 45 °C							
1	VPP 300-4641	3	4FC-3.2Y	20.						14,28	14,04	13,56	13,06	12,55	12,04	11,79	11,53
2	VPP 300-4661	3	4EC-4.2Y	20.						17,10	16,84	16,32	15,78	15,21	14,64	14,35	14,07
3	VPP 300-4681	3	4DC-5.2Y	20.						21,07	20,78	20,17	19,54	18,89	18,20	17,85	17,47
4	VPP 300-4701	3	4CC-6.2Y	20						24,78	24,41	23,64	22,84	22,00	21,14	20,71	20,27

Gewählt:

Celsior VPP 300-4701 mit 3 Verdichtern Bitzer 4CC-6.2Y und einer Kälteleistung von $\dot{Q}_0$ = 45,60 kW und einer Leistungsaufnahme an den Klemmen von P_{KI} = 22,0 kW.

Die Verdampfungstemperatur beträgt t_0 = −12 °C und die Verflüssigungstemperatur beträgt t_c = +45 °C.

4.4.5 Berechnung der Leistungszahlen

Normalkühlverbund:

$\dot{Q}_0$ = 45,60 kW

P_{KI} = 22,0 kW

$\varepsilon = \dfrac{\dot{Q}_0}{P_{KI}} = \dfrac{45,60 \text{ kW}}{22,0 \text{ kW}} = 2,07$

Tiefkühlverbund:

$\dot{Q}_0$ = 16,53 kW

P_{KI} = 8,92 kW

$\varepsilon = \dfrac{\dot{Q}_0}{P_{KI}} = \dfrac{16,53 \text{ kW}}{8,92 \text{ kW}} = 1,85$

Tiefkühlverbund mit Unterkühler:

$\dot{Q}_0$ = 16,53 kW

$\dot{Q}_{0,\,U}$ = 5,44 kW

$\dot{Q}_{0,\,ges}$ = 21,97 kW bei gleicher Leistungsaufnahme an den Klemmen

P_{KI} = 8,92 kW

Würde die Unterkühlerleistung durch Vergrößerung der Tiefkühlverbundanlage erbracht, wäre eine Erhöhung der Leistungsaufnahme um

$P_{KI,\,Tk} = \dfrac{\dot{Q}_{0,\,U}}{\varepsilon_{TK}} = \dfrac{5,44 \text{ kW}}{1,85 \text{ kW}} = 2,94 \text{ kW erforderlich.}$

Dadurch, dass der Unterkühler aber als weitere Kühlstelle der Normalkühlanlage behandelt wird, reduziert sich die zusätzliche Leistungsaufnahme auf

$P_{KI,\,Tk} = \dfrac{\dot{Q}_{0,\,U}}{\varepsilon_{NK}} = \dfrac{5,44 \text{ kW}}{2,07 \text{ kW}} = 2,63 \text{ kW.}$

Betrachtet man die Wirkung des Flüssigkeitsunterkühlers im log p, h-Diagramm, stellt man folgendes fest: Kältemittel R507, t_0 = −35 °C; $t_{1'}$ = −27 °C; t_c = +40 °C; t_3 = +38 °C ohne Unterkühler; t_3 = 0 °C mit Unterkühler ergibt sich der:

Nutzkältegewinn ohne Einsatz eines Flüssigkeitsunterkühlers.

$q_{0N,\,1} = h_{1'} - h_4 = 349 \dfrac{\text{kJ}}{\text{kg}} - 255 \dfrac{\text{kJ}}{\text{kg}} = 94 \dfrac{\text{kJ}}{\text{kg}}$

$q_{0N,\,1} = 94 \dfrac{\text{kJ}}{\text{kg}}$

Nutzkältegewinn mit Einsatz eines Flüssigkeitsunterkühlers.

$$q_{0N,\,2} = h_{1'} - h_4 = 349\ \frac{kJ}{kg} - 200\ \frac{kJ}{kg} = 149\ \frac{kJ}{kg}$$

$$q_{0N,\,2} = 149\ \frac{kJ}{kg}$$

Der Einsatz des Flüssigkeitsunterkühlers steigert den Nutzkältegewinn um über 50 %. Bei gleicher Kälteleistung reduziert sich der Kältemittelmassenstrom und die Verdichter der zu bemessenen Verbundanlage können kleiner gewählt werden.

Deutlich wird der Vergleich, wenn eine Tiefkühlverbundanlage ohne Flüssigkeitsunterkühler projektiert würde.

Der Anlagentyp VPM 300 4210, der in Frage kommt, leistet mit 3 Bitzer Verdichtern des Typs 4T-8.2Y $\dot{Q}_0$ = 18,53 kW mit P_{Kl} = 13,38 kW. Die Leistungsziffer verschlechtert sich jetzt zu ε = 1,38.

4.4.6   Bemessung der luftgekühlten Verflüssiger

Der Betreiber verlangt die Aufstellung der Verflüssiger in größtmöglicher Entfernung vom Gebäude unter Einhaltung eines Schalldruckpegels im Abstand von 5 Metern von maximal 40 dB(A).

Für jede Kälteanlage wird ein luftgekühlter Verflüssiger, Fabrikat Güntner in vertikaler Bauform gewählt.

Die beiden Verflüssiger werden über der Einfahrt der Tiefgarage im Unterschoss auf Stahlgestellen montiert.

Die einfache Entfernung zu den Verbundanlagen im Maschinenraum, auf UG-Ebene gelegen, beträgt l_{geo} = 25 m.

4.4.6.1   Auswahl der Verflüssigers für die Normalkühlverbundanlage

Folgende technische Daten liegen zur Auswahl vor:

$\dot{Q}_0$ = 45,60 kW

$+\ P_{Kl}$ = 22,00 kW

$\overline{\dot{Q}_c\quad\ = 67,60\ kW}$

Lufteintrittstemperatur t_{LE} = +32 °C; Verdampfungstemperatur t_0 = –12 °C; Verflüssigungstemperatur t_c = +45 °C; ΔT = 13 K.

4.4.6.2   Auswahl des Verflüssigers für die Tiefkühlverbundanlage

Folgende technische Daten liegen zur Auswahl vor:

$\dot{Q}_0$ = 16,53 kW; $\dot{Q}_{0,\,U}$ = 5,44 kW, P_{Kl} = 8,92 kW; t_c = +40 °C und t_{LE} = +32 °C; ΔT = 8 K; Korrekturfaktor für von 15 K abweichende Temperaturdifferenz f_2 = 0,55

$\dot{Q}_0$ = 16,53 kW – 5,44 kW = 11,09 kW

$\dot{Q}_0$　　　$= 11{,}09$ kW

$+ P_{KI}$　　$= 8{,}92$ kW

$\overline{\dot{Q}_c}$　　　$= 20{,}01$ kW

⊘ **Verflüssiger**		**S-GVV 082C/2-E(D)**		
Leistung:	67,6 kW		**Kältemittel:**	R507
			Heißgastemperatur:	74,0 °C
Luftvolumenstrom:	17 900 m³/h		Verflüssigungstemp.:	45,0 °C
Luft Eintritt:	32,0 °C		Kondensataustritt:	43,5 °C
Geodätische Höhe:	0 m		Heißgasvolumenstr.:	13,67 m³/h
K-Wert:	22,1 W/m²K		Massenstrom:	1 552 kg/h
			Druckabfall:	0,54 K
Ventilatoren:	2 Stück	3/400/500	Schalldruckpegel:	39 dB(A)
Daten je Motor:			im Abstand:	5,0 m
Drehzahl:	380 1/min		Schallleistung:	66 dB(A)
Leistung:	0,25 kW			
Stromaufnahme:	0,67 A			
Gehäuse: Stahl verzinkt, RAL 7032			WT-Rohre:	Kupfer
Austauschfläche:	335,0 m²		Lamellen:	Aluminium
Rohrinhalt:	41 l		Anschlüsse je Geräte:	
Lam. Teilung:	2,4 m		Eintrittsstutzen:	35,0 × 1,5 mm
Pässe:	8		Austrittsstutzen:	35,0 × 1,5 mm
Leergewicht:	365 kg		Stränge:	11
Abmessungen:				
Gerätelänge:	4 000 mm			
Gerätebreite:	850 mm			
Gerätehöhe:	1 185 mm			
Zahl der Füße:	–			

(S = Austrittsstutzen: 35,0 × 1,5 mm, Sammelrohr: 35,0 × 1,5 mm)

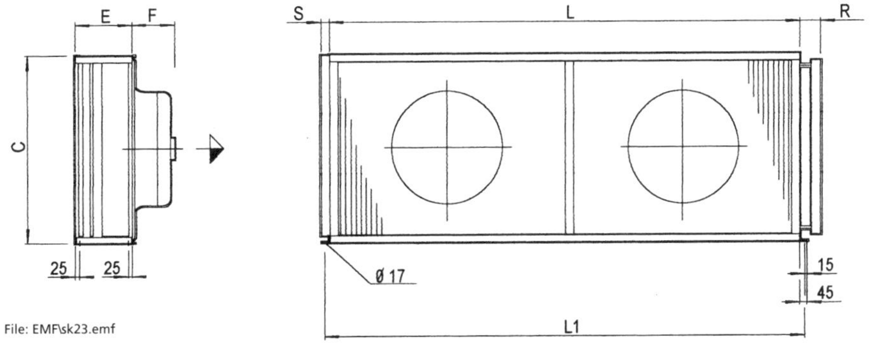

File: EMF\sk23.emf

L = 4000 mm　　E　=　490 mm　　R = 110 mm
C = 1 185 mm　　L1 = 4 060 mm　　S　=　50 mm
F　=　360 mm

Bild 4.71

Verflüssiger   GVV 052C/2-L(S)

Leistung:	20,1 kW	Kältemittel:	R507
		Heißgastemperatur:	69,0 °C
Luftvolumenstrom:	8 480 m³/h	Verflüssigungstemp.:	40,0 °C
Luft Eintritt:	32,0 °C	Kondensataustritt:	39,0 °C
Geodätische Höhe:	0 m	Heißgasvolumenstr.:	4,64 m³/h
K-Wert:	21,8 W/m²K	Massenstrom:	452 kg/h
		Druckabfall:	0,0084 K

Ventilatoren:	2 Stück	3/400/500	Schalldruckpegel:	40 dB(A)
Daten je Motor:			im Abstand:	5,0 m
Drehzahl:	640 1/min		Schallleistung:	66 dB(A)
Leistung:	0,20 kW			
Stromaufnahme:	0,41 A			

Gehäuse: Stahl verzinkt, RAL 7032		WT-Rohre:	Kupfer
Austauschfläche:	149,6 m²	Lamellen:	Aluminium
Rohrinhalt:	30 l	Anschlüsse je Geräte:	
Lam. Teilung:	2,2 m	Eintrittsstutzen:	35,0 × 1,5 mm
Pässe:	4	Austrittsstutzen:	28,0 × 1,5 mm
Leergewicht:	179 kg	Stränge:	31
Abmessungen:			
Gerätelänge:	2 650 mm		
Gerätebreite:	550 mm		
Gerätehöhe:	865 mm		
Zahl der Füße:	–		

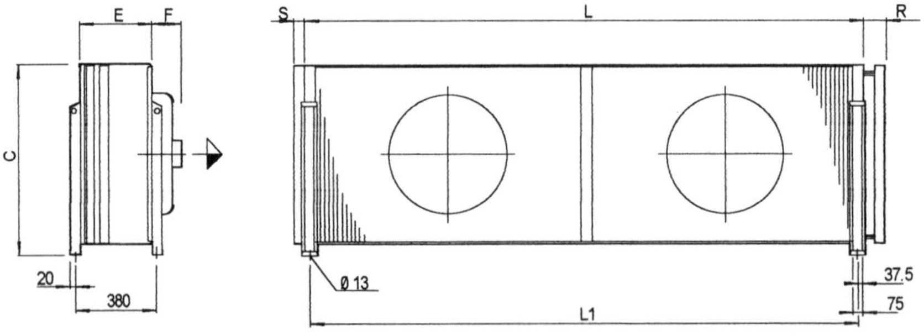

File: EMF\sk19.emf

L = 2 650 mm   E = 340 mm   R = 100 mm
C =   865 mm   L1 = 2 575 mm   S = 50 mm
F =   210 mm

Bild 4.72

4.4.7 Projektierung der Geräuschdämpfer für die Verbundsätze

Der Betreiber schreibt den Einsatz von Geräuschdämpfern (Mufflern) in der Druckleitung vor. Aus der gegebenen geometrischen Rohrlänge von l_{geo} = 25 m für die Druckleitung ergibt sich für die Normalkühlanlage:

DL: 35 × 1,5 mm (Zuschlag für unbekannte Fittings 30 % wegen überwiegend gerader Leitungsführung). Die Auswahl des Geräuschdämpfers (Mufflers) erfolgt nach der Dimension der Druckgasleitung.

Gewählter Geräuschdämpfer: Fabrikat AC + R; Typ S-6413, Löt 35 mm, L = 34 mm und D = 102 mm.

Tabelle 4.41 Geräuschdämpfer

MODELL	Abmessungen				Leistung ca. kW
	Anschlüsse		ØA	B	
	zoll	mm	mm	mm	
S-6302 M		6	76	197	5,0
S-6303 M	3/8	10	76	197	8,0
S-6304	1/2	12	76	197	8,0
S-6305	5/8	16	76	197	9,0
S-6307	7/8	22	76	246	10,0
S-6311	1-1/8	28	76	246	10,0
S-6404	1/2	12	102	171	10,0
S-6405	5/8	16	102	171	17,5
S-6407	7/8	22	102	178	35,0
S-6411	1-1/8	28	102	337	42,0
S-6413	1-3/8	35	102	349	100,0
S-6415	1-5/8	42	102	464	125,0
S-6621	2-1/8	54	152	533	150,0
S-6625	2-5/8	67	152	533	300,0
S-6631	3-1/8	80	152	568	400,0

Geräuschdämpfer für horizontalen oder vertikalen Einbau sind entwickelt, die Pulsation in der Druckgasleitung vom Kompressor zu eliminieren. Die Prallbleche in den Geräten sind für einen minimalen Druckabfall berechnet. Diese Prallbleche verändern die Gasgeschwindigkeit innerhalb des Dämpfers und führen zu einer Dämpfung der Wellen mit hoher Frequenz bei Kompressoren mit relativ hoher Drehzahl, ebenso wie die Pulsation in Anlagen mit Kompressoren niedrigerer Drehzahl. Die Auswahl der Geräuschdämpfergröße (Mufflergröße) erfolgt nach der Dimension der Druckgasleitung.

Die Modelle der S-63 Serie sind für einen maximalen Betriebsdrck von 34,5 bar, die Serien S-64 und S-66 für 31,0 bar geeignet. Die Modelle S-64 und S-66 sind mit einem 1/8″ F.P.T-Anschluss für den Einsatz eines zusätzlichen Überströmventils ausgestattet. Alle Modelle können horizontal oder vertikal eingebaut werden.

Für die Tiefkühlanlage ergibt sich bei einer Länge l_{geo} = 25 m +30 % für unbekannte Fittings eine Druckleitung von DL: 22 × 1 mm

Gewählter Geräuschdämpfer: Fabrikat AC + R, Typ S-6407, Löt 22 mm, L = 178 mm, D = 102 mm.

4.4.8 Bemessung des Verdampfungsdruckreglers für den Verdampfer im Fleischvorbereitungsraum

Für den Arbeitsraum wurde ein Küba-Verdampfer DPB043L mit $\dot{Q}_0$ = 10,61 kW; t_{L1} = +17 °C; DT1 = 10 K gewählt: In die Saugleitung unmittelbar am Verdampferausgang wird ein Verdampfungsdruckregler eingebaut, weil die Verdampfungstemperatur mit t_0 = +7 °C erheblich höher liegt als die Arbeitstemperatur des Verbundsatzes mit t_0 = –12 °C.

Der Verdampfungsdruckregler dient der Einhaltung eines konstanten Verdampfungsdruckes und somit einer konstanten Oberflächentemperatur am Verdampfer. Die Regelung ist modulierend. Durch Drosselung in der Saugleitung wird die Kältemittelmenge auf die Verdampferlast abgestimmt. Der Regler schließt wenn der Druck im Verdampfer unter den eingestellten Wert sinkt.

Auslegung des Verdampfungsdruckreglers, Fabrikat Danfoss, Typ KVP

Der Verdampfungsdruck soll im DPB043L auf einem Betriebsdruck von p_0 = 7,68 bar gehalten werden; dies entspricht einer Verdampfungstemperatur von t_0 = +7 °C.

Der Verdampfungsdruckregler wird so eingestellt, dass er bei einem Druck von p_0 = 6,6 bar schließt, um Reifbildung am Verdampfer zu vermeiden.

Dieser Druck entspricht einer Temperatur von t_S = +2 °C.

Die tabellierten Nennleistungen basieren auf einer Verdampfungstemperatur von t_0 = –10 °C, einer Temperatur des flüssigen Kältemittels von t_3 = +25 °C, einem Druckabfall im Regler von Δp = 0,2 bar und einem Offset von 0,6 bar.

Um den richtigen Verdampfungsdruckregler zu bemessen, wird die aktuelle Verdampferleistung unter Verwendung verschiedener Korrekturfaktoren umgerechnet.

Tabelle 4.42

1. Schritt:
Korrekturfaktoren für Flüssigkeitstemperatur t_v

t_v °C	10	15	20	25	30	35	40	45	50
R 134a	0,88	0,92	0,96	1,0	1,05	1,10	1,16	1,23	1,31
R 22	0,90	0,93	0,96	1,0	1,05	1,10	1,13	1,18	1,24
R 404A/R 507	0,84	0,89	0,94	1,0	1,07	1,16	1,26	1,40	1,57
R 407C	0,88	0,91	0,95	1,0	1,05	1,11	1,18	1,26	1,35

2. Schritt:
Korrekturfaktoren für Offset

Offset bar	0,2	0,4	0,6	0,8	1,0	1,2	1,4	
KVP 12 KVP 15 KVP 22	2,5	1,4	1,0	0,77	0,67	0,59		Der Korrekturfaktor des Offsets für das Ventil ist zu ermitteln. Das Offset des Ventils ist als die Differenz zwischen der gewünschten Verdampfungstemperatur und der minimalen Temperatur definiert.
KVP 28 KVP 35		1,4	1,0	0,77	0,67	0,59	0,53	

3. Schritt:
$\dot{Q}_{0, \text{korrigiert}}$ = $\dot{Q}_{0, \text{Verdampfer}}$ · **Korrekturfaktor t_v** · **Korrekturfaktor für Offset**

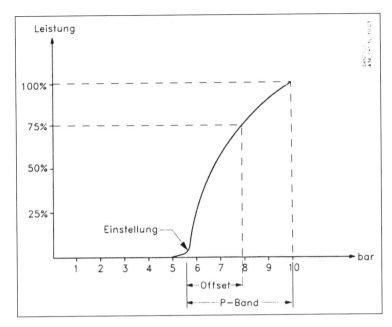

Bild 4.73 *Proportionalband*
Proportionalband oder P-Band ist definiert als der Druck, der erfoderlich ist, um das Ventil aus geschlossener Position in voll geöffnete Position zu bringen.
Beispiel:
Ist das Ventil so eingestellt, dass es bei einem Eintrittsdruck von 4 bar öffnet und das P-Band des Ventils 1,7 bar ist, wird das Ventil eine maximale Leistung erreichen, wenn der Eintrittsdruck auf 5,7 bar angestiegen ist.
Offset
Offset ist definiert als der Unterschied zwischen dem gewünschten Betriebsüberdruck/Temperatur und dem minimal zulässigen Druck/Temperatur.Offset ist immer ein Teil des P-Bandes.

Auslegungsbeispiel:

Verdampfer Küba, Typ DPB043L für Fleischvorbereitungsraum (Anschluss saugseitig: 35 mm).

Technische Daten:
R507; $t_{L1} = +17\ °C$; DT1 = 10 K; $t_0 = +7\ °C$; $p_0 = 7{,}68$ bar; $\dot{Q}_{0,Vda} = 10{,}61$ kW;
Schließdruck $p_S = 6{,}60$ bar $\triangleq t_S = +2\ °C$

Korrekturfaktoren nach Tabelle 4.42
$t_3 = +43\ °C$; Faktor $t_v = 1{,}32$

Offset:
$\Delta p = p_0 - p_S = 7{,}68$ bar $- 6{,}60$ bar $= 1{,}08$ bar
$\Delta p = 1{,}08$ bar; Faktor: 0,67

$\dot{Q}_{0,korrigiert} = 10{,}61$ kW $\cdot 1{,}32 \cdot 0{,}67 = 9{,}38$ kW

Auswahl nach den Herstellertabellen: Typ KVP35
mit $\dot{Q}_0 = 9{,}6$ kW; $\Delta p_{Ventil} = 0{,}20$ bar, R507

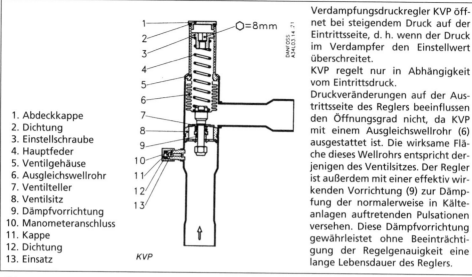

1. Abdeckkappe
2. Dichtung
3. Einstellschraube
4. Hauptfeder
5. Ventilgehäuse
6. Ausgleichswellrohr
7. Ventilteller
8. Ventilsitz
9. Dämpfvorrichtung
10. Manometeranschluss
11. Kappe
12. Dichtung
13. Einsatz

Verdampfungsdruckregler KVP öffnet bei steigendem Druck auf der Eintrittsseite, d. h. wenn der Druck im Verdampfer den Einstellwert überschreitet.
KVP regelt nur in Abhängigkeit vom Eintrittsdruck.
Druckveränderungen auf der Austrittsseite des Reglers beeinflussen den Öffnungsgrad nicht, da KVP mit einem Ausgleichswellrohr (6) ausgestattet ist. Die wirksame Fläche dieses Wellrohrs entspricht derjenigen des Ventilsitzes. Der Regler ist außerdem mit einer effektiv wirkenden Vorrichtung (9) zur Dämpfung der normalerweise in Kälteanlagen auftretenden Pulsationen versehen. Diese Dämpfvorrichtung gewährleistet ohne Beeinträchtigung der Regelgenauigkeit eine lange Lebensdauer des Reglers.

Bild 4.74 Konstruktion und Funktion

4.4.9 Planung und Auswahl der Komponenten für die elektronische Regelung der Anlagen in 19″-Technik, Fabrikat Wurm

4.4.9.1 Normalkühlanlage

Die Verbundkälteanlage Fabrikat Celsior, Typ VPP 300-4701 ausgestattet mit 3 Stück halbhermetischen Bitzer-Verdichtern der Octagon Baureihe Typ 4CC-6.2Y erhält einen mikroprozessorgeführten Saugdruckregler Typ DCC940 zur optimalen Anpassung der Verdichterleistung an die benötigte Kälteleistung. Eine weitere Energieeinsparung wird dadurch erzielt, dass die Saugdruckanhebung mit Hilfe eines raumtemperaturfühlers Typ TRK 277 und eines Enthalpiefühlers Typ RHS 950 welche beide im Verkaufsraum an geeigneter Stelle unterhalb der Decke installiert werden, realisiert wird.

Der Grundlastwechsel wird nach Verdichterbetriebszeit und Schalthäufigkeit vorgenommen.

In der Drucksammelleitung der Verbundanlage wird der Transmitter HD 0 bis 25 bar und in der Saugsammelleitung der Transmitter ND – 0,5 bis 7 bar montiert.

Im 19″-Rack wird für jeden der drei Verdichter ein mikroprozessorgeführtes Steuer- und Überwachungsmodul Typ CMC 880T mit Wahlschalter: Manuell-Aus-Automatik und integriertem Betriebsstundenzähler eingebaut.

Für den luftgekühlten Verflüssiger Fabrikat Güntner, Typ S-GVV 082C/2-E sowie für den Verflüssiger der Tiefkühlverbundkälteanlage Typ GVV 052C/2-L wird im 19″-Baugruppenträger (Einbau in die Schaltschranktür) ein gemeinsamer Verflüssigungsdruckregler Typ DCF 940 eingesetzt.

DCF 940 dient zur Regelung des Verflüssigungsdrucks durch Anpassung der Lüfterleistung an die benötigte Verflüssigungsleistung. Dem Regler wird über die Position 15 die Betriebsart: 2, d. h. zwei unabhängig voneinander arbeitende Verflüssiger eingegeben. Beide Verflüssiger werden danach unabhängig voneinander geregelt. Die Druckaufnehmer in den Hochdrucksammelleitungen der Nk und der Tk-Verbundanlage setzen den Messwert des Hochdruckes 0 bis 25 bar in ein Stromsignal von 4 bis 20 mA um.

Zur Signalvereinfachung werden zwei Stromspiegelmodule IMR 950 eingesetzt.

Die Schaltung ist der nachfolgend gezeigten Abbildung zu entnehmen.

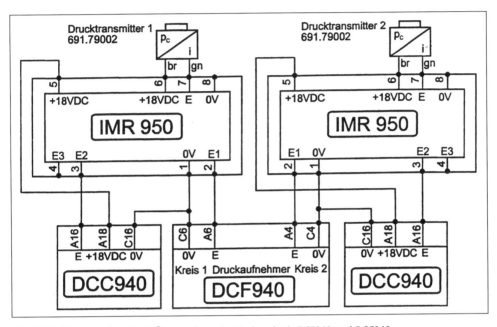

Bild 4.75 Kondensationsdruck-Überwachung im Verbund mit DCF940 und DCC940.
Zwei Verbund-Kreisläufe mit einem Kondensationsdruckregler DCF940 und je einem Saugdruckregler DCC940

Die Zu- und Abschaltung der Verflüssigerlüftermotoren wird dann z. B. von jeweils einem Stufenschaltwerk übernommen. Außerdem wird die Verflüssigungstemperatur t_c noch in Abhängigkeit von der Außentemperatur angehoben. Die Anhebung beginnt bei Temperaturen oberhalb von +14 °C. Sie erreicht bei t_{amb} = +30 °C ihren Maximalwert. Der Maximalwert der gewünschten Anhebung bei t_{amb} = +30 °C kann am DCF940 auf Pos. 10 „max. SchiebungΔT_c" im Bereich 0 bis 7,5 eingestellt werden.

Die Außentemperatur t_{amb} wird mit einem Fühler, Typ TRK277 gemessen und am Regler auf Pos. 5 „Außentemperatur" angezeigt.

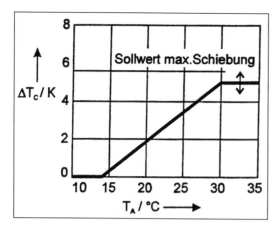

Bild 4.76
Sollwert-Schiebung der Verflüssigungs-
temperatur T_c in Abhängigkeit von der
Außentemperatur T_A

4.4.9.1.1 Einteilung der Normalkühlstellen in Regelkreise

Pos. 1 Thekenanlage:
1. Regelkreis „Fleisch" bestehend aus den Bauteilen 2,50 m + 1, 875 m + Innenecke 45°
2. Regelkreis „Wurst", Bauteil 3,75 m

Pos. 2 Käsetheke:
Ein Regelkreis bestehend aus den Bauteilen: 2,50 m und 1,875 m

Pos. 3 Molkereiprodukte-Regal I:
Ein Regelkreis; Bauteile: 2 × 3,75 m

Pos. 4 Molkereiprodukte-Regal II:
Ein Regelkreis; Bauteile: 2 × 2,50 m

Pos. 5 Wurstkühlregal:
Ein Regelkreis; Bauteile: 2 × 2,50 m

Pos. 6 Molkereiprodukte-Kühlraum:
Verdampfer mit elektrischer Abtauheizung

Pos. 7 Fleischkühlraum:
Verdampfer mit elektrischer Abtauheizung

Pos. 8 Obstkühlraum:
Verdampfer mit elektrischer Abtauheizung

Pos. 9 Fleischvorbereitung:
Verdampfer ohne elektrische Abtauheizung

Für Kühlstellen *ohne* Abtauheizung wird der mikroprozessorgesteuerte Dreifach-Kühl-
stellenregler für Kühlmöbel und Kühlräume Typ DTC910 eingesetzt. DTC910 dient zur
Regelung, Abtausteuerung und Überwachung wobei drei verschiedene Regelkreise mit
drei verschiedenen Solltemperaturen geregelt und überwacht werden können.

Für jeden Regelkreis ist ein Fühler vorhanden, der die Funktion des Regelthermostaten und des Warmthermostaten übernimmt.

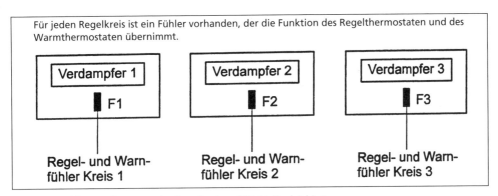

Bild 4.77 Fühlerzuordnung zu den Regelkreisen (Kühlstellen) 1 bis 3.

Aufteilung:
Pos. 1 und 2:   Ein Regler DTC 910, 3 Fühler
Pos. 3, 4 und 5: Ein Regler DTC 910, 3 Fühler

Für Kühlstellen mit Abtauheizung wird der mikroprozessorgesteuerte Kühlstellenregler MDC910 eingesetzt. MDC910 dient zur Regelung, Abtausteuerung und Überwachung von Kühlmöbeln und Kühlräumen mit Elektro- oder Heißgasabtauung. MDC910 kann maximal 4 Fühler aufnehmen deren Funktion nachfolgend dargestellt ist.

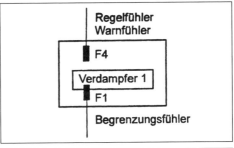

Bild 4.78
Fühlerzuordnung bei Kühlstellen mit einem Verdampfer mit Elektro-/Heißgasabtauung

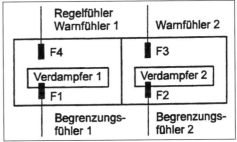

Bild 4.79
Fühlerzuordnung bei Kühlstellen mit zwei Verdampfern mit Elektro-/Heißgasabtauung

Aufteilung:
Pos. 6: Ein Regler MDC910, 2 Fühler
Pos. 7: Ein Regler MDC910, 2 Fühler
Pos. 8: Ein Regler MDC910, 2 Fühler
Pos. 9: Ein Regler DTC910, 1 Fühler

4.4.9.2   Tiefkühlanlage

Die Verbundkälteanlage Fabrikat Celsior, Typ VPM 305-4681 mit 3 Stück halbhermeti-schen Bitzer Verdichtern der Octagon Baureihe Typ 4DC-5.2Y erhält ebenfalls einen Ver-bundregler Typ DCC940. Die Saugdruckoptimierung erfolgt auch hier mit Hilfe der Raum-temperatur und der relativen Feuchte.

In der Saugleitung wird ein Transmitter ND – 0,5 bis 7 bar installiert und der Druckleitung ein Transmitter HD 0 bis 25 bar. Auch für die drei Kälteverdichter der Tiefkühlverbund-anlage wird jeweils ein mikroprozessorgeführtes Steuer- und Überwachungsmodul Typ CMC 880T mit Wahlschalter: Manuell-Aus-Automatik und integriertem Betriebsstunden-zähler in den 19″-Baugruppenträger eingebaut.

4.4.9.2.1   Einteilung der Tiefkühlstellen in Regelkreise:

Pos. 1   Tiefkühlinsel, doppeltbreite Ausführung, 2 Bauteile zu je 3,75 m (pro Bauteil 2 Verdampfer)

Pos. 2   Tiefkühlinsel, Eiscreme, doppeltbreite Ausführung, ein Bauteil: 3,75 m (2 Ver-dampfer)

Pos. 3   Tiefkühlinsel, Eiscreme, doppeltbreite Ausführung, ein Bauteil: 3,75 m (2 Ver-dampfer)

Pos. 4   Tiefkühlraum: Verdampfer mit elektrischer Abtauheizung

Reglerauswahl und -aufteilung:
Pos. 1:   2 Regler MDC910, 2 × 2 Fühler
Pos. 2:   1 Regler MDC910, 2 Fühler
Pos. 3:   1 Regler MDC910, 2 Fühler
Pos. 4:   1 Regler MDC910, 2 Fühler

Gemäß der Verordnung über tiefgefrorene Lebensmittel und der HACCP wird der Tief-kühlraum noch mit einem Temperaturmessgerät zur Temperaturdokumentation ausge-stattet. Fabrikat Wurm, Typ Frigodoc-Junior, Fühlertyp TRK J-7.

Das Messgerät wird links neben den Türstock des Raumes außen montiert.

4.4.9.3   Erfassung von Betriebszuständen und Störmeldungen

Für die Kühlstellen wird das Schalt- und Anzeigemodul KSM910 eingesetzt. KSM910 zeigt die Betriebszustände von bis zu 3 verschiedenen Kühlstellen und zwar je Kühlstelle mit 2 Leuchtdioden für „Kühlen" und „Abtauen" an. Die Schalt- und Anzeigekarte KSM910 verfügt über drei Aus-Ein-Umschalter. Geplant werden 5 Stück Anzeigekarten KSM910 in 19″-Technik. Störmeldungen werden mit Hilfe des 8-fach Anzeigemoduls SAM900 er-fasst und weitergeleitet. SAM900 verfügt über eine individuelle Aufschaltung der Stör-meldungen auf 2 Prioritäten z. B.

Prio 1: wichtiger Alarm mit Weiterleitung auch in der Nacht.

Prio 2: technischer Alarm, Meldung nur während der Betriebszeit.

Bei Störungseintritt erfolgt nach 5 Sekunden eine Störungsweitermeldung über die an-gewählte Sammelalarmschiene, die mit dem Sammelalarmbaustein VSR900 (sitzt im Schaltschrank) verbunden sein muss.

VSR900 leitet den Alarm dann weiter zum sogenannten Marktleitertableau, dem Warn-tableau WTB940-Akku.

Das Warntableau WTB940 oder WTB940-Akku dient zur zentralen Überwachung von Anlagen mit bis zu 3 verschiedenen Störsignalen. Die Störungen werden akustisch gemeldet und einzeln angezeigt. Zur Weiterleitung der Alarmmeldung stehen 3 potentialfreie Kontakte zur Verfügung.

4.4.10 RI-Fließbild

Anlage 4

4.4.11 Übungsaufgaben

4.4.11.1

Bemessen Sie die kältemittelführenden Rohrleitungen für die beiden Kälteanlagen. Benutzen Sie dazu die Nomogramme für R 507 und schlagen Sie auf die jeweilige geometrische Rohrlänge in Metern 30 % für unbekannte Fittings auf.

Das komplette Rohrnetz wird an der Decke in der Tiefgarage bzw. den angrenzenden Lagerräumen des UG installiert.

Von den einzelnen Kühlstellen werden über die eingebrachten Kernbohrungen im Boden die kältemittelführenden Rohrleitungen an die Decke der Tiefgarage bzw. der Lagerräume geführt.

4.4.11.2

Tabellieren Sie Ihre Ergebnisse!

Vergessen Sie die Armaflex-Isolierung der Flüssigkeitsleitung des Tiefkühlverbundsatzes nicht!

4.4.11.3

Projektieren Sie die thermostatischen Expansionsventile für die Verdampfer in allen Kühlräumen!

Hinweis: $t_{3,\,NK}$ = +43 °C; $t_{3,\,TK}$ = 0 °C

4.4.11.4

Dimensionieren Sie die Magnetventile in den Flüssigkeitsleitungen von den Verdampfern!

Der Plattenwärmetauscher zur Flüssigkeitsunterkühlung ist serienmäßig mit den entsprechenden Komponenten bestückt!

4.4.11.5

Legen Sie die Filtertrockner und die Kugelabsperrventile an den Kühlstellen aus!

4.4.11.6

Bemessen Sie einen Verdampfungsdruckregler für die Käsetheke!

5 Richtwerte zur Kalkulation von kältetechnischen Objekten

Bei der Kalkulation kältetechnischer Projekte kommt das Verfahren der Zuschlagskalkulation zur Anwendung.

5.1 Die Vorgehensweise bei der Preisermittlung

1. Schritt

Die Summe der ermittelten Nettomaterialkosten (Bruttomaterialpreis minus Rabattsatz für die jeweilige Materialgruppe, z. B. Verdampfer, Verdichter und Verflüssiger!) wird mit einem Gemeinkostenzuschlagssatz in Prozent beaufschlagt.

Beispiel:

Nettomaterialsumme:	28.560,– €
Gemeinkostenzuschlagssatz 50 %	+ 14.280,– €
	= 42.840,– €

2. Schritt

Der Stundenverrechnungssatz wird betriebsintern über die lohngebundenen Gemeinkosten und die betrieblichen Gemeinkosten ermittelt.

Es sei beispielsweise: 41,– €/h für den Kälteanlagenbauer und
38,– €/h für den Helfer.

3. Schritt

Die Auslösung beträgt 0,85 €/h für den Mitarbeiter.

4. Schritt

Die Fahrtkosten sind betriebsintern ermittelt worden und betragen 0,56 €/km.

5. Schritt

Zuschlag auf Nettomaterialeinstandspreis für Fracht und Kundendienst 5 % bezogen auf das o. a. Beispiel: 1.428,– €.

6. Schritt

Ermittlung der Montagezeiten in Stunden für:

- Verflüssigungssätze
- Verbundanlagen und Einzelverdichter
- Verdampfer, Verflüssiger, Enthitzer, Split-Anlagen
- Kupferrohrmontage
- Dämmung mit Armaflex
- Inbetriebnahme

gemäß den im Anhang beigefügten Richtwertetabellen für Montagearbeiten.

7. Schritt

Multiplikation der ermittelten Gesamtmontagezeit in Stunden mit dem Stundenverrechnungssatz in €/h.

8. Schritt

Ermittlung der Entfernung Betrieb → Kunde und anschließende Multiplikation der Entfernungskilometer mit dem Verrechnungssatz in €/km und der Anzahl der Arbeitstage. Ermittlung der Fahrzeit in h und Multiplikation mit dem Stundenverrechnungssatz in €/h.

9. Schritt

Ermittlung des Angebotspreises zuzüglich der jeweils gültigen Mehrwertsteuer.

Die Einräumung von Preisnachlässen und Skonti erfolgt im Preisverhandlungsgespräch.

5.2   Die Ermittlung der Handelsspanne

Wenn unterstellt wird, dass beispielsweise mit einem Kalkulationsaufschlag von 50 % (= Kalkulationsfaktor 1,5) gerechnet wurde, gibt die daraus resultierende Handelsspanne erst Aufschluss über die Flexibilität der Angebotspreisgestaltung.

Zwischen dem Kalkulationszuschlag, dem Kalkulationsfaktor und der Handelsspanne besteht eine enge Beziehung.

Wenn eine Größe bekannt ist, lassen sich die beiden anderen Größen aus ihr ableiten.

$$\text{Handelsspanne} = \frac{\text{Kalkulationszuschlag}}{\text{Kalkulationsfaktor}} \cdot 100 \text{ in Prozent}$$

bezogen auf das o. a. Beispiel ergibt sich:

$$\text{Handelsspanne} = \frac{0{,}50}{1{,}50} \cdot 100 = 33{,}33 \text{ \%}$$

Wird ein Preisnachlass vo 10 % im Preisverhandlungsgespräch gewährt, so verbleibt eine Handelsspanne von 23,33 %. Die Untergrenze für die Handelsspanne im Preisverhandlungsgespräch unterliegt einer betriebsindividuellen Festsetzung.

5.3   Richtwerte für Montagearbeiten

5.3.1   Verflüssigungssätze

Die nachfolgenden Zeiten beinhalten:

Auspacken, montieren, ausrichten

Die Montagezeiten für das Anbringen von Schaltgeräten, Schaugläsern, Trocknern, Rückschlagventilen, Heißgasbypassregler, Anlaufentlastung, Magnetventilen etc. erhöhen sich bis 42er Rohr um jeweils 0,5 h/Teil und ab 54er Rohr um jeweils 0,75 h/Teil.

Tabelle 5.1

Netto-Gewicht (kg)	(h)	Netto-Gewicht (kg)	(h)
< 50	1,00	< 150	2,50
< 75	1,25	< 200	3,50
< 100	1,50	< 250	4,00
< 125	2,00	< 300	5,00

Zeiten für Aufstellvorrichtungen, Maschinengestelle und Konsolen müssen je nach Bedarf und Aufwand separat kalkuliert werden.

5.3.2 Motorverdichter, Verbundsätze

Die nachfolgenden Zeiten beinhalten:

Auspacken, montieren und ausrichten incl. aller Schaltgeräte mit Verbindungsleitungen sowie Trockner und Schaugläser.

Tabelle 5.2

Netto-Gewicht (kg)	(h)	Netto-Gewicht (kg)	(h)
< 50	3,0	< 300	10,0
< 100	3,5	< 350	12,0
< 150	5,0	< 400	12,0
< 200	7,0	< 500	15,0
< 250	8,0		

Pro 100 kg erhöht sich die Montagezeit um 1,5 h.

Magnetventile, Druckregler, Rückschlagventile, Heißgasbypassregler, Anlaufentlastungen etc. werden mit 0,5 h bis 42er Rohr und mit 0,75 h ab 54er Rohr/Teil kalkuliert.

5.3.3 Apparate

Verdampfer, Verflüssiger, Enthitzer, Split-Geräte, Behälter, Heizregister, WRG-Apparate, Kompaktanlagen

Die nachfolgenden Zeiten beinhalten:

Auspacken, anbringen der Befestigung, montieren des Apparates, ausrichten sowie den Einbau der Regler und sämtlicher Schaltgeräte.

Tabelle 5.3

Gewicht (kg)	h/Apparat oder Teil	Faktoren für Befestigungshöhe
< 20	4	< 3 mtr. Höhe × 1
< 40	5	
< 60	6	< 4,5 mtr. Höhe × 1,2
< 80	7	
< 100	8	< 6 mtr. Höhe × 1,5
< 125	9	
< 150	10	< 8 mtr. Höhe × 1,6
< 200	12	
< 500	15	< 10 mtr. Höhe × 1,8
< 1 000	20	
< 2 000	28	

5.3.4 Kupferrohrmontage

Die angegebenen Zeiten beinhalten die Montage aller Fittings, Halter usw.

Tabelle 5.4

Cu-Rohr	h/m	Faktoren für Verlegungsart				
		Schutz-rohr	Kanal, Kabel-bühne	Wand	Decke	Masch. Raum Zw.-Decke
6 × 1	0,25					
8 × 1	0,25					
10 × 1	0,25					
12 × 1	0,30	anteilig	anteilig	anteilig	anteilig	anteilig
15 × 1	0,30					
18 × 1	0,40					
22 × 1	0,50					
28 × 1,5	0,50					
35 × 1,5	0,50					
42 × 1,5	0,75					
54 × 2	0,75	× 0,25	× 0,5	× 1	× 1,25	× 1,6
64 × 2	1,00					
76 × 2	1,25					
89 × 2	1,50					
108 × 2,5	1,75					

Tabelle 5.5

Faktor	Befestigungshöhe
× 1	< 2,5 mtr.
× 1,2	< 4 mtr.
× 1,5	< 6 mtr.
× 1,8	< 8 mtr.
× 2	< 10 mtr.

Tabelle 5.6

Armaflex-Type				Montage	
F	H	M	T	aufschieben h/m	aufkleben h/m
12				0,05	
15	12			0,05	
18	15	12		0,06	
22	18	15	12	0,08	
28	22	18	15	0,10	
35	28	22	18	0,10	
42	35	28	22	0,12	
54	42	35	28	0,12	× 2,50
64	54	42	35	0,12	
76	64	54	42	0,15	
89	76	64	54	0,15	
108	89	76	64	0,20	
	108	89	76	0,20	
		108	89	0,25	
			108	0,25	

Isolierung (Armaflex)

Die Zeitangabe ist auf den Rohrdurchmesser mit den verschiedenen Isolierstärken abgestimmt.

5.3.5   Inbetriebnahme

Anlagen mit Motorverdichter

Die Zeiten beinhalten:

Dichtheitsprüfung, Abnahmeprüfung nach TRB, evakuieren, füllen, einregulieren aller Sicherheits-, Steuer- und Regelgeräte (kälte- und elektrotechnisch), Montage und Inbetriebnahme von Schaltkästen und bei Zentralschränken die Montage, und die Inbetriebnahme der Steuereinheiten.

Zur Ermittlung der Inbetriebnahmezeit sind die Antriebsleistungen der Nebenaggregate gesondert zu addieren. Nicht berücksichtigt werden Verflüssiger- und Verdampferventilatoren. Die Nennleistung bei Verbundsätzen ergibt sich durch die Addition der einzelnen Motorverdichterleistungen.

Tabelle 5.7

Motor-Antriebsleistung Nennleistung (kW)	ohne Abtauung h	mit Abtauung h
< 1	4,5	5
< 3	5,5	6
< 4	8,0	9
< 8	11	12
< 10	12	13
< 15	18	20
< 20	22	25
< 25	25	28
< 30	28	30
< 40	32	34
Für jede weitere 10 kW mehr	2	2

Bei Wasserkühlsätzen mit wassergekühlten Verflüssigern ist die errechnete Zeit mit dem Faktor 0,6 zu multiplizieren.

6 Normen und Vorschriftenübersicht für die Kälteanlagentechnik

1. DIN-Normen

DIN 2401.1	Innen- oder außendruckbeanspruchte Bauteile; Druck- und Temperaturangaben; Begriffe, Nenndruckstufen,
DIN 2403	Kennzeichnung von Rohrleitungen nach dem Durchflussstoff,
DIN 2405	Rohrleitungen in Kälteanlagen; Kennzeichnung,
DIN 3158	Kältemittelarmaturen; Sicherheitstechnische Festlegungen; Prüfung, Kennzeichnung.
DIN 3159	Flanschanschlüsse für Kältemittel-Armaturen bis ND 25,
DIN 3160	Durchgang-Absperrventile für Kältemittelkreisläufe, Nenndruck 25,
DIN 3161	Eck-Absperrventile für Kältemittelkreisläufe, Nenndruck 25,
DIN 3162	Schutzkappen für Ventile in Kältemittelkreisläufen, Nenndruck 25,
DIN 3163	Durchgang-Regelventile für Kältemittelkreisläufe, Nenndruck 25,
DIN 3164	Stellungsanzeiger für Ventile in Kältemittelkreisläufen,
DIN 3440	Temperaturregel- und –begrenzungseinrichtungen für Wärmeerzeugungsanlagen; Sicherheitstechnische Anforderungen und Prüfung,
DIN 4140	Dämmarbeiten an betriebs- und haustechnischen Anlagen; Ausführung von Wärme- und Kältedämmungen,
DIN 4361	Sicherheitsgerechtes Gestalten technischer Erzeugnisse; Berührungs-Schutzeinrichtungen für Kompressoren, Sicherheitstechnische Anforderungen
DIN 4753-1	Wassererwärmer und Wassererwärmungsanlagen für Trink- und Betriebswasser; Anforderungen, Kennzeichnung, Ausrüstung und Prüfung,
DIN V 8418	Benutzerinformation; Hinweise für die Erstellung,
DIN 8900-2	Wärmepumpen; Anschlussfertige Wärmepumpen mit elektrisch angetriebenen Verdichtern, Prüfbedingungen, Prüfumfang, Kennzeichnung
DIN 8901	Kälteanlagen und Wärmepumpen; Schutz von Erdreich, Grund- und Oberflächenwasser, Sicherheitstechnische und umweltrelevante Anforderungen und Prüfung,
DIN 8962	Kältemittel-Kurzzeichen,
DIN 8971	Einstufige Verflüssigungssätze für Kältemaschinen; Normbedingungen für Leistungsangaben; Prüfung; Angaben in Kenndatenblättern und auf Typenschildern,
DIN 8972-1	Fließbilder kältetechnischer Anlagen; Fließbildarten, Informationsinhalt,
DIN 8972-2	Fließbilder kältetechnischer Anlagen; Zeichnerische Ausführung, grafische Symbole

DIN 8973	Motorverdichter für Kältemaschinen; Normbedingungen für Leistungsangaben; Prüfung; Angaben in Kenndatenblättern und auf Typenschildern,
DIN 8975-1	Kälteanlagen; Sicherheitstechnische Grundsätze für Gestaltung, Ausrüstung und Aufstellung; Auslegung,
DIN 8975-2	Kälteanlagen; Sicherheitstechnische Anforderungen für Gestaltung, Ausrüstung, Aufstellung und Betreiben, Werkstoffauswahl für Kälteanlagen
DIN 8975-3	Kälteanlagen; Sicherheitstechnische Anforderungen für Gestaltung, Ausrüstung, Aufstellung und Betreiben, Angaben für Betriebsanleitungen,
DIN 8975-4	Kälteanlagen; Sicherheitstechnische Grundsätze für Gestaltung, Ausrüstung und Aufstellung; Bescheinigung über die Prüfung; Kennzeichnungsschild,
DIN 8975-5	Kälteanlagen; Sicherheitstechnische Grundsätze für Gestaltung, Ausrüstung und Aufstellung; Prüfung vor Inbetriebnahme,
DIN 8975-6	Kälteanlagen; Sicherheitstechnische Grundsätze für Gestaltung, Ausrüstung und Aufstellung; Kältemittel-Rohrleitungen
DIN 8975-7	Kälteanlagen; Sicherheitstechnische Grundsätze für Gestaltung, Ausrüstung und Aufstellung; Sicherheitseinrichtungen in Kälteanlagen gegen unzulässige Druckbeanspruchungen,
DIN 8975-8	Kälteanlagen; Sicherheitstechnische Anforderungen für Gestaltung, Ausrüstung, Aufstellung und Betreiben; Füllstandsanzeige-Einrichtungen für die Kältemittelbehälter, Flüssigkeitsstandanzeiger
DIN 8975-9	Kälteanlagen; Sicherheitstechnische Grundsätze für Gestaltung, Ausrüstung und Aufstellung; Flexible Leitungen im Kältemittelkreislauf,
E DIN 8975-10	Kälteanlagen; Sicherheitstechnische Grundsätze für Gestaltung, Ausrüstung und Aufstellung; Emissionsminderung von Kältemitteln aus Kälteanlagen,
DIN 16006	Überdruckmessgeräte mit Rohrfeder; Sicherheitstechnische Anforderungen und Prüfung,
DIN 16007	Überdruckmessgeräte mit elastischem Messglied für Luftkompressoren und Luftkompressoranlagen; Sicherheitstechnische Anforderungen und Prüfung,
DIN 18036	Eissportanlagen; Anlagen für den Eissport mit Kunsteisflächen; Grundlagen für Planung und Bau,
DIN 31000/ VDE 1000	Allgemeine Leitsätze für das sicherheitsgerechte Gestalten technischer Erzeugnisse
DIN 31001-1	Sicherheitsgerechtes Gestalten technischer Erzeugnisse; Schutzeinrichtungen; Begriffe, Sicherheitsabstände für Erwachsene und Kinder,
DIN 31051	Instandhaltung; Begriffe und Maßnahmen,
DIN 32733	Sicherheitsschalteinrichtungen zur Druckbegrenzung in Kälteanlage und Wärmepumpen; Anforderungen und Prüfung,
DIN 33830-1	Wärmepumpen; Anschlussfertige Heiz-Absorptionswärmepumpen; Begriffe, Anforderungen, Prüfung, Kennzeichnung,

DIN 33830-3	Wärmepumpen; Anschlussfertige Heiz-Absorptionswärmepumpen; Kältetechnische Sicherheit, Prüfung,
DIN 33831-1	Wärmepumpen; Anschlussfertige Heiz-Wärmepumpen mit verbrennungsmotorisch angetriebenen Verdichtern; Begriffe, Anforderungen, Prüfung, Kennzeichnung,
DIN EN 294	Sicherheit von Maschinen; Sicherheitsabstände gegen das Erreichen von Gefahrstellen mit den oberen Gliedmaßen,
DIN EN 344	Anforderungen und Prüfverfahren für Sicherheits-, Schutz- und Berufsschuhe für den gewerblichen Gebrauch,
DIN EN 345	Spezifikation der Sicherheitsschuhe für den gewerblichen Gebrauch,
DIN EN 378-1	Kälteanlagen und Wärmepumpen; Sicherheitstechnische und umweltrelevante Anforderungen; Teil 1: Grundlegende Anforderungen,
DIN EN 60204-1	Sicherheit von Maschinen; Elektrische Ausrüstung von Maschinen; Teil 1: Allgemeine Anforderungen,
DIN EN 60335-1/ VDE 0700-1	Sicherheit elektrischer Geräte für den Hausgebrauch und ähnliche Zwecke; Teil 1: Allgemeine Anforderungen
DIN EN 60335-2-24	Sicherheit elektrischer Geräte für den Hausgebrauch und ähnliche Zwecke; Teil 2: Besondere Anforderungen für Kühl- und Gefriergeräte und Eisbereiter
DIN EN 60335-2-40	Sicherheit elektrischer Geräte für den Hausgebrauch und ähnliche Zwecke; Teil 2: Besondere Anforderungen an elektrisch betriebene Wärmepumpen, Klimageräte und Raumluft-Entfeuchter,
DIN EN 255-1	Wärmepumpen; Anschlussfertige Wärmepumpen mit elektrisch angetriebenen Verdichtern zum Heizen oder zum Heizen und Kühlen; Benennungen, Definitionen und Bezeichnungen,
DIN EN 292-1	Sicherheit von Maschinen; Grundbegriffe, allgemeine Gestaltungsleitsätze; Grundsätzliche Terminologie, Methodik,
DIN EN 292-2	Sicherheit von Maschinen; Grundbegriffe, allgemeine Gestaltungsleitsätze; Technische Leitsätze und Spezifikationen,
DIN EN 28 187	Haushalts-Kühlgeräte; Kühl-Gefriergeräte; Eigenschaften und Prüfverfahren; (ISO 8187: 1991),
DIN VDE 0100-100	Errichten von Starkstromanlagen mit Nennspannungen bis 1 000 V; Anwendungsbereich, Allgemeine Anforderungen,
DIN VDE 0106-100	Schutz gegen elektrischen Schlag; Anordnung von Betätigungselementen in der Nähe berührungsgefährlicher Teile,
DIN VDE 0165	Errichten elektrischer Anlagen in explosionsgefährdeten Bereichen,
DIN VDE 0700-240	Sicherheit elektrischer Geräte für den Hausgebrauch und ähnliche Zwecke; Kühl- und Gefriergeräte für besondere Zwecke und Eisbereiter.

2. Technische Regeln Druckbehälter (TRB)

TRB 001	Allgemeines – Aufbau und Anwendung der TRB (TRB 001, bisherige ZH 1/608.1),
TRB 002	Allgemeines – Erläuterungen zu Begriffen der Druckbehälterverordnung (TRB 002, bisherige ZH 1/621.22),
TRB 010	Allgemeines – Zusammenstellung der in den TRB in Bezug genommenen technischen Normen und Vorschriften (TRB 010, bisherige ZH 1/621.26),
TRB 100	Werkstoffe (TRB 100, bisherige ZH 1/612),
TRB 200	Herstellung (TRB 200, bisherige ZH 1/613),
TRB 300	Berechnung (TRB 300, bisherige ZH 1/614),
TRB 401	Ausrüstung der Druckbehälter – Kennzeichnung (TRB 401, bisherige ZH 1/621.10),
TRB 402	Ausrüstung der Druckbehälter – Öffnungen und Verschlüsse (TRB 402, bisherige ZH 1/621.11),
TRB 403	Ausrüstung der Druckbehälter – Einrichtungen zum Erkennen und Begrenzen von Druck und Temperatur (TRB 403, bisherige ZH 1/621.16),
TRB 404	Ausrüstung der Druckbehälter – Ausrüstungteile (TRB 404, bisherige ZH 1(621.17),
TRB 500	Verfahrens- und Prüfrichtlinien für Druckbehälter (TRB 500, bisherige ZH 1/621.24),
TRB 502	Sachkundiger nach § 32 DruckbehV (TRB 502, bisherige ZH 1/621.1),
TRB 505	Verfahren und Registrieren der Baumusterprüfung sowie Prüfung von Druckbehältern durch den Hersteller (TRB 505, bisherige ZH 1/621.25),
TRB 511	Prüfungen durch Sachverständige – Erstmalige Prüfung – Vorprüfung (TRB 511, bisherige ZH 1/621.5),
TRB 512	Prüfungen durch Sachverständige – Erstmalige Prüfung – Bauprüfung und Druckprüfung (TRB 512, bisherige ZH 1/621.6),
TRB 513	Prüfungen durch Sachverständige – Abnahmeprüfung (TRB 513, bisherige ZH 1/621.7),
TRB 514	Prüfungen durch Sachverständige – Wiederkehrende Prüfungen (TRB 514, bisherige ZH 1/621.8),
TRB 515	Prüfungen durch Sachverständige – Prüfung in besonderen Fällen TRB 515, bisherige ZH 1/621.9),
TRB 521	Bescheinigung der ordnungsmäßigen Herstellung (TRB 521, bisherige ZH 1/621.2),
TRB 522	Prüfung durch den Hersteller – Druckprüfung (TRB 522, bisherige ZH 1/621.3),
Anlage zu TRB 521 und 522	Muster für Herstellerbescheinigungen (bisherige ZH 1/621.4),
TRB 531	Prüfungen durch Sachkundige – Abnahmeprüfung (TRB 531, bisherige ZH 1/621.13),

TRB 532	Prüfungen durch Sachkundige – Wiederkehrende Prüfungen (TRB 532, bisherige ZH 1/621.14),
TRB 533	Prüfungen durch Sachkundige – Prüfung in besonderen Fällen (TRB 533, bisherige ZH 1/621.15),
TRB 600	Aufstellung der Druckbehälter (TRB 600, bisherige ZH 1/621.18),
TRB 610	Druckbehälter – Aufstellung von Druckbehältern zum Lagern von Gasen (TRB 610, bisherige ZH 1/621.19),
TRB 700	Betrieb von Druckbehältern (TRB 700, bisherige ZH 1/621.12),
TRB 801	Besondere Druckbehälter nach Anhang II zu § 12 DruckbehV (TRB 801, bisherige ZH 1/621.23),
TRB 801	Besondere Druckbehälter nach Anhang II zu § 12 DruckbehV; Gehäuse von Ausrüstungsteilen, (TRB 801, bisherige ZH 1/622.44),
TRB 851	Füllanlagen zum Abfüllen von Druckgasen aus Druckgasbehältern in Druckbehälter – Errichten (TRB 851, bisherige ZH 1/621.20),
TRB 852	Füllanlagen zum Abfüllen von Druckgasen aus Druckgasbehältern in Druckbehälter – Betreiben (TRB 852, bisherige ZH 1/621.21).

3. AD-Merkblätter

A 1   Sichereeitseinrichtungen gegen Drucküberschreitung; Berstsicherungen,
A 2   Sicherheitseinrichtungen gegen Drucküberschreitung; Sicherheitsventile,
W 10   Werkstoffe für tiefe Temperaturen; Eisenwerkstoffe,

4. Berufsgenossenschaftliche Merkblätter

Regeln für den Einsatz von Atemschutzgeräten (BGR 190, bisherige ZH 1/701),

Merkblatt: Fluorkohlenwasserstoffe – FKW – (BGI 648, bisherige ZH 1/409),

Auswahlkriterien für die spezielle arbeitmedizinische Vorsorge nach den Berufsgenossenschaftlichen Grundsätzen für arbeitsmedizinische Vorsorgeuntersuchungen (BGI 504, bisherige ZH 1/600), insbesondere nach den Grundsätzen

G 21   „Kältearbeiten" (BGI 504-21, bisherige ZH 1/600.21),
G 26   „Atemschutzgeräte" (BGI 504-26, bisherige ZH 1/600.26),

5. Berufsgenossenschaftliche Grundsätze für arbeitsmedizinische Vorsorgeuntersuchungen

G 21   Kältearbeiten,
G 26   Atemschutzgeräte.

Zu § 4 Abs. 2:

Bei Kälteanlagen mit geringem Füllgewicht ist die Gefährdung durch das Kältemittel unerheblich, so dass bestimmte Anforderungen an die Ausrüstung und Aufstellung entfallen können.

**Gliederung und Übersicht von Normen und Norm-Entwürfen
nach Sachgebieten geordnet**

Sicherheit und Umweltschutz

DIN V 1738	2000-07	Schweißen- Richtlinien für eine Gruppeneinteilung von metallischen Werkstoffen (ISO/TR 15608:2000); Deutsche Fassung CR ISO 15608: 2000
DIN 2405	1967-07	Rohrleitungen in Kälteanlagen; Kennzeichnung
E DIN 3440	1996-05	Temperaturregel- und -begrenzungseinrichtungen für wärmetechnische Anlagen (Heizanlagen)
E DIN 7003	1995-12	Kälteanlagen und Wärmepumpen mit brennbaren Kältemitteln der Gruppe L3 – Sicherheitstechnische Anforderungen
E DIN 8975-11	1999-12	Kälteanlagen und Wärmepumpen mit dem Kältemittel Ammoniak – (zusätzliche) Anforderungen
DIN EN 294	1992-08	Sicherheit von Maschinen; Sicherheitsabstände gegen das Erreichen von Gefahrstellen mit den oberen Gliedmaßen; Deutsche Fassung EN 294: 1992
DIN EN 378-1	2000-09	Kälteanlagen und Wärmepumpen – Sicherheitstechnische und umweltrelevante Anforderungen – Teil 1: Grundlegende Anforderungen, Definitionen, Klassifikationen und Auswahlkriterien; Deutsche Fassung EN 378-1: 2000
DIN EN 378-2	2000-09	Kälteanlagen und Wärmepumpen – Sicherheitstechnische und umweltrelevante Anforderungen – Teil 2: Konstruktion, Herstellung, Prüfung, Kennzeichnung und Dokumentation; Deute Fassung EN 378-2: 2000
DIN EN 378-3	2000-09	Kälteanlagen und Wärmepumpen – Sicherheitstechnische und umweltrelevante Anforderungen – Teil 3: Aufstellungsort und Schutz von Personen; Deutsche Fassung EN 378-3: 2000
DIN EN 378-4	2000-09	Kälteanlagen und Wärmepumpen – Sicherheitstechnische und umweltrelevante Anforderungen – Teil 4: Betrieb, Instandhaltung, Instandsetzung und Rückgewinnung; Deutsche Fassung EN 378-4: 2000
DIN EN 764	1994-11	Druckgeräte – Terminologie und Symbole – Druck, Temperatur, Volumen; Deutsche Fassung EN 764: 1994
DIN EN 1861	1998-07	Kälteanlagen und Wärmepumpen – Systemfließbilder und Rohrleitungs- und Instrumentenfließbilder – Gestaltung und Symbole; Deutsche Fassung EN 1861: 1998
DIN EN 10204	1995-08	Metallische Erzeugnisse – Arten von Prüfbescheinigungen (enthält Änderung A1: 1995); Deutsche Fassung EN 10204:1991 + A1: 1995

| DIN EN 12263 | 1999-01 | Kälteanlagen und Wärmepumpen – Sicherheitsschalt-einrichtungen zur Druckbegrenzung – Anforderungen und Prüfungen; Deutsche Fassung EN 12263: 1998 |

Terminologie

| DIN 8941 | 1082-01 | Formelzeichen, Einheiten und Indizes für die Kälte-technik |

Rohrleitungen , Armaturen und Zubehörteile

DIN 2512	1999-08	Flansche – Feder und Nut, PN 160 – Konstruktionsma-ße; Einlegeringe PN 10 bis PN 160
DIN 3158	1987-12	Kältemittelarmaturen; Sicherheitstechnische Festle-gungen; Prüfung, Kennzeichnung
E DIN 3840	1989-08	Armaturengehäuse; Festigkeitsberechnung gegen In-nendruck
DIN 3866	1990-06	Kältetechnik; Gewindezapfen, Rohrbördel 90° für löt-lose Rohrverschraubungen, PN 40
DIN 8964-1	1996-03	Kreislaufteile für Kälteanlagen – Teil 1: Prüfungen
E DIN 8964-2	1995-12	Kreislaufteile für Kälteanlagen – Teil 2: Dauerhaft ge-schlossene Anlagen; Anforderungen
E DIN 8964-3	1997-06	Kreislaufteile für Kälteanlagen – Teil 3: Geschlossene Anlagen; Anforderungen
DIN EN 1333	1996-10	Rohrleitungsteile – Definition und Auswahl von PN; Deutsche Fassung EN 1333: 1996
DIN EN 1514-1	1997-08	Flansche und ihre Verbindungen – Maße für Dichtun-gen für Flansche mit PN-Bezeichnung – Teil 1: Flach-dichtungen aus nichtmetallischem Werkstoff mit oder ohne Einlagen; Deutsche Fassung EN 1514-1: 1997
E DIN EN 12284	1996-05	Kälteanlagen und Wärmepumpen – Ventile – Anforde-rungen, Prüfung und Kennzeichnung; Deutsche Fas-sung prEN 12284: 1996
DIN EN 60534-2-1	2000-03	Stellventile für die Prozessregelung – Teil 2-1: Durch-flusskapazität – Bemessungsgleichungen für Fluide un-ter Einbaubedingungen (IEC 60534-2-1: 1998) Deut-sche Fassung EN 60534-2-1: 1998

Kältemaschinen

E DIN 8977	1992-07	Leistungsprüfung von Kältemittel-Verdichtern; ISO 917, Ausgabe 1989 modifiziert
DIN 51503-1	1997-08	Schmierstoffe – Kältemaschinenöle – Teil 1: Min-destanforderungen
DIN 51503-2	1998-11	Schmierstoffe – Kältemaschinenöle – Teil 2: Gebrauch-te Kältemaschinenöle

| DIN 51514 | 1996-11 | Prüfung von Schmierstoffen – Bestimmung der Mischungslücke von Kältemaschinenöl in Kältemitteln mit dem Druckrohr-Verfahren |
| DIN 51538 | 1998-09 | Prüfung von Schmierstoffen – Prüfung von Kältemaschinenölen auf Ammoniakbeständigkeit |

Haushalt-Kühlgeräte

| DIN EN 153 | 1995-11 | Verfahren zur Messung der Aufnahme elektrischer Energie und damit zusammenhängender Eigenschaften für netzbetriebene Haushalt-Kühlgeräte, Tiefkühlgeräte, Gefriergeräte und deren Kombinationen; Deutsche Fassung EN 153: 1995 |

Elektromotorisch angetriebene Wärmepumpen und Luftkonditionierungsgeräte

DIN 8901	1995-12	Kälteanlagen und Wärmepumpen – Schutz von Erdreich, Grund- und Oberflächenwasser – Sicherheitstechnische und umweltrelevante Anforderungen und Prüfung
DIN EN 255-1	1997-07	Luftkonditionierer, Flüssigkeitskühlsätze und Wärmepumpen mit elektrischangetriebenen Verdichtern – Heizen – Teil 1: Benennungen, Definitionen und Bezeichnungen; Deutsche Fassung EN 255-1: 1997
DIN EN 255-2	1997-07	Luftkonditionierer, Flüssigkeitskühlsätze und Wärmepumpen mit elektrischangetriebenen Verdichtern – Heizen - Teil 2: Prüfungen und Anforderungen an die Kennzeichnung von Geräten für die Raumheizung; Deutsche Fassung EN 255-2: 1997
DIN EN 255-3	1997-07	Luftkonditionierer, Flüssigkeitskühlsätze und Wärmepumpen mit elektrisch angetriebenen Verdichtern – Heizen – Teil 3: Prüfungen und Anforderungen an die Kennzeichnung von Geräten zum Erwärmen von Brauchwasser (enthält Berichtigung AC: 1997); Deutsche Fassung EN 255-3 : 1997 + AC : 1997
DIN EN 255-4	1997-07	Luftkonditionierer, Flüssigkeitskühlsätze und Wärmepumpen mit elektrisch angetriebenen Verdichtern – Heizen – Teil 4: Anforderungen an Geräte für die Raumheizung und zum Erwärmen von Brauchwasser; Deutsche Fassung EN 255-4 : 1997
DIN EN 810	1997-06	Entfeuchter mit elektrisch angetriebenen Verdichtern – Leistungsprüfungen, Kennzeichnung, Funktionsanforderungen und technische Datenblätter; Deutsche Fassung EN 810: 1997
DIN EN 814-1	1997-06	Luftkonditionierer und Wärmepumpen mit elektrisch angetriebenen Verdichtern – Kühlen – Teil 1: Benennungen, Definitionen und Bezeichnungen; Deutsche Fassung EN 814-1: 1997

DIN EN 814-2	1997-06	Luftkonditionierer und Wärmepumpen mit elektrisch angetriebenen Verdichtern – Kühlen – Teil 2: Prüfungen und Anforderungen an die Kennzeichnung; Deutsche Fassung EN 814-2: 1997
DIN EN 814-3	1997-06	Luftkonditionierer und Wärmepumpen mit elektrisch angetriebenen Verdichtern – Kühlen – Teil 3: Anforderungen; Deutsche Fassung EN 814-3:1997

Gewerbe- und Verkaufskühlmöbel

DIN 8942	1995-01	Einbaukältesatz – Definitionen, Prüfung, Kennzeichnung
DIN 8956	1985-08	Gewerbliche Geräte zum Tiefgefrieren von Lebensmitteln; Begriffe, Anforderungen, Prüfungen
DIN 8966	1993-01	Bestimmung der Lufttemperatur in Verkaufskühlmöbeln und gewerblichen Lagerkühlmöbeln
DIN EN 441-1	1996-03	Verkaufskühlmöbel – Teil 1: Begriffe und Definitionen (enthält Änderung A1: 1995); Deutsche Fassung EN 441-1: 1994 + A1: 1995
DIN EN 441-2	1995-01	Verkaufskühlmöbel – Teil 2: Allgemeine mechanische und physikalische Anforderungen; Deutsche Fassung EN 441-2: 1994
DIN EN 441-4	1995-01	Verkaufskühlmöbel – Teil 4: Allgemeine Prüfbedingungen; Deutsche Fassung EN 441-4: 1994
DIN EN 441-5	1996-03	Verkaufskühlmöbel – Teil 5: Temperaturprüfung; Deutsche Fassung EN 441-5: 1996
DIN EN 441-6	1995-01	Verkaufskühlmöbel – Teil 6: Temperaturklassen; Deutsche Fassung EN 441-6 : 1994
DIN EN 441-11	1995-01	Verkaufskühlmöbel – Teil 11: Aufstellung, Wartung und Richtlinien für den Betreiber; Deutsche Fassung EN 441-11: 1994

Kältemittel

DIN 8960	1998-11	Kältemittel – Anforderungen und Kurzzeichen

Fahrzeugkühlung

DIN EN 12830	1999-10	Temperaturregistriergeräte für den Transport, die Lagerung und Verteilung von gekühlten, gefrorenen, tiefgefrorenen Lebensmitteln und Eiskrem – Prüfungen, Leistung, Gebrauchstauglichkeit; Deutsche Fassung EN 12830: 1999

E DIN EN 13485	1999-06	Thermometer zur Messung der Luft- und Produkttemperatur für den Transport, die Lagerung und die Verteilung von gekühlten, gefrorenen, tiefgefrorenen Lebensmitteln und Eiskrem – Prüfung, Leistung, Gebrauchstauglichkeit; Deutsche Fassung prEN 13485: 1999
E DIN EN 13486	1999-06	Temperaturregistriergeräte und Thermometer für den Transport, die Lagerung und die Verteilung von gekühlten, gefrorenen, tiefgefrorenen Lebensmitteln und Eiskrem – Regelmäßige Prüfungen; Deutsche Fassung prEN 13486: 1999

Kälte-Apparate

DIN EN 327	2000-11	Wärmeaustauscher – Ventilatorbelüftete Verflüssiger – Prüfverfahren zur Leistungsfeststellung; Deutsche Fassung EN 327: 2000
DIN EN 328	1999-06	Wärmeaustauscher – Prüfverfahren zur Bestimmung der Leistungskriterien von Ventilatorluftkühlern; Deutsche Fassung EN 328: 1999

Kältemittel-Verdichter

E DIN EN 12693	1997-04	Kälteanlagen und Wärmepumpen – Sicherheitstechnische und umweltrelevante Anforderungen – Kältemittel-Verdichter; Deutsche Fassung prEN 12693: 1996
DIN EN 12900	1999-07	Kältemittel-Verdichter – Nennbedingungen, Toleranzen und Darstellung von Leistungsdaten des Herstellers; Deutsche Fassung EN 12900: 1999
DIN EN 13215	2000-07	Verflüssigungssätze für die Kälteanwendung – Nennbedingungen, Toleranzen und Darstellung von Leistungsdaten; Deutsche Fassung EN 13215: 2000

Literatur- und Abbildungsverzeichnis

Alco Controls Division Emerson Electric GmbH & Co., Waiblingen, Postfach 1251

Arbeitskreis der Dozenten für Klimatechnik, Handbuch der Klimatechnik, Band 1: Grundlagen; C. F. Müller, Karlsruhe 1989

Armstrong World Industries GmbH, Düsseldorf

Bäckström, Matts, Emblik, Eduard: Kältetechnik, 3., umgearbeitete und erweiterte Auflage, Verlag G. Braun, Karlsruhe 1965

Berufsgenossenschaft Nahrungsmittel und Gaststätten, Unfallverhütungsvorschrift: Kälteanlagen, Wärmepumpen und Kühleinrichtungen (VBG 20) gültig ab 01. April 1987 in der Fassung vom 01. Januar 1993

Bitzer Kühlmaschinenbau GmbH & Co. KG, Sindelfingen, Postfach 240

Bock GmbH & Co., Kältemaschinenfabrik, Postfach 1161, Frickenhausen

Breidenbach, Karl: Der Kälteanlagenbauer, Band 1 Grundkenntnisse, Aufgaben, Lösungen, Stichwortregister, 4., neu bearbeitete und erweiterte Auflage, C. F. Müller, Heidelberg 2003

Breidenbach, Karl: Der Kälteanlagenbauer, Band 2, Kälteanwendung, Stichwortregister, 3. vollkommen neu bearbeitete und erweiterte Auflage, C. F. Müller, Karlsruhe 1990

Breidert/Schittenhelm: Formeln, Tabellen und Diagramme für die Kälteanlagentechnik, 3. überarbeitete und erweiterte Auflage, C. F. Müller, Heidelberg 2002

Celsior GmbH, Postfach 820, Schwelm

Copeland GmbH, Berlin, Eichborndamm

Danfoss, Wärme- und Kältetechnik GmbH, Postfach 1261 Heusenstamm

Die Leistung und das Betriebsverhalten von Verdampfern mit feuchter oder bereifender Kühleroberfläche von Karl Faigle, Hanns Christoph Rauser, Sonderdruck aus Kl, Klima, Kälte, Heizung, Heft 9, 1988

DIN-Taschenbuch Kältetechnik, Begriffe, Prüfungen, Sicherheitstechnik, Beuth-Verlag 2000, Beuth-Verlag Berlin – Köln, 4. Auflage

Drees, Heinrich: Kühlanlagen 14. stark bearbeitete Auflage von Zwicker, Alfred und Neumann, Leo VEB-Verlag Technik Berlin 1987

Flitsch, Ernst GmbH & Co., Postfach 1380, Fellbach

Frigo-Technik Handels GmbH, Postfach 540628, Hamburg

Gieck, K.: Technische Formelsammlung 26. erweiterte Auflage, Gieck-Verlag Heilbronn 1979

Gohl, D. W. GmbH, Singen, Postfach

Güntner, Hans GmbH, Postfach, Fürstenfeldbruck

Halamek, Bruno: Bedarfsgerechte Kühlung durch saugende Hochleistungsverdampfer aus Kälte-Klima Aktuell

Herr, Horst: Mechanik der Flüssigkeiten und Gase, Verlag Europa-Lehrmittel, Wuppertal 1989

Kaefer-Datenbuch des Isoliergewerbes, Kaefer-Isoliertechnik, Bremen

Kälte-Wärme-Klima-Taschenbuch 1993, 26. Jahrgang 1993, C. F. Müller Karlsruhe

Klein, Andreas: Bemessung von servogesteuerten Magnetventilen, Kälte-Klima-Aktuell

Konventionelle Expansionsventile – elektronische Expansionsventile, Unterschiede, Möglichkeiten und Grenzen der Regeleigenschaften, Sonderdruck C. F. Müller Verlag 1988

Küba Kältetechnik GmbH, Baierbrunn, Postfach

Lehrbuch der Kältetechnik, Band 1 und 2, 3. Auflage, Herausgeber von Cube, H. L., C. F. Müller Karlsruhe 1981

Maico Ventilatoren, Postfach 3470, Villingen-Schwenningen

Pohlmann Taschenbuch der Kältetechnik, 17. neubearbeitete, erweiterte Auflage, Band 1 Grundlagen und Anwendung, Band 2, Arbeitstabellen und Vorschriften, C. F. Müller, Karlsruhe 1988

Recknagel/Sprenger/Hönmann: Taschenbuch für Heizung und Klimatechnik, Oldenburg 1992/1993, 66. Auflage

Reichelt, Johannes: Überhitzter Kältemittelsaugdampf: trocken oder naß?, Danfoss Journal 4, 1979, deutsche Ausgabe

Reiss, Kälte-Klima, Offenbach am Main, Postfach 101565

Ries GmbH, Postfach Nauheim

Sanha Kaimer KG, Technische Information, Essen

Schmitz, Uwe: Luftbeaufschlagte Verdampfer, Sonderdruck aus Kl, Klima, Kälte, Heizung, 12/1988

Teko GmbH, Altenstadt

Verband Deutscher Maschinen- und Anlagenbau e. V. (VDMA), VDMA-Einheitsblatt 24243 Teil 1 bis 5, Frankfurt a. M. 1988

Viessmann GmbH & Co., Hof- Unterkotzau, Postfach Hof (Saale)

Walter Roller GmbH, Gerlingen

Wilhelm Narr GmbH & Co. KG, Postfach 4027, Balingen

Stichwortverzeichnis

s´Kleverle Informiert

MPI / PPI / Profibus - Modem
bis 12Mbit/sek.

Modem

+

MPI-Kabel

=

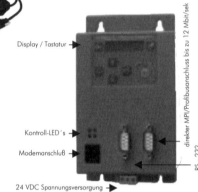

Display / Tastatur →

Kontroll-LED´s →

Modemanschluß →

24 VDC Spannungsversorgung →

direkter MPI/Profibusanschluss bis zu 12 Mbit/sek

RS - 232

SPS-MEGA-Toolbox

Diese CD ist für jeden SPS-Techniker kostenlos (solange Vorrat reicht). Umfangreiche Softwaretools und Hardwarelösungen für die Automatisierungs- und Steuerungstechnik bieten dem SPS-Anwender Anregungen für seine Aufgabenstellungen.

Jetzt auch im Internet:
http://www.process-informatik.de

Protokolle:

MPI + PPI + HMI + TS
 an S7-200

Busgeschwindigkeiten:

19200, 187500
nur MPI-II: 500k, 1,5M, 3M,
              6M, 12Mbit / sek

Technische Daten:
- TS-Adapter und Modem in einem Gerät
  (auch für Original-Siemenssoftware)
- analoges Modem zur Schaltschrankmontage
  mit 24V/DC - Stromversorgung
- Modem für weltweiten Einsatz geeignet
- direkter MPI / PPI / Profibus - Anschluss
  bis 12Mbit/sek am Modem
- Status der Übertragung in einem LCD-Textdisplay
- RS-232 - Buchse als paralleler Zugang zum Bus für PC
- kein Adapter und Kabelsalat mehr notwendig
- kompaktes Stahlblechgehäuse 90 x 125 x 50 mm

Art.Nr.	Bezeichnung	EUR*
9379	MPI/PPI/DP-Modem	590,-

* alle Preise in EUR zzgl. Transport, Versicherung und MwSt.
* SIMATIC, STEP, S7-200, S7-300, S7-400 und CP-143
  sind eingetragene Warenzeichen der SIEMENS AG

Process-Informatik
Entwicklungsgesellschaft mbH   D-73116 Wäschenbeuren

Telefon +49 (0)717 2 -92666-0   info@process-informatik.de
Telefax +49 (0)717 2 -92666-33   www.process-informatik.de

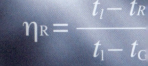

KÄLTE-/KLIMA-/HEIZUNGSTECHNIK
KÄLTETECHNIK

Rolf Seidel und Hugo Noack

Der Kältemonteur

Handbuch für die Praxis

9., neu bearbeitete und erweiterte Auflage 2001.
X, 268 Seiten. Kartoniert.

€ 46,– sFr 76,– ISBN 3-7880-7704-2

Dieses Fachbuch zeigt dem Kälteanlagenbauer und -monteur, wie Aufgaben bei Montage, Wartung sowie Instandsetzung und Instandhaltung im beruflichen Alltag gelöst werden können.

In diesem Handbuch für die tägliche Praxis sind die physikalischen Grundlagen eingängig und leicht verständlich dargestellt. Die Komponenten von Kälteanlagen wie Verdichter, Verdampfer, Kältemittelstromregler, Rohrleitungen usw. werden vorgestellt und erläutert. Ausführlich wird beschrieben, wie Messungen und Servicearbeiten duchzuführen sind. Die Kapitel über Verbundkälteanlagen und Wärmepumpen runden den Buchinhalt ab.

Klaus Reisner

Fachwissen Kältetechnik für die industrielle und gewerbliche Praxis

Eine Einführung mit Aufgaben und Lösungen

3., völlig neu bearbeitete und erweiterte Auflage 2002. X, 227 Seiten. Kartoniert.

€ 32,– sFr 53,40 ISBN 3-7880-7689-5

Dieses Werk bietet eine kompakte Einführung in das Fachgebiet der Kältetechnik und deckt dabei das gesamte Spektrum, von den thermodynamischen Grundbegriffen bis zur Strömungslehre, ab. Dem Praktiker bieten die für alle Bereiche der Kältetechnik enthaltenen Berechnungsmodelle wertvolle Hinweise für die Lösung seiner betrieblichen Aufgaben. Die wichtigsten inhaltlichen Schwerpunkte sind der Kältekreislauf, Verdichtung, Kältemittel, Wärmeaustausch, Regler, Leitungen, Kältebedarf.

Die Neuauflage wurde den aktuellen technischen Entwicklungen angepasst und vollständig aktualisiert.

C.F. Müller Verlag, Hüthig GmbH & Co. KG
Postfach 10 28 69 · 69018 Heidelberg
Tel. 0 62 21/4 89-3 95 · Fax: 0 62 21/4 89-6 23
E-Mail: Kundenservice@huethig.de

Ausführliche Informationen unter
http://www.huethig.de

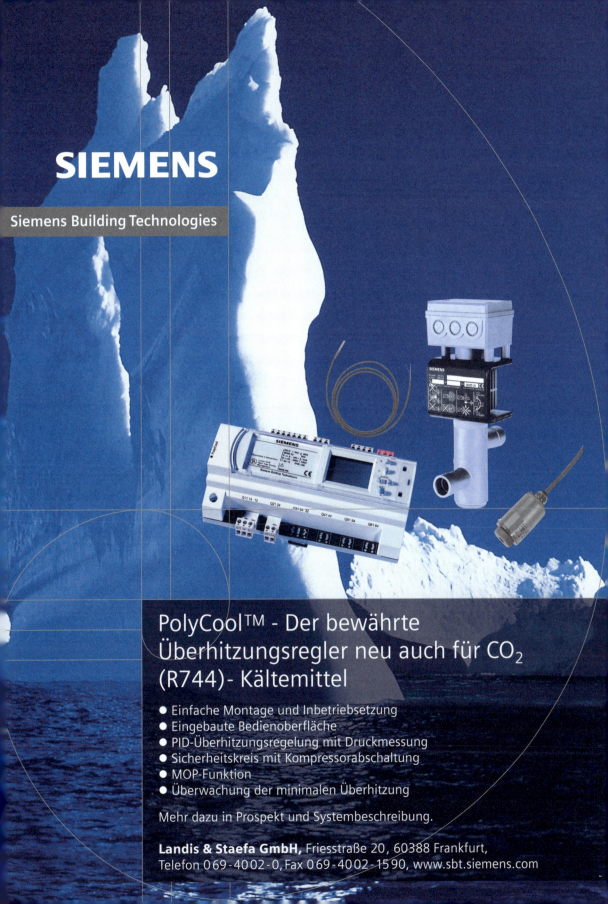

HILFERUF AUS DEM EI!

Wenn es eindringlich und unüberhörbar im 2-Sekunden-Takt aus dem Ei piept, wissen die Pelikane, dass sie zu ihrem Nest eilen müssen. Die schrillen Angstschreie aus dem Ei signalisieren die lebensbedrohliche Situation, dass es dem Kükenbaby in der Brutkammer zu kalt oder zu warm ist. Die Eltern reagieren sofort. Bei brennender Sonne senken sie die Temperatur durch ihren Körperschatten. Ist es zu kalt, regeln sie mit ihrer Körperwärme die Bruttemperatur.

So wie die Pelikane mit einem einzigartigen Alarmsystem ihre Kükenbabys schüzen, so müssen heute empfindliche und teure Lebensmittel in den Kühl- und Kälteanlagen vor Temperaturschwankungen bewahrt werden. Empfehlen lassen sich da am besten die elektronischen Regler von Danfoss. Abhängig von der Aufgabe kann man aus dem umfassenden Danfoss-Programm den richtigen elektronischen Regler auswählen: von der einfachen elektronischen Regelung über auch nachträglich aufrüstbare Regler mit Datenübertragungsfunktion bis hin zum kompletten Überwachungs- und Alarm-System.

Refrigeration & Air Conditioning | *Wenn Sie mehr erwarten*

Danfoss Deutschland, Tel.: (069) 4 78 68-522, Fax: (069) 4 78 68-529, E-Mail: info@danfoss-sc.de • Danfoss Österreich, Tel.: (0 22 36) 50 40, Fax: (0 22 36) 50 40 33, E-Mail: danfoss.at@danfoss.com · Danfoss Schweiz, Tel.: (061) 906 1111, Fax: (061) 906 1121, E-Mail: e-mail@danfoss.ch